生命伦理学·科学技术伦理学丛书

邱仁宗◎主编

当代生命伦理学研究 | 下卷

雷瑞鹏 王福玲 邱仁宗◎编著

中国社会科学出版社

下卷目录

第四编　临床伦理学

第五编　公共卫生伦理学

第六编　政策建议

第四编　临床伦理学

一　利用死刑犯处决后的器官供移植在伦理学上能否得到辩护?[①]

一种做法成为惯例后，也许由于惯性的缘故，人们往往不再对它进行反思，即使有人对它进行质疑，第一反应也往往倾向于对它进行辩护，而不想另辟蹊径，尽管有可能另辟的蹊径比现行的惯例更好，当然“范式”的转换未免会带来一些不便或麻烦。这种心理状态也许是“人性”使然吧！我自己有时也往往如此。但在不同的人，程度可能有所不同。本文要讨论与不少人和单位（病人、医生、医院以及其他利益相关者）有关的一个实际的也许也是一个棘手的问题：利用死刑犯处决后的器官供移植在伦理学上能否得到辩护?

（一）从“救急”成为惯例

本文不是一篇历史论文，所以不在这里详细追溯利用死刑犯处决后的器官供移植如何成为惯例的历史，而只是想简要回顾从“救急”成为惯例的逻辑过程，以说明这种惯例的形成不是没有原因和道理的，并不是像某些西方伦理“帝国主义”者或文化“帝国主义”者所想象的，是某些人、某个政府为了获得某种利益预谋设计的。

器官移植是医学中的一门高技术。这一技术是在西方发展起来的，现在某些器官的移植（例如肾移植）方面已经比较成熟，其存活率已相当高。不少病人全身其他器官、系统仍然良好，但仅有一个器官发生不可逆的衰竭，如果这个器官能够成功地更换，他们还可以继续以相当

---

① 编者按：这是在我国的医学或伦理学文献中唯一的一篇论证利用死刑犯处决后的器官供移植在伦理学上不能得到辩护的文章。

高的生活质量存活许多年，继续实现自己的价值和理想，为家庭、社会甚至人类做出贡献。器官移植（例如肾移植）如果成功，病人的生命质量要比可供选择的其他疗法（例如肾透析）要好或好得多。作为“医本仁术”的医学，应该积极应用和发展器官移植技术，救治更多人的宝贵生命，这是自不待言的。

新的技术引起新的社会需要。① 器官移植技术的应用和发展引起对这项技术的社会需要。病人的客观病情和主观偏好要求提供这种技术。器官移植技术又具有新闻价值，新闻媒介推波助澜，使这种新的社会需要日益膨胀。也不排除这种技术对医生和医院带来的效益，他们努力扩大供应以满足这种社会需要。但是，器官移植的发展和它引起的社会需要的扩大，大大超前于器官供给的保障以及器官供给保障机制的建立，对器官移植的社会、伦理和法律问题的研究及其解决大大滞后。于是，形成了器官移植的需求与器官供应之间的严重脱节。可供移植的器官供不应求，病人等候的人数多、时间长，不少病人因长久得不到器官而被病魔夺去了生命，人们牢骚满腹，怨气冲天。

在西方社会，人们开始用提倡自我捐献器官来解决器官供应奇缺问题，但是结果并不理想。不过，后来人们考虑到汽车的广泛使用和因此而引起的每年约 5 万件左右死亡事故以及还有许多因交通事故引起的脑死病人，于是试图通过确定“脑死”定义和与驾驶执照相联系的自愿捐献器官卡来解决器官供应问题。我们可以批评西方将“脑死”定义的讨论与供给器官的效益问题联系起来是不道德的，但如果西方的公众同意这样做，我们的跨文化批评也没有太大的力量。因为毕竟西方社会的“脑死”立法都是在专业人士和公众中经过广泛讨论并由立法机构通过的。这样，他们也就在一定程度上缓和了可供移植的器官的供求紧张问题。

但中国的情况大为不同。在概念上接受“脑死”定义，似乎并不会太难。但缺乏足够的合格医生和设备来诊断“脑死”，也缺乏足够的专业人员和设备来摘除、保护、储存从“脑死”病人身上摘下的器官，这使得“脑死”定义即使在立法机构通过，也难以实施，难以增加器官的供给。中国的汽车工业和高速公路也刚刚起步，每年也没有像美国

---

① 邱仁宗：《卡尔·波普尔和卡尔·马克思》，《自然辩证法通讯》1995 年第 4 期。

那么多的交通死亡事故或因交通事故引起的“脑死”病人。更为重要的是，中国的儒家思想影响仍然严重：“体肤毛发，受之父母，不可损伤。”希望即使火化前保证全尸，是古代流传下来的希冀“死后复活”的一种残余。根深蒂固的传统观念严重影响人们捐献器官的行为。一方面，我国医生高超的技术和新闻媒介对移植成功的报道使社会对器官移植的期望值很高；另一方面，社会文化情境滞后，政府对器官移植所下的功夫不及在开国时对火葬的提倡以及最近有关献血的立法，因而供移植的器官的供求脱节尤其严重。虽然有的学者提出过用“推定同意”政策[①]解决器官供应问题，但并没有引起注意。对解决器官供应的种种可能的选择缺乏伦理的讨论和论证。在各个医院自找出路时，终于选择了用死刑犯处决后的器官来解决移植器官来源问题。但在我国始终没有讨论：利用死刑犯处决后的器官来供移植器官在伦理学上能不能得到辩护？

（二）评价有关器官移植政策的伦理学框架

评价有关器官移植政策的伦理学框架，仍然是医学伦理学或生命伦理学的基本原则：不伤害、有利、尊重、公正和互助。在应用这些原则于移植器官来源时，需要考虑以下几个问题：

（1）不伤害和有利：解决移植器官供应问题对需移植的病人无疑是个福音，但对不同的捐献者会有不同的问题。对于尸体器官的捐献者，如果他/她同意或不反对，对他/她不会造成任何伤害，反之还体现了他/她的人生价值，能为他/她自己因捐献行为而挽救他人的生命而自豪。对活体器官捐献者，显然不能采取他/她唯一的和不能再生的器官或组织，因为这等于用一个人的生命去换取另一个人的生命，例如一位家庭成员捐献心、肺、肝等给另一位家庭成员，因为这构成了对捐献者致命的伤害。唯一可考虑的是肾脏、骨髓以及其他可再生的组织。但即使如此，也要考虑捐献者的年龄和身体状况。因此未成年的家庭成员不应成为器官的捐献者，虽然在一定条件下可以利用其可再生的组织。总之，在捐献活体器官的情况下要认真反复斟酌对捐献者和接受者的利弊

---

① 邱仁宗：《生命伦理学》，上海人民出版社1987年版，第218—226页。

得失，务使对捐献者不致引起致命的伤害，同时又能救助病人的生命。

（2）尊重：尊重首先是尊重器官捐献者的自主性或自我决定权，或必须获得捐献者的知情同意，或捐献是他/她知情选择的结果。捐献者必须是自愿捐献的，所谓“自愿”是不受任何威胁利诱的外在强迫性压力。不顾当事人的反对而强制利用其器官（即使在他/她死后），这是不道德的。“推定同意”并不与“知情同意”相矛盾。“推定同意”是指在广泛进行宣传教育后，如果你不表示明确反对，就隐含着你的同意。尊重的另一个意义是不能将人体或人体的任何一部分作为商品进行买卖。不能因为身体是你自己的就出卖你的器官，正如自由并不意味着你有出卖自己去当他人奴隶的自由一样。因此，器官买卖、器官供应商业化、刊登广告提供器官或寻求器官都是不道德的，是应该明文禁止的。

（3）互助：对于身陷绝境不移植他人器官不能存活的病人，其他人理应提供帮助。同理，这些“其他人”的家庭成员也难免会有这一天，不得不依靠他人的器官来存活。因此社会应该研究一种有效机制，使社会成员可以彼此互助，例如死后捐献器官者的家庭成员需要器官移植时可优先得到器官等。

“公正”问题更多的是涉及已经获得的器官如何在需要器官移植的病人之间分配的问题，因此不在这里讨论。

世界卫生组织在1986年举行的第39届世界卫生大会和1991年举行的第44届世界卫生大会上都讨论了有关器官移植的问题。1987年5月13日第40届世界卫生大会通过了WHA40.13号决议，即制订人体器官移植指导原则，1989年5月15日第42届世界卫生大会通过了WHA42.5号决议，即防止购买和销售人体器官。人体器官移植指导原则有9条：

指导原则1：可从死者身上摘取移植用的器官，如果：（a）得到按法律要求的任何赞同；（b）在死者生前无任何正式同意等情况下，现在没有理由相信死者会反对这类摘取。

指导原则2：可能的捐献者已经死亡，但确定其死亡的医生不应直接参与该捐献者的器官摘取或以后的移植工作，或者不应负责照看这类器官的可能接受者。

指导原则3：供移植用的器官最好从死者身上摘取，不过活着的成人也可捐献器官。但总的来说，这类捐献者与接受者应有遗传上的联系，骨髓和其他可接受的可再生组织的移植是一个例外。如果活着的成人答应免费提供，则移植用的器官可从其身上摘取。这种捐献人不应受到任何不正当的影响和压力，同时应使其充分理解并权衡答应捐献器官后的危险、好处和后果。

指导原则4：不得从活着的未成年者身上摘取移植用的器官。在国家法律允许的情况下对再生组织进行移植可以例外。

指导原则5：人体及其部件不得作为商品交易的对象。因此，对捐献的器官给予或接受支付（包括任何其他补偿或奖赏）应予禁止。

指导原则6：为提供或寻求支付，对需要或可得到的器官进行广告宣传应予禁止。

指导原则7：如果医生和卫生专业人员有理由相信有关的器官是从商业交易所得，则禁止他们从事这类器官的移植。

指导原则8：对任何从事器官移植的个人或单位接受超出合理的服务费用的任何支出应加以禁止。

指导原则9：对病人提供捐献的器官，应根据公平和平等的分配原则以及按医疗需要而不是从钱财或其他考虑。①

（三）支持利用死刑犯处决后的器官供移植的可能论据

支持利用死刑犯处决后的器官供移植的可能论据有：

首先，在可供移植的器官奇缺的情况下利用死刑犯处决后的器官供移植能够挽救很可能因器官衰竭而死亡的病人。这一论据成立。

其次，这样做并不构成对死刑犯的伤害。因为处决后摘取他/她的器官并不加重他/她的处罚，也不增加他/她的痛苦。反之，死刑犯死后其器官能够挽救他人生命，也是对社会做出的一种贡献，至少也可算是一种赎罪的表现。这一论据基本上也可成立，如果死刑犯真正表示同意或不反对的话。

---

① 世界卫生组织执行委员会第79届会议临时议程项目7—2，1986年12月3日（中文本）；世界卫生组织第44届世界卫生大会临时议程项目17—2，1991年2月26日（中文本）。

再者，有些死刑犯处决后尸体无人领回，白白焚化，岂不浪费。这一论据难以成立。如果死刑犯愿意或不反对捐献，当然可以从无人领回的尸体中摘取器官。但单单从避免浪费的论据不能为这类摘取器官辩护。因为这可能导致“滑坡”论证：从认为无人领回的死刑犯尸体白白焚化是浪费，到无人领回的非死刑犯尸体白白焚化是浪费，再进一步到所有尸体白白焚化是浪费。

但单单这些支持利用死刑犯处决后的器官供移植的可能论据还不足以在伦理学上为这种做法辩护。我们还需考查一下反对利用死刑犯处决后的器官供移植的可能论据。

（四）反对利用死刑犯处决后的器官供移植的可能论据

第一，死刑犯处于如此弱势的地位，他/她的真正意愿难以公开表达，或者根本没有表达，因此在他/她知情后自愿表示同意死后捐献器官这一原则在死刑犯身上很难贯彻，或者根本没有贯彻。也许有人反对说，死刑犯没有对他/她死后捐献器官表示知情同意的权利。这个反对是不能成立的。死刑犯可以被剥夺政治权利，但他们的民事权利并没有完全剥夺，尤其在处置与他/她个人有关的事务上，包括在他/她处决后自己身体的利用上。如果在捐献器官问题上他们仍然有知情同意的权利，但由于他们所处的地位，这种权利是难以真正行使的，而有关人员也非常容易不去、也不被要求去遵循知情同意这一必不可少的程序。如果在一个实行普遍义务捐献的社会中，器官来源主要依靠合法公民们的自愿捐献，死刑犯处决后的器官不作为主要来源，他们与合法公民一样经过知情同意程序，这样就不会成为问题。但在一个将利用死刑犯处决后的器官作为主要来源之一的社会中，不遵循伦理规范和原则，发生滥用的事件就容易发生。

第二，为了保存和保护死刑犯处决后的器官可资移植，医务人员可能必须在行刑前对死刑犯作一些处理。中国台湾地区在1987—1994年间就是这样做的（但在1994年禁止利用死刑犯处决后的器官供移植）。这样做，就破坏了医务人员“不伤害”的义务。死刑犯的处决是行刑人员的工作，医务人员无权也不应该以任何方式参与，否则就成为行刑人员的助手了，这有悖于医务人员“救死扶伤”的天职。1994 年台湾省禁止利用死刑犯处决后的器官供移植。

第三，反对利用死刑犯处决后的器官供移植有可能增加器官商业化的压力。我国医生技术高超，医务人员工资低廉，同样的器官移植手术在我国“质高价廉”。这就有可能吸引不少境外或国外病人来要求移植，他们可能愿意提供更高的费用。高费用可能成为一种不可抗拒的诱惑力，驱使一些医生和医院更愿意与执法人员合作，利用死刑犯处决后的器官，而分享效益。这一方面破坏了国际社会反对器官商业化的指导原则，另一方面也可能促进少数医务人员和执法人员的腐化，也不排除少数人将死刑犯处决后走私出境的可能。

第四，利用死刑犯处决后的器官供移植一时使缓和可供移植的器官供应短缺，这样反而使开辟正当器官来源的工作得不到重视。例如我国很少研究器官移植的社会、伦理和法律问题，几乎没有认真考虑就尸体和器官捐献问题立法。

第五，利用死刑犯处决后的器官供移植可能造成“道德滑坡”。由于在利用死刑犯处决后的器官往往不能严格实施知情同意原则，在行刑前医务人员又有可能参与操作，医务人员的道德自律就有可能松怠。今天觉得死刑犯的器官可利用，不用是浪费，明天就可能觉得严重精神病人、严重痴呆症患者或严重智力低下者死后的器官可利用，不用是浪费，后天可能进而推广到其他人。这样，离纳粹医生就不太远了。纳粹医生也不是一下子失去人性的，他们也是通过“道德滑坡”，一步一步滑向道德深渊的。

第六，利用死刑犯处决后的器官供移植的做法，已经使我国在国际上造成极大的被动。极少数伦理帝国主义或文化帝国主义者攻击我们：“为了取得外汇，采纳脑死概念，增加处决人数，利用犯人器官。”[①] 一些医学家和伦理学家也对我国的这一做法提出严厉批评。[②] 国际上一些朋友也希望我们妥善解决这一问题。我国领导人指示我们要“讲政

---

① Becker C., *Brain Death in China and Japan*, 4th edition, World Congress of Bioethics, 4-7 November, 1998, Nihon University, Japan, 90. 此人的发言立即遭到我国代表的迎头痛击。

② Rothman D. et al., 1997, “TheBellagio task force report on transplantation, bodily integrity, and the international traffic in organs”, *Transplantation Proceedings*, 29 (6): 2739-2745.

治”，我们决不能因小失大，对这一问题等闲视之。

（五）制定“器官移植法”

全面权衡支持和反对利用死刑犯处决后的器官供移植的可能论据，我们可以得出这样的结论：利用死刑犯处决后的器官供移植的“弊大于利”，而且可以说“弊大大超过利”。因此，我的结论是：利用死刑犯处决后的器官供移植在伦理学上得不到辩护。根据这一伦理学探讨，我建议在我国立即停止利用死刑犯处决后的器官供移植这一做法。代之以立即对器官移植的社会、伦理和法律问题进行全面探讨，并立即开始制定器官移植法的工作。其中包括讨论“脑死”定义的采纳和实施问题；在还可能存在传统观念对“脑死”概念反对的情况下，不妨像日本最近通过的法律那样，承认两种死亡定义，由病人或其家属来选择；在鉴定“脑死”标准有困难的地方，可在大城市和发达地区先行实施；可以考虑在驾驶执照或身份证/工作证上增加一项“是否愿意死后捐献器官”；可以探讨在我国是否有可能实施“推定同意”；如此等等。

最近“献血法”的颁布实施可作为一个范例。过去由于没有“献血法”，传统观念的惰性使正常血源枯竭，于是给那些“血头”“血霸”可乘之机，结果这些“旁道”来的血源质量无法保障，引致肝炎病毒乃至艾滋病病毒的传播。虽然情况有所差异，但道理是相同的，只有通过合情合理的“器官移植法”的制定、颁布和实施，可供移植的器官才能可持续地供应，才能挽救更多病人的生命，器官移植技术才能得到健康的发展。

（邱仁宗，原载《医学与哲学》1999 年第 3 期，略作修改。）

二 《侵权责任法》及知情同意在中国的发展与实践

知情同意一词在20世纪50年代被正式命名以来，成为生命伦理学的一条重要原则，并在医学临床和研究中，被视为保护病人的有效武器。不过，对于知情同意原则内涵的理解，及其如何在实践中得到有效的运用，历来存在着不同的看法和争议。这可以从知情同意在相关立法和伦理准则中不断被修改体现出来。中国有关知情同意的立法，也经历了这样的过程。2010年7月1日正式生效的《侵权责任法》，就是对知情同意原则在法律上的又一次重大的改进和完善。它的颁布，再一次引起了医学、法学和伦理学界对知情同意原则如何在中国有效运用的关注。

本文试图对《侵权责任法》中有关知情同意的内容和条文进行阐释，分析其与以往相关法规存在的不同之处，并指出新条文的现实意义。同时，论文试图从知情同意的内涵、目的和意义的角度，进一步分析和论证《侵权责任法》存在的不足，及在理论和实践中可能遇到的困难，并在此基础上提出相关的建议。

（一）以往立法中的知情同意规定及《侵权责任法》出台的背景

知情同意是生命伦理学的一条基本原则。它强调同意主体的自我决定和选择。在临床和研究实践中，这个过程的完成，即是病人和受试者被告知诊断、治疗或研究的方案，存在的风险和收益，以及其他可供选择的办法。然后，病人和受试者在掌握和理解信息的基础上，作出接受或拒绝治疗或参与研究的选择。所以，知情同意不是仅由病人或受试者表示一下同意，而是指他们在不受胁迫或不当影响下作出自主选择。

在知情同意的整个规范中，强调个人自主的同意是其核心，即除非病人无行为能力，有关临床医疗或研究方案的同意必须由他们本人作出。然而，长期以来，中国学界存在着以个人自主同意为主体的知情同意原则是否适合本土文化的疑惑。这样的疑惑也体现在一系列法规中。

中国有关知情同意的法律条文，最早可追溯到1929年4月16日中华民国卫生部发布的《管理医院规则》。它规定："医院于治疗上需要大手术时，须取得病人及其关系人之同意，签立字据后始得施用。"而中华人民共和国对知情同意的明确规定是卫生部1982年发布的《医院工作制度》。在其第40条附则"施行手术的几项规则"中规定："实行手术前必须有病员家属或单位签字同意……体表手术可以不签字……"这里，医疗同意只要获得患者家属同意即可，不必获得患者本人的同意。这一规定在临床中实施了很长一段时间。

不过，1994年颁布的《医疗机构管理条例》第62条则规定，"医疗机构施行手术、特殊检查或者特殊治疗时，必须取得患者同意，并应当取得其家属或者关系人同意并签字。"这样，有关同意的规定，又从仅获得家属同意，回到与1929年大致相同的要求：同意的获得必须既是患者又是家属的。而1995年颁布的《执业医师法》26条则规定，"医师进行实验性临床医疗，应当经医院批准并征得患者本人或者其家属同意。未经患者和家属同意，对患者进行实验性临床医疗的，要负法律责任。"在此，患者本人或家属的同意均可。

如果说在20世纪80—90年代，有关同意的主体应该是个人还是家庭的，立法中尚存模糊和不一致，那么进入21世纪后，对于这样的问题就有了较为清晰的规定。如2000年颁布的《病历书写基本规范》就规定，"对按照有关规定需取得患者书面同意方可进行的医疗活动（如特殊检查、特殊治疗、手术、实验性临床医疗等），应当由患者本人签署同意书。患者不具备完全民事行为能力时，应当由其法定代理人签字；患者因病无法签字时，应当由其近亲属签字，没有近亲属的，由其关系人签字；为抢救患者，在法定代理人或近亲属、关系人无法及时签字的情况下，可由医疗机构负责或者被授权的负责人签字。因实施保护性医疗措施不宜向患者说明情况的，应当将有关情况通知患者近亲属，由患者近亲属签署同意书，并及时记录。”《病历书写基本规范》非常清楚地表明，书面的同意及其签署必须是患者本人。

同样地，1999 年《药物临床试验规范》明确地提出“所有以人为对象的研究必须符合《赫尔辛基宣言》和国际医学科学组织委员会颁布的《人体生物医学研究国际道德指南》的道德原则”，并明确规定对受试者的告知内容，以及研究者必须获得受试者个人明确的书面同意。它还详细规定了“在受试者或其合法代表均无阅读能力时，则在整个知情过程中应有一名见证人在场，经过详细解释知情同意书后，受试者或其合法代表作口头同意，并由见证人签名和注明日期”。

毫无例外，2007 年颁布的《涉及人的生物医学研究伦理审查办法》对于研究受试者的个人同意作了明确的规定。它表明涉及人的研究项目必须获得个人的明确的同意，“尊重和保障受试者自主决定同意或者不同意受试的权利，严格履行知情同意程序”，同时，它还特别宣称“对受试者的安全、健康和权益的考虑必须高于对科学和社会利益的考虑，力求使受试者最大程度受益和尽可能避免伤害”。因而，在研究情形中，任何时候都必须获得个人明确的书面同意，除非受试者无行为能力，才由其法定代理人代理同意。

尽管自 20 世纪末以来的法规中对个人同意优先于家庭同意有了明确的规定，但是，由于原先主张个人同意或家庭同意均可的《医院管理条例》和《执业医师法》依然具有法律效应，因而知情同意原则在实际操作和贯彻中遇到了困难。医院和医生常常因法规的不一致，不清楚到底应该获得谁的同意，如何获得同意。例如，是应该只征询患者本人的同意，还是患者本人和家属都要征询，或只征询患者本人、家属两者中的一个即可。以《执业医师法》为例，如果按照它规定的“获得患者本人或家属的同意”，那么也就意味着家属在医疗决策过程中具有同等的法律地位，可以随意替代患者本人的同意，无论患者是否具有同意能力。根据我们的调查，除了研究中表明必须是受试者个人的同意外，临床中如何征求同意，即是个人的还是家庭的，往往以医护人员的经验和惯例而定，存在很大的随意性。

更为糟糕的是，由于各个法规对知情同意规定的不一致、不清晰和不精确，导致在实际临床过程中医护人员对如何贯彻知情同意原则不知所措，甚至有患者付出生命的代价。最为典型的事例，便是发生在2007年北京一家医院对急诊病人的处置问题上。由于医务人员甚至医院在同意问题上的不知所措，患者没有在最佳时间获得最佳的医疗措施，并最终死亡。这位急症患者是一个孕妇，她当时已处于昏迷状态，被诊断为“孕足月、重症肺炎、急性呼吸衰竭、急性心功能衰竭”，需要立即进行剖腹产手术。然而，根据相关法规，实施手术必须“征得患者本人或家属或关系人签字同意”，因而当时院方要求随同产妇到医院的男子——产妇的丈夫签字，以实施手术抢救，但该男子坚决拒绝签字。医务人员苦苦相劝未果，最后要求他写下“拒绝剖腹产手术生孩子，后果自负”的字样并签字。其间，精神科医生还对其行为进行鉴定，认为该男子精神无异常。由于没有该男子的签字，在历时3个多小时内，医生只对产妇进行不剖腹的急救，最后，产妇以及腹中的胎儿在30多名医务人员的众目睽睽之下死亡。显然，医院没有实施最佳救治方案的原因是，相关的法规没有相应的规定，在没有家属（此案中的丈夫）同意的情况下，医院是否有权，或具有什么权利来抢救处于危急中的病人（此案中的孕妇和孩子）。

当然，在上述案例中，产妇丈夫迟迟不肯签字，甚至拒绝对产妇进行剖腹手术，是阻碍对产妇实施最佳治疗方案的又一原因。这位丈夫当时不肯签字同意救治，是因为他不信任医院和医务人员。他认为，产妇的情况就是急性肺炎，她需要治的是肺炎，而不是生孩子。医院对产妇进行手术，是想多收钱。

因而，这一案例还反映出了另一个当今中国社会极为严重的现象，即医患的不信任及医患之间的紧张关系。据估计，从2000年至2013年11月，至少有150多起医疗暴力案例被报道，其中致人死亡的有30多起。中国医院协会2012年进行的一个调查显示，全国有96%的医院有医生遭到过语言暴力，遭遇过身体暴力的达六成多。[①]

《侵权责任法》的出台，以及单独列出“医疗损害责任”一章，在某种程度上是中国社会医患纠纷和矛盾的反映，它既要把相关的医疗纠纷处理控制在法律的框架内，同时又为知情同意如何在临床实践更具操

① Liu, Jun., 2013, “Chinese medical violence history”, *Southern Weekly*, July 7.

作性，提供法律依据。

（二）《侵权责任法》及对知情同意的诠释

从法律意义上讲，于2010年7月1日正式生效的《中华人民共和国侵权责任法》是民事权利保护法，也是民事权利受到损害的救济法。它的基本功能就是保护民事权利，制裁侵权民事行为。因而，《侵权责任法》中相关的知情同意条例是从医疗损害责任的归责、责任构成等角度来制定的。它一方面明确了患者的知情同意权，规定了医疗损害责任的赔偿和救济规则；另一方面，试图通过这样的规范把医患之间难解的复杂关系置于法律条文的框架下。

《侵权责任法》对患者的知情同意权的规范主要体现在第七章“医疗损害责任”中，与以往的法律相比较，它具有如下的特点：

第一，扩大了患者知情权的范围，明确了告知的内容，并明确规定了患者是告知和同意的主体。它在第55条第1款规定：“医务人员在诊疗活动中应当向患者说明病情和医疗措施。需要实施手术、特殊检查、特殊治疗的，医务人员应当及时向患者说明医疗风险、替代医疗方案等情况，并取得其书面同意。”较之以往的法律，该法增加了医方需要向患者告知替代医疗方案的义务，将患者知情权的保护范围扩大为“病情、医疗措施、医疗风险及替代医疗方案”。它比《医疗事故处理条例》中规定的“医疗机构及其医务人员应当将患者的病情、医疗措施、医疗风险等如实告知患者”，更为清晰、明了地规定了告知的范围、告知的对象。不仅如此，《侵权法》还规定了不告知患者的条件，即“不宜向患者说明的，应当向患者的近亲属说明”。它指出了告知的对象和同意的主体是患者，只有当有“不宜向患者说明的”，才向其近亲属说明。显然，它清楚地规定了告知和同意的顺序以及代为行使同意的条件：第一是患者，在不宜告知患者和获得患者书面同意的情况下，才告知其亲属，近亲属在告知和同意的顺序中位列第二。

第二，明确了不能获得患者同意时例外的医疗处置条件。《侵权责任法》第56条则规定：“因抢救生命垂危的患者等紧急情况，不能取得患者或者其近亲属意见的，经医疗机构负责人或者授权的负责人批准，可以立即实施相应的医疗措施。”这样的规定比《医疗机构管理条例》有了很大的改善，也更便于知情同意原则的落实。《医疗机构管理条例》33条曾这样规定，“……无法取得患者意见又无家属或者关系人在场，或者遇到其他特殊情况时，经治医师应当提出医疗处置方案，在取得医疗机构负责人或者被授权负责人员的批准后实施。”而《侵权责任法》则以更为精确的“紧急情况”一词，代替了模糊的“其他特殊情况”；同时，它略去了“无法取得患者意见又无家属或者关系人在场”，以更为明晰的表述“不能取得患者或者其近亲属意见”代替之。后一个表述既可以理解为“近亲属在场，但没有能力或拒绝给出同意”，也可以理解为“因近亲属不在场而无法给出同意”。有了这样的规定，医护人员可以选择在紧急情况下，为了病人的最佳利益而不采纳或否决其家属的决定。它明确了在紧急情况下，当病人家属无法或拒绝提供同意时，医护人员所具有的对病人实施治疗处置的权利。因此，这一规定在某种程度上可以避免前面所提到的北京医院孕妇死亡的悲观重演。当然，规定仍存在着不尽完善和模糊之处，从而可能有损于知情同意原则的有效贯彻。这一点，文章还将在第三部分中作进一步讨论。

第三，《侵权责任法》的再一个特点是，它把违反患者的知情同意权与民事侵权责任结合起来，从而使医疗纠纷能在法律框架内得以合理处理和解决。在我国《侵权责任法》出台之前，知情同意原则在我国医事法中有所体现，但在民事侵权责任和权利救济层面缺乏有力规定，因而，以往它只能起到宣示性作用，没有以单独的侵权责任形态发挥其应有的功能，从而也无法成为制约医疗行为、调整医患关系的有效工具。《侵权责任法》改变了这一局面。该法第55条第2款明确规定，医务人员未尽到法定的告知义务，造成患者损害的，医疗机构应当承担赔偿责任。同时，《侵权责任法》第58条还对医方承担赔偿责任的条件进行了规定：“患者有损害，因下列情形之一的，推定医疗机构有过错：（一）违反法律、行政法规、规章以及其他有关诊疗规范的规定；（二）隐匿或者拒绝提供与纠纷有关的病历资料；（三）伪造、篡改或者销毁病历资料。”换言之，如果医务人员没有按照相关法规告知患者有关医疗或干预的信息，或患方没有实质性地理解这些信息，医务人员有可能被认定为对患方造成损害的后果，并因此承担赔偿责任。

在一定条件下推定医疗机构或医务人员有过错，并让患方承担一部分举证责任，这与以往的“举证责任倒置”原则有所不同。“举证责任倒置”就是在有关疗纠纷或医疗侵权行为的诉讼中，由医疗机构承担举证责任，即医疗机构只有证明医疗行为没有过错，医疗行为与对患者的伤害没有因果关系才能免责。无疑，“举证责任倒置”的出发点是保护患者，因为患者在医疗机构和医务人员面前处于被动和弱势的地位。然而，“举证责任倒置”在实践中实施得并不理想，甚至导致医生和医疗机构的律法主义的做法，即为了保护自己、规避风险，或者为了提高治疗的安全系数而不积极施救，甚至实行过度检查和治疗。所以，“举证责任倒置”实施的结果，反而使医患之间的不信任更为加剧，患者的利益也因此无法得到有效保护。《侵权责任法》让患者承担一部分举证责任。其第58条所列举的医方过错的三个条件表明，如果患者无法提供医生“违反法律、隐匿或销毁病历资料”等，那么医生就不会受到诉讼、承担赔偿责任。也就是说，如果医疗行为对患者造成了损害，而且医务人员违反了相应的医疗操作规程，那么医疗机构就要承担赔偿责任。但同时，病人也必须提供证据表明医生违反了相应的条例或操作规程。显然，《侵权责任法》的用意就在于，在减少医疗机构和医务人员律法主义做法的同时，切实保护患者利益，从而更为有效地处理医疗纠纷。

可见，《侵权责任法》较之以往的相关法律，规定更为细化、明晰。它从侵权和损害赔偿的角度，明确了个人同意的主体地位，对个人同意不能行使时的条件进行了限定和具体化，并把违反知情同意权与民事侵权责任结合起来，首次以法律的形式把违反告知义务确定为医疗伦理损害责任的类型，从而使知情原则在实际的贯彻中找到法律的立足点。

（三）《侵权责任法》的不足之处

不过，为合理解决医疗纠纷而提供法律依据和框架的《侵权责任法》，在有关知情同意问题的规范，以及如何有效处理医疗纠纷上还存在着有待完善和商榷之处。

首先，从告知方面来看，尽管该法对医务人员的告知义务进行了单独的规定，并扩大了告知范围，但是，告知的标准却不甚明确。在其55条中，它以“说明病情和医疗措施”“手术、特殊检查、特殊治疗”，以及“说明医疗风险、替代医疗方案等情况”等字眼对医务人员的告知义务进行规范，然而，该条款对于如何告知、告知多少却无明确、具体的规定。比如，是否需要告知患者所有有关治疗或检查的信息？是否也要告知不太可能发生的并发症？是否应该告知患者实质性的信息？换言之，《侵权责任法》规定的知情同意标准不太具有可操作性。在实际临床中，到底实施专业标准、理性人的标准，还是个体的主观标准，还存在着不确定性和可发挥的空间。从其他国家的经验来看，实质性的告知标准是立法应该采纳的依据，他们在司法实践中不再过多强调告知的专业性，而是着重于以病人为中心的知情同意。但可惜的是，《侵权责任法》没有体现这一趋势。从其表述来看，它似乎想对告知内容作具体化的规定，但因不能完全涵盖所有情况，只得使用了“等情况”这样的安眼，从而依然没有解决医务人员在实际操作中无所适从的窘境。

其次，从同意的主体来看，如上面已经论述的，《侵权责任法》非常明确地规定了同意的主体是患者个人，其次才是近亲属。但是，对于什么情况下医务人员可以越过患者，向其近亲属告知，却用了含糊的“不宜向患者说明的”这样的句子。但问题是，什么是“不宜向患者说明的”，“不宜”的标准是什么？谁来判断是否“不宜”？“不宜”是指患者的身体虚弱到无法作出独立的理性的决定，还是指患者会因接受坏消息而心理无法承受？如果“不宜”是依据医务人员的经验来判断，那么，医务人员认为患者的情况“不宜”被告知时，而患者自己认为“适宜”被告知或坚持要知情，那又当如何处置呢？这一款规定，与之前的《医疗机构管理条例实施细则》和《医疗事故处理条例》中所规定的医务人员的告知“应注意避免对患者产生不利后果”一样，无法使医务人员得以有效贯彻和实施。这样一来，尽管法律明确了同意的主体是患者个人，但因为规定的不明确、用词的含糊性，使到底应该征询个人同意还是家属同意在实际操作中还是会有困难。这是其一。其二是，“近亲属”一词不准确。作为一部在实际中运用的法律，对于谁属于近亲属应该有明确的说明，或者统一法律用词——“法律授权的合法代理人”，或患者授权的代理人。事实上，近年来在中国的一些医院都实行了入院告知书和委托书，它们规定，患者家人必须持有病人签名的委托书，才能代理病人同意，即只有患者签字同意有关其病情和医疗决策由其指定的家属代理，家人才能合法合理地实施家庭同意或代理同意了。

再次，有关同意的例外医疗处置，尽管《侵权责任法》比以往的法律对于紧急情况下不能获得同意而救治患者的情况作了更为具体的规定，但是还有待进一步完善。首先，对于“抢救生命垂危的患者等紧急情况”应该有更为具体化的说明，或附上相关的急症抢救条例，而不是用“等”来概括未知的情况。一般来说，急诊必须具备三个条件：一是根据医务人员的判断患者是严重损伤；二是，必须立即抢救才能缓解其进一步的损伤，如果延迟，患者病情进一步不可逆地恶化，甚至死亡；三是，时间非常紧迫。[①] 其次，对于“不能取得患方同意的情况”过于笼统。“不能取得”是指“无法获得”，如患者生命垂危且丧失意识，而其家人或合法代理人又不在场；还是指患者本人或在场的家人“拒绝同意”？如果是前者，那么当然以患者的医学利益为重而进行抢救，这在传统的伦理和法律上均没有争议；如果是指后者，那么，其处置则较为复杂，即医生是否应该以及在什么情况下可以运用医疗特权否定患者或家人的不同意，这些应该有具体的规定。假如患者因信仰而拒绝接受医学上认为最佳的救治手段怎么办？假如病人昏迷，家人不顾患者的利益拒绝怎么办？这些情况都需要细化。这里需要强调的是，作为一个规范医患关系、合理处理医患纠纷的法律，应该对此有区分，并作严格、精确的说明。如果涉及医疗特权，那么应该对什么是医疗特权，以及医疗特权的行使范围和条件做出进一步规范。

最后，尽管《侵权责任法》对医疗过错的标准作了明确规定，但其用词存在着模糊性，因而会对医疗过错的认定带来困难，从而不能切实保护患者的利益，达到合理处理医疗纠纷、平抑医患矛盾的目的。比如，《侵权责任法》第 57 条规定，“医务人员在诊疗活动中未尽到与当时的医疗水平相应的诊疗义务，造成患者损害的，医疗机构应当承担赔偿责

① Great H. , 2005, “How are emergencies different from other medical situations”? *The Mount Sinai Journal of Medicine*, 72 (4): 216-219.

任。”在此，“当时的医疗水平”是一个笼统的概念。我们应当承认，《侵权责任法》以“当时的医疗水平”作为判定医疗技术过失的标准，有其合理性。它可以确认医疗机构及医务人员在诊疗中应当尽到的与当时医疗水平相应的技术注意义务。[①] 但同时，这一款却没有根据中国实际而细化“当时的医疗水平”。中国地域广大、幅员辽阔，大城市的三甲医院与偏远乡镇的小医院，其医疗水平相差甚远，适用统一的医疗过失标准，既不合理，也不切实际，并因此给实际操作带来困难。同样地，第63条“医疗机构及其医务人员不得违反诊疗规范实施不必要的检查”，其目的是用以规范医疗机构和医务人员的过度医疗，防止医患矛盾的激化。然而，“过度医疗”不仅仅表现在“实施不必要的检查”，还表现在过度治疗、过度用药、过度保健等其他诸多环节。这些发生在医疗过程中的过程医疗行为同样也会对患者的利益造成严重损害。显然，这一法律条款仅把范围局限在“实施不必要的检查”，不足以充分保护患者的合法权益。更何况，对于“过度医疗”如何界定，医患可能存在着分歧，而这个问题的解决，既需要医疗机构对于疾病诊治的标准、规范化，对于用什么样的检查、用什么药给予规范，并以立法条文的形式颁布，同时，在发生医疗纠纷时需要专业机构的鉴定和评估。这些都需要《侵权责任法》或其他与之相配套的法律更一步细化。

因此，尽管《侵权责任法》在强调患者的知情同意权方面比以往的法律进了一步，它把侵犯知情同意权与民事侵害责任相结合，使知情同意权的落实在法律上找到了依据，但是，由于立法本身对于诸多关键问题没有作具体的、细化的规定，因而把它作为规范医患关系、缓解医患矛盾的手段和武器，其效果可能仍乏善可陈。

（四）知情同意在中国的理论与现实

尽管如此，《侵权责任法》对患者知情同意权的法律规范在当今中国仍然具有划时代的意义。它不仅确立了患者在医疗决策过程中的自主地位，规定了患者的隐私权，而且更为重要的是，在某种程度上它宣告

---

① 杨立新：《〈侵权责任法〉改革医疗损害责任制度的成功与不足》，《中国人民大学学报》2010年第4期。

了知情同意原则的普适性。

纵观世界各国对于知情同意的立法及伦理准则，无一不是以权利和个人的同意作为其主要内容和形式。从《赫尔辛基宣言》等涉及人的研究准则、相关的临床伦理规范，到有关患者权利法案、隐私法和数据保密法，在强化医生和研究者保护病人和受试者义务的同时，突出强调和保障病人与受试者的自主选择和决定。简言之，对个人的权利和自主性的保障是知情同意的实质和基础，没有这些，也即没有知情同意原则的诞生和有效运用。

当然，知情同意原则在实践中，会面临着个人自主决定与保护病人利益的矛盾，从伦理学上说这是自主与有利的冲突。以家庭参与医疗与研究决策为例，它在某种程度上可以更好地体现和保护患者与受试者的利益，但是，这并不意味着家庭在决策过程中具有决定性的主体地位，也并不意味着知情同意不适合中国的文化环境。

无论从社会学的调查数据、个案分析、历史文化因素的追溯和理论探讨，还是当今中国立法，都表明家庭随意替代患者的同意是站不住脚的。一项对癌症病人的调查表明，有 77.6%的患者认为应该告知其有癌症的真实诊断，只有 3.8%认为不应告知，还有 18.6%认为要“因人而异”；而与此同时，87.5%的肿瘤专科医生认为应告知早期癌症患者的真实诊断，有 40.5%的医生认为应告知晚期病症患者实情。[①] 从这项研究可以看到，在当今中国社会，即使是被认为坏消息的癌症信息，无论是患者还是医生，绝大多数认为应该告知。

而个案的分析表明，家庭同意可能导致悲剧，以及可能无法真正保护患者的利益，这一点从中国大陆发生的案例可以得到证明。曾有一产妇因其丈夫迟迟不肯签字同意而贻误手术时机，最终母子双双死亡，该丈夫不同意抢救的原因是其妻子怀的是女孩，而对这个家庭来说，男孩是他们的最佳利益选择。[②] 同时，许志伟先生曾在他的文章中列举了在中国香港因家庭否决了青少年的同意权而对患者治疗造成了贻误，导致

① 苏银利、李乐之：《医患不同角色群体对患者知情同意权的态度研究进展》，《医学与哲学》（人文社科版）2008 年第 3 期。

② 王丽艳、郭照江：《知情同意原则与文化背景——中美生命伦理学比较研究之一》，《中国医学伦理学》2001 年第 5 期。

患者不可逆的严重损伤。[1] 本文作者在《生命伦理中的知情同意》一书中，在对中国文化以及医患历史进行回顾和追溯后，对中国文化并不排斥个人自主决定进行了理论论证。[2]

不可否认，在中国这样的东方社会，家庭在很大程度上参与临床的决策，甚至介入参与研究的决策。但是，我们需要指出的是，中国家庭之所以参与决策，是因为家庭成员必须担负照料病人的义务，甚至还共同承担医疗费用。我们近期在上海一家医院的调查还发现，医生更愿意让家庭参与、告知家人，是为了规避医疗风险、避免医疗纠纷。所以，家庭同意在很大程度上是家庭参与讨论和决定有利于病人治疗的方案，以及治疗费用的分摊。因而，最后的决定和同意，是由患者与家人共同做出的。家庭在很大程度上担任咨询或参谋的角色。[3]

基于以上的讨论，我们可以看到，有关知情同意原则不适合中国社会文化情形，并提出家庭同意高于个人同意，甚至提出家庭自主的观点，不具有理论和现实的立足点。家庭同意的局限性在于，它在临床中可能无法真正保障和落实患者的权益，而如果延伸至生物医学研究情形中，可能使受试者遭到伤害、剥夺。因而，世界各国从来没有一个法规或伦理准则会因为患者或受试者的利益而无视、否定其自由决定权，除非他表示同意放弃或让渡这样的权利，或没有能力表示同意。即便如此，替代或代理其作出同意的治疗或研究必须是有益于他本身及其所代表人群的健康的。让行动者自己作决定和选择，这一点在中国也不例外，而《侵权责任法》就很好地体现了这一点。

当然，正如在本文第三部分指出《侵权责任法》还存在不足一样，知情同意原则在中国的贯彻和实施还存在种种问题。这里既有对知情同意原则贯彻不力的问题，但更有监督和伦理审查能力的问题。

比如，2012 年发生在中国的黄金大米案，就是知情同意的执行不力和伦理审查委员会审查不严而导致的。这是一项由美国塔夫茨大学的汤光文领导并获得美国卫生院和农业部资金支持的研究。研究于 2008

---

① Hui, E., 2008, "Paternal refusal of life-saving treatments for adolescents: chinese familism in medical decision-making", *Bioethics*, 22 (5): 286–295.

② 朱伟：《生命伦理学中的知情同意》，上海复旦大学出版社 2009 版。

③ Cheng, K. et al., 2011, "Can familism be justified"? *Bioethics*, 26 (8): 431–439.

年在湖南省衡阳市的一所小学进行。研究目的是解决儿童摄入维生素 A 不足的问题，针对缺乏症高发人群，补充维生素 A。研究共招募 80 名 6—8 岁儿童，并按食用黄金大米、菠菜或油胶囊中的 β 胡萝卜素随机分组研究。研究结果表明，黄金大米中的 β 胡萝卜素 与油胶囊中的纯 β 胡萝卜素 一样有效，但好于菠菜中的维生素 A。该研究成果于 2012 年 8 月 1 日在《美国临床营养学杂志》（The American Journal of Clinical Nutrition）发表，题为“β-Carotene in Golden Rice is as good as β-carotene in oil at providing vitamin A to children”（《黄金大米中的 β-胡萝卜素与油胶囊中的 β-胡萝卜素对儿童补充维生素 A 同样有效》）。黄金大米，又名“金色大米”，是一种转基因大米，由美国先正达公司研发。其不同于正常大米的主要功能为帮助人体吸收维生素 A。因为色泽发黄，该大米品种被称为“黄金大米”[①]。

该项研究经媒体披露，引起社会公众的一片哗然和激烈反应。经调查，该项研究曾在 2003 年向浙江省医学科学院递交了“菠菜和 β-胡萝卜素胶囊转化成维生素 A 的效率研究”的申请，并获得批准。但在该院伦理委员会同意实施该项目的时间段内，该项目并未实施，反而于 2008 年 5 月 20 日至 6 月 23 日，在未经当地伦理审查委员会批准的情况下，在湖南衡阳展开。

在研究过程中，课题组曾召开学生家长和监护人知情通报会，但没有向受试者家长和监护人说明试验将使用转基因的“黄金大米”。知情同意书仅发放了最后一页，学生家长或监护人在该页上签了字，而该页上也没有提及“黄金大米”。

质疑者认为，第一，黄金大米可能会严重威胁到环境和粮食安全，也并不能解决造成维生素 A 缺乏症的根本原因——贫困和缺乏多样化的饮食。第二，这项已经超过时限的研究，竟然可以在中国的另一个地区未经重新审查而进行。第三，受试者及其监护人并没有真正理解研究的性质和内容，知情同意原则的执行有问题。第四，在未经成人试验的情况下，直接在儿童身上试验，这有悖相关伦理准则。

这一有悖伦理的案例在中国的发生，原因有知情同意贯彻不到位，

---

① 新华网：《“黄金大米”试验违规 相关责任人被撤职》，http://www.xinhuanet.com/politics/2012-12/06/c_113936622.htm.

没有清楚告知受试者及其监护人“转基因”大米的事实（或许是研究者故意隐匿不宣）；也有伦理审查委员会对转基因食品对儿童直接试验，以及从境外带入中国的食品安全审查不严、监管不力的因素。事实上，近年发生在中国的有违伦理的案例，大都与知情同意原则贯彻不力，以及伦理审查能力不足有关。这些都需要从伦理教育和能力培养上来强调对个人权利的保护，同时，也需要建立长效、完善的制度，对研究进行严格的审查和监管。“黄金大米”所涉及的三个主要研究者被他们所属机构判定为违反知情同意原则，研究行为不端。这是中国历史上首次有研究人员因违反知情同意原则而受到处罚。

从《侵权责任法》到知情同意原则在实际运用中的不足和缺陷表明，当今中国在知情同意原则的贯彻和落实喜忧参半，它一方面在立法和伦理上有了长足的进步，但另一方面，在有关理论和实践上还存在着认识障碍。这些既需要在伦理学对相关理论作进一步的廓清、分析和论证，也需要在实践中对知情同意原则进一步推广和落实。

（五）结 论

从知情同意发生和发展的历史上看，其内涵的发展和立法的推动是互为促进的。《侵权责任法》对于知情同意权在法律上的保障在中国具有划时代的意义，它一方面将促进对于医疗和研究决策中个人权利和自由选择的进一步理论探讨，从而对知情同意的普世性和地方性有进一步的理解；另一方面，也必将推动其他法规的配套出台，对医学临床和研究实践中的知情同意原则的落实更加到位、更为切合实际，从而真正起到保护患者和受试者权益的作用。

（朱伟，原为英文论文发表于 Asian Bioethics Review，2014，6（2）：125-142；Zhu Wei：The Tort Law of P. R. China and the Implementation of InformedConsent）

三　精神障碍病人非自愿住院能否得到伦理学辩护的伦理学探究

（一）背景

根据2009年中国疾病预防和控制中心精神卫生中心的报告，我国各种类型精神障碍患者的数量超过1亿，其中1600多万严重精神障碍患者。然而，分配给心理卫生的卫生资源非常稀缺。2005年底，只有572所精神病院、床位132000张，平均每万人1.04床，低于世界上平均每万人4.3床。在1600多万名严重精神障碍患者中，30%需要住院，约为480万人。① 许多精神病人本应该被视为住院患者，但从未获得充分的治疗。

具有讽刺意味的是，自2007年以来，大陆媒体广泛报道了揭露精神病学被误用或滥用的案例，引发了广泛的争论。“被精神病”这一术语是指一种现象，其中有些人被诊断患精神病，并被强制地当作精神病人对待，违反了他们的意愿，并由于非医学理由非自愿地住进精神病院。许多精神正常的人本不应该住进精神病院，却非自愿地住进精神病院。结果，精神病人的医疗权利和精神正常公民的基本人权都遭到了侵犯。②

X是一个典型的例子。X是河南省漯河市郾城县源汇区大刘乡东王村农民。从1997年到2003年，他不断上访，试图起诉乡政府虐待同村残疾妇女Z。2003年10月，该乡党委和政府强制将他送进漯河市精神病院，而没有通知他的家人。他被该院精神病科Y医生诊断患有“诉

---

① http：//www. china. com. cn/news/comment/2010-06/01/content_ 20159986. htm.

② http：//baike. baidu. com/link? url = nPBbZDXcBiga3MfR287rcv3B5aWrvOxfVwaDtC1ZCIQeU S0VaLo0noy847HSAtR6mj6EAESGR9xu_ 93dWUn5FK.

讼狂”，该医生依据人民卫生出版社出版的《精神病学教科书》第四版作为诊断的基础。Y 说：“X 的症状与教科书中描述的一样。”后来，当他的家人得知他住院，要求精神病院让他出院，但遭拒绝。医院副院长立即说：“你没有权利把他带回家。只有送他来的乡政府有权放他。”最后，X 在精神病院被关了 6 年半。在此期间，他接受了电休克治疗 6 次，试图逃跑 2 次，多次自杀未遂。X 的案例被报道后，引起了公众的愤怒。2010 年 4 月，源汇区地方党委和政府决定免除 3 位官员的职务，因为他们滥用权力伪造证书证明 X 患有精神障碍，但没有就精神病院的误诊做出决定。2010 年 4 月 25 日，X 被他的家人带回家。①

这一案例以及许多其他案例提出了一个问题：在什么条件下非自愿住院是在伦理学上得到辩护的？为了解决这个问题，我们必须探究精神病诊断中的伦理问题，民事非自愿住院的标准和程序中的伦理问题，以及知情同意在精神病学情境应用中的伦理问题。

（二）精神病诊断中的伦理问题

非自愿住进精神病院的应该是精神病人，这是不言而喻的。这是非自愿住院的前提。这是一个正确诊断问题。人们可以争辩说，这是一个精神病学问题，不是一个伦理学问题。然而与躯体病的诊断相对照，精神病的诊断有着多得多的伦理含义，因为一旦一个人被诊断为有精神病，他/她的自由或权利就有可能受到限制。

美国生命伦理学家赖克（Walter Reich）在他的文章《作为一个伦理问题的精神病诊断》中指出，精神病学诊断的伦理问题与其滥用的能力有关。他区分了两类误诊：有意的和无意的。有意的误诊是，当一个精神病医生将标准的精神病诊断用于一个人时，他知道这是不合适的，而是为了达到一些非医学的目的。赖克论证说，无意的误诊可有三个来源：诊断程序固有的局限性，诊断理论形成精神病学视野的力量，以及诊断作为一种减缓或避免复杂人类问题的方法（包括利用精神病诊断来

① 王怡波、杨桐：《上访农民被关精神病院》，《中国青年报》2010 年 4 月 25 日。

排斥、不当人对待、败坏名誉和惩罚等)。[①]

有意和无意的误诊在中国的精神病机构内都存在。在使用或滥用导致民事非自愿住院时有两个主要的概念。一是所谓的“诉讼狂”的概念，这是由中国精神病学家发明的，但被证明在科学上是缺乏根据的，然而这让我们想起苏联精神病学的影响。二是“自知力”概念的误用，这一概念在精神病诊断中可能是有用的，但其应用范围有限；这一概念的滥用在中国也导致民事非自愿住院。

1. 诉讼狂（Litigious Paranoia）

有意义的是，正如 X 的案例，在我国也有上访的人被诊断为有“诉讼狂”，然后被非自愿地住进精神病院。[②]“诉讼狂”的诊断是在中文精神病学教科书[③]中发明的，归类为一种偏执的人格障碍。书中对此描述如下：“患者坚持认为他们受到威胁和迫害，声誉被玷污，权力被侵犯等，因得不到公正的解决，而诉诸法庭。威胁和迫害可能来自某个人，也或许是来自某些人有组织的精心策划。他们的信念非常牢固，随着时间的推移使情节变得更加复杂。患者的诉讼有逻辑性，详尽而层次分明，见不到有什么破绽。在诉讼过程中若遇到阻力，则毫不后退，反而增强必胜信心。一旦诉讼被法院驳回，则采取迂回对策，千方百计公之于世，请求社会上的声援。可谓不屈不挠，为正义而战斗。由于患者高度的警觉性，可表现明显焦虑和易激惹。”[④]

“诉讼狂”的诊断在科学上有根据吗？这一诊断既没有病理生理基础，也没有特异性的临床表现，上面的描述完全不是特异性的。它可以应用于真正不屈不挠为正义而战的任何人。当上访者患有偏执型人格障碍，可以做出偏执型人格障碍的诊断，根本没有必要发明一个新的精神障碍类别——“诉讼狂”。此外，这些人表现在他们行动中的不屈不挠不是一件坏事。许多伟人的成功可以归因于他们永远不会

---

① Reich, W., 1981, “Psychiatric diagnosis as an ethical problem”, in Bloch, S. & Chodoff, P. (eds.) *Psychiatric Ethics*, Oxford: Oxford University Press, pp. 61-88.

② 北京大学一位法学教授称 99%上访的人有精神病，《中国新闻周刊》2009 年第 10 期，http://blog.sina.com.cn/s/blog_44c867a70100ch63.html.

③ 沈渔邨：《精神病学教科书》，人民卫生出版社 2005 年版，第 422 页。

④ 沈渔邨：《精神病学教科书》，人民卫生出版社 2009 年版，第 539 页。

向困难屈服的品格。应该将他们归类为患有某种类型的偏执型人格障碍吗?“诉讼狂”的诊断也是不合伦理的。任何人感受到迫害,他的名誉遭到玷污,他的权利遭到侵犯,他们都有合法的权利要求伸张正义。“诉讼狂”诊断阻碍了通过法律伸张正义者的人权并滥用精神病学去惩罚这些人。

2. **自知力**(Insight)

在我国不仅有发明的“诉讼狂”概念误导精神障碍的诊断,而且还有不当使用如“自知力”等现有概念引起精神病学中的误诊,导致非自愿住院的现象。“自知力”概念的使用及其诠释引发了伦理学问题。自知力意味着一个人认识到自己患精神病的能力。自知力是用作诊断精神障碍以及评估精神病的严重性和治疗有效性的一个重要指标。然而,在诊断中对自知力概念的不当使用可能会导致误诊。

从历史上看,自知力概念侧重于两个现象:精神病的自我意识和接受,以及治疗需要的接受。然而,自知力的概念不仅仅是单纯知道是否患病,所以它不是一个有或无的实体;反之它是一个连续体。自知力概念一直被批评为过于简单和局限。许多人认为,当评估自知力这样复杂的事情时,应将个体的视角、信念和价值考虑在内。人们可以有各种各样的文化框架来解释他们的患病。① 早在20世纪90年代,精神病学提出了一种新的自知力模型,并且论证说,对自知力的评估应该根据个体疾病加以更正,需要从病人的、临床医生的以及他们互动的视角来考虑自知力这一概念。②

自知力概念在精神病诊断的某些方面可能是有用的;然而,缺乏自知力或否认患精神病既不是诊断一个人患有精神病的必要条件,也不是其充分条件。许多精神病人的确都承认他们患精神病,患不同精神病的病人也可能显示对他们所患障碍有不同程度的自知力。但所有精神健全的人,当被送进精神病院时,都会否认他们患有精

---

① Basil, B. et al., 2005, “The concept of insight in mental illness”, *Primary Psychiatry*, 12 (9): 58-61.

② Markova, I. et al., 1995, “Insight in clinical psychiatry: a new model”, *Journal of Nervous & Mental Disease*, 183 (12): 743-51.

神病。即使前面提到的中国精神病学教科书的作者也承认，有些病人“口头上承认有精神病”，“以图欺骗医务人员，达到出院目的者并非罕见”①。

自知力概念也可以被用作一个工具，使得精神卫生专业人员或其他人给人们贴上一个不能为自己的健康做出决定的标签，从而违反他们的意愿强迫他们住进精神病院并对他们进行治疗。Rosenhan 的实验②显示，我们必须非常小心区分精神病院中什么是神志健全与什么是神志异常，意识到贴上这种标签以及受到非人性对待的危险。

如果没有充分的证据证明精神障碍的特异性病理生理基础，在不久的将来误诊仍将是不可避免的。躯体和精神的障碍都有其事实和价值（生物学事实和社会价值）的要素，因为二者均导致病人产生功能异常，而这种功能异常使病人受到伤害。功能异常是一种病理生理状态，使得病人的内部机能降低或失去执行存在所必需的功能的能力。仅当功能异常障碍失去其对社会的价值时，它就成为障碍。所以，障碍是有害的功能异常，而精神障碍是一个特例。认识到功能异常是诊断精神障碍的必要条件，也许可帮助精神科医生避免将实际上是社会建构的状态贴上精神障碍的标签，如美国的漫游狂（drapetomania）③，前苏联的政治精神病学④、我国的诉讼狂。⑤

---

① 沈渔邨：《精神病学教科书》，人民卫生出版社 2009 年版，第 539 页。

② Rosenhan 实验是由美国心理学家、斯坦福大学教授 David Rosenhan 进行测定精神病学诊断的可靠性的实验。其结果发表在 1973 年《科学》杂志上。实验是利用 8 位假病人（3 女 5 男，包括 Rosenhan 自己），他们假装有幻听，分别申请住进美国 5 个州的 12 家精神病院。所有人都被诊断患精神障碍，收住入院。入院后假病人行动正常，告诉医务人员他们感觉好了，不再有幻听了。然而，所有人都被强迫承认有精神病，并同意服用抗精神病药物，作为出院条件。这些假病人平均住院时间为 19 天。在他们出院前，除了一个人外，所有人都被诊断为精神分裂症。

③ 1851 年，美国医生 Samuel A. Cartwright 描述漫游狂（drapetomania）是引起黑奴逃亡的精神病。现被认为是伪科学或科学种族主义的一例。

④ 政治精神病学是指在苏联将持不同政见者诠释为精神病问题的对精神病学系统在政治上的滥用。

⑤ Wakefeld, J., 1997, “The concept of mental disorder: on the boundary between biological facts and social values”, in Edwards R. (eds.) *The Ethics of Psychiatry*, NY: Prometheus Books, pp. 63-97; Bloch, S., 1981, “The political misuse of psychiatry in the Soviet Union”, in Bloch, S. & Chodof, P. (eds.) *Psychiatric Ethics*, Oxford: Oxford University Press, pp. 322-342.

（三）民事非自愿住院的标准

非自愿住进精神病院可能有两种情况：涉及民事责任或涉及刑事责任。在本文中，我们集中于民事非自愿住院，而不是刑事非自愿住院。具有讽刺意味的是，虽然许多精神正常的人非自愿地住进精神病院，而患有严重精神障碍的罪犯却被当作正常人处决，没有关进精神病罪犯机构。不管在历史上还是在实践中，民事非自愿住院的人被迫住院由于各种各样的原因，例如需要治疗和护理，解脱家庭负担，被视为危害自己或危害他人，或对公共安全有威胁。精神病院里充满了被社会抛弃的、不情愿的人。

在2012年《中华人民共和国精神卫生法》颁布前，有6个城市发布了地方性的精神卫生条例（例如北京市）。在《北京市精神卫生条例》[①] 中第31条规定：

> 精神疾病患者有危害或者严重威胁公共安全或者他人人身、财产安全的行为的，公安机关可以将其送至精神卫生医疗机构，并及时通知其监护人或者近亲属……

2007年卫生部提出的《精神卫生法》草案（第9稿，卫生部，2007）[②] 第25条规定：

> 有下列情形之一的，精神病患者或者疑似精神病患者的监护人或者近亲属应当为其办理医疗保护入院手续：
>
> （一）经精神专科执业医师检查评估后，确定应当住院治疗，而本人又不能自愿住院的；
>
> （二）发生或者将要发生伤害自身、危害他人或者危害公共安全的行为的。

---

① 北京市人民代表大会（2006）：《北京市精神卫生条例》，http：//www. npc. gov. cn/npc/xinwen/dfrd/bj/2007-03/19/content_ 362703. htm.

② 中国卫生部（MOH）（2007）：《精神卫生法草案》。内部文件。

如果精神病人需要治疗，而治疗有益于他，但此病人无行为能力，或有充分证据证明精神病人或疑似精神病人即将伤害自己，那么非自愿住院在伦理学上是可以得到辩护的。这是家长主义的干预。

那么将“危害公共安全”列为非自愿住院的理由能得到辩护吗？除了刑事案件外，非常少的精神病人构成对公共安全的危害。将其列为非自愿住院的标准就会给予公安部门太多的权力，而这种权力非常容易被误用或滥用，就像上面所述的X案表明的那样。

我国《精神卫生法》在维护精神卫生权利方面有了很大的进步，取消了将危害公共安全作为非自愿住院的理由，增加了允许病人及其家庭在一旦做出诊断和决定后上诉的权利。

关于非自愿住院标准，第30条规定：

> 精神障碍的住院治疗实行自愿原则。
>
> 诊断结论、病情评估表明，就诊者为严重精神障碍患者并有下列情形之一的，应当对其实施住院治疗：
>
> （一）已经发生伤害自身的行为，或者有伤害自身的危险的；
>
> （二）已经发生危害他人安全的行为，或者有危害他人安全的危险的。①

引起争论的是：如何评价在即将临近的未来严重精神障碍患者对自身伤害的危险和危害他人安全的危险？在当代大多数国家有关非自愿住院的法律中，危险行为限制在概率很高的即将发生的对自身和他人的严重身体伤害。不根据对他人的实际伤害，而根据对他人伤害的威胁来预测危险性是很有问题的。统计数字显示，这些预测仅有35%—45%是正确的。为什么我们应该根据危险性来预防性拘留精神障碍病人，而我们对危险大得多的人（例如蹲过监狱的人、街头帮会分子或醉驾者，却并没有这样做？在刑法中，宁可放过10个有罪的人，也不能冤枉一个好

① 《中华人民共和国精神卫生法》。

人。为什么在民事非自愿住院方面事情如此迥然不同呢?[1] 这是我国《精神卫生法》留下的一个有待解决的问题。

(四) 民事非自愿住院的程序

为了防止滥用精神病学,有必要制定合适的民事非自愿住院程序。在我国《精神卫生法》颁布之前,民事非自愿住院的程序是混乱的或者根本就没有规定。病人的家庭成员、工作单位、公安部门、民政部门或任何其他政府部门都可以送"病人"入精神病院。[2] 此外,地方政府之间的规定各不相同,但有一点是共同的,即公安部门与精神病医生起着关键作用。如前所述,在《北京市精神卫生条例》中,第29、30条规定了精神病医生对精神病人住院和出院的决定权,在第31、32条中规定了公安部门办理精神病人住院和出院手续的权力。后来,在2007年《精神卫生法》草案第9稿中,办理精神病人住院和出院手续的权力从公安部门转移到了病人的监护人或家庭成员(第25条),但精神病医生保留了同样的权力。在辩论中,提出了两个问题:第一,谁或哪个机构有权力做出精神病人住院的决定?第二,谁或哪个机构有权力给精神病人办理住院和出院手续?在山东省济南市审讯"被精神病"第一案时,法院认为,非经法定程序,公民的人身自由不能被非法剥夺,即便是疑似精神病人也是如此。因而精神病院强行收治的行为,侵犯了原告的人身权,基于此法院进行了判决,判定非自愿住院是非法的,受害者获赔5000元人民币。[3]

在对第二个问题的辩论中,一致意见是,应该将公安部门排除在办理精神病人住院和出院手续之外。[4]

---

① McGray, L. & Chodof, P., 1997, "The ethics of involuntary hospitalization", in Edwards R. (eds.) *The Ethics of Psychiatry*, NY: Prometheus Books, pp. 203 - 219; Grisso, T. & P. Appelbaum, 1997, "Is it unethical to offer predictions of future violence"? in Edwards, R. (eds.) *The Ethics of Psychiatry*, NY: Prometheus Books, pp. 446-461; Herman, D., 1997, "A critique of revisions in procedural, substantive, and dispositional criteria in voluntary, civil commitment", in Edwards, R. (eds) *The Ethics of Psychiatry*, NY: Prometheus Books, pp. 462-483.

② 秦亚洲:《精神病人收治制度存漏洞》,《瞭望周刊》2010年6月7日。

③ 李文鹏:《专家建议收治精神病人应有法定程序》,《齐鲁晚报》2010年10月17日。

④ 秦亚洲:《精神病人收治制度存漏洞》,《瞭望周刊》2010年6月7日。

在我国的《精神卫生法》中在程序方面做出的改进有：

(1) 精神病人住院要求自愿原则（第30条）。

(2) 对于有危害自身危险的病人，他们及其监护人有权拒绝住院，留在家中治疗（第32条）。

(3) 对于有危害他人危险的病人，他们及其监护人不同意精神病医生的诊断，有权上诉，要求重新鉴定和重新评价；如果他们再一次不同意精神病医生的诊断，他们可委托合法的和有资质的鉴定机构对精神障碍做出医学诊断（第32条）。

(4) 对于按照精神病医生做出的医学结论需要住院医疗的精神病人，住院手续应由病人本人或其监护人办理。在没有监护人或当家庭成员或监护人拒绝办理病人住院时，村委会或居民委员会可以办理。公安部门为精神病人办理住院和出院手续的权力已被排除（第36条）。

(5) 自愿住院的病人可随时离开，仅对自己有威胁的精神病人，他们的监护人可随时把他们带回家（第40条）。

然而，《精神卫生法》仍然将精神病人应该住院的决定权置于精神病医生手中，而不顾许多伦理学家和法学家的反对。他们论证说，一位精神病医生没有法律上的权力去剥夺一位公民的人身自由，而将他限制在精神病院内，这类决定应该由法院做出。然而，在该法中根本没有提及非自愿住院的法律程序。

被错误送入精神病院的受害者希望《精神卫生法》能帮助他们出院。2001年，XW被长兄、监护人送入上海市普陀区精神病院。2010年，他设法更换监护人以便出院，但没有成功。在《精神卫生法》颁布后，2013年，他委托北京市一家律师事务所的律师于上海闵行区法院诉普陀区精神病院及其监护人民事侵权。这一案件正在审理之中。这是我国《精神卫生法》颁布后的第一起案件。[①]

① 应琛：《精神卫生法第一案：要证明自己正常有多难》，《新民周刊》2014年第11期。

（五）过程同意

为了防止滥用精神病学，除了改进诊断和制订更为合适的民事非自愿住院的标准和程序外，我要进一步建议，在整个求医、治疗和住院过程中应该实施知情同意原则。如果我们能够做到这一点，就可建立一道有效防止滥用精神病学的屏障。

有人可能反对说，精神病人是没有行为能力的，他们缺乏自主性，不能为自己做出理性的决定，因此知情同意原则不适合他们，唯有代理人（监护人或家庭成员）才能为他们做决定。整体来说，精神病人的自主性不是一个有没有的问题。我们可以说，对大多数精神病人来说，他们的自主性受到了不同程度的损害，而不是完全缺乏自主性。这是在精神病学中实施知情同意的基础。

由于精神病人无行为能力或理解能力受到损害，对于知情同意的过程应采取不同的形式。1998 年，厄金（K. Usher）和亚瑟（D. Arthur）首先提出过程同意概念，并论证说，过程同意是一个不断进行的同意过程，护士和病人也要参与其中，并确保病人在治疗各个阶段知情。[①] 后来，Wild 等人在一篇讨论额外治疗中论证说，这种过程同意框架将参与者的关系看作伙伴关系，要求不断进行协商和团队决策，而且也包括不断判定能力的过程，不管最初的判定如何。[②]

应该将过程同意应用于所有精神病人的住院、治疗和研究。当精神病人有行为能力时，治疗、住院或参加研究的知情同意都应采取“选择性参加”（opt-in）的形式。当病人无行为能力时，则要求代理同意。第一代理人候选人应该是与病人没有经济和情感冲突的家庭成员。如果没有家庭成员，则应任命一位法定监护人（代理同意）。当病人无行为能力，而治疗刻不容缓时，有充分证据证明他们的行动危及自己或他人，民事的非自愿住院和强制性治疗是可以得到辩护的。然而，当他们的行

---

① Usher, K. & Arthur, D., 1998, “Process consent: a model for enhancing informed consent in mental health nursing”, *Journal of Advanced Nursing*, 27 (4): 692-697.

② Wild, C. et al., 2012, “Coercion and consent in addiction treatment, addiction neuroethics: the ethics of addiction”, in Carter, A. (eds.) *Neuroscience Research and Treatment*, Amsterdam: Elsevier, p. 168.

为能力得到恢复，应该补上同意程序，在事后获得病人的同意（posterior consent）。有人可能争辩说，如果有可能伤害病人或他人，那么默认选项应该是把病人关进精神病院，证明这种伤害可以防止的责任应落在病人或代理人肩上。这种论证有不少问题：（1）什么是证明有这种可能的证据？这些证据的预测价值又如何？（2）将病人送进精神病院的正当程序首先是要求由合格的精神病医生做出诊断，然后由司法程序做出决定，因为将病人送进精神病院不仅涉及医疗，而且涉及剥夺病人的个人自由。将送病人进精神病院作为默认选项是不合适的。

当病人有行为能力时，应该告知病情以及当他们变得丧失行为能力时有可能非自愿治疗和住院。也有可能获得事先的同意，同意当他们丧失行为能力时进行必要的治疗或允许他们的亲属同意进行治疗。在伦理学上要求对病人决策能力进行经常的评价，应该由合格的精神病医生来对病人不断进行能力评价，而由精神病医生、护士和病人合法监护人组成的评价委员会来评价也许更好。因此在同意过程中有多种要素：opt-in 同意、代理同意、事后同意、事先同意以及经常进行能力评价。按照这种观点，知情同意被看作一个协作过程，而不是对病人所作的一次性权威判断。

（刘冉，原为英文论文发表于 Asian Bioethics Review，2014，6（2）：174-186；Liu Ran：Ethical Enquiry into the Conditions under which Involuntary Commitment Can be Ethically Justified）

四 《精神卫生法》中的家庭决定：伦理学的视角

（一）非自愿住院的家庭决定

1. 非自愿收治中家庭决定的法律规定

经过27年的漫长历程，2013年5月1日，中国历史上第一部全国性的《中华人民共和国精神卫生法》正式实施。在这部法律中，家庭被赋予了巨大的责任和权利。该法一共七章85条，其中近40条法条都是关于家庭或监护人的权责的。根据该法，家庭一方面负有看护、照顾、协助康复的义务，以及对患者造成的伤害承担民事责任，同时也被赋予了很大的权利，包括送诊和代理同意。家属的权利在对有自伤行为或自伤危险的精神障碍患者（下称自伤患者）实施非自愿收治方面达到了顶峰。法律规定，对已经或可能伤害自身的精神障碍患者，由家属全权决定是否对其实施非自愿住院治疗。更甚者，对于有伤害他人行为或危险的患者，可以由精神科医生决定收治，但患者或监护人可以质疑决定，有权“上诉，要求二次诊断”；而被家属决定非自愿住院的自伤患者，法律却没有提供任何司法救济的途径。

> 第31条：
>
> 精神障碍患者有本法第30条第二款第一项情形的，经其监护人同意，医疗机构应当对患者实施住院治疗；监护人不同意的，医疗机构不得对患者实施住院治疗。监护人应当对在家居住的患者做好看护管理。
>
> 第44条：

对有本法第30条第二款第一项情形的精神障碍患者实施住院治疗的，监护人可以随时要求患者出院，医疗机构应当同意。

家庭对于有自伤行为或危险的患者具有如此大的决定性权利，引发了热烈争论。在个体权利意识高涨、传统家庭结构解体、核子家庭逐渐占据主导地位的现代中国，家庭是何以卷入精神医疗实践并被赋权的？在中国特有的社会文化和精神卫生法治背景下，家庭强大的决策权力在临床非自愿收治中会带来什么样的问题和挑战？现代家庭应该如何合理地发挥作用？对这些问题做出回应应当成为当代中国生命伦理学的分内之事。但长期以来，我国伦理学乃至社会科学对精神卫生问题向来鲜有研究，在漫长的27年立法历程中也很少发出声音，这一点是令人遗憾的。①

作者自2011年开始从伦理学的角度关注中国精神障碍患者的非自愿收治问题和精神卫生立法，走访过多家精神卫生机构；访谈过近100名患者和家属；并于2013年6月份主办了中国第一届精神病学伦理和法律问题研讨会。在此基础上，本文将以中国精神卫生立法历程作为出发点，从历史的视角阐述家庭在我国精神障碍患者非自愿收治问题上地位的变迁，论证现代中国家庭被强大赋权的深刻原因，未见得是对中国家本位传统文化的传承，而是市场化医疗体制改革背景下的一种无奈选择；在临床实践中，家庭作为非自愿收治问题的权责主体将带来诸多现实问题和挑战；作为结论，本文认为，要解决家庭决定所带来的各种问题，有必要反思并重申国家的健康责任和慎重使用公权力的必要性。

① Chang, D. et al., 2002, "Growing pains: mental health care in a developing China", *The Yale-China Health Journal*, 1 (1): 85-98; Guo G. et al., 2009, "Stigma: HIV/AIDS, mental illness and China's nonpersons", in *Deep China: The Moral Life of the Person*, in Arthur K. et al. (eds), Berkeley, CA: University of California Press, pp. 237-262; 吴志国：《精神障碍非自愿医疗的中国视角和探索》，《中国卫生政策研究》2011年第9期；Xiang, Y. et al., 2010, "Compulsory admission to psychiatric hospitals in China", *Lancet*, 376 (9747): 1145-1146; Xiang, Y. et al., 2012, "China's national mental health law: a 26-year work in progress", *Lancet*, 379 (9818): 780-782.

（二）家庭决定并非传统做法

从中国家庭卷入精神医疗体系的历史过程来看，家庭对重性精神障碍患者的非自愿收治拥有重大的决定权利，并非自古如是。近百年来，对重性精神障碍患者（无论是伤害他人的还是伤害自己的）实施非自愿收治决策的权利棒，经历了从精神病学医学专业人士手中传到公权力，再分流到今天的家庭的一个历程。

在中国文化中，“疯”是一个较晚才出现的概念，至明清才出现了表示精神错乱言行的“疯”字。所谓“先心之疯”和“心不能审得失之地”，用现代白话来讲，便是神智错乱、无法判断是非曲直。“疯子”的行为必然异于常人，悖离社会规范，若放任自流，必将危害社会。因此，中国古代法制站在维护社会公共秩序的立场，规定精神病人一律“不能免法令之祸”。在这种情况下，古代的精神病人要么因肇事而被囚禁；要么流落在外，过着悲惨的生活；但大部分留在家中，为了防止做出伤人之举，常常被铁链、铁笼等囚禁在家。

19 世纪末，常年在广州行医的美国传教士嘉约翰开设了中国第一家精神病医院惠爱医癫院，该医院收治的第一个患者，就被家人用铁链锁在一块大石头上长达三年，已丧失了行走能力；第二位患者是一位妇女，脖子上被家人套上锁链，另一头固定在地上。对于这样的患者，无论是警察还是患者家属送来，精神病医生在对患者做出诊断后，就可以决定将其收治。自惠爱医癫院之后，作为传统，中国的精神科医生，无论是传教士还是本土医生，一直把从家庭牢笼中解放疾病个体视为己任，而非主张将患者留给家庭。

中华人民共和国成立后，受到世界范围内兴起的精神药理学——苏联巴甫洛夫生理学及辩证唯物主义的影响，中国精神病学一方面认为精神疾病有其生理基础，需要药物治疗；另一方面强调精神疾病是旧社会压迫性的环境导致的，是资本主义意识形态的残余，需要用革命思想教育来纠正。到了 20 世纪五六十年代，国家的政策法规将精神病人定位为暴力和危险的来源，要求各地政府通过设立“精神病人收容管理所，对精神病人收容监管起来”。国家政策还鼓励设立“精神病疗养院或疗养村”，以劳动治疗为主，辅以必要的简易药物治疗。对于“农业社中不能生产又无法管理的精神病人，进行小型集中管理”。在这一时期，虽然也有法规规定，对于病情轻微的精神障碍患者，应由家人或监护人看管；但除此之外，在强大的公权力的干预和监管之下，家庭对患者的非自愿收治根本没有知情同意或决定的权利，基本上是被排除在精神卫生医疗体系之外的。

自20世纪末，这种情况逐渐改变。在国家尚无统一立法的情况下，2002年，上海率先颁布实施了《上海市精神卫生条例》。随后，宁波（2006）、北京（2007）、杭州（2007）和无锡（2007）都起草并颁布了类似的地方性精神卫生法律。在这些地方性法规中，可以清晰地看到，对精神障碍患者的送诊、治疗、非自愿住院等的决定权利，已经从公权力转移到家庭的手中。至此，医学专业和公权力（警察）的作用被限制在提出治疗建议和“紧急情况下住院”方面，而其他方面的最终决定权都交予家庭。

1985年开始起草的国家层面的精神卫生法，历经20余次修改，经历了诸多社会变迁，通过上述地方性精神立法的试点，才使家庭逐渐卷入精神卫生医疗中来。尤其是针对有自伤或自伤危险的精神障碍患者的非自愿收治，家庭开始在知情同意和决定收治方面扮演起至关重要的角色。①

（三）家庭决定的伦理问题

为了减少医学专业的自由决定权，避免精神病学的滥用，目前许多国家都倾向于将非自愿治疗的决定权交给独立第三方，采取第三方审查

① 李秀玲等：《精神分裂症患者及其家属对住院知情同意权的态度及影响因素》，《护理学报》2006年第6期；Liu，X.，2014，“Preparation and draft of Mental Health Law in China”，*Psychiatry and Clinical Neurosciences*，52（S6）：S250-S251；Ma，S.，2011，“China struggles to rebuild mental health programs”，*Canadian Medical Association Journal*，183（2）：E89-E90；潘忠德等：《我国精神障碍者的入院方式调查》，《临床精神医学杂志》2003年第5期；Park，L. et al.，2005，“Mental health care in China：Recent changes and future challenges”，*Harvard Health Policy Review*，6（2）：35-45；Pearson，V.，1996，“The Chinese equation in mental health policy and practice：order plus control equal stability”，*International Journal of Law and Psychiatry*，19（314）：437-458.

的机制，如在美国、澳大利亚由法院掌握，日本、印度则是地方行政长官，而在同属中华文化圈的台湾地区，则由独立的审查委员会决定。在当代中国，没有设立独立第三方，而是把对有自伤行为或危险的精神障碍患者非自愿收治的决定权交给了家庭。

立法者为这一选择进行了辩护，认为家庭决定的合理性基础在于儒家传统文化下的家庭关系之“善”。他们声称，“中国社会特有的家庭关系和感情纽带，是构成社会关系的基础。多年来我国家庭都是患者治疗和康复的最主要场所，家属承担着患者的监护责任和经济负担，在赋予他们监护责任与看管义务的同时，却剥夺其参与并决定患者治疗的权利，将对现实造成巨大冲击，造成更大的混乱与不和谐。”但显然，这种辩护并不充分，它以对家庭亲情的善意推断和假设为基础，把家庭关系“应然的”善当作实然来预设，忽视了现代家庭关系的复杂性。儒家文化历来强调的孝、悌、亲等伦理关系和道德情感，实为一种值得追求的成人成德的道德理想，而非对家庭关系的现实描述。以此作为法理基础，取消了对“不善”行为的警惕与惩罚措施，恐怕恰恰会带来更大的混乱和不和谐。

实际上，这种极具特色的家庭决定模式有着深刻的社会政治经济结构原因。一方面，始于 20 世纪 80 年代的医疗体制改革，将医院推向市场，医疗机构自负盈亏，“公费”医疗已是明日黄花。六七十年代由民政部向被强制收治的精神障碍患者提供的免费住院服务，到了 80 年代，几乎全部被“自费”所取代，而昂贵的医疗费用是重性精神障碍患者难以承受的重担，多数患者及其家庭根本无力支付住院费用。在这种情况下，医院对重性精神障碍患者进行非自愿治疗的能力和动机必然大大降低。回顾 80 年代以前，精神科医院经常会接到来自社区或家庭的电话，根据他们的要求，派出医生，协助社区或家属将疑似精神障碍患者强制送到医院。但是现在，医院这样做的动机越来越弱，他们目前最大的抱怨不是如何收治病人，而是有些被非自愿收治的患者虽然康复，但是家属由于种种原因，拒绝为他们办理出院，从而长期滞留在医院里，占据医院床位，造成医疗资源浪费。

另一方面，《精神卫生法》为家庭进行强大赋权，也来自立法者与公众对威权社会公权力干预医学专业、侵入私域、侵犯私权的担忧和恐惧。近年来，由上访所引发的“被精神病事件”屡见不鲜，使得地方行政部分、公安部门，甚至法院的公信力遭到前所未有的质疑。上访是在中国转型时期社会矛盾激化的背景下，感觉受到侵害的民众越过当地政府到上级部门反应问题、寻求解决问题的一种途径。部分地方政府出于维稳的需要，借助于精神病诊断，把上访者拘禁在精神病院中的事件也已不是个案。徐林东、吴春霞、孙法武等案例，都反映了精神病学在公权力干预之下很可能被滥用的现实。中国医师协会精神科医师分会的官方意见也表达对公权力干预的深切担忧，认为将非自愿收治的权利交予公权力，在中国现阶段的社会背景下，必将遭到广泛的批评与质疑，而且更有可能造成“滥用精神病”情况的发生。在这种情况下，家庭成为重度精神障碍患者非自愿收治的决策者，获得最终决策权利，似乎是不得已的现实选择。

固然，基于强大的抚养责任和反哺传统，中国家庭作为一个整体，有着比较紧密的家庭关系和家庭结构，这一点异于西方家庭。尽管立法者再三强调，“对他们（家属）主导患者非自愿住院的动机一味冠以‘利益冲突’的猜测和指责是让人难以接受的”，但现实情况是，家属被赋予非自愿收治的决定权利，加上没有相应的监督救济程序，发生在家庭内部的“被精神病”事件就难以得到有效预防；更重要的是，当患者出现自伤行为或自伤危险，亟需住院治疗，却可能由于家庭经济困难、感情纠葛、知识匮乏等各种原因，家属漠视或拒绝救治，患者从而得不到专业治疗，健康和生命权利得不到保障。在中国，这种案例并不鲜见。

案例1：山西某地，村民李某，女，52岁，育有两子一女，其丈夫吕某为当地铜矿工人；2006年，12岁的小儿子不幸溺水身亡，受此打击，李某开始出现精神恍惚、抑郁等症状；此后，病情持续加重，经常自言自语，不顾天气严寒裸体奔走，还曾跳入河中，险些溺水身亡，幸好被人救起。2008年，李某的丈夫吕某也出现精神障碍症状，被单位送到当地精神病院，诊断为精神分裂。吕某为铜矿工人，享有医保，所以由单位决定住院治疗，收治至今。2009年，李某的儿子从外地打工回来，将其母亲李某送到同一所精神病院就诊，医生诊断其为精神分裂症，建议入院治疗。但是，李某的新农合保险不涵盖精神科医疗费用；李某的儿子称无钱支付医药费用，也无人陪护，最终把母亲带回，任其病情发展。

案例2：高某系清华大学讲师，2010年因患精神分裂症被丈夫王某送往北京大学第六医院（中国最负盛名的精神专科医院之一）就诊。医生评估该患者有较高的自杀风险，建议住院治疗。但是，王某并不认同医生的评估，认为妻子的病情并不严重，坚持在家服药治疗。虽然医患双方反复沟通，王某仍拒绝为妻子办理住院治疗。医生无奈，只能让高某离开。三个月后，高某跳楼自杀。高某的父亲以此起诉王某虐待和忽视高某，诉讼至今还在进行中。

赋予家庭决定自伤患者非自愿治疗的权利，意味着家庭必然要承担相应的监护责任。由于中国精神卫生社区服务体系落后，社会经济发展水平所限，长期以来，患者家属担负起照料患者的责任，背负着沉重负担。中国卫生部门2013年的统计数据表明，全国累计等级建立居民健康档案并且录入系统的重度精神疾病患者中，经济状况在当地贫困线标准以下的占57%。重度精神障碍患者的家庭普遍面临着精神障碍相关知识、照护、家庭财政等各个方面的挑战，监护责任和经济负担往往超出了他们自身的能力。

非自愿收治的合理性在于，一个人由于精神疾患忽视自身健康，或威胁到他人的安全，国家有权行使政府监护和警察权力，剥夺或限制他的人身自由，对他进行强制治疗，保护患者自身和公众安全。然而，根据《精神卫生法》的规定，当精神障碍患者伤害他人或有伤害他人风险时，由精神科医师决定对其实施非自愿收治；而在重度精神障碍患者伤害自身的情况下，非自愿收治的决定权则交给了很可能无力承担决策和监护责任的家庭。由此可见，基于对维护社会秩序和公众安全的重视，国家行使了“警察权利”，却没有有效承担“监护责任”，相反，却把对患者非自愿收治的决定权交予家属，作为其承担照护责任的平衡和回报，这只能说明，患者本人的健康利益并没有被充分纳入考量之中。①

---

① Huang, et al., 2012, “The involuntary commitment system of China: a critical analysis”, *Psychiatry and Society Watch Equity and Justice Initiative*; Levenson, J., 1986, Psychiatric commitment and involuntary hospitalization: An ethical perspective, *Psychiatric Quarterly*, 58 (2): 106-112; 谢斌：《患者权益与公共安全：“去机构化”与“再机构化”的迷思》，《上海精神医学》2011年第1期；Yip K., 2007, *Mental Health Service in the People's Republic of China: Current Status and Future Developments*, New York: Nova Science Publishers; 张海林：《谁能确认谁是精神病》，《瞭望东方周刊》2011第6期。

（四）结语

对于重度精神障碍患者的非自愿收治，家庭决定（Family-Determination）并非自古如是，与其说这种安排是对中国儒家家本位传统文化的传承，毋宁说它是20世纪80年代以来以市场为主导的医疗体制改革、社会政治经济结构变迁的背景下的一种无奈选择。来自中国医师协会精神科医师分会的官方观点认为，这些规定（家庭决定）“是符合国情的现实选择”，但是，国情是指医疗体制的不完善，导致精神医疗专业不愿主动承担医治责任；公权力不适当的干预带来精神病学的滥用；由于精神卫生资源投入严重匮乏，国家对庞大的重度精神障碍患者，尤其是自伤或有自伤危险的患者的健康、医疗、照护等责任缺失。所以，采用家庭决定模式无异于对现实的妥协，其代价就是自伤或有自伤危险的患者的健康权益。

随着现代精神病学的发展，家庭在重度精神障碍患者的治疗中发挥着越来越重要的作用，但是不应成为唯一的至关重要的决定方。自伤患者非自愿收治的家庭决定模式，是与其在照料患者过程中承担的沉重责任相对应的，要解决这一模式所带来的各种问题，有必要反思并重申国家的健康责任和慎重使用公权力的必要性。实际上，在立法过程中，卫生法和公益法律界人士都曾强烈呼吁慎重使用公权力，设立非自愿住院审查。如何使家庭、精神专业和公权力紧密合作，建立真正以患者为中心，而不是以家庭为中心，或以社会秩序与公共安全为中心的非自愿收治程序，是一项富有挑战性的创造性的工作。

（胡林英）

五　医学贿赂的概念和伦理学分析①

（一）贿赂的概念

厘清贿赂概念就不难理解医学中的商业贿赂。在第8届世界生命伦理学大会的医患关系伦理问题的主要会议上，董玉整认为，医学贿赂是医学领域里的不正当交易行为，称为医学贿赂。特点是两人以上的私下活动。他认为，医学贿赂与医学腐败的区别在于贿赂是医学腐败的一种表现、一种实现途径。美国学者沃孙娜（Angela A. Wasunna）② 则根据2006年透明国际的定义认为，贿赂是腐败的最严重形式，腐败的定义是对影响、权力和其他手段不合法的、不恰当利用的做法。腐败的程度迥然不同，从利用影响到体制性贿赂。他们都提到贿赂是腐败的一种形式，但对贿赂的定义仍欠清晰具体，需要进一步明确。

讨论医学中商业贿赂问题时，首先应了解贿赂的概念。而讨论贿赂概念时又必须讨论相近或相邻的一些概念，例如不当影响、勒索、腐败、利益冲突等。拉海尔（Robert Larmer）③ 将贿赂置于不当（不符合行为标准）报酬和礼物类别之内进行讨论。

贿赂是所给予的礼物、金钱或其他好处，其明显意向是使一个雇员、专业人员或官员违反他或她对雇主、委托人或国家的义务。当一个医务人员从制药公司或制造医疗研究仪器设备的公司收受礼物、金钱或其他好处，行贿者和受贿者明知违反国家禁令和他对病人履行的为病人

---

① 这是我国唯一的一篇对医学贿赂（“红包”）概念进行系统的伦理学分析的论文。

② 编者按：How corruption is undermining global health，at the 8th World Congress of Bioethics，August 9，2006.

③ Larmer，R.，1998，“Improper payments and gifts”，in Chadwick，R.（eds.）*Encyclopedia of Applied Ethics*，vol. 2，San Diago：California：Academic Press，pp. 659-664.

最佳利益而行动的义务，那就是医学中的商业贿赂。医学中的商业贿赂发生在临床情境之中，行贿者是与医疗相关行业的公司或公司代表，受贿者是医务人员或医院管理人员。贿赂既是腐败的一种表现，也是利益冲突的一种形式。当医生收受药厂礼物或佣金从而危害病人利益时，这种境况就是利益冲突，这种现象就是医学中的腐败，医生所收受的就是贿赂，公司的行为就是行贿，医生的行为就是受贿。

这里所说的“义务”是指在特定关系（例如医患关系）内某一特定个人（例如医生）在伦理上或法律上必须做的事情，有时称之为“角色义务”。生命伦理学或医学伦理学原则或国际国内专业机构制订的伦理准则就是医生或研究人员在伦理上必须做的事情，法律（例如《执业医师法》）和法规（例如卫生部制定的种种与医疗、技术应用或研究相关的管理办法）是在法律上必须做的事情。一位医生必须做在伦理上和法律上要求做的事情，这不是“行善”。医生必须做有益于病人的事情，包括挽救生命、治愈疾病、减轻疼痛、缓解症状，以至在不影响治疗的情况下节约病人医疗费用。这些都是义务，不是“行善”。“行善”是做了超出义务以外的好事（例如替病人缴纳部分或全部医疗费用），医务人员做了这些额外善事应该受到表扬，但这对于医务人员不是“义务”，而是可做可不做的事情。但是伦理学原则规定的是义务都应该视为“初始义务”，即如果没有一个或一个以上更重要的义务压倒它时必须履行的义务。如果有两个或两个义务相冲突的情况发生，则该“初始义务”可以不履行，而让位给更重要的义务，但其前提是该项义务与更重要的义务有冲突，不能同时履行二者。

贿赂与不当影响有区别。这里的“不当”是指违反了行为规范。现在我们往往将临床上的行为规范称为GCP，即good clinical practices，或种种“法典”（code）和伦理准则（ethical guidelines），这些行为规范已经部分被置于法律和法规之中。不当影响是指，当给予或收受礼物、金钱或其他好处时，给予者或接受者并没有明显的意向要雇员、专业人员或官员违反其义务，然而可能导致接受者不能履行其义务，从而不当地有利于给予者。

不当报酬的范围要比贿赂宽得多。中秋节来临时制药公司给医生一盒月饼，医生收受这种礼物是不当的，但还不是贿赂。这种礼物的不当在于这会不当地影响医生以后的决定。医生可能因公司送了月饼这种礼物而对该公司有好感，影响到以后用药的决定，从而有可能不利于病人。一个礼物的不当之处在于它对医生的决定有不当影响。这位医生可能会争辩说，我接受礼物，不会因此而影响我为病人利益作出决定的能力，因此接受礼物有什么错呢？说这种话的医生是在自我欺骗。美国一项调查表明，即使很不值钱的礼物，也会使医生对送礼物者有好感，从而影响他的判断。我们撇开这点不谈。医生不仅应该能够保证自己没有受到不当影响，而且应该保证别人也相信你没有受到不当影响。例如医生说，我从某公司收受一盒月饼没有受到不当影响，那么你的病人、你的同事、你的医院领导或其他制药公司会合情合理地注视着你，看你收受这盒月饼后是否有可能对你作出的用药决定有不合法的影响，但是你不大可能向他们证明你没有因此受不当影响。我们古人说："瓜田不纳履"，就是因为一旦你在瓜田里"纳履"，就无法向旁人说清。同样，你收受制药公司的礼物，也说不清，即无法向旁人说清，因此最好不要接受这类礼物。

那么送礼物的人有什么不合适的呢？是不是任何情况下都不应该送礼物给医生？医疗行为发生在一定的社会人际关系内，送礼物的人，不管是公司还是病人，都希望与医生保持良好关系，这没有什么不合适之处。例如他们在医生生日时友好地送张生日贺卡给他，这没有什么不合适的。因为生日卡之类的礼物，不像花钱周游世界或者帮助装修房子，不大可能会影响或被人认为会影响医生履行其义务或按照病人最佳利益行动的能力。

因此，问题是在涉及医生履行义务的特定关系之中，送和收礼物是否合适，何种礼物合适。这是一个很难用机械程序解决的问题，也没有东西能代替医生自己尽心尽责的良好判断。但像南通第三医院那位医生自己小心谨慎和医院制订相关准则禁止收受"红包"则是十分明智的。

贿赂是收受不当报酬和礼物的一个范例。说某个做法是贿赂不难，但下一个普适定义却不容易。假设公司给一大笔钱要求医生给病人开处方时用他们公司的药，医生同意了。可能大家会同意，这是贿赂的一个明显的实例。但为什么说这就是贿赂呢？哪些关键要素使我们能够识别它是贿赂呢？

要素 1：在贿赂中送钱者有清楚的意向让医生违反国家禁令和违反他为病人最佳利益行动的义务。

要素 2：在贿赂中医生愿意这样做，他不是被迫违反他应尽义务的，他同意这样做是为了换取公司提供的酬劳。因此，医疗中商业贿赂（包括行贿和收贿）行为涉及一个医生在第三者（这里是公司）提供酬劳的影响下非法地推翻了他先前的承诺，违背了国家禁令和他对病人应履行的义务。

要素 3：贿赂涉及三个方面：行贿者（在这里是公司），受贿者（例如医生），以及医生有义务为之服务的病人以及利益相关者，包括社会和国家。这提示，贿赂是受贿医生和行贿者有意地、自愿地反其道而行之，即违反原本对病人和社会或国家所负的义务，但从不去告知病人，我不再为病人的最佳利益服务了，我不再遵循对社会和国家的承诺了。在这个意义上，医生收受贿赂是对病人、社会和国家的背叛。

不是所有贿赂都能得逞。不能得逞的贿赂仍然是贿赂，界定贿赂的不是它是否被收受，而是行贿者的意向。不管贿赂是否收受，它仍然是贿赂，但收贿行动只能发生在医生同意收取贿赂时。

如果这样来理解贿赂，那么这个概念的优点是：第一，它有助于说明，不是所有不当礼物或报酬都应该被认为是贿赂。贿赂之实际发生必须有行贿者同意提供酬劳，及受贿者同意违反承诺。一个医生接受一般礼物，对他也会有不当影响，但与有明确意向违反义务而接受的贿赂是迥然不同的。第二，贿赂不同于勒索。勒索是利用非法力量强迫一个人做他本来不愿意做的事情。贿赂是受贿方自愿参与，勒索则是在强迫之下不自愿参与。我们不说受贿者是受害者，但我们说被勒索者是受害者。打个比方，贿赂好比是通奸，勒索好比是强奸。第三，接受贿赂的医生不再是忠诚于病人的白衣天使，但在遭受勒索的情况下，比方说公司的医药代表抓住了医生一些把柄，勒索医生，强迫他开公司的药，他不能为病人利益着想的行为是被迫的，但他在主观上仍然是愿意忠诚于病人的。在这种情况下医生是勒索的受害者。第四，贿赂总是涉及违反自己的角色义务，而勒索并不是。一个人受贿，仅当他具有一定权力，并为另一人或机构服务（例如医生为病人服务，官员为政府服务）时；而勒索的受害者则不一定，任何人都可能被人勒索，不一定拥有权力，不一定有为别人服务的义务。

制药或制造医疗研究仪器设备公司给医生的“回扣”，应该列为贿赂，因为公司给“回扣”时有明显意向要求医生违反他应尽的义务。这种“回扣”最后可能转嫁到病人身上，增加病人的经济负担，也可能增加医院的购买费用，最后影响市场的公平竞争。

病人向医生送“红包”，是否是贿赂呢？赠送“红包”有各种各样的情况。在目前情况下，按照前面的定义大多数“红包”也应该列为贿赂，但不是商业贿赂。说“红包”也是贿赂，因为病人送“红包”时就是希冀医生给他优惠待遇，而医生如果因病人送“红包”而给予优惠待遇就会违反对病人公正的伦理原则或义务。实际上，在许多情况下，病人即使给了“红包”，也没有获得优惠待遇，这不改变原先意向获得优惠待遇的贿赂性质。在任何情况下，医生收受“红包”都是受贿。然而对病人来说这种行贿是出于无奈，不应在道义上受到谴责，但病人应该知道，他这样做对医生有不当影响，也会有腐蚀作用。但如果医生通过明言或暗示的方式向病人表明不送“红包”就得不到应有的治疗，那么这种“红包”就不仅是贿赂，而且接近对病人的勒索或强取豪夺了。医生勒索病人是比收受贿赂更为严重的违法和违反伦理的行为。

如果医院领导对医生说，你们能够从病人那里榨取更多的钱，我就给你更多的奖金，这是贿赂吗？按照定义，这也应该是贿赂，因为医院领导有明显意向要医生为了医院和医生自身的好处而违反其对病人的义务。①

（二）贿赂的伦理问题

1. 伦理问题1：行贿和受贿在伦理学上有什么错呢？

我们听到有如下理由为受贿辩护：

· 无害论：“我们医生收受公司的钱不会造成危害，因为我们清楚

---

① Berleant, A., 1982, “Multinationals, local practice, and the problem of ethical consistency”, *Journal of Business Ethics*, 1 (3): 185-193; Carson, T., 1985, “Bribery, extortion, and the foreign corrupt practices act”, *Philosophy and Public Affairs*, 14 (1): 66-90.

国家的禁令和我们对病人的义务。”这种无害论是自欺欺人的。上面我们已经提到，根据美国一项调查，即使医生收受公司赠予的微薄礼物，也会对公司产生好感，从而影响决定。我国的无数案例也说明，收受贿赂的医生损害了病人利益，加重病人的费用负担；损害了医学专业的声誉，医生被称为“披着白大挂褂的恶狼”；破坏了药品销售市场的公平竞争；严重影响了和谐社会的建设。

· 两利论：“公司给我们钱有利于改善医生生活，也有利于公司扩展市场，为国家 GDP 的增长作出贡献。”是的，贿赂有利于改善医生生活，问题是改善医生的生活是用什么代价换来的？医生生活的改善应该付出这样的代价吗？同样，也许因贿赂使公司业务发展，从而带动社会 GDP 的增长，但这种发展和增长是用什么代价换来的？应该付出这样的代价吗？我们用损害病人利益，加重病人负担，损害医学专业声誉，破坏市场公平竞争，严重影响和谐社会的建设这样的代价来改善医生生活，发展公司的业务，促进 GDP 增长吗？贿赂的两利抵得上对病人、专业、市场和社会四害吗？从改善医生生活的历史角度来看，富裕的病人送贫困的医生“红包”具有一定程度无可奈何以及值得谅解和同情的意义。在经济改革初期，国家经济困难，医院预算拮据，医生收入不如理发师（所谓“开刀的不如剃头的”），有些已经富裕起来的病人不忍看到医生兢兢业业但生活贫苦，赠送“红包”。收受这种“红包”难以界定为受贿，虽然可以谅解且值得同情，但仍应该是不当行为。

· 两害取轻论：“公司给我们钱总比公司拿钱胡花要好。”公司行贿、医生受贿会产生什么后果是一个问题；如果医生拒收贿赂，公司将这笔钱用于他处会产生什么后果，这是另一个问题，二者并不能够相提并论。前面已经谈到，医生收受贿赂损害病人利益，加重病人负担，损害医学专业声誉，破坏市场公平竞争，严重影响和谐社会的建设，绝不能得到伦理学的辩护。而如果医生拒收贿赂，公司将这笔钱用于他处，就不属于我们讨论的范围了。一般地说，公司是要成本核算的，每一笔钱的支出都要指望能使资本增值和利润增加，不会去做赔本买卖的。正如他们向医生行贿，也是精确地计算到这笔钱的投入将有利于公司的增值和利润增加。他们将这笔钱投入他处的后果是非医生能考量的，如何能与收受贿赂的后果相比拟？

提出这些理论的医生没有考虑一个基本的情况。为什么一个社会需要医院和医生？因为任何社会都会有人生病。为了社会的利益，社会授权医院和医生，为社会有病成员提供医疗服务，并由医院和医生垄断所有医疗活动，不允许他人插足。国家通常要制定法律保障医生的权力和垄断地位。于是在治疗问题上，医院和医生从社会那里取得了某种特殊的权力。同时，一旦病人进入医患关系，就将自己的生命、健康、隐私都交给了医生，信任医生能为自己的最佳利益来诊断治疗疾病。于是医生又从病人那里取得了特殊权力。因此，不论是从医疗行业整体还是从医生个人来看，医生所拥有的权力来自社会和病人的委托。医生作为受托人可以自由行使这种权力，但同时在伦理学上也就负有社会和病人赋予的相应的特殊义务来为病人的最佳利益而行动，在法律上也必须受信托法的监管。

由于医生拥有社会和病人授予的特殊权力，他成为在社会上唯一有权力在诊断和治疗问题上作出决定性建议的人。虽说现在重视病人的知情同意权，但病人也只能在医生提供的选项中进行选择，而且在大多数情况下病人需要倾听医生的建议，并按照医生的建议作出抉择。因此不难了解为什么公司一般必须找医生，不去找护士，因为护士一般不拥有这种权力。因此，医生应该不断地扪心自问：我们的权力是谁给的？当医生收受贿赂，一心只为自己利益考虑，不再为病人最佳利益着想，违背了自己对病人、社会和国家的义务，辜负了病人和社会的重托，那么我们说他背叛了病人、社会和国家，难道不是切中要害吗？

我们可以从后果论和道义论两方面来论证医生受贿不合乎伦理：

·从后果论来看，医生收受贿赂损害了病人的利益，败坏了医学专业的形象和声誉，浪费了社会资源，加剧了社会不公正，妨碍了市场的公平竞争，阻碍了和谐社会的建设。拿市场公平竞争来说，如果对医学中的商业贿赂不予打击，那么公司甲就可能贿赂医生A，公司乙就可能贿赂医生B，而所有这些贿赂最后都转嫁到病人身上。由于贿赂医生在处方中盲目开列这些公司的药品，使病人受害，且不胜负担，市场上的公平竞争就荡然无存。或者公司甲贿赂医生A，公司乙用更多的钱贿赂医生A，双方竞相增加行贿金额，其结果是同样的。

· 从道义论来看，医生收受贿赂违背了国家的禁令，辜负了社会的委托，违反了伦理学的所有基本原则，例如尊重病人，不伤害病人，有益于病人，公正对待病人等。

因此，医生受贿在伦理学上不能得到任何的辩护，而且这种行为不仅是违反伦理的，也是非法的。

伦理问题：应该采取什么措施来预防和治理医学中的商业贿赂呢？

可以有两种理论来解释医学中的商业贿赂，尤其是医生受贿现象。第一种是“烂苹果”理论。为什么有些医生会受贿呢？因为他们本身就有许多毛病，即他们是“烂苹果”，“苍蝇不叮无缝的鸡蛋”，他们有受贿的内因。这可以解释一部分现象。那么为什么现在医生受贿具有相当程度的普遍性呢？这似乎不是“烂苹果”理论所能解释的。第二种理论是“烂筐”理论。为什么医生会受贿呢？“苹果”之烂不是由于苹果本身，而是由于“筐”烂了。也就是说，医生成长和工作的社会环境和社会结构有问题，才会促使医生收受贿赂。这也可以解释一部分现象。但为什么处于同样社会环境、社会结构之中的两个医生，一个收贿，另一个岿然不动呢？看来，既有“烂苹果”问题，又有“烂筐”问题。不过，就目前情况来说，治理“烂筐”更具迫切性。预防和治理医学中商业贿赂的问题也需要从两方面着手。

建议 1：对医院、医生与制药、制造医疗研究仪器设备公司的关系要加以管制

目前许多制药公司和医疗设备公司通过各种手段不断加强和医生个人的纽带关系，以推销更多更高价的药品和设备，而这些促销费用最终仍将转嫁到病人身上。根据美国药物研究与制造学会统计（PhRMAA），2003 年美国制药公司用于药物研发的经费为 330 亿美元，而用于促销的费用则高达 253 亿美元，其中 90%用在医生身上。美国国立卫生研究院的调查资料也表明，2000 年企业专门为医生举办的活动就多达 314000 次。我国的情况绝不比美国好。虽然还缺乏这方面系统深入的调查，但有些事实是显而易见的：例如，企业斥巨资（二三百万、五六百万甚至更多）资助学会或学校组织大型学术会议；资助医师出国参加

会议（包括旅费、注册、食宿、赠送礼品、组织旅游、提供零用钱）；向有关医生提供科研经费，资助医生出书，资助医学院校建立研究中心；在全国巡回举办带有一定促销性质的学习班或学术报告会，由国内外专家主讲或主持并付给高额酬金；向医师或医院支付回扣（药品/设备/昂贵消耗性器械）；聘请著名专家担任药厂顾问或委员；资助科室举行节日聚餐或娱乐休闲活动；等等。这样就制造了许多的利益冲突、不当影响，包括可能的贿赂。

2006年1月25日《美国医学会杂志》发表了11位教授的文章①，题为“医药工业的做法引起了利益冲突”，建议采取更为严格的政策，包括如下内容：应禁止所有药物和医疗设备公司给医生礼品、请客吃饭、支付会议旅费和出场费、支付参加继续医学教育费用；应该禁止制药公司直接给医生样品，代之以给低收入病人优惠购药券，或将公司及其产品与医生隔离开的其他安排；医院药品处方委员会和购置医疗设备监督委员会应排除与制造商有经济关系的医生和所有其他医务人员，包括收受礼物、引诱、赞助或契约的那些人担任委员；不应允许制造商直接或通过资助机构间接支持任何授予学分的继续教育项目，愿意支持医学生、住院医生或实习医生教育的制造商应该将资助提供给指定的中心办公室，由办公室将款项支付给得到批准的继续医学教育项目；对医生参加会议感兴趣的制药和医疗设备制造商应该将资助交给学术性医学中心的中心办公室，然后这个办公室可将资金分配给培训项目主任，医生不直接依赖公司获得教育机会；医生不应成为制药或设备公司的代言机构成员，也应禁止医生发表由公司雇员代笔写的文章和社论；对科研的资助应该用于特定的科学目的，没有特定科学目的的资助等于礼品，资助应禁止给研究者个人，而应给学术性医学中心。

迄今为止，我们对企业与医生的关系还没有约束和管理的机制和准则。医学界、医药公司和政府都有责任来保护病人的最佳利益和医生所做决策的诚信。在国内选定10个顶尖的医学院校附属三甲医院倡议并带头制订《医院/医师与医药公司相互关系准则》（应包括惩治办法），首先在少数医院进行试点，逐步推广到全国。在媒体配合下，在全国医院进行一次《医院/医师与医药公司相互关系准则》教育，和深入的、

① Rothman, D. et al., 2006, *JAMA*295 (4): 429-433.

联系实际的医师职业道德教育。加强对公司和医院行为的舆论监督，对典型的违法案例应予严惩并公诸媒体。

建议2：建立促使医生行为正当的环境和机制。其中可包括：政府应提高医生基本工资，提高诊疗费，使医生收入与病人交费脱钩；中华医学会和全国医师学会联合制订医生行为规范，其中包括对利益冲突、不当行为和医学中商业贿赂的处理办法；立法机构拟订和通过《反贿赂法》，其中包括反对医学中商业贿赂；建立对检举人揭发的鼓励和保护机制；建立问责机制，对医学中商业贿赂的案件，除行贿、受贿当事人应受到法律制裁外，受贿医生的医院领导和当地卫生行政机构也应负有责任；对全体医务人员进行广泛、深入、理论联系实际的医学伦理学教育。

（邱仁宗，原载《医学与哲学》2016年第27期。）

六　医疗实践中的利益冲突

（一）利益冲突为什么重要？

曾担任美国医学研究院（美国医学科学院前身）院长的 Harvey V. Fineberg 以“利益冲突为什么重要”［Conflict of Interest Why Does It Matter? JAMA，2017；317（17）：1717 - 1718. doi：10. 1001/jama，2017. 1869］为题发表评论说，维护信任是有关利益冲突政策的基本目的。医生有许多重要的角色，包括照顾病人、保护公众健康、从事研究、报告科学和临床发现、制定专业准则以及为政策制定者和监管机构提供咨询。所有这些职能的成功都依赖于其他人——外行、专业同行和政策领导人——相信并按照医生的话行事。因此，他人对医生判断的信任至关重要。当对医生判断的信任受损时，医生的作用就会减弱。他说，医生应该做出知情的、公正的判断。无私意味着不受个人利益的影响。在涉及医生的大多数境况下，最典型的利益类型是经济利益。当提及利益冲突时，该术语一般指与手头问题有关的财务利益。更具体地说，利益冲突可以通过使用合理的人的标准来辨别：也就是说，当一个通情达理的人认为与某一境况有关的财务状况可能足以影响该医生的判断时，就存在利益冲突。他认为，援引一个理性的标准来判定利益冲突，这就将一个基本的主体性因素引入了利益冲突概念。当使用人的标准时，利益冲突是基于一个理性人对什么经济状况会对有关个人的判断产生影响的认知。即使选择一个特定的、客观的美元水平作为界定利益冲突的门槛，这个美元水平背后的推理最终也是主观的，它应该通过合理的观察者测试来测试潜在的影响。

他说，他在担任美国医学研究院院长的 12 年里，处理过数十起为提供政策建议而召开的委员会潜在成员中存在利益冲突的案例。个人的利益冲突并不等于说她或他的判断受到影响，也不构成对偏见或过早判断的指控。利益冲突的存在不是对在特定境况下产生冲突的关系的适宜性或价值的判断。例如，制药行业雇用的医生改善的健康、挽救的生命可能比他们一生的临床实践中所能做的还要多。然而，在对医生雇主生产的药物或疫苗做出判断时，这并不会改变利益冲突的存在。有些人错误地认为被视为利益冲突的经济利益是指责他们的思想受到了污染。他们试图捍卫自己在科学上的诚信和对证据的坚持，并断言他们所获得的金钱报酬或经济利益不可能影响他们的科学或临床判断。他们可能是对的，但没有抓住要点。如果一个理性的人认识到经济状况可能会潜在地影响他们的判断，那么不承认和不回应利益冲突就会威胁到对信任的腐蚀，而信任是巩固专业判断和专业知识价值的基石。许多人往往会低估哪怕是相对较小的经济关系的影响，而一段关系的事实可能与涉及的金钱数量一样重要。你收到预先印好的标有慈善募捐寄回地址邮件就会让你产生需要回报的感情。在大约三分之一的非营利直邮中，这些小礼物大大提高了捐款回复率。即使是一个贴了邮票的回信信封（与商务回信信封相比）也会促使更多的医生对专业调查做出回应。

他论证说，如果利益冲突的存在最终是主观性的——基于一个合理的人的判断——，但它也是随境遇而异的，也就是说，取决于具体的经济情况和与当事人特定角色的关系。判定利益冲突的标准也可能受到时间和地点的限制，在不同的文化和不同的历史时期具有不同的意义。在实践中，有关利益冲突的政策应该随角色而异，明确重要的财务门槛和时间框架，明确与当事人相关的个人利益，并说明具体的补救措施，如披露或排除。这些政策应该是公开的、容易理解和公平应用的。任何例外的根据都应明确说明。其目的自始至终都是维护和保护公众对医生的独立性和客观性的信任。医生和其他人一样，有很多可能的经济利益。作为临床医生，他们的基本收入可能是工资、按人头或按服务收费。一个按服务收费的外科医生显然在病人是否同意手术上有经济利益。这对病人是透明的，可以通过寻求与利益无关的专家的第二意见来平衡。咨询费、酬金和其他财务利益可能与其他专业角色有关。最后，他指出，对利益冲突的一丝不苟的关注并不能避免影响判断的所有来源。除了经济利益之外，对预先判断的偏见还会有许多其他来源。友谊、机构的联系、以前的学习和反思、对某一领域的知识和生活经验都能产生一种以特定方式接受、拒绝或解释证据的倾向。有关利益冲突政策的目的是暴露那些源于经济利益的影响来源，并降低它们干扰专业判断的可能性。

他有关利益冲突是一个主观性概念的见解令人生疑：因为在实际上而不是仅仅在任何人的认识上，医生对病人处置的判断因利益冲突而发生了实际的改变，即利益冲突改变了医生在不存在利益冲突时应该做出的专业判断。这是实实在在发生的情况，不依赖任何人的认识或价值观。而在对医生专业判断的改变的判断上，即是否产生了利益冲突或这种利益冲突有多严重，则依赖于判断者的认识和价值观。

（二）给医生的报酬：金钱数额是否有不同意义?

美国华裔生命伦理学家 Bernard Lo 及其同事 Deborah Grady 在题为“支付给医生：金钱数额是否有不同意义?”（Payments to physicians: Does the amount of money make a difference?）（JAMA，2017；317（17）：1719-1720. doi：10. 1001/jama，2017. 1872）的文章中指出，美国联邦开放支付数据库（Open payments database）公开了药品和设备公司向医生个人支付的金额和类型。似乎有道理的是，巨额支付应引起更大的关注，即引起偏见和不当影响的利益冲突。然而，根据财务关系的类型和医生建议或活动的性质，关注的程度会有所不同。在一些境况下，可直接调查偏见的存在或者有效和简单地管理财务关系。从 2013 年到 2015 年，在开放支付数据库中收到最多款项的 5 名医生每人都收到了 2800 万美元。这些医生是被报告支付的公司发明者、所有者和官员。识别这些财务关系的含义是什么？如此巨额的支付引起了人们对委员会可能存在偏见或不当影响的严重关注，例如那些决定手术室用品、医院处方或临床实践指南的委员会，他们的决定或建议会影响许多患者。似乎明智的做法是将在药物或设备公司中拥有大量财务股份的医生排除在这些委员会之外。将他们排除在外不会损害委员会改善病人护理质量的首要利益。为了获得这些医生的专业知识，委员会可以邀请他们发表意见，而不参加讨论或投票。相比之下，那些只从行业中收取少量餐费的医生，似乎不会对这些委员会中存在的不当影响或偏见提出太多的担忧。从2013年8月到2015年12月，开放支付数据库中收到最多支付的5名医生收到了27家公司207笔支付，其中包括“演讲、培训和不属于继续教育的教育活动”。“他们的中值总付款是57万美元，这些活动包括在餐馆的晚餐讲话和在专业协会会议上的卫星演讲。”此类促销活动不受继续医学教育认证委员会要求的约束，即“对治疗选项提供平衡的看法”和“促进医疗的改善或提高医疗质量，而不是特定公司的商业利益”。促销会谈的目的是增加产品销售，可能会使临床医生的开处方行为产生偏差。这些演讲者似乎不太可能有时间和智慧去准备和修改这么多针对不同产品和公司的不同演讲。更有可能是由产品赞助商或赞助商聘请的沟通顾问来准备促销演讲和幻灯片。做了大量推广演讲的医生也可以在认证继续医学教育（CME）项目上讲课，常识性怀疑态度应该促使人们特别仔细地审查那些也做过大量宣传演讲的讲课者的讲课。要问的问题包括：讲课是否不适当地建议扩大接受药物治疗的人群？夸大产品功效的临床意义？被低估的不利影响？淡化替代方法和比较成本？其他发言者的幻灯片，包括那些因吃饭而获得较少报酬的人，也会接受例行审查，但与那些获得巨额报酬的医生相比，对他们讲课有偏差的担忧似乎更少。

作者问道：支付给医生的金钱数目多大算大呢？支付多少算很大，以及到达哪一点上大额付款明显意味着可能有不可接受的偏差或不当影响呢？每年1万美元？5万美元？10万美元？目前没有数据可以回答这个问题。为了帮助指导利益冲突政策，研究人员应该使用开放支付数据库和其他可得数据，例如演讲者的幻灯片，来评价支付的规模与演讲中偏差之间的关系。作者认为，付款的类型和金额一样重要。对导致治疗的发明、开发有效的新疗法和有效研究的支付（服务于病人的首要利益），因此应该被鼓励。另一方面，某些支付类型严重损害了患者或医疗机构的首要利益。例如，医学院和医院的住院医师和奖学金项目的主要目标是训练学习者批判性地评价临床和科学证据，这是终身学习和专业的必要技能。允许教师为主要由公司准备的促销演讲付费，违背了要求学生和学员进行批判性思考的期望，也违背了要求他们仅会因自己的工作做出重要贡献而获得荣誉的期望。若干医学院不允许教师参与这种促销演讲。这项禁令应该是普遍的。

作者接着问：那么小额支付又如何呢？作者发现，一些非常小的礼物也足够重要，足以证明限制的理由，这些限制几乎没有负面后果。根据最近的一项研究，当将开放支付数据库与美国老年人医疗保险制度（Medicare）病人医生处方数据库联系起来时，发现医生接收一顿饭与更高比率开出促销品牌药（与同类其他处方药相比）之间有显著联系。所促销的药物是品牌他汀类药物、血管紧张素受体阻滞剂、心脏选择性拮抗剂和选择性血清素或去甲肾上腺素再摄取抑制剂，对于这些药物，只有有限的、混合的或相反的证据表明它们优于同等的处方药物。绝大多数医生只吃一次饭，费用一般在 12 美元到 18 美元之间。研究还发现，医生接受多次超过 20 美元的饭或餐费与更高的处方率有关。因为这项研究使用的不是一整年的付款数据，而仅仅是一年中最后 5 个月的饭餐数据，接受饭餐的医生已经偏爱已上市的药物，而不是单一的促销餐影响了处方。然而，即使这种说明解释了两者之间的联系，为促销餐辩护的人认为，没有确凿的证据表明促销餐会伤害病人。然而，缺乏证据并不意味着没有伤害。此外，没有实证研究表明，药厂请医生吃饭可以改善患者的预后。而根据对非医生、社会科学和市场营销文献的实验研究得出结论，即使是小礼物也会诱发人们潜意识里的感激和互惠感。制药公司的代表接受了使用小礼物（如请吃饭）的培训，以发展与医生及其员工的关系，并说服医生开一种目标药物。给个别医生一个小礼物可能仅仅会影响那个医生开处方，但这样的礼物是无处不在的。在一项研究中，超过一半的美国医生接受了饭餐吃请。这一证据导致许多医疗机构禁止公司现场赞助饭餐食和品牌促销品（如钢笔或记事本），并导致制药公司停止提供此类品牌产品。为了某些目的支付的过高款项引起了人们对可以而且应该禁止或有效管理那些境况中利益冲突的关注。作者最后认为，关于小额付款的问题不能用目前的信息来明确回答。使用具有创新设计的开放支付数据库的其他研究可以提供与政策相关的信息。然而最终对经济利益冲突的管理要求，不仅要考虑到支付的多少，而且要考虑支付的类型，医生的具有利害关系的活动或决策的类型以及给他们带来的好处，偏差或不正当影响会如何影响医疗专业在这种活动中的主要利益，以及管理利益冲突的有效性和可行性，从而做出判断。

这是一篇非常重要的文章，尤其是指出即使支付小额费用的请吃饭，也会对医生的开处方行为产生严重负面影响。在我国医药公司请医生吃饭已经成为常规，医生们还会询问“这个星期他们还没有请我们吃饭呢?”至于赠送名牌礼品，免费安排医生住进五星宾馆，甚至请全国所有名牌医院某科主任畅游欧洲，观看《红磨坊》演出，医生都当回事！有些医药公司也哀叹给医生各种好处的支出已经超过研发新药的费用。美国采取的开放医生支付数据库不失为一种值得肯定的办法，即美国的《医生报酬阳光法令》（Physician Payments Sunshine Act），该法令要求所有医药公司必须将每年支付给医生的所有费用提供给数据库，包括医生单位、姓名和数额，可由公众查看。这使得许多医生不得不放弃医药公司给他们的好处，即使并未问责于医生。那么，《医生报酬阳光法令》是否足以扭转医生与制药公司的关系呢?

（三）单靠阳光法令也许不能改变医生—制药公司关系

美国自由撰稿人 Paula Katz 以“单靠阳光法令也许不能改变医生—制药公司关系”（Sunshine Act alone may not alter doctor-pharma relations, https://acpinternist. org/archives/2018/03/sunshine-act-alone-may-not-alter-doctor-pharma-relations. htm）为题指出，一些专家说，《医生报酬阳光法令》（doctors Payments Sunshine Act）使得医生收到的礼物得以公开，但其他人说，这项法令的影响没有达到预期，即减少公司—医生之间不合适的关系，因为围绕着报告医生与公司的关系，存在着不确定性。这项法令是 2010 年通过的《平价医疗法案》（Affordable Care Act）的一部分，规定任何价值超过 10 美元的付款和礼物都可以在 CMS（Center for Medicare & Medicaid Services，国家老年人和穷人医疗保险制度研究中心）的公开支付网站上看到。该网站自 2014 年开始运营，数据收集工作从 2013 年开始。这个想法是为了公开记录公司与医生之间的金钱关系。阳光法令的支持者认为，如果病人知道他们的医生受到了影响，会做出消极的反应，这使得医生不太愿意接受公司给的报酬。结果，对医学的外部影响将会下降。一些专家说，阳光法令已经完成了公开（disclosure），这是开始做的事情，如果采取进一步的措施，它的许诺就可以实现。但也有人说，这种影响并没有像人们所期望的那样，冷却公司与医生之间不合适的关系。CMS 网站上的数字似乎支持后一种观点。自 2014 年（第一个完整的数据收集年）以来，已发布的记录数量一直保持在 1200 万条左右。2014 年，包括研究和投资在内的总价值为 78.6 亿美元，但在随后的几年里增长到了大约 80 亿美元。2014 年，有支付记录的医生人数为 62.5 万人，2016 年继续攀升至 63.1 万人，这是最近公布的数据。专家表示，这项法律的影响可能会减弱，因为医生可能还没有意识到这些数据正在被公开报道，或者他们可能不相信自己会受到影响。布朗大学的 Stephen Smith 医生说："我们从文献知道医生说制药公司的营销活动并不会影响，但是我担心我的同事"，"每个医生都认为他或她不会受影响。" Susan Chimonas 博士在 2015 年与医生进行了一系列有关阳光法案的访谈，并于 2017 年 5 月 24 日在《美国生命伦理学杂志》上在线报告了她的研究结果。她说："当我和医生们交谈时，这与 10 年前我在访谈时医生否认利益冲突可能会影响医生时没有什么不同。" 在研究中，她从一些经验丰富的医生那里听到了否认利益冲突对他们有影响的声音，他们包括经常去欧洲和加勒比海旅行，住在有豪华晚餐的四星级酒店的老医生；从专利中获得比薪水更多报酬的科学家；以及因为医药代表不再带来她最喜欢的蟹饼而感到沮丧的人。她说："也许我们天真地认为阳光法令能解决这个问题，其实还有很多工作要做。"

还有灰色地带的存在。这位撰稿人指出，虽然阳光法令规定了具体规则，医生可能会在隐性利益冲突的境况下挣扎。例如有一位医生被一家制药公司邀请去一家餐厅吃午餐，与他们的代表和其他同事见面。她三小时的报酬是 600 美元。这可能是医学院政策的一个灰色地带。医生觉得接受邀请没有问题，因为公司只是寻求建议，并没有公开试图推销任何东西，但很可能情况并非如此。制药公司邀请医生是因为他们的专业知识，但这只是一种营销工具。他们对（医生）说什么不感兴趣，只是想让医生觉得自己是专家。虽然相对小额物品也有利益冲突，最令人担忧的是支付涉及在处方判定委员会、推荐实践准则或发表临床试验等方面服务的报酬。Bernard Lo 指出如果一名医生为一家公司做宣传演讲，每年能拿到20万美元，这就是问题。他说：“在一定水平上，你就会想，一个医生对他咨询的公司或产品是否有独立的批评立场。”

那么下一步应该做什么呢？撰稿人引用哈佛医学院副教授 Aaron S. Kesselheim 的话说，阳光法案是解决医生与公司隐蔽关系的关键一步，即为这个正在侵蚀人们对医学专业的信任的领域提供透明度，但这并不一定是他们之间金钱关系的转折点。现在是时候考虑下一步的策略了，专家们建议：

· 在公开支付网站上包含更多关于支付来源的详细信息。

· 让组织制定政策，每年为其临床医生审查网站，并讨论潜在的冲突。

· 开展医生与公司关系的专业教育，以提高对影响行为的微妙策略的认识。

· 鼓励大学采取密切关注财务联系的政策，以确保委员会与公司关系最小化或消除这种关系。

· 使各州禁止公司向医生赠送礼品和请吃饭。

· 鼓励医生承担与相关人员分享与公司关系信息的责任，并准备好回答病人的问题。

Lo 指出，这些措施会使医生和病人都受益。例如医生可以知道他们所上的继续医学教育课程中，演讲者是否由公司支付报酬，而他们的讲稿是由这些公司的代表撰写和批准的。这还将确保乳房 x 光检查准则不是由一个由生产乳房 x 光检查设备公司付给委员报酬的委员会起草的。我们认为，我国应该学习美国同行的经验，制定相应的医生报酬阳光法令，同时要有一系列配套措施，以扭转医生与制药、医疗设备公司之间扭曲的不正当关系。

利益冲突与医学专业的诚信

美国临床肿瘤学学会会长 Allen Lichter 以“利益冲突与医学专业的诚信”（Conflict of Interest and the Integrity of the Medical Profession）为题发表文章（JAMA，2017；317（17）：1725-1726. doi：10. 1001/jama，2017. 3191）说，医生对病人有道德责任；他们之所以受到信任是将病人的需要和利益放在他们自己的前面；对他们的决定不受没有根据的外部影响。拥有可能会影响他们的决定和行为的关系的那些人，可能会影响他们履行对病人的责任，这些关系必须完全透明。两类涉及医生的互动和活动是最相干的：（1）医生与一家医疗公司之间的商业或研究的关系，旨在促销一种产品，以及（2）各种各样的礼物、请吃饭，以及这些公司向医生支付讲课费。他指出，与公司的关系对医学来说并不是一个新问题。有关公司关系潜在影响的考虑至少可以追溯到19世纪50—60年代。1991年，David Relman医学教授就提醒医生，他们“有一个独特的机会，可以为不受第三方影响或服从第三方目的的重要决定承担个人责任”。然而，潜在的从属关系的例子很容易找到。有报道称，医生们通过宣传一种药物或设备获得丰厚报酬，实质上是作为公司的代言人；如果临床试验成功，拥有公司所有权的研究者以及制订临床指南的专家小组将获得收益．这些小组主要由与公司有金钱关系的专家组成，而这些公司的产品与医生要处理的疾病有关。

与这些问题密切相关的是商业医疗公司。这些以营利为目的的公司向客户销售产品——主要面向医生，但在过去几十年里也直接面向患者。之前的研究表明，医生可能会受到许多公司提供的奖励的影响，从而导致处方行为的改变。其他报告对这个公司及其对医生的影响描绘了一幅相当不光彩的画面，几家制药公司因非法推销其产品而支付了巨额罚款。为了维护医学专业的诚信和阻止有害的行为，监管机构提出了管理医生和公司之间关系的建议。这些建议包括两大类：（1）撤出，即医生尽可能地脱离公司报酬；（2）公开，医生报告与商业医疗实体的所有财务关系，让读者、学习者和公众评价这种关系是否构成利益冲突，并允许期刊和教育机构管理这些潜在的冲突。为了提高公开的透明度，国会通过了《医生报酬阳光法案》（Physician Payments Sunshine Act），该法案要求公司报告向任何医生的任何“价值转移”。公司给任何医生10美元（阈值）就需报告，少报就要遭受处罚，多报则不予处罚。数据库显示，自2013年以来超过80万名医生从公司收到了某种形式的报酬，这意味着几乎整个医学专业都与公司有某种关系。是否有可能公开得太多了？泄密会不会太过分了？作者认为，数据可能表明医生与公司的金钱关系已经无处不在。但真正的问题在于偏差（bias），而不是利益冲突本身。对于金钱关系达到一定程度，就可能产生不正当影响或偏差的风险已经不可接受，对此要进行评价。

医学专业在根除利益冲突方面并没有停滞不前。这一问题的重要性已得到承认，并出现了一系列重要的事态发展。

·2016年，美国医学会伦理与司法事务委员会（American Medical Association Council on Ethical and Judicial Affairs）继续收紧医生与公司之间关系的守则。

·2009年，美国制药研究和制造商更新了其与医疗专业人员关系的守则。现在，对医学教育的支持通过一个专门的程序，独立于公司拨款部门，与营销部门分离。

·2010年，医学专业协会理事会（Council of Medical Specialty Societies）发布了与公司关系的守则。有一项规定明确禁止协会官员和期刊编辑接受公司的任何报酬。要在他们的网站上公布公司的所有出资，包括金额和目的，以供所有人查看。

·继续医学教育认证委员会不断更新严格的守则，将教学内容与继续医学教育活动的商业支持分开。

·2016年，美国医学院协会（Association of American Medical Colleges）发起了一个名为“传达”（Convey）的项目，旨在让财务关系的公开更加完整。

我们认为，经济的利益冲突将把医学推向商业和市场，然而资本和市场对于医疗和预防永远是失灵的，受到伤害的是病人和医学专业。

医学中与企业模型有关的利益冲突：问题和解决办法

研究管理、决策和策略的专家 Ian Larkin 和 George Loewenstein 发表了他们以“医学中与企业模型有关的利益冲突：问题和解决办法”（Business Model-Related Conflict of Interests in Medicine Problems and Potential Solutions，JAMA，2017；317（17）：1745-1746. doi：10.1001/jama，2017.2275）为题的文章。他们指出，迄今对医学中利益冲突的讨论都集中在医生与医疗有关的公司的金钱关系上，然而医生直接收受公司的报酬是少数。而初级医疗医生大概平均每年看2000个病人，他们直接或通过保险公司向每个病人平均收费5000美元。这表明初级医疗医生是一个支付网络的一部分，估计每年约1000万美元。这些报酬和决定支付的方法与医生在其中运营的“商业模型”产生了不可避免的利益冲突，因为医生为病人选择的服务可以而且确实直接影响到医生的收入。据估计，90%的美国医生都采用了“按服务收费”或“以数量为基础的报销”的方式，这激励医生们去订购满足病人需求的服务更多的服务。这可能会影响到治疗组合，医生不去选择利润较低的治疗，而去选择更为有利可图的治疗，也可能导致过度使用利润最高的治疗。这就给医生带来利益冲突。与商业模型相关的利益冲突虽然普遍存在且十分重要，但在利益冲突文献中却鲜有关注。虽然有学术文献论述了按服务收费的支付系统的影响，但除少数例外情况外，其重点仍集中于由于过度转诊进行后续检查而导致的效率低下，而不是由于利益冲突造成的对病人医疗的歪曲。对支付系统对医生执业的作用进行的研究表明，这些作用很难解释为对病人有益。例如，有些拥有第三方公司或接受第三方公司付款，这些第三方公司提供计算机断层扫描、外科手术和整形治疗等多种服务，医生更有可能订购这些服务。在医生开始自行将这些检查转诊到他们自己的实验室后，皮肤科医生、胃肠病学家和泌尿科医生转诊到解剖病理学服务的人数大幅增加。这些研究和许多其他研究揭示的医疗扭曲应该提出这样的问题：收费服务模型内在的激励在多大程度上导致了类似的医疗扭曲。然而，很难进行严格的研究来测量这种商业模型导致的扭曲的程度。在大多数研究中，过度治疗的成本一直被测量为患者支付金额的增量，他们通常需要支付更大的共同支付额或共同保险，并对保险费和在 Medicare 和 Medicaid 等项目上花费的美国政府产生影响。但是，即使是这么大的数额，也大大低估了这些冲突真正的财务和非财务的含义。由于几乎每一项医疗程序都有医疗风险，产生不良反应，并可能带来心理成本（表现为焦虑和苦恼），病人也为这些不需要的检查和程序付出非金钱的成本。这些非财务辅助成本可能比财务成本高几个数量级，而且难以量化。

那么，可以做些什么来解决由企业模型冲突引起的问题呢？一个通常提出的解决方案——充分公开医生在某一特定治疗程序中的经济利益——可能是不够的。对利益冲突公开的研究表明，尽管透明度带来了好处，但它很少能减轻甚至在某些情况下会加剧利益冲突造成的问题。病人通常不知道如何理解这种公开，当冲突被公开时，对最终要做出的决定并没有实质性的改变。考虑到信息公开的有限效果，以及其他将处理冲突的责任放在病人身上的政策，利益冲突的问题必须以针对医生而不是针对病人的政策来处理。虽然更好地教育医生了解与商业模型相关的潜在利益冲突可能会带来一些好处，但最有效的解决方案将是改变激励机制。也许最有希望的解决方案是一种已经被各种医疗体系采用的方案，如梅奥诊所、克利夫兰诊所和加利福尼亚州的凯萨集团：以工资为基础向医生支付报酬，而不以提供服务的数量为激励。很可能并非巧合的是，这些系统不仅因医疗质量而闻名，而且因其某些服务的相对低成本而闻名。这种安排并不能完全消除利益冲突。所涉及的机构和医疗保险公司的商业利益与患者的利益并不完全一致，这些商业利益甚至可以在薪酬制度下渗透到医生身上，例如通过绩效加薪、威胁解雇或简单的口头指令。

在美国，将医疗支付转为以工资为基础的制度，除了减少利益冲突的担忧之外，还可能产生其他后果。医生的工作倦怠程度比其他职业的工作者要高得多，而与按服务收费支付方案相关的各种形式、审批和其他行政细节被认为是其中的重要因素。鼓励以工资为基础的医疗系统的扩展，不仅可以提高病人护理的质量，还可以提高医生的工作满意度。

我们认为，这两位作者的意见非常重要，如果只纠结于医生与公司的金钱关系，而看不到将医院看作企业一样的管理模型源源不断地滋生利益冲突，那就是见树不见林了。

（四）医生，公司支付食物和饮料，以及开处方

曾任多家医学杂志主编的美国医学家 Robert Steinbrook 则以“医生、公司支付食物和饮料，以及开处方”（Physicians，Industry Payments for Food and Beverages，and Drug Prescribing）为题，进一步探讨了医疗中的利益冲突问题（JAMA，2017；317（17）：1753－1754. doi：10. 1001/jama，2017. 2477）。他指出，2015 年制药业和其他医疗公司通过公开支付项目向 CMS 报告，向医生支付的食品和饮料价值总额为 2. 35 亿美元，约占支付总额的 12%。一般报酬包括版税和许可证、咨询、咨询以外的服务、旅行和住宿，以及在认证和非认证教育项目中担任教员。大约有 85 万医生活跃在美国。2015 年，在拥有一般报酬的 616567 名医生中，589042（95. 5%）名接受了公司支付的食品和饮料，

每名医生总平均值为400美元，中值为138美元。每次支付食品和饮料的中位数是适度的，这是到目前为止医生从公司那里受到的最常见的礼物和报酬，现在取代了品牌黑色口袋、笔、杯子和其他小玩意儿。个别医生可能会注意到，即使他们参加了由公司赞助的提供食品和饮料的教育或促销活动，也不吃或喝任何东西；尽管如此，任何在活动中注册的人都被认为已经收到了报酬，每个医生的费用是由赞助商在食品和饮料上花费的总额除以出席人数决定的。公司每年向医生支付上亿美元的食品和饮料并不是慈善行为；像其他投资者拥有的企业一样，制药公司寻求利润最大化，提供餐食时也期望有良好的回报。如果没有食品和饮料的供应，很可能只有很少医生会参加公司的活动，听取学术专家、制药公司员工或其他由公司付费的演讲者的演讲。多年来，有证据提示，即使是小礼物也能影响医生的行为，创造一种有资格享有的思维定式，并有助于促进对公司及其产品的忠诚。最近，随着公开支付数据的可得以及这些数据使研究成为可能，证据变得更加有力。2016年的一项利用公开支付数据的研究发现，接受公司赞助的餐饮，哪怕只是一餐，都与开出正在促销的品牌药物处方的比例增加有关。DeJong及其同事发现医生接受一次促销餐饮（每顿饭平均值12到18美元）就会开出罗素伐他汀的处方率高于其他他汀类药物，开出的奈比洛尔处方率要高于其他β阻滞剂，开出的奥美沙坦处方率要高于比其他血管紧张素转换酶抑制剂和血管紧张素受体阻滞剂，以及开出的地文拉法辛的出房率要高于其他选择性5-羟色胺和5-羟色胺-去甲肾上腺素再摄取抑制剂。由于吃到额外的餐饮和超过20美元的餐饮，开处方的比率更高。例如未经调整的分析表明，与未接受餐饮的医生相比，接受与目标药物有关的餐饮4天或4天以上的医生，开出的罗素伐他汀处方率为1.8倍（15.2% vs 8.3%），奈比洛尔为5.4倍（16.7% vs 3.1%），奥美沙坦为4.5倍（6.3% vs 1.4%），以及地文拉法辛为3.4倍（1.7% vs 0.5%）。作者指出，这些研究的局限性在于，其研究结果只反映了公司支付食品和饮料与医生开处方行为之间的联系，而不是因果关系。一些参加公司活动的人可能已经更喜欢某家公司的药物，并向销售该药物的公司寻求更多信息。一些医生特别注意避免促销活动，参加活动的人都是开处方的人。然而，是否有必要证明制药公司向医生支付费用与医生开品牌药之间存在因果关系？第一，公司赞助的餐饮和其他直接捐赠也许是合法的，但医生有什么理由期待或接受它们呢？第二，在这种情况下，对利益冲突的认知比讨论是否存在实际利益冲突更重要，而清晰的认知是，公司正在利用食品和饮料的供应来增加促销活动的出席人数，并推动销售。第三，照顾病人的特权之一就是既要照顾他们的经济，又要照顾他们的健康。2015 年，仅美国在处方药上的花费就约为每人 1000 美元。在有更便宜和同样有效的替代药物可得的情况下，医生应该开这些替代药物的处方，而不是更贵的选择。第四，即使患者有处方药保险，或者可能有资格获得退款或其他折扣，医生也没有理由开更昂贵的药物，将成本转移到保险公司、州、联邦政府和整个社会，并使每个人都难以负担所需的医疗。作者最后说，美国医学协会的医学伦理准则明确指出："公司给医生的礼物，创造了将偏差的风险带进了治疗病人的专业判断之中。"医生们不得不问他们为什么要接受公司的慷慨赠送。每年 2.35 亿美元用于支付那些负担不起治疗费用的病人所需的大量医疗或基本临床研究。医生们应该提倡药品和设备制造商少花些钱来推销他们的产品，多花些钱在安全性、有效性和可负担性的独立而善意的研究上，而不是去吃公司提供的餐饮。病人和医疗系统没有理由受到亏待。我们建议，社会学家或大众媒体应该花一些精力和时间调查一下公司的餐饮款待对医生的开处方产生了什么样的影响。

附录：

美国《医生报酬阳光法令》

问题在哪里？

美国《医生报酬阳光法令》（The Physician Payments Sunshine Act, PPSA）也称为 2010 年《平价医疗法令》（Affordable Care Act，ACA）第 6002 条，要求医疗产品制造商向美国联邦穷人和老人医疗保险服务中心（Centers for Medicare and Medicaid Services，CMS）公开直接支付给医生或教学医院的酬劳或其他价值转移（例如制药公司给医生安排住五星酒店而无需医生付款——译者注）。它还要求某些制造商和团购组织公开医生在其公司中持有的股权或投资利益。

数据将每年发布在可公开搜索的数据库中。第一期数据收集始于2013年8月，规定提交给CMS的截止日期是2014年3月。这些数据将汇总并提供给医生和制造商进行复查和更正，然后将在公共网站上发布。第一期数据于2014年9月30日上线。最初本打算在该日期之前发布所有的数据，但CMS在8月宣布，将会截留一些数据以待进一步验证。

关于该法律的全部影响要到实施几年后才能弄清楚，持续存在的问题仍然是关于它对患者的决策、医生—公司之间的关系、临床研究行为及其结果传播等方面的影响。

背景是什么?

医生与医疗产品制造商之间的金钱关系是常见的，可包括从免费餐饮到咨询或演讲费用再到直接付给的研究经费。这些关系可以产生许多积极的结果，特别是在咨询和研究资助方面，往往是开发新药和新器械的关键组成部分。但这种关系有时也可能造成利益冲突，并且在某些情况下，可能会模糊促销活动与医学研究、培训、实践等行动之间的界限。

2009年的一项全国性调查发现，将近84%的医生与药品，器械，生物制品和医疗用品的制造商有某种形式的财务往来，其中大多数是在工作场所提供的餐饮。近20%的人得到了参加会议或继续医学教育（continuing medical education，CME）活动的费用报销，略少于15%的人获得专业服务付款。这些数字大大低于五年前进行的类似调查。这种下降可能与许多因素有关，包括制药业大规模的调整（金融危机加剧了这一变化），这些变化导致了销售人员的减少和营销策略的转变。

造成这种下降的另一个因素可能是研究人员和政策制定者越发意识到医生与公司之间的关系会使医生的决策发生偏差，鼓励医生开具不合适的处方以驱使医疗成本上升，破坏临床研究的独立性和严谨性。在过去十年中，各种专业群体、学术机构和医学期刊已实施应对利益冲突的政策，旨在减轻公司对医学教育和研究的影响。他们也进行了许多尝试来增加这些关系的透明性，希望能减轻利益关系公开后所带来的负面影响，而避免不必要地阻碍建设性的伙伴关系。

至少有五个州和哥伦比亚特区已经通过了法律，要求药品、器械、生物制品和医疗用品的制造商报告其与临床医生财务关系的各种详细信息。在联邦一级，美国国立卫生研究院（National Institutes of Health，NIH）要求所有受资助方公开与制造商的重要财务关系，而美国食品药品管理局（Food and Drug Administration，FDA）则要求药品赞助商报告达到一定金钱阈值（高于《阳光法》规定的阈值）的与临床研究人员之间的财务关系。此外，还要求某些药品和医疗器械公司公开这些关系，作为与司法部的法律诉讼和解的一部分。

但是，这些数据分散在多种来源之中，还可能要求正式的公开申请，且其质量和完整性存在变数。一些法律还将医疗设备制造商排除在外。在 2008 年和 2009 年，老人医保支付咨询委员会（Medicare Payment Advisory Commission）和医学研究院（Institute of Medicine，美国医学科学院前身——译者注）分别发表了有关医生利益冲突的具有影响力的报告。这两份文件都强调需要提高医生和公司之间关系的透明度，这是解决利益冲突的更广泛战略的一部分。这两份文件还呼吁建立一个标准化的、全国性的、强制性的开放报告程序，该程序可以补充或替代当前的拼凑性报告系统。

大约在同一时间，国会正在努力建立这样一个系统。参议员查克·格拉斯利（Chuck Grassley）和赫伯·科尔（Herb Kohl）在 2007 年首次提出了《医生报酬阳光法案》。虽然未能通过，但是其条款随后进行了修订，并作为第 6002 条纳入《平价医疗法令》。经过广泛的公众咨询程序后，最终在 2013 年 2 月的《联邦公报》中公布了《医生报酬阳光法令》的最终执行规则。报告期于 2013 年 8 月开始。

法律规定的是什么？

《医生报酬阳光法令》要求穷人医疗保险（Medicare）、老人医疗保险（Medicaid）或儿童医疗保险计划（Children's Health Insurance Program）覆盖的药品、生物制品和医疗器械制造商要向 CMS 报告三大类付款或“价值转移”信息（有关更多信息，请参见表 1）。第一类别包括一般支付或诸如餐饮、旅行报销和咨询费等价值转移项。

第二类报告适用于医生及其直系亲属拥有的股权和投资利益。除制造商外，某些团购组织——代表医务人员与制药公司谈判合同的实体——以及也应报告所有医生拥有的医疗设备分销机构。

报告的第三大类包括研究付款。这包括为临床前研究，临床试验或其他产品开发而提供的一切费用。为了按照最终规则取得研究的资格，必须遵守书面协议或研究计划书。但是，这些支付的金额将通过单独的报告系统显示。这样做是为了反映出一个事实，即授予研究人员的研究经费流经主持研究的组织（指医院或研究所——译者注），而不直接归于领导研究的医生。

虽然以上这些类别涵盖了较为广泛的关系，但是某些交易和转移是无需公开的。不要求制造商报告任何低于 10 美元的付款（除非这些个人付款每年合计超过 100 美元），还有仅用于患者的教育材料或产品样本（请参见表 1，见文末）。但是，根据《医生报酬阳光法令》的一项单独规定，要求制造商向 FDA 提交被请求和分配给医生的样本的身份和数量的数据。重新修订的针对制造商的有关这些提交要求的指导草案于 2014 年 7 月发布。

年度报告的其他例外，包括为支持还在开发中的产品提供的资金，包括通过简略新药申请程序（Abbreviated New Drug Application）开发的非专利产品。在这种情况下，可以推迟四年或直到 FDA 批准（以先到者为准）再公开。然而，对已批准产品的说明书规定以外用途的研究则不允许任何延迟。

向 CME 组织支付的资助教育活动的费用也豁免报告，但前提是该活动获得了提供商协会（CMS 确定的五个协会中的任何一个）的认可，并且相关制造商没有在讲课人的选择和报酬补偿中扮演直接角色。但是，CMS 最近宣布，接下来几年可能会将 CME 豁免从最终规则中删除，理由是这些类型的付款已经被一项单独豁免条款排除在外了。根据此豁免条款，如果制造商在报告年度内不知道受资助人的身份，间接付款或价值转移（例如向第三方组织进行的付款或转移）则被排除在外。

公司报告给予医生报酬的义务于 2013 年 8 月 1 日开始，2013 年所有付款的报告截止日期为 2014 年 3 月 31 日。报告过程将受到 CMS 内部建立的国家医生报酬透明性项目（也称为公开支付项目）来管理。一旦收集并发布数据后，制造商、团购组织、医生和教学医院将有 45 天的时间查看各自的数据，之后将有 15 天对问题数据提出疑问和更正。如果在 15 天内仍未解决争议，则 CMS 仍会发布数据，但会指出它们存在争议。对已报告的数据后续的更改会在下一历年刷新数据时进行。2014 年 9 月 30 日发布了 2013 年 8 月 1 日至 2013 年 12 月 31 日的数据。

《医生报酬阳光法令》将对未遵守这些要求者处以罚款。对于制造商或团购组织未报告的每笔付款，可能会受到 1 千至 1 万美元的罚款。对未上报的年罚款额最高可达到 15 万美元。如果制造商或团购组织故意不报，则处罚会更加严厉。这些处罚的范围从每次 1 万到 10 万美元，最高 100 万美元不等。

最终规则还规定，遵守该法令的规定不会将任何制造商、团购组织、医生或教学医院排除在与这些付款相关的民事责任之外。若触犯《反回扣法》(Anti-Kickback Statute)、《虚假索赔法》(False Claims Act)或其他医疗欺诈和滥用的法律（目前禁止的任何付款或滥用法律），仍可能受到罚款、制裁或诉讼。确实，该法律的潜在影响之一将是引起监管机构对可能需要进一步调查的金钱联系的注意。

对法令的争论是什么?

围绕该法执行方面的争论主要集中在两个问题上：(1) 建立一个全国性的公共报告系统所面临的行政和法律上的挑战；(2) 报告最终将会对患者、医疗服务提供者和公司产生怎样的影响。

行政和法律上的问题：

制造商和医疗供应代表均对公开支付款项目 (Open Payments program) 所带来的上报负担以及纠正不准确报告引起的挑战表示担心。CMS 已采取措施尽可能减少由上报所产生的总费用，第一年总计为 2.69 亿美元，第二年为 1.8 亿美元。尽管医生可能会在核实和修正报告方面产生一些费用，但这些费用大部分将由制造商和团购组织承担。

然而，医疗供应方对已报款项复议程序始终有所担忧。许多医学协会和学会在近期致信 CMS 表达了同样的担忧，他们争辩说，医生注册程序过于复杂，复议时间过短，以至于无法让医生恰当地处理不准确的信息。这些团体还对 CMS 建议取消资助继续医学教育的豁免这一做法提出了疑问，他们争辩说，一旦活动发生，确保厂商不知道讲课人的姓名太困难了。

《医生报酬阳光法令》与各州现行的法律之间也不一致。虽然该法令通常优先于要求由同一实体报告相同信息的现有州法律，但该优先条款的例外范围尚不明确，并且该法令并未优先于所有州一级的报告要求。例如某些州还要求报告支付给执业护士和医生助理的费用，而不仅仅只是支付给医生的费用。其他州可能对数据格式的要求不同，因此制造商往往需要多次报告同一数据。

公布报告的后果：

大多数争论主要集中在公布报告的后果上。目前尚不清楚这些数据一旦公布后将会被如何使用；它们将会被做何解释；或者它们将会对个人行为、研究实践以及决策者对监管医生—公司关系的做法产生什么样的影响。

医生和制造商代表也对患者如何理解这些信息提出了担忧。三个主要贸易组织最近致信 CMS 表达了他们的担忧——他们没有机会就如何向公众提供有关这些支付的关键情境信息（特别是这些支付用于哪里或这些款项被接受的条件）与 CMS 进行核查或咨询。他们争辩说，如果没有对这些付款的目的和情境进行清晰的沟通，可能难以区分对开处方产生不当影响的付款和对有助于创新或临床实践的服务的付款。

部分医生进一步争辩说，判定“合适的”的医生—公司互动的阈并不总是那么容易，而随专业领域或实践环境而有所不同。即便有了这些情境信息，也不清楚它们如何影响患者的决策。

对公众误解的担忧可能反过来对医生的行为产生不可预测的影响。医生可能会预先采取许多措施来防止冲突的出现，这些措施也许不必要地限制了他们与制造商之间的互动，这将不利于他们接受新技术的培训或参与临床研究。

报告对制造商实践的影响也不清楚。《医生报酬阳光法令》排除了某些具有处方权的医务人员，如医生助理、执业护士和住院医师。制造商可能因此受到鼓励，将财务关系转移到这类人员上。其他人注意到，制造商甚至在报告出台之前就已经远离了传统的专注于医生的营销方式。

例如，在过去几年里，一些制药公司已经大幅减少了向医生支付演讲费用，或者宣布他们将不再支付演讲者费用。目前不清楚这些变化与《医生报酬阳光法令》有多大关系，也不清楚这些变化与药品和医疗器械市场的广泛变化以及监管审查增强的影响又有多大关系。这些变化包括直接面向消费者的广告费用攀升，以及对付款人（通常充当处方药使用的把关人）的营销费用增加。公司也越来越依赖临床研究专业人员（称为“医学科学联络员”），他们通常拥有高等医学、药学或科学学位，可以向包括医疗专业人员、患者协会、学术机构和其他利益攸关者在内的广泛受众推广产品。总体而言，这些广泛的变化可能会通过鼓励以一种不当影响取代另一种不当影响来部分破坏该法令的目标。

下一步是什么？

法令实施的第一年给 CMS 带来了许多技术方面的挑战。该机构的网站曾两次出现故障关闭，上报数据不准确使 CMS 截留了第一年上报的数据的三分之一未予公布。公司贸易团体对截留这些信息的理由提出了疑问，争辩说这些公司是以符合 CMS 指导原则的方式报告这些数据的。

尽管如此，大部分数据在 2014 年 9 月已经发布，不过不清楚剩余部分何时会公布。CMS 还可能在对提交报告要求的最终规则的一些方面进行重新审核，但这些行政管理上的挑战终将得到解决。

随着公司和医生对该法令的适应，以及广泛的公众对变得可得的信息的回应，该法令的影响力可能需要花费数年才能完全得以呈现。事实上，可能很难用经验来测量法令最终所产生的影响，因为在该法令颁布之前，这些数据尚未得到广泛或系统的报告。

然而，即使是拥护该法令的人也同意，简单的公开不足以解决金钱的利益冲突。医生和研究中心也需要一个可靠的框架，来判定什么样的关系是合适的、有用的和有益的。为了确保金钱的利益冲突得到合适的监督和监管，要求做更多的工作。

（雷瑞鹏）

附表：

美国阳光法令报告程序

谁将报告这些报酬?	·制造由穷人医疗保险（Medicare）、老人医疗保险（Medicaid）或儿童医疗保险计划（Children's Health Insurance Program）报销的一个或多个产品的所有药品、生物制品和医疗器械制造商 ·团购组织（GPOs）和医生拥有的医疗器械分销机构
哪类医务人员的报酬将被报告?	·所有持医师执照的医生，包括医学博士、整骨医学博士、牙科医生、足病医生、验光师和脊椎按摩师 ·教学医院（例如直接或间接收来自老人医疗保险部门的研究生医学教育经费的任何一所医院）
什么必须报告?	·一般报酬：现金或现金等价物、实物或服务、咨询和演讲者费用、礼物、酬金、旅行和娱乐费用、餐饮、教学、慈善捐款和资助 ·医生及其直系亲属所持有的股权或投资利益，包括股票、版税和许可证 ·研究报酬，包括受制造商与接受者之间的书面协议和研究计划书约束的临床研究
什么不需要报告?	·少于10美元的一切支付，除非一年中支付总额超过100美元 ·产品样本、折扣和退款、用于慈善性医疗的实物、用于患者的教学材料、用于临床试验目的的设备借款、保修服务以及在公共交易共同基金中的股份
报告的时限?	·第一期报告时期：2013年8月1日至12月31日 ·第一期报告数据提交截止日期：2014年3月31 ·CMS第一阶段数据公布日期：2014年9月30日
未报告的后果是什么?	·对未报告的每一笔款项制造商和团购组织将被罚款1000到1万美元的罚款，年上限总额15万美元 ·若故意不报告，每一笔款项制造商和团购组织将被罚款1万至10万美元，年上限总额100万美元。

（白超、廖铂华译，雷瑞鹏校）

七　临床案例分析

（一）北京某医院家属拒绝同意剖宫产手术导致母子死亡案例分析：在道德两难处境下医生的选择

我们前面的案例是：北京一医院接收了一位孕妇病人，经检查发现有严重的心肺疾病，对病人必须立即进行手术才能挽救病人及其胎儿的生命，而病人的监护人拒绝在同意书上签字。这是医学伦理学中医生面临的典型的道德两难处境。

道德两难（moral dilemma）是这样一种处境：医生既有治病救人的道德（或伦理）义务，又有尊重病人或病人监护人意愿，获得她（或他）知情同意的义务。但在特定情况下，医务人员会遇到义务冲突的情况。例如在急诊情况下，病人在出租汽车上突然胃大出血，司机将病人送到医院，病人已失去知觉，一时找不到家人，这时医生要等待找到家人获取知情同意，病人就无法得到救治；而马上抢救病人，就无法获得病人自己或病人家属的知情同意。这种情况在临床上并非罕见。所谓“义务冲突”，是指医生履行一项义务（抢救病人生命），就无法履行另一项义务（获得知情同意）。反之，如果医生要设法寻找病人家属以获得他们的代理知情同意，那就无法完成抢救病人生命的义务。这种情况就叫“义务冲突”。我们面前的案例，同样是一个“义务冲突”的案例：医生要遵照病人监护人拒绝签字的意愿，就不能抢救病人生命；如果执意抢救病人生命，就违反了病人监护人的意愿。

医学伦理学的基本原则规定了医生的基本义务：不伤害病人（最大的伤害就是剥夺病人生命），有益于病人，尊重病人（获得知情同意），公平对待病人。义务是医生应该做的，不是“行善”，“行善”是可做可不做的。医生必须做下列有益于病人的事情：治愈疾病，缓解症状，避免过早死亡，减轻疼痛、减轻病人及其家属的精神和经济负担等。但病人交不起医疗费用，医生并没有替他们交费的义务，医生愿意替他们交费，这是“行善”，做了值得表扬，不做不受谴责。

基本伦理原则规定的这些义务都是“初始义务”，即在条件不变时必须完成的义务。如果情况发生变化，例如义务之间发生冲突，那么不是所有初始义务都是医生必须完成的“实际义务”。那么在义务冲突情况下，哪些初始义务应该是必须履行的实际义务呢？那就要权衡医生每一种抉择对病人产生的后果。在我们面前的案例中，医生面临的是二择一的抉择：

选项 1：尊重病人监护人的意愿和选择，不予抢救，病人死亡；

选项 2：不顾病人监护人的意愿和选择，医生毅然决然对病人进行抢救，那么很可能病人生命得到了拯救。

那么，从伦理学的视角看，一个医生应该在这两个选项中选取哪一个呢？在这种道德两难处境下，医生的抉择必须考虑每一选项的伤害/受益比，即对每一个选项造成的消极和积极后果进行评价，来看哪一种选项是在伦理学上可以得到辩护的，哪一种是不能得到辩护的。如果进行这样的分析，那么结论应该是很明显的：选项 1 的后果将是，丧失了本来可以挽救病人生命的机会，病人死亡，这是对病人的最大伤害；而其积极后果是尊重了病人监护人的选择。反观选项 2，其后果是拯救了病人的生命，这是最大的积极后果，病人受益，病人监护人受益，病人家庭受益；而其消极后果是违背了病人监护人的选择。但如果仔细比较一下，我们可以看到：在选项 1，其消极后果是无法挽救、无法改变的，而其所谓尊重病人监护人的选择则是可变的，等到真相大白时，病人监护人反而不会感谢医生对其原初选择的尊重，因为病人死了；但在选项 2 中，其消极后果是可以挽救、可以改变的。在前面所引大出血的案例，知情同意可以在抢救后补做，病人和病人家属决不会因当时医生未获得知情同意而责备医生。在我们目前的案例中，如果抢救成功救活了病人生命，病人监护人也不会因违背他的不手术选择而责备医生。于是，我们可以看到，选项 2 的伤害/受益比的正值，大大超过选项 1。

必须指出的是，在评价风险伤害/受益比时，病人生命能否得到抢救必须放在首位，给予最大的权重。因为在任何医疗情况下病人的生命总是应该置于第一位的：因为病人有了生命，才能有病人所有其他的权利和利益。其次，选项1还有一个严重的消极后果，就是对医生专业精神的伤害。治病救人是医生的天职，如果明知病人生命可以抢救，却因为其他考虑而踌躇不前，犹豫不决，坐失救治病人的良机，而导致病人死亡，那就违反了千年医学传统教导我们的，以及包括我国在内国际医师组织正在推广的《新千年医师宪章》规定的医学专业精神的第一条原则：病人利益放在首位。

简言之，在道德两难的情况下，简单的解决办法是：我们比较两个选项可能带来的伤害，而选取可能带来的伤害比较小的选项。这种方法我们称之为“两害相权取其轻”。显然，选项2带来的伤害要比选项1小得多。

如果我们进一步分析，在面前的案例中，病人或病人监护人的选择是一种知情选择吗？不是。他们错误地认为，病人的疾病并不严重，无需手术，拖一下也就过去了。这是他们的无知。所以他们的选择是无知选择，并不是知情选择，不满足有效知情同意的条件。有效的知情同意，一要医务人员向病人或作出医疗决策的监护人提供他们作出理性决策所必要的信息；二要他们理解医务人员提供的信息。在有些案例中，例如耶和华作证派的教徒，他们的信仰是“输血”就是“喝血”，因此拒绝输血，经医务人员说明，他们理解在大出血情况下不输血就意味着死亡，宁愿死亡也不愿违背教义。他们选择拒绝输血是在知情，并对所提供信息有了充分理解后的选择。而在我们案例中的当事人，并不理解医生提供的信息。因此不满足有效知情同意的必要条件。知情同意是纠正医学传统中的家长主义倾向，医生往往看不到病人的价值与自己的价值并不一定相同，不知道尊重病人的自主性。但在医疗中（注意不是在研究中），家长主义仍然有其合理的地位：即在特定情况下有效知情同意不可得时，为了抢救病人生命，医生应该为病人做主。

再者，在我们的案例中，医生明知病人不进行手术，就有生命之虞，却因监护人拒绝而坐视不救，丧失了拯救病人生命的良机。这造成严重的恶劣影响。这使人们怀疑社会需要医生干什么？首先，社会斥巨资建造医学院校，培养医生，医生获得执照后就被赋予治疗病人的特权（任何其他人，不管医学知识多丰富，也无权治病）。因此他与社会就建立了一种专业的契约关系：一旦病人有事，就应奋不顾身救助病人。其次，病人一旦前来看病，就与医生建立了一种特殊的医患关系，这种关系是一种信托关系，病人将自己的健康、生命、隐私都托付给医生。病人赋予医生以治疗他疾病的特权，其他医生无权治疗，除非他结束这种医患关系，与另一个医生建立医患关系。在医患关系中医生与病人在医学知识掌握和权力方面都处于不对称、不平等的地位，所以医生对他的病人负有治病救人的神圣责任。我们说，医生是一种专业，类似律师、教师、工程师等，他们对他们的工作对象负有神圣的责任，而且对社会也负有重大责任。所谓“国家兴亡，匹夫有责”，这个“匹夫”是专业人士，不是一般的老百姓。将医生这种专业当作职业对待，就模糊了医生的神圣责任，降低了对医生的要求，把医生当作一般老百姓对待。我们古代医生要比我们当今一些所谓的“医学伦理学家”和医师学会的负责人明白事理得多。例如李杲（1180—1251）对前来学医的学生说：“汝来学觅钱医人乎？学传道医人乎？”徐大椿指出了医学的专业与一般职业之间的区别：“救人心，做不得谋生计。”王绍隆论证说：“医以活人为心，故曰：医乃仁术。”龚廷贤指出：“医乃生命所系，责任匪轻。”杨泉明确规定：“夫医者，非仁爱之士，不可托也，非聪明理达，不可任也；非廉洁淳良，不可信也。”（《物理论》）

我们还可以进一步问：为什么病人监护人不相信医生关于不手术病人生命无救的建议？医生为什么在病人的生命可以救治也应该救治时踌躇不前？病人或病人监护人不相信医生所说，认为病情不至于那么严重，挺一挺就可以过去，实际上是怀疑医生说的那么严重不是从病人的利益出发，而是从医生自己的利益出发。虽然病人和她的监护人没有明言，但现在已经是病人的普遍心态。为什么会这样？那是我们具有方向性错误的医改的苦果。想当年，按照《华盛顿共识》，采取“断粮”“断奶”的办法，将公立医院逼上梁山（市场），政府对公立医院的财政支持降低到3%—8%，迫使公立医院靠病人的口袋来维持和发展。久而久之，医院和医生从中尝到甜头，尽管不少病人借了债，卖了房子来就医，医生在依靠病人缴费来生存、来购车买房方面已经“心安理得”。这就彻底改变了几千年培育下来的医患之间的信任关系。医生为什么明知可以拯救病人的生命，却以与病人生命相比微不足道的监护人不同意为理由，坐失良机，眼看病人死亡？因为他们担心即使抢救成功，也会怪罪他们没有获得知情同意，如果抢救失败，就更脱不了干系，病人家属可能以此要挟，索赔巨款。这也是医改导致的医患关系恶化的后果：病人不相信医生，医生也不相信病人。

现在我们注意为城乡居民提供基本医疗，注意改善社会医疗保险，注意降低药费，但却没有把政府增大对公立医院的投入列入议事日程，没有坚决使医生收入与病人缴费脱钩。问题是，如果医生的收入仍然与病人缴费挂钩，医患关系恶化的现实就无法改变，医患之间的信任关系就无法恢复，所有公立医院都会有一把“德谟克利特之剑”悬在头顶。希望我们的相关决策者三思。

（二）榆林医院产妇坠楼死亡案例分析：将临床工作转移到以病人为中心

榆林医院产妇坠楼一案引起全国人民的关注。无论在平面媒体或在网上，还是在研讨会上，其讨论之热烈，不同意见争论之激烈，实属罕见。在我国出现“一人安危，人人牵挂”的精神情景，说明我国人民精神文明已达到一个新的高度，应该为之庆幸。而榆林市相关部门做出了一纸相互矛盾的处理决定，对讨论中提出的许多要害问题，要么不做任何评论，要么含糊回应，力图淡化这一既严重又罕见的案例，仅以对相关医师的处分以及可能的幕后赔偿，来平息公众的忿怒以及与家属的可能法律纠纷。处理决定中，一方面肯定医生对产妇的临床决策和知情同意的履行符合规定或要求，另一方面又指出“对孕妇的人文关怀和周到服务不够”，而未具体指出“人文关怀”不够在何处。对做出决定的部门而言，似乎“人文关怀”是外在于临床决策和知情同意之外的东西，例如嘘寒问暖、关怀饮食起居之类的东西。是否加强这类关怀，将产妇看紧，医院门窗关好，今后就不会发生类似的产妇坠楼事件呢？这是值得大家深思的问题。

1. 将临床工作转移到以病人为中心的轨道上来

我认为，产妇坠楼一案问题的实质是，临床工作还没有转移到以病人为中心的轨道上来。这不单是榆林医院和榆林卫计部门的问题，也是我国其他地方的医院和卫计部门的问题。因此，不要将榆林医院产妇坠楼案例看作榆林地方出现的独特个案，其背后的问题具有极大的普遍性，因而会出现大大小小类似的案例，可能有些不如榆林案例那么突出，但也可能会出现比榆林案例更为突出的案例，如果这些根本性问题得不到解决的话。

我们正在纪念《纽伦堡法典》70周年，该《法典》是美、苏、英、法同盟国组成的审判纳粹医生反人类罪军事法庭法官宣读的最后判决词中的一节“可允许的医学实验”。《法典》共有10条原则，除第1条强调受试者的自愿同意是绝对必要的以及第19条受试者可自由退出试验外，其余8条都涉及避免对受试者的风险和伤害，设法使这种风险和伤害最小化。《法典》虽然本身有待完善，但其中人文关怀精神具有普遍性，即对人的痛苦、伤害和不幸的敏感性和不可忍受性（即孟子所说的“不忍人之心”“恻隐之心，仁之端也”“无伤，仁术也”），以及尊重人的自主性和人的内在价值（“天地之性，人为贵”“人为万物之灵”，人不仅有对社会做贡献的外在价值）。而后的《赫尔辛基宣言》《国际医学科学组织理事会涉人生物医学研究国际准则》以及各国治理研究的法律法规都是在《法典》基础上发展起来。《法典》的人文关怀精神从研究扩展到临床，再进一步扩展到公共卫生，成为拥有数千年历史的医学从以医生为中心的医学家长主义范式转换为以病人—受试者为中心的范式的里程碑。在我国也参加的弘扬医学专业精神（medical professionalism，可惜我们将其错译为“医学职业精神”，一般职业仅为谋生计，而专业对社会负有不容推辞的责任）的推广《新千年的医学专业精神：医生宪章》运动之中，明确宣告医学专业精神的三大原则为：病人利益置于第一，尊重病人自主性，坚持社会公正。我们的许多涉及医疗的法律法规都在不同程度体现了《法典》的人文关怀精神和医学专业精神的这三项原则，虽然有不完善之处，但在逐渐改进之中。不幸的是，我们许多的医生、医院和卫计部门既不了解这三项原则，而且在实践中也没有落实这三项原则，甚至还有些医生和医院院长在医疗商品化和市场化旗帜下抵制这三项原则。

将《法典》中体现的人文关怀精神落实到临床工作中，就要求将我们的临床工作转移到以病人为中心的轨道上来。为此，就要使我们的临床决策成为符合伦理的临床决策，使人文关怀精神落实到临床决策之中。

2. 临床伦理决策之一：符合病人最佳利益

将我们的临床工作转移到以病人为中心的轨道上来，就要求我们在有关如何对待和治疗病人做出决定时，首先也是归根结蒂要考虑我们的决定是否符合病人的最佳利益，如果发现现有规定与之抵触，则要考虑修改、完善规定，即所谓“规定是死的，人是活的”。因为规定，包括医疗常规是过去经验的总结，是用过去病人的健康和生命换来的，也是有科学证据支持的。例如在产科中顺产的适应症、剖腹产的适应症都是过去产科医疗实践的总结，有扎扎实实科学证据的支持。然而，这些规定是过去实践和经验的总结，现在和未来的实践可能会提出一些新的问题，未能为以过去经验为基础的规定所涵盖，也可能出现新的科学证据，表明原来的规定需要修改或补充。

以剖腹产为例。我们首先要肯定，在一般情况下顺产比剖腹产优点多，缺点少，因此如果经检查，产妇具有顺产适应症，而不具有剖腹产的适应症，做出顺产的临床决策是符合伦理的，因为符合产妇的最佳利益（其中也包括未来孩子的最佳利益）。至于如何将医生的这一符合伦理的决定，同时也成为病人及其家属的决定（“共同决策”），留待我们下节讨论。尤其是在我国以及其他国家剖腹产的比例过高，影响到人口总体的健康。例如美国剖腹产的比例占33%，日本19%，巴西56%，我国平均为34.3%，有些省市比例甚至超过50%。而世界卫生组织的建议是15%。我们要鼓励顺产，减少剖腹产的比例，这既符合产妇最佳利益，也符合社会利益。

然而，我们不可能全部实施顺产，因为分娩总数中可能有15%是不具顺产适应症的，不得不实施剖腹产。剖腹产的适应症有：胎儿过重过大（例如大于4公斤）、多胎（例如三胎以上）、前置胎盘、胎儿异常位置（如臀位、横产式）、胎儿血型引起免疫（如 Rh）、极低体重、子宫畸形（双角子宫）、产妇盆腔肿瘤或大型卵巢囊肿、患有生殖器疱疹、高血压、糖尿病、艾滋病病毒、肝炎病毒。如果出现这些情况，医生就要准备为产妇进行有计划的剖腹产。这样做符合产妇的最佳利益。当进行顺产时，突然发现胎儿和产妇有异常情况，例如胎儿心率异常、胎儿缺氧、胎盘早剥、分娩太困难和时间太长，这样就会危及母子健康和生命，于是医生必须临时改变决定，将顺产改为剖腹产，这种情况被称为紧急性剖腹产或非计划性剖腹产。决定的改变是由于出现新的情况，原来的顺产决定符合病人最佳利益，出现的新情况使得原来的决定已不再符合病人的最佳利益，转而使剖腹产符合病人的最佳利益。

可是上面的讨论未涉及产妇分娩的疼痛问题。过去的剖腹产适应症未提及疼痛。分娩疼痛因产妇而异，有的产妇觉得分娩的疼痛与痛经差不多；有的产妇虽然感到难以忍受，但经过医师护士指导和家人支持最终可以挺住；也有少数产妇绝对不能忍受，这种不能忍受可以到“宁愿一死也无法承受分娩疼痛”的地步。也许榆林医院和其他医院的医生从未遇到过这样的产妇，那么榆林案例提供了这样一个虽属罕见但实实在在的反例，所谓反例是证明我们的规定（包括适应症的内容）不完善的一个例子。正因为有这样的反例，因此就有不符合剖腹产适应症的剖腹产，被称为：“应产妇请求的剖腹产”。对于极少数极端不能忍受分娩疼痛的产妇来说，这样做符合这些产妇的最佳利益。正因为考虑到有这些特例，2011 年英国皇家产科学会在有关剖腹产的准则中增加了最后一条：“产妇的请求”：(1) 当产妇请求剖腹产时，应探究、讨论和记载她请求的具体理由。(2) 当没有适应症时产妇要求剖腹产，应讨论与顺产（阴道分娩）相比剖腹产的总体风险和受益，并记录这次讨论。为了探究产妇这种请求的理由，确保产妇拥有确切的信息，在必要时与产科团队的其他成员（包括产科医生、助产士和麻醉师）讨论，并加以记录。(3) 当产妇请求剖腹产是因为她对分娩有焦虑，应转诊给有专业知识的医疗专业人员，提供围产期精神卫生支持，以帮助她消除焦虑。(4) 确保提供围产期精神卫生支持的医疗专业人员能在分娩前到达分娩处提供照护。(5) 对于请求剖腹产的产妇，如果在讨论和提供支持后，顺产仍然不是一个可接受的选项，那么向她提供计划性剖腹产。英国皇家产科学会增加这些有关不具备剖腹产适应症的产妇请求剖腹产的条文，显然也是为了使产科医生的决定符合提出请求的产妇的最佳利益，将这些产妇的利益置于第一位。

分娩疼痛的经验是对分娩时产生的感官刺激的一种复杂的、主观的和多维度的反应。妇女在分娩时的疼痛经验既受生理和心理方面的影响，也受她所属文化（信念、习俗、她所属家庭和社区以及医疗卫生制度和医务人员的标准）以及她自己所持价值观的影响。医务人员不能否认分娩对于相当一部分妇女是严重的疼痛这一事实，瑞典的调查显示41%的妇女认为分娩疼痛是她们所经历过的最严重的疼痛。人体一般可经受45戴尔（测量疼痛的单位）的疼痛，而在分娩时一位妇女所感受的疼痛达57戴尔。人与人之间个体差异很大，而分娩疼痛既是感官上的，又是情感上的，多数妇女可以在医务人员帮助之下通过这个疼痛关，近40%的产妇会感受到这是人生最严重的疼痛，但也有可能比方说1%的妇女承受不了这种疼痛。如果临床工作要以病人为中心，我们所做的要符合病人的最佳利益，要将病人的利益放在第一位，同时也是为了推广顺产，那么为什么不开展分娩镇痛呢？在讨论的参与者中不少人提出了这个问题，也有人给出了回答。分娩镇痛不但在技术上是可行的，而且在许多国家已经成为现实。分娩镇痛有药物止痛和硬膜外麻醉，效果良好。英美等国的分娩镇痛率达到80%左右，上海等城市一些医院也达到70%左右，但在我国三级医院中普及率仅为16%。为什么榆林医院不开展分娩镇痛技术的应用呢？为什么榆林卫计部门不在所辖地区开展分娩镇痛技术的应用呢？为什么全国其他地区不开展分娩镇痛技术的应用呢？据说是因为麻醉师不够。那么为什么不去培养协助分娩镇痛的麻醉师呢？据说，更重要的理由是，因为“成本高，收益低”。“成本高，收益低”能成为不去缓解产妇痛苦、不为病人利益着想的理由吗？人们就要问：你们那些公立医院是公益性医院，还是营利性医院？你们与营利性的医院有什么区别？对于主管医疗的相关部门而言，医疗（包括人力、财力、物力）资源的分配是按照病人需要分配，还是按照营利多少来分配？例如儿科医生缺乏，不就是因为人力资源的分配不是按照医疗需要，而是按照营利多少来分配，致使许多医学院校毕业生不愿去儿科医院吗？同理，分娩镇痛麻醉师的缺乏也是人力资源按营利多少来分配的恶果。

临床决策要以科学证据（这个证据也是要与时俱进的）为依据，才能符合病人的最佳利益，只是问题的一方面。另一方面是病人的价值观也会影响病人的最佳利益。基因检测发现病人基因组具有 BRCA 基因，医生建议她切除乳腺和卵巢，以防止癌症发生，这个治疗建议是有科学根据的。病人具有客观的医疗适应症，这一建议显然符合病人的最佳利益。有些病人毅然决然接受医生建议，做了乳腺和卵巢的切除术。例如美国著名影星安吉丽娜·朱莉。但这个建议并不一定符合所有病人的最佳利益。有些也有 BRCA 基因的病人具有不同的价值观，认为保持身体的完整性对一个人是最为重要的，不在万不得已的情况下不能破坏这一完整性。因此，她们宁愿采取保守疗法，观察身体的变化，直到晚些时候再决定手术。对于坚持这种价值观的女性，显然保守治疗符合她们的最佳利益。应用于榆林的案例，产妇不具备剖腹产的适应症，一般来说顺产符合这类病人的利益，然而由于某种原因她不能承受分娩的疼痛，宁愿死亡也不愿顺产，在这种情况下，剖腹产就符合她的最佳利益。当然，最好的情况是，请心理医师进行帮助，答应采取分娩镇痛办法，如果这样做后产妇仍然坚持剖腹产，医生就应改变她们的初衷，同意剖腹产。可是，在榆林该医院，一不请心理医师帮助，二不准备采取分娩镇痛，即使产妇再三要求剖腹产，仍然无动于衷，他们违反了将病人利益置于第一的原则，严重伤害病人的利益，坚持以医学家长主义为中心，不但做不到以病人为中心，甚至对病人的合理请求置若罔闻，以致酿成母子伤亡的严重事故。

3. 临床伦理决策之二：在医疗决策中尊重病人的自主性

在榆林医院，该院区最为令人气愤的场景是，病人请求剖腹产得不到医生和医院的严肃对待。这是该医院不以病人为中心，顽固坚持医生为中心的突出表现，也许这是我国不少医院的真实写照。在这里提出的问题是，医学伦理学中尊重病人自主性原则以及医学专业精神中病人自主性原则在这家医院完全没有得到贯彻执行，不尊重病人的自主性，知情同意就是一种形式，是保护医生或医院利益的遮羞布。我国有关医疗的法律法规都有知情同意的相关规定，而知情同意的理论根据是人的自主性。作为“天地之性，人为贵”的人，作为“万物之灵”的人，拥有自主性，即就有关自己的事情做出理性决定的能力，如果没有或丧失理性能力或自主能力，则由代理人替他或她做出符合他或她最佳利益的决定。在这里，我坚持要用“病人”这个术语，而不是“患者”这个术语，为的是让大家知道，尤其是让医务人员知道“病人”是“人”，不仅仅是一个病床号或挂号的号码。作为一个人，病人与医生在道德和法律上是平等的，但是在信息拥有和权力上存在不平等，因此医生对病人负有专业（不是职业）义务：一切要从病人利益出发，不是从自己或医院或药厂的利益出发，要尊重病人的自主性，由病人就自己的健康问题做出决定。由于病人缺乏有关疾病和健康的专业知识，因此在做决定时必须倾听医生提供的专业建议。而医生则应该理解，你们的价值观与病人的价值观并不完全相同，一个人的生活怎样过才有意义只有自己（即病人）了解，你不能代替病人做决定，因此你要聆听病人心底的呼声。家庭其他成员同样存在这个问题，家庭成员之间价值观也不尽相同，只要病人拥有理性能力，家庭其他成员可以也应该在临床决策中起协助和支持的作用，不能代替病人的自主决定。这是一些制定相关法律法规的人所不了解的。在理想的情况下，经过彼此心灵沟通，达成共同决策。其实，大多数临床决策都是经过沟通后医生与病人共同达成的一致意见。但是，也会有少数情况，医生与病人不能达成一致意见，需要第三方进行冲裁，在国外第三方往往是法院，在我国往往是医疗行政机构。而医疗行政机构作为第三方机构在资质上不太理想，法院仲裁耗时耗钱，需要寻找更为合适的第三方。但就医生与病人不能达成共同决策而言，这可能有两种情况：一种情况是病人不了解医生挽救其生命的治疗建议，如果坚持病人非理性的决定，就可能丧失病人或第三者（如孩子）的生命，导致其死亡，这时可以通过必要的程序进行强制治疗，而不能坐视不救，坐等病人死亡。对此，医生要负法律责任。另一种情况是病人坚持的治疗选项并不危及病人生命，如榆林医院产妇坚持剖腹产，医生应该按照国外的准则和惯例，允许产妇做“应产妇请求的剖腹产”，而不是一味坚持顺产的刻板决定。尊重病人的自主性也是临床工作从医学家长主义转向以病人为中心的基本标志。显然，榆林医院以及也许全国许多医院，不过形式上走走知情同意程序，目的只是保护他们自己，实际上还是不顾病人的合理请求，一味坚持片面决定。

如果公立医院不能转向以病人为中心，不遵守将病人利益置于首位和尊重病人自主性的原则，不考虑医疗决策是否符合病人的最佳利益，不能与病人达成共同决策，不能做出合乎伦理的临床决策，那么改善医患关系不就是一句空话吗？我在这里希望，凡是真心诚意要改善医患关系的医务人员、医院院长和卫计委各级医疗行政管理人员，要做出切实的努力，将医疗工作转变到以病人为中心的轨道上来，真正坚持公立医院的公益性，反对凡事只考虑“成本少，收益多”。否则，魏则西案例、榆林产妇坠楼案例等等还会纷至沓来。勿谓言之不预！

（三）儿科临床伦理决策

案例：男孩小安 5 岁时患白血病，接受了两年的化疗，频繁地接受骨髓穿刺，他所承受的痛苦，常人难以想象。然而小安出乎意料地配合，每一次治疗都顺利完成。7 岁时小安的病情得到控制而出院，10 岁时顺利停药。然而 12 岁时小安却因病情复发再次住院，在令人异常痛苦的治疗期间病情一直在恶化，一天在治疗过程中小安突然挣扎着从手术台上坐了起来转身抱住医生，一边哭一边说：“我不要再做腰穿了，让我走好不好？我真的想走了，我想好好地走……”医生眼泪喷涌而出。医生和小安的爸爸谈了整整一个晚上，最后痛苦地决定尊重孩子的想法：停止治疗，让小安出院。后来，小安去了迪士尼乐园，完成了一直以来的心愿。之后不久小安就走了，他的爸爸说他走的时候很平静。医生说：“做儿科医生二十多年，我经历过太多难忘的病人，而小安的故事犹如一声洪钟，震撼了我对于医生职责的理解。那天手术之后，我都没有停止思索：我那样救他，难道错了吗？”“小安的生命只有短短 12 年，而其中一半的时间，都在经历怎样的痛苦和挣扎？我不敢回想，可我又不断回想，给予病人的尊重、理解和关怀，我到底做到了吗？”

这个案例提出的主要伦理问题是：（1）对于像小安那样的病人，做出怎样的临床决策比较合适？从开始采取积极的治疗（如化疗），到后来的放弃治疗，是否都合适？（2）对于小安这样的儿童病人，开始治疗是 5 岁，后来是 12 岁，应该由谁来做出决策比较合适？是医生，父母还是儿童？或者说，儿童病人在临床决策中是否应该起一定的作用？有哪些因素会影响儿童在临床决策中的作用？

1. 儿科临床伦理决策的特点

儿科临床伦理决策与其他科不同，在于儿童是不成熟的，或正处于发育成长之中，他们在情感上和经济上依赖于他们的父母或监护人，不能对自己的医疗做出知情的决策。因此，在儿科做出决策必定是与其他科不同的。

与其他病人不同，儿童不是自主的。他们不能权衡风险与受益，比较可供选择的医疗选项，或者理解做出抉择后的后果，尤其是长期后果，因此儿科不怎么强调儿童病人的自主性。儿童病人拒绝有益的医疗干预措施并没有成人知情拒绝那样的道义力量。由于儿童在认知上的不成熟和脆弱性，他们需要成人为他们做出决策，需要成人照管他们的最佳利益。人们一般推定父母是为他们的孩子做出医疗决策的合适决策者。但我们必须保护儿童不去遭受父母或其他监护人做出的不明智决策的后果。如果我们没有提供一项简单的、有效的医疗干预措施而导致儿童死亡或受严重伤害，这是我们应该尽量避免的悲剧。医生处于一个独一无二的地位来鉴定在什么情况下他们父母的决策或由此而采取的行动会危害儿童的健康的福祉。在这些情况下，儿科医生负有特殊的责任，因为如果他们不干预，儿童可能遭受严重的、长期的伤害甚至死亡。儿科医生要认识到，虽然儿童不是自主的，但儿童作为未来的成人，其潜在的自主性理应得到我们的尊重。儿童是父母塑造的，父母的价值取向理应得到我们的尊重。然而，当儿童成熟时，可能选择不同于他们父母的价值取向。医生需要帮助确保父母的决策没有关闭儿童作为一个独特的人的开发的未来，这是指使儿童在未来有充分的能力和机会来发挥他们的自主性，建立他们自己的生活，实现他们自己的价值取向。随着儿童的成长，他们变得能够做出知情的决策，也越来越多地参与医疗决策过程。儿科医生需要在与儿童发育相适应的范围内向儿童提供有关他们病情的信息，以及参与有关他们医疗决策的机会。

儿科临床伦理决策的两大问题是：应该由谁来做出决策比较合适？合适的决策的标准是什么？

2. 谁来为儿童做出医疗决策？

儿科决策中的伦理问题往往涉及同意（consent）、父母的允许（permission）和儿童的赞同（assent）这些在贯彻知情同意过程中必须解决的概念问题。父母有伦理和法律上的权威来代表儿童做出医疗和其他决策。医生也有义务维护不能保护自己利益的儿童的利益，虽然大多数父母寻求采取符合他们孩子最佳利益的行动，但他们有时所做的决策将孩子置于严重伤害的风险之中。在这种情况下，医生有义务确定什么时候一个父母或监护人做出的决定危害了孩子的利益。因此，父母的代理决策有其局限性。

而在孩子一方呢？知情同意的前提是决策者有做出理性决策的能力。青少年由于发育方面的原因尚不具备这种能力，因此他们做出的同意（consent）是无效的。他们可以表示赞同（assent）参加某些诊断治疗或研究计划。赞同这一概念的提出是，考虑孩子到一定年龄已经发育出一定的理解力，也开始知道自己利益所在和价值取向，提出“赞同”概念可帮助孩子理解他们的病情和需要进行的治疗，使他们一定程度上参与决策。父母和医生都需要鼓励儿童与他们交流沟通，使他们积极参与共同决策。“赞同”不同于“同意”在于：虽然让青少年愿意接受治疗是一个重要的目标，但他们不是最终决策者。基于儿童最佳利益的治疗获得了父母的同意，有时儿童却不愿意接受，这时父母的批准治疗就要比儿童是否赞同更为重要。在赞同之中，理解和能力是关键。决策能力不是一个固定的时间点，而是随着时间的推移和经验的积累而逐渐成熟的过程。每个孩子经历的生活、健康或疾病都不一样，因此每个孩子的有关决策的个体经验都是独特的。一般来说，14 岁或大于 14 岁的孩子在做出知情治疗决定问题上几乎已经拥有与成人一样的能力。然而，单凭年龄不能表明儿童的理解能力。知识、健康状况、心理状况、决策经验，以及每一个儿童的独特的文化、家庭、宗教背景以及价值取向，全都在儿童理解他们的状况中起作用，并影响他们做出决定的能力。健康不佳的儿童往往拥有更多的经验以及在决策中起着更大的作用，他们的父母也往往让他们做出“生死决策”，他们会比健康的儿童或父母不让其参与决策的儿童，能够更好地理解他们的抉择可能带来怎样的后果，因而他们更为理解为什么让他们对参与治疗或研究表示赞同以及应该怎样做。

然而，有些父母不了解，将他们的孩子包括在决策过程之中是一件好事。因此医生有责任将话题转到让儿童参与有关他们医疗的决定来。理想的是，医生需要在比较早的时候与父母讨论这一话题，并随着儿童的发育成长使他们越来越参与决策过程。因为赞同不仅是一种象征性的表示，也不是一个一次性事件，而是一个需要不断提起的过程。随着儿童的成熟，获得了越来越多的有关生活和疾病/健康的经验，医生必须确保所提供的信息和所讨论的问题与儿童的成熟和经验水平是相称的。医生需要不断地提醒自己，儿童的赞同需要儿童、医生和父母的参与。需要在儿童、父母和医生的目标之间寻求平衡点。儿童一般想要参与有关他们身体和健康的决定。他们也一般承认他们在决策中的作用与他们父母的作用交叉在一起，并且尊重他们父母的意见，尤其是他们感觉到情况比较严重时。大多数儿童并不期望自己做决策，但希望参与决策过程，听取他们的意见；他们希望与父母和医生一起做出决策，但不认为父母和医生的决定是绝对的。父母需要知道，他们的权威应得到尊重，但他们必须考虑他们孩子的意见。必须提供给孩子广泛的选择。儿童们也需要知道，虽然他们被允许参与决策过程，要求他们表示赞同，但他们的决定可能会被否定。应该鼓励儿科医生在个体基础上评价每一个儿童的表示赞同的能力。基于他们的发育状况，鼓励孩子对医疗措施表示赞同。赞同应被看作是一个过程，结合在所有各方参与的共同决策之内。有效的沟通是共同决策的前提，而共同决策是赞同的基础。

在小安的案例中，开始化疗时孩子才 5 岁，由父母与医生商量后做出决策是合适的，但是到了小安 12 岁，有了多年治疗经验，对自己的疾病和健康已经具备一定的理解力，让他参加决策过程，认真听取他的意见，非常重要。最后，持开放态度的家长和医生都接受了小安停止治疗的意见。医生对此的处理是合适的，医生最后的问题表明，她不了解随着儿童的发育成长，应该主动邀请儿童病人参与决策过程。

3. 青少年病人的医疗决策

14 岁的女孩小娜患急性淋巴细胞白血病 3 年。她最近因疲劳和嗜睡被送进儿童医院。这是她第三次长期住院，病情如此严重，可能她再也不能出院。她的父母决定这次不给小娜作任何治疗，并要求医生不要告诉小娜，急性淋巴细胞白血病又复发，也不要告诉她不幸的预后。这个案例反映了儿科医生面临的更具挑战性的一个方面，即孩子会在身体、智力和情感上成长发育。伦理学的考虑必须随着这些发展而改变。随着儿童的成熟，他们就应该越来越多地参与对他们医疗的决策。一个 6 岁的孩子不慎踩到一个生锈的钉子，但他拒绝打破伤风针，由于他缺乏决策能力，他的拒绝是无效的，因此他必须接受打针。但妈妈要 16 岁的女儿服用避孕药，以避免不想要的妊娠，女儿的拒绝必须得到尊重。考虑到儿童在发育之中，有人提出了一个“成熟青少年”的概念，试图让人们关注到，即使儿童（这里指的是青少年）也能够做出他们自己的医疗决策。这个概念可以表述如下：

> 任何能够理解他的治疗选项，有足够的经验权衡哪些选项对他的后果，并且已经成熟到能够处理这些信息、能够深思熟虑以及能够对可能的结局有所准备的青少年，应该被授权做出医疗决策。

这是一个伦理学概念，要求儿科医生考虑，在儿童越来越成熟的情况下，这样做更符合青少年的利益。目前在法律上承认这一概念的国家和地区还比较少，有些国家或地区的法律赋予女性青少年就性健康和妊娠方面做出决策的权力。在伦理学上，这一概念试图承认青少年日益发展的自主性和合乎伦理的行动能力。在上面小娜的案例中，她的父母试图保护她不因知道疾病复发的消息而受到伤害。然而，她已经 14 岁，住院多次，她自己对她所患疾病的知识和经验可能已经相当丰富。不让她知道这个信息以及由此做出的决策，这是忽视了和贬低了她对这一疾病的经验和成熟性。然而，应用这一概念会遇到一些问题。

假设小娜患的不是急性淋巴细胞白血病，而是霍奇金淋巴瘤。她已经做了第一疗程的化疗，但她决定不再做化疗了，尽管在若干疗程化疗后该病缓解的成功率可达 80%。她转而要采取传统医学的疗法，因为她不相信化疗能治愈他的疾病，而且霍奇金淋巴瘤病人的网站使她相信应该试试其他疗法。我们可以认为，小娜这个决定不符合她自己的最佳利益：因为化疗对治疗霍奇金淋巴瘤之有效是有科学证据证明的，而拒绝这种治疗对小娜将有很高的风险。因此，对小娜的决策进行干预，是在伦理学上得到辩护的。对此，我们认为，临床上合适的决策必须考虑临床的实际情况，不能简单地从某个概念或原则推论出来。在小娜的案例中，如果是患急性淋巴细胞白血病，那么病情挽救无望时小娜做出拒绝治疗的决策，这与如果小娜患的是霍奇金淋巴瘤，拒绝其疗效得到科学证据证明的治疗是完全不同的两回事：前者不会对小娜产生更大的风险，符合她的最佳利益；而后者则对她产生与性命交关的风险，不符合小娜的最佳利益。在后一种情况下，医生要加强与小娜及其父母的沟通，达到共同决策。

4. 评价儿童医疗决策的伦理标准

"不伤害"原则当然同样适合于评价对儿童病人的医疗决策，尽可能避免或减少医疗干预措施对儿童病人的伤害，使风险即可能的伤害最小化。这是医生对病人的消极义务（negative obligation）。但这是不够的。病人前来就诊，医生必须做些什么来"治病救人"，这是医生对病人的积极义务（positive obiligation）。就这方面而言，评价儿童医疗决策是否合适就要医疗干预是否符合儿童病人的最佳利益。这就意味着，医生要有为病人提供最佳医疗的志向，在确定什么是"最佳"时就要求医生了解病人的相关利益。父母的权威性有局限性，因此对父母说是"最佳的"不一定对孩子也是"最佳的"。因此，最佳利益标准不是简单地去做父母说是最佳的干预，而是要推动我们为这个特定的儿童病人提出符合他利益的合适的医疗建议。虽然我们医生的权威也是有限的，但我们可以根据不伤害原则规定一个伤害的阈值，我们不允许父母的决定低于这一阈值。然而，在这个阈值以上我们在伦理学上能够做的是，提供符合孩子最佳利益的医疗干预建议，并努力说服父母，为父母提供这样的治疗符合孩子最佳利益的理由。

因此"最佳利益"所强调的是，儿童作为一个人，与父母是有区别的，有自己的利益和权利。在大多数情况下，父母的决定以及他们不断参与孩子的医疗可促进孩子的最佳利益，然而人们对什么是孩子的"最佳利益"有不同的诠释，对哪些因素构成一个孩子的最佳利益，哪些风险和结局可以接受，如何权衡干预的受益和负担，都会有不同意见。但在临床情境下我们可以将以下干预结果看作符合病人最佳利益：（1）治愈疾病，恢复或改善病人完成基本生活活动的功能性能力，如饮食、穿衣、走路等；（2）缓解疾病的症状，防止或减少治疗的副作用；（3）减少病人的疼痛和痛苦，增加病人的快乐；（4）延长病人的生命等。简而言之，一个患病孩子的最佳利益是，如有可能，治愈疾病，恢复健康即正常的功能活动；在疾病不能治愈时则缓解症状，部分维持正常功能活动（例如慢性病）；在无法救治、生命垂危时减轻疼痛和痛苦，尽可能使其感到舒适，即使放弃维持生命的治疗。按照这个标准，那么在小安的案例中，小安5岁时积极地给他进行化疗是符合病人最佳利益的，因为这有治愈病人疾病的可能，事实上有一段时间经过治疗后病人的情况大有改进。然而，后来疾病复发，到12岁时病情越发严重，已无救治希望，最后听从小安自己的意见结束化疗，这也符合病人的最佳利益，因为那时疾病无望救治，化疗给小安带来的痛苦已无法忍受。

孩子的最佳利益是我们主要关注点，但父母及其他家庭成员也有他们的利益，我们也应该加以考虑。不可能期望父母将他们所有的精力和资源仅献给一个孩子，即使他们应该为他做出某些牺牲。例如不可能卖掉家产，向亲友借贷，将有病的孩子送出国治疗。

在美国，大多数州法律规定，对某些敏感的疾病允许青少年赞同进行治疗而无需父母许可，例如性传播疾病、避孕、妊娠、性侵犯、毒品滥用以及精神病。其理由并不是谋求正在接受治疗或处理这些病情的青少年做出知情的决策，因为实际上他们这些病情或遭遇会损害他们的判断，甚至让他们做出不理性的抉择。反之，其理由是要求父母许可有可能会妨碍青少年去谋求治疗，而解决他们的这些健康问题不仅符合他们自己的最佳利益，而且具有重要的公共卫生意义。如果在此后的治疗中，说服父母参与进来，并以合适的态度对待有这些健康问题的青少年，那就更加符合青少年的最佳利益了。

在青少年同意治疗后，法律是否要求通知青少年的父母呢？美国的情况值得我们参考：

青少年情况有些州的法律要求，妊娠、避孕、性传播疾病除非青少年同意可不告知父母，性侵犯必须告知父母，除非是父母实施了性侵犯或强奸，毒品或酒精滥用必须让父母参与，除非医生认为父母参与不合适（在联邦资助的项目中，可不告知父母，除非青少年同意），青少年离开父母居住，管理自己的财务可通知父母，获得法律允许独立生活的青少年（一般 18 岁）结了婚可不告知父母，除非青少年同意。

5. 儿科临床决策的其他伦理问题

父母与儿科医生之间有分歧

父母有时会拒绝医生认为符合儿童最佳利益的治疗，或者父母在家为孩子提供并非最佳的医疗照护，这需要医生努力说服家长接受副作用小的有效干预。此外，医生可与护士、社会工作者一起，帮助家长为儿童提供较好的医疗照护。在罕见的情况下，当不能说服父母接受几乎没有副作用的救命疗法时（例如用抗生素治疗先前健康的孩子的细菌性脑膜炎），医生应该要求卫生行政机构推翻父母的决定。如果分歧持续存在，那么医生对父母拒绝治疗的对策将取决于临床情况、治疗的受益和负担，在某些情况下，还取决于孩子的意愿。

拒绝有效性有限或负担沉重的干预

父母可能会拒绝那些效果有限、副作用显著、需要长期治疗或有争议的干预措施。在这种情况下，父母的知情拒绝应该是决定性的。即使儿童的预期寿命可能缩短，拒绝这种干预在伦理学上可能是合适的。

拒绝几乎没有副作用的有效干预

父母有时拒绝对危及生命的疾病进行治疗，尽管这些治疗对恢复孩子的健康非常有效，而且是短期的，几乎没有副作用。例如，耶和华见证派通常拒绝为遭受重大创伤的儿童输血。同样，基督教科学家派的父母经常拒绝使用抗生素治疗危及生命的细菌感染。那些无法说服父母接受这种干预的医生应该寻求卫生行政机构或法院下命令来实施治疗。这类命令很重要，因为它表明社会认为父母的拒绝是不可接受的。正如一家法院宣称的那样，尽管“父母可以自由地成为‘烈士’，但他们不能自由地让子女成为‘烈士’”。但通过卫生行政机构或法院否定父母的决定应该是最后一种手段。

在某些情况下，医生听从父母拒绝采取有效、安全的干预措施，因为父母和医疗系统之间的冲突会伤害孩子。例如，一些父母反对接种疫苗是因为对副作用的担心或对疫苗制备和保存不信任。即使在不允许有例外情况的情况下，也可能有些地方不执行普遍免疫的要求。有的医生可能认为，如果未接种疫苗的儿童数量很少，而且存在群体免疫，那么似乎不必要得罪孩子的父母。然而，如果不少医生有这种想法，结果会导致某一地区未接种疫苗的儿童数量太多，因而不能形成群体免疫。那么如果疫情真的暴发，就会造成疫病的大规模流行，严重损害公众的健康。在这种情况下，公共卫生官员将迅速执行强制性免疫接种要求。

拒绝有显著副作用的有效治疗

当父母拒绝干预一种严重疾病，但这种干预非常有效而负担也非常沉重时（例如急性淋巴细胞白血病中的骨髓移植或睾丸癌中的联合化疗），就会出现进退两难的局面。在这种情况下，孩子的意愿可能很重要。如果年龄较大的儿童或青少年在知情的情况下决定接受这种治疗，那么医生应该支持这一决定。

如果父母在多次劝说后仍然拒绝这种治疗，那么一些医生会寻求卫生行政机构或法院的命令来强制进行治疗。在这样做的时候，医生需要考虑到这会影响在孩子医疗上与父母的长期合作。至少，医生应该倾听父母的反对意见，表示尊重他们的意见和他们对孩子持久的责任。

儿童拒绝治疗

在某些情况下，儿童拒绝有效的治疗。医生的反应应该取决于临床情况的严重性、治疗的有效性和副作用、拒绝的理由、父母对治疗的偏好以及坚持治疗的负担。强迫青少年接受正在进行的治疗（如糖尿病的胰岛素注射或哮喘的吸入剂）是困难的。最具建设性的方法是设法了解病人拒绝治疗的理由，并提供心理社会支持。在一些案例中，青少年宁可离家出走也不愿接受具有显著副作用的癌症化疗。因为强迫青少年接受这样的治疗是困难的，在伦理学上也令人不安，所以这些拒绝被接受了，尤其是当父母支持孩子的拒绝时。

父母要求进行没有医学适应证的药物治疗

父母有时会要求进行药物治疗来改变孩子的行为，提高他们在学校的表现。兴奋剂可以改善注意力分散、注意力不集中、冲动的症状，即使是那些不符合注意力缺陷/多动性障碍标准的儿童。事实上，这些药物的确提高了使用者的注意力和机敏性。如果这种兴奋剂的使用很普遍，那么父母可能会感到有压力，这样他们的孩子就不会处于劣势。

批评者反对使用药物来改善未被诊断出疾病或病情的儿童的行为和学习表现。在他们看来，更好的选择是指导和练习，以加强一个好动和不守规矩的孩子的意志。这些批评者认为，与家教等家长帮助孩子的其他措施不同，药物会破坏孩子努力和成就之间的联系，削弱孩子的责任感、自制力和是非感。

其他人则在反驳中指出，这些批评者在若干方面具有误导性。他们在药物和努力之间造成了错误的二分法。事实上，使用兴奋剂的学生像喝咖啡，仍然必须努力学习。批评者还高估了药物的有效性，这些药物对许多有行为和学习问题的儿童无效。最后，认为儿童在学校表现不佳主要是由于缺乏意志和努力的说法也过于简单化，还需要考虑和解决其他的原因。对于一个有明显的行为和学习问题但不符合多动症障碍标准的孩子，如果行为治疗和咨询被证明无效，知情的父母进行药物试验是合理的。

残障儿童

低出生体重早产儿在新生儿重症监护病房可以得到有效的治疗，从而达到正常的生长发育。然而，在出生体重极低（如低于 400 克）的情况下，即使接受重症监护，存活下来的婴儿也非常少，幸存者通常有严重的神经功能障碍。1985 年美国联邦《Baby Doe 条例》限制了对 1 岁以下残疾婴儿不给医疗的决定。它们的意图是确保对患有唐氏综合症的婴儿进行十二指肠闭锁或气管—食管瘘手术等干预措施。依照该条例、除了“适当的营养、水化或药物”以外不需要提供治疗的情况有：(a) 婴儿不可逆昏迷，(b) 治疗只会延长死亡，(c) 治疗不会有效地改善或纠正所有对生命有威胁的病情，(d) 治疗对存活将是无用的，或 (e) 治疗几乎是无用的和不人道的。此外，鼓励医院建立伦理委员会，称为婴儿医疗审查委员会，就困难的案例给医生提供建议。医生们应该明白，这些条例并不要求医生提供他们认为不合适的治疗。《Baby Doe 条例》受到了尖锐的批评，主要是因为它将父母排除在决策之外。一般来说，父母作为孩子的代理人，有责任照护他们。此外，批评者拒绝了必须提供最大限度医疗干预（除非这些干预是无用的或孩子正处于不可逆转的昏迷或死亡之中）的要求。批评者论证说，在其他临床情境中，仅仅是存活的可能性并不要求医生使用所有可得的医疗技术。

（四）绝症病儿的伦理决策

2016 年 9 月，出生 1 个月的查理·伽德在伦敦著名的欧蒙街儿童医院被诊断患脑肌型线粒体 DNA 耗竭综合征。线粒体 DNA 耗竭综合征是一种线粒体 DNA 缺陷引起的罕见遗传病，有不同的类型和表现症状，而查理所患的病症是这种疾病最为严重的类型，因为它既影响肌肉，又影响大脑。线粒体具有为人体各系统器官细胞提供能量的功能，其 DNA 缺陷影响到许多系统细胞的正常功能。正如查理的临床症状表现的，他全身肌肉无力，既盲又聋，不能吞咽，不能自主呼吸，大脑受损，虽然大脑没有完全死亡，但处于持续性、进行性障碍之中，无正常脑功能的征候，例如反应、互动和号哭。查理这种类型的线粒体 DNA 耗竭综合征全世界仅报告 15 例，目前有 4 例。所有线粒体 DNA 耗竭综合征目前都无法治疗，但可预防，即采取线粒体代替法，将患有线粒体病的妇女所怀胚胎取出，将细胞核植入正常妇女的去核卵内，然后再移植回患病妇女子宫内，这样所生出的孩子不再患有线粒体病。

查理住入该院监护病房后，用呼吸机进行人工呼吸，靠饲管进食，但肌肉无力和大脑损害的病情日趋严重，医生和院方认为继续生命维持系统不符合查理的利益，建议撤除；但查理父母表示反对。在双方不能达成一致的情况下，按照英国法律应由法院裁决。2017 年 3 月医院向法院提出诉讼，要求法院裁决支持撤除生命维持治疗措施。4 月法院在举行听证会后，法官弗朗西斯判决说，生命维持措施应该终止，对查理进行安宁治疗符合他的最佳利益。查理的父母不服判决，在 5—6 月间向英国上诉法院和最高法院以及欧洲人权法院分别提出上诉，均告驳回。7 月教皇方济各和美国特朗普分别表态支持查理父母对查理进行治疗。美国医生平野道夫表示他可以用他发明的核苷分流疗法加以治疗。查理父母为查理去美国治疗已经筹集到 170 万美元款项，再次向英国高等法院上诉，要求允许他们携查理去美国治疗。在平野来到英国亲自检查病人后表示治疗已经太迟。7 月 24 日查理父母撤诉，27 日法官弗朗西斯对医生说将查理转入安养院后不久即可撤除治疗。28 日在安养院撤除治疗后不久，查理去世。

这一个全球有数十万脸书、推特等社交网络用户发文参与的案例，争论的中心是什么问题？有人说，这是一个查理的生命权利问题。这没有说在点子上：对一个临终病人，不存在谈论生命权利的基础。又有人说，这是一个死亡权利问题。这也没有说在点子上：不存在一般的死亡权利问题，例如无论哪一个国家，允许自杀的伦理辩护始终不占主流，均不存在允许自杀的法律。所有国家都要设法预防自杀，自杀事件一旦发生，都要进行抢救。对于查理来说，这不是一个生或死的问题，而是一个死亡方式的问题：是撤除生命维持措施使之安宁、舒缓死亡，还是经过奥德赛式的艰难路程最终也许客死他乡（美国）？许多媒体为了达到耸人听闻的效应，将查理的问题说成是"要么生存，要么毁灭"的问题，至少也是无知所致，也许是为了吸引受众的眼球，扩大其发行量。我认为围绕查理争论的中心问题是两个：采取什么样行动符合查理的最佳利益，以及在临终病儿的临床决定问题上谁是最终决策者。

1. 临终病儿的最佳利益

采取什么行动符合查理的最佳利益？

在临床情境下，一般来说，病人的疾病得到治愈（如传染病），如不能治愈可以得到控制（如高血压、糖尿病等慢性病），如不能控制则设法缓解症状，最后对于临终病人则是如何尽可能在病人死亡过程中减少疼痛和痛苦，增加舒适和安宁度。采取达到上述医学目的的措施，就是符合病人最佳利益的行动。

在查理的案例上，父母为一方，医务人员和法官为另一方，对于符合查理最佳利益的行动有深刻分歧。父母认为，让查理继续使用生命维持机器，尤其是能够去美国接受试验性治疗，也许可以延续查理的生命，甚至希冀出现奇迹，例如也许试验性疗法有10%的成功希望，这符合查理的最佳利益；而医务人员和在听取许多专家意见后的法官则认为相反，使查理继续维持在生命维持机器上是延续甚或增加查理的痛苦，使其更不得安宁，而去美国治疗缺乏科学根据，因此加以拒绝。

问题是，根据什么来判断一个病人的最佳利益是什么？

2. 判断病人最佳利益的根据

第一要立足于科学的证据。

已有的医学知识告诉我们，查理患有的那种线粒体 DNA 耗竭综合征是不治之症，而他此时已处于临终阶段。这是许多英国和美国专家的共识。

而那位平野医生没有亲自检查病人，没有查阅查理的病案，没有阅读众多专家的第二种意见，就武断地对查理的父母说，有 10%的机会治疗查理的病，这不是一种科学的态度。而他所发明的核苷分流治疗，既未进入临床试验，也未进行动物实验，他目前用这种疗法治疗的 10 余位病人中，大多不是查理那种最严重类型的线粒体 DNA 耗竭综合征，而是仅仅影响肌肉而不影响大脑的类型。

更重要的是，平野说，他用他发明的疗法对这些病人的治疗是在出于同情的医疗（compassionate care）名下向美国 FDA 申请得到批准的。

科学证据：让数据说话

大家都可以在美国 FDA 网站看到，美国 FDA 是出于对病人的需要的考虑，允许将正在进行临床试验而尚未批准的药物用于未能有机会参加临床试验的病人身上，这种称为“出于同情的使用”（compassionate use）。而这种使用也必须符合规定的程序：一是“扩大可及计划”，即允许医生将正在研究但尚未获批的药物用于符合条件的那些没有机会参与临床试验病人身上。二是“单个病人可及计划”，即对于那些病情急需，但病人既没有机会参加临床试验又没有可能通过“扩大可及计划”，可以申请单个病人可及计划，这些计划对病人、医生和药物都有要求，并不是随便使用的。病人病情紧急时 FDA 可在 24 小时内加以批准。

而“出于同情的医疗”则是根本不同的概念，那是指医务人员对病人的医疗护理要充满同情心。后来，平野到医院看了查理又说，已经晚了，他的疗法不会起作用。可是，平野这一插手，却使查理的父母以及支持他们的公众凭空增加了改善查理病情的虚幻希望。

查理面临的三种选项

· 选项 1：去美国。平野前后的表现说明了，在市场机制支配的美国医疗制度下的医生已经缺乏科学态度到了什么地步。因此，去美国治疗有可能改善查理的病情是完全没有科学根据的，如果去美国，查理不但要经受长期旅行的折腾，大家可以设想一个不到 1 岁的孩子带着呼吸机和喂饲插管进行跨越大西洋的飞行会给孩子带来什么样的痛苦和不便，而到了美国还会受到许多不可预料、不确定因素的折磨，而改善病情的可能又微乎其微。这显然不符合查理的最佳利益。

· 选项 2：而在脑部损伤急剧恶化情况下，继续靠呼吸机和喂饲维持生命，对仍有痛觉的查理显然不能在安宁、舒缓的情况下度过短暂的余生。这也不符合查理的最佳利益。

· 选项 3：任凭他死亡（Letting him die）

第二要立足于病人的价值

对于有行为能力的病人，病人根据自己的价值观，可以表达自己的最佳利益所在，这样使得医务人员和家属容易判断采取何种行动符合病人的最佳利益。即使是临终病人，如果他不认为呼吸机和人工喂饲给他带来痛苦，就没有理由撤除对他的维持生命的治疗。

然而，查理才 1 岁，无行为能力，即使他健康，也不能表达什么是他最佳利益的意愿，人们也不可能从他的行为表现判断他认为的最佳利益所在。也许，可以根据作为一个理性人，处于查理的位置，会认为他的最佳利益是什么。但这仍然存在不确定性：因为理性人有可能选择不同的选项。

3. 临终病儿临床决定的最终决策者

孩子父母应该是临床决定的最佳决策者，几乎所有国家都确认这一点。父母是孩子利益的护卫者，但他们缺乏医学知识和技能，不知道应该怎样做最符合孩子的利益。而医生则拥有这样做的专业知识和技能，在一般情况下，经过知情同意过程，父母与医生很容易达成共识，因而称之为“共同决策”。在英国也是如此，双方达成共识是通例，双方分歧太大而无法达成一致，从而不得不诉诸法院，这是罕见的个案。

英国法律这一规定，是基于这一事实：虽然说，一般情况下，父母的决定会符合孩子的最佳利益，但情况并非百分之百如此。这种情况并不是英国特有的，在美国、中国也是如此：在个别情况下父母有关他们孩子的治疗决定，违反了孩子的最佳利益。例如我国有的父母怀疑治疗白喉气管切开术的安全性和有效性，拒绝患白喉的孩子接受手术治疗；耶和华见证派的信徒拒绝在需要时给孩子输血；有的父母抛弃他们有微小缺陷（如裂唇）的孩子；因为是女孩子即使有钱也不愿医治；等等。

家庭的决策权威不是绝对的。如果像我国一些所谓的“家庭主义”者那样，认为家庭对孩子的治疗决策有绝对权力，那么如何保障上述那些病儿不受虐待和歧视的基本人权呢？

因此，我们在承认父母对自己孩子的治疗有决策权的同时，也要指出父母这种权力不是绝对的。一旦父母的治疗决定危及孩子的最佳利益（更不要说基本利益）时，父母对孩子治疗的决策权就应该加以剥夺，行政机构或法院可以指定另外一个监护人来为符合孩子利益的治疗决定做出代理同意。在美国也是如此。著名的里程碑式判案，例如昆兰和克鲁珊，都涉及撤除维持生命的治疗，都是因父母与医生发生严重分歧后由法院做出裁决的。中国一些网络媒体妄评美国父母有决定孩子医疗的绝对权力，这是对事实的歪曲。

而正是这一点，是值得我们卫生部门和立法者考虑的：我国通常的做法是，或者医生不顾父母的拒绝，径直抱着病儿去手术室治疗；或者临时通过卫生行政当局下令强制治疗。我国的法律法规应该有相应的条款来保护可能受父母不利医疗决定之害的孩子的利益和权利。这也许是查理案例给我们留下的一份遗产。

问题 1：医患沟通

如果要达到父母与医务人员之间对病儿的共同决策，就要改进医患之间的沟通。医生要将可能的治疗选项，尤其是医生推荐的治疗选择的有关信息以父母理解的语言，如实地、全面地和充分地告知父母，要花费必要的精力和时间帮助父母理解所提供的信息，耐心听取父母的意见，必要时修改或完善治疗方案，然后经过几个反复之后达成共识。

然而，对于查理所患那种非常罕见的绝症，而且又处于临终阶段，与对刚生出的孩子充满激情慈爱的父母进行沟通，也许是十分困难的。这样的父母往往对孩子的预后满怀不尽合理的希望，而且非常容易轻信例如平野那样的医生以及社交网络上提供的种种神药秘方。

我们应尽力理性地处理与父母的分歧，尽可能避免将此类案例移至临床情境外解决，尤其是采取司法诉讼，往往会形成敌对关系，导致社会各种力量的介入，使情况更为复杂。对此，我们需要制订一个如何与患绝症而处于临终期的病儿父母进行沟通的专门而详细的知情同意程序。这也许是查理案例留给我们的另一份遗产。

问题 2：科学判断与伦理判断

医务人员以及可能介入此类案例的卫生行政和司法人员必须理解到临床判断既是科学判断又是伦理判断。

临床判断首先必须是一个科学判断，即治疗的选择必须以科学证据为依据。但我们不能忘记的是，临床判断同时又是一个伦理判断，它不但蕴含着医务人员应该做什么的伦理要素，而且蕴含着病人认为一个人应该怎样生活的价值观。

在每天依赖呼吸机和人工喂饲的临终病人中，有些认为即使这样很痛苦，但能多活几个小时或几天也值得，所谓“好死不如赖活”；而另一些则认为这种生活难以忍受，有失人的尊严，宁愿少活几小时或几天也要撤除这些机器设备，即所谓“赖活不如好死”。这些病人有着不同的价值观，因而选择不同的临床决定，我们医务人员、卫生行政和司法人员对他们的决定都应该尊重。

为此，我们需要制订专门与临终病儿撤除生命维持措施有关的伦理准则。这也是查理案例留给我们的一份遗产。非常令人惊讶的是，在纳粹审判时隔 70 年的今天，我国竟然有医学伦理学教科书作者鼓吹纳粹臭名昭彰的“安乐死义务论”，而且国内一些出版社还出版这些充斥纳粹言论的书籍，岂不令人齿冷！

问题 3：建立妥善机制

父母与医生就他们的孩子的治疗决定达成共识，是临床现实的主流。但在罕见的情况下，双方一旦发生无法调和的分歧，在临床情境之中无法解决，究竟用什么机制解决更好，是需要我们认真考虑的。

正如有些英国生命伦理学家指出的，诉诸法院，不但耗时耗力，可能耽误孩子的救治，而且容易形成敌对关系，将问题复杂化。设立独立的伦理委员会来处理，不失为一种可以考虑的选项。但这种伦理委员会必须是独立于父母家庭，也独立于医院的第三方。法院本是独立第三方，而且它有根据法律维护公民和公共利益的义务和责任。然而，司法诉讼程序过于复杂耗时，可以建议：虽然仍在法院内但由法院内设立的独立伦理委员会来处理孩子父母与医生医院之间对孩子治疗决定有难解纠纷的案件。这是查理案例留给我们的又一份遗产。

此外还有卫生资源考虑、社会介入等问题。

（五）老年医学的临床伦理决策

案例 1：一位 72 岁的男性病人 X 住院后被诊断为左侧晚期肺癌，他有多年吸烟史。在我国老年病人的治疗决策一般都由家属决定。他大儿子与医生商量后决定对 X 行左侧肺部切除术，希望及时将左侧病肺切除，以免癌症转移到右侧及其他器官。如果手术成功，病人可以有多年存活并具有较高质量的生活。但风险很大，右侧肺虽还没有发现有癌症转移，但淋巴管内癌细胞难以清除干净。病人年龄已大，体质不佳，能否经受住这次手术还是一个问题。医生建议询问病人意见。病人表示反对手术，认为其一，他认为他不可能经受住那么大的手术。其二，他希望在保守治疗情况下再活两年完成三项心愿：一是他老伴患心脏病，病情比他还严重，他希望自己能将老伴送走；二是他的二儿子的妻子已经怀孕，第二年可能生出孙子或孙女，他希望能看到他孙子或孙女再走；三是他在国外工作的三儿子准备在第三年回国结婚，他希望看到他们俩回国结婚后再走。如果进行手术，很可能不能实现他的这三个心愿。医生与他大儿子商议后，决定接受他的意见，采取保守疗法。医生认为采取保守疗法再活两三年的概率可能要比手术成功的概率大。在此后的两年中，他亲自送走了老伴，看到了他孙子出生，也看到了第三个儿子回国结婚。在诊断出癌症三年后他实现了他的三个心愿，安然逝世。

这个案例提出了一个对老年病人究竟应该由谁做出治疗决策的伦理问题：由病人自己做出决策，还是由家庭做出决策。这个案例否定了我国的传统做法，如果按照家属意见，对病人进行手术治疗，很可能让病人实现不了三个心愿，不但他会遗憾地去世，他的孩子们也会抱憾终身。

由于人口学的变化，临床医生遇到的老年病人越来越多，如何处理好老年病人治疗中的伦理问题，对于医生和医院越来越显得重要。一位老人平均有3—4种慢性病，大约每年20%的老人要住院。许多人决策能力受限，也缺乏足够的社会支持和经济资源。因此，医生和医院面临日益增多的医学、心理、社会和伦理挑战。他们对老年病人治疗决策的伦理问题包括：如何确保病人知情同意，判定病人决策能力，鼓励老人预先制订治疗方案，代理决策，不给和撤除治疗，使用心肺复苏术，病人或家属对干预措施提出请求等问题。而由于老年病人的特点，尤其是家属的干预也要比其他病人多，解决这些伦理问题更加需要我们医生与病人及其家属做好沟通工作。

1. 确保知情同意

知情同意的基础是尊重病人的自主性。一位82岁的老年女病人呈现明显的乳房肿块，活检发现乳腺癌。一位外科医生告诉她需要动手术，然后递给她一份同意书，让她阅读并签字。这位外科医生的做法很不合适，他的所作所为没有满足知情同意的伦理要求。为了确保病人能够自主地就她的医疗问题做出决策，医生必须向其提供有关疾病和治疗选项的充分信息。这是伦理学的要求，也落实到许多国家相关法律法规上。我国在《侵权责任法》以前颁布的法律法规或者含糊其词，或者相互矛盾，主要是受到我国传统的习惯做法的干扰，也因一些人所谓“家庭决策”的错误提法所迷惑。我们要重视家庭在病人医疗决策中的作用，但知情同意是病人的知情同意，仅在病人失去行为能力时，病人的知情同意由病人的代理人行使。而“家庭决策”的提法则从根本上违背知情同意的初衷，即尊重病人的自主性。对于老年病人，他们对于余下的生活有自己的安排，这体现了病人的价值观和生活目标。正如上述案例说明的，这位老年病人希望在去世前实现三个心愿，这是他对余下生活的自主安排。这种体现病人价值观的安排，医生事先并不知道，也许原本代他决策的大儿子也不知晓。在这个案例中，医生和家属比较开明，同意了老年病人的决策，也实现了共同决策，最后虽然病人去世不可避免，但他实现了三大心愿，安心地离开人世。知情同意的基本要求是，医生将必要的信息（疾病的性质、建议的干预以及建议的干预与其他干预办法的风险和受益）告知病人，确认病人具有决策能力、病人理解医生提供的信息以及病人自愿同意所建议的干预。我们的习惯做法是医生不告知病人而告知病人家属，不问病人是否理解了所提供的信息，不从病人那里获得同意，这种做法违反了知情同意这一基本要求。签署知情同意书不能代替医生与病人之间就病人所患疾病以及治疗选项进行深入的沟通。我们临床上往往是医生与家属都谈好了，然后给病人一份同意书要他签字，病人根本不知道更不了解所提供的信息，这种同意书是无效的。

临床干预必须从病人那里获得有效的知情同意，但有时不可能从病人哪里获得，例如病人缺乏决策能力，那么这种同意只能从病人的代理人那里获得。在急诊情况下，病人无决策能力，代理人不在场，也没有病人事先的治疗安排，只能在没有知情同意的情况下采取急诊措施，这是可以允许的。

在从病人那里获得知情同意时，病人可能拒绝不必要的医疗干预，医生有义务尊重病人的决定。病人拒绝干预可能与临床医生的本意有悖。医生可能认为病人的拒绝不对，但病人的拒绝往往不是没有道理的。如果医生判定，病人的拒绝是没有充分了解所建议的干预以及拒绝的风险，也应该尊重病人的决定。本文前的案例中，病人完全有决策能力，就应该由他亲自做出体现他价值观的决策，家属的意见仅供参考，而不应该绕开病人，径自由家属和医生决策，这违反了知情同意伦理要求，也不符合共同决策的本意。

2. 判定病人的决策能力

一位有轻度痴呆症的老人的大便样本检测结果呈阳性，医生建议他作结肠镜检查，医生在告知病人有关信息后要求病人简单地重复结肠镜是什么以及结肠镜检查的风险和受益，以判定病人是否具有决策能力。医生对于患痴呆症的老年病人一般都要关注他是否具备决策能力。决策能力包括就若干选项中做出抉择进行交流的能力，理解抉择的性质及后果的能力，做出抉择所必要的合乎理性地处理信息的能力，以及与先前表达的价值观和目标一致地进行推理的能力。决策的水平应该与要做出的决定的风险和受益相一致。例如医生应该确定，拒绝一项风险低的救命干预的病人是否有充分的决策能力。在许多情况下，认知受损的病人具备充分的决策能力。上面案例中的病人有充分的决策能力同意结肠镜检查，他理解并且可清楚地说出结肠镜检查的适应证、风险和受益。有时判定一位病人的决策能力很难，尤其是如果病人或家属对能力的评估不一致，病人有医生不熟悉的关注（例如宗教信仰）或病人有难以治疗的精神病，这时临床医生需要精神病医生、社会工作者、宗教人士或伦理学家的帮助和咨询。医生有义务保护没有决策能力的病人避免做出不合适的医疗决策。在这种情况下，并不是临床医生可以不顾病人的自主性，而是因为病人不能做出自主的决策。在这些情况下，医生应该确定一个合适的代理决策者。

3. 应该在何时以及如何使用代理决策

一名68岁的酗酒男子因吐血和脑病入院治疗。病人的临床医生建议进行食管—胃—十二指肠镜检查。但病人缺乏决策能力，也没有在缺乏决策能力时预先制订的医疗计划。当病人缺乏决策能力时，临床医生必须依靠代理人为病人做出决定。如果病人的预先制订医疗计划中指定了代理人，则这一选择应该得到尊重。

许多没有决策能力的病人并没有预先制订医疗计划，在这种情况下临床医生必须确定一个合适的代理人。理想的代理人是一个了解病人的医疗价值和目标最好的人，家庭成员通常作为代理人。有一些国家法律规定代理人的先后顺序，例如其顺序是法院指定的监护人、配偶、近亲。在某些情况下，病人家属可能会同意，病人的某个亲密朋友可能是最合适的代理人。在上面的案例中临床医生应该为病人确定合适的代理决策者，同时努力治疗病人的脑病，恢复他的决策能力。代理决策者应该根据病人先前表达的价值观和目标来做出决定。然而，有几项研究发现，代理人往往不知道并不能准确预测病人的医疗价值观和目标，并根据病人的最佳利益做出决策。

4. 什么时候不给和撤除维持生命的干预是合适的?

一个72岁的女病人患转移性结肠癌，转入安宁疗护院。她已植入一个心律转复除颤器，因她患有心室性心律失常。在安宁疗护期间，她请求她的心脏病医生撤除心律转复除颤器。医生是否应该准许撤除呢?

病人和临床医生都看到生命晚期照护有改善的余地。病人认为，优质生命晚期照护应该包括处理疼痛和减缓症状，避免延长死亡过程，使自己有控制感，减轻负担，加强与亲人的关系。濒死病人可拒绝或请求撤除任何或所有干预措施。然而，临床医生可能不愿意批准这样的请求，因为他们害怕被以非法死亡罪起诉或受惩罚。然而，拒绝或请求撤除医疗干预是合乎伦理的，也应该是合法的。实际上，从病情恶化的病人撤除维持生命的干预措施（人工呼吸、血液透析和人工营养）的做法十分普遍。

拒绝或请求撤除不必要的医疗干预的权利是基于对病人自主性的尊重。病人也有拒绝他们以前同意进行干预的权利，如果他们的医疗价值观和目标发生了变化。如果一个临床医生开始或继续病人拒绝的干预，那是对病人的伤害，无论其意图如何。

美国法院的许多判决都明确了病人有权拒绝或请求撤除维持生命的干预措施。在昆兰（Quinlan）案中，新泽西州最高法院确认，隐私权包括有权拒绝不需要的医疗干预，包括生命维持治疗。在克鲁珊（Cruzan）一案中，美国最高法院确认有能力的病人有权拒绝不需要的医疗干预。最高法院还确认了无行为能力的人有权通过他预先制订好的医疗计划和代理决策者拒绝治疗。值得注意的是，没有一家美国法院发现，在医生准许病人或代理人拒绝或请求撤除维持生命的治疗后，曾判决医生要对可能错误的死亡负法律责任。

准许病人拒绝或请求撤除治疗的权利与医生协助自杀（physician-assisted suicide，PAS）或安乐死（euthanasia）不是一回事。在 PAS 的情况下，病人借助临床医生提供的手段（例如致命药物）自己结束他的生命。在安乐死的情况下，临床医生直接采取措施（例如注射致命药剂）终止病人的生命。在 PAS 和安乐死情况下，采取的干预手段（例如药物）的唯一意图是病人的死亡。与之相对照，当一个病人在拒绝或撤除干预后死亡，疾病是死亡的原因，其意图是摆脱被认为负担的干预措施。在上面的案例中，心脏病医生应该准许病人的要求，撤除心律转复除颤器。撤除心律转复除颤器程序不会引起疼痛，也可防止在病人生命最后几天复律引起的不舒服。死亡的原因是病人的疾病，而不是撤除心律转复除颤器。

临床医生应该确定，拒绝或请求撤除维持生命干预措施的病人具有足够的决策能力，并告知他们其请求的后果。然而，研究发现，许多病人在决定放弃维持生命的治疗时缺乏决策能力。值得注意的是，与年轻病人和有决策能力的病人相比，缺乏决策能力的老年人和病人更有可能撤除维持生命的治疗。这些研究强调临床医生在老年患者具有决策能力时，与他们讨论他们生命晚期价值观和目标的重要性。此外，应该鼓励老年病人与他们的代理人讨论这些价值观和目标，并在他们预先制订的医疗计划中明确表达。

有时，临床医生可能会出于他们的良心反对病人要求不给或撤除维持生命的治疗。然而，临床医生必须承认病人对自己身体的权威和拒绝不必要干预的权利。如果病人在仔细考虑他的医疗目标和价值，理解请求撤除的后果后，仍然坚持要求不给或撤除维持生命的治疗，如果准许病人的请求违背医生的良心，那么临床医生应该将对这一病人的医疗工作转移给另一位医生。

5. 心肺复苏术的使用

一名 82 岁男子因心肌梗死引起胸痛入院。他的临床医生问病人是否愿意在经历心肺骤停时进行心肺复苏术。病人告诉医生，不管什么治疗他都愿意。医生不能满足于病人这样的回答，而不作进一步的说明。在实践中，对心肺复苏术的同意往往是推定的，临床医生必须实施心肺复苏术，除非病人或代理人请求不进行复苏术。不去努力实施心肺复苏术在伦理学上不可得到辩护。然而，心肺复苏术是一种低受益手术。一项对医院中心肺复苏术的研究发现，在接受心肺复苏术的病人中，只有41%的患者能够立即存活，只有 13%的病人能够存活到出院。值得注意的是，年龄并不是心肺复苏后出院存活率的预报因素。

在老年人中，院外心肺复苏术不如院内有效。在一项研究中发现，244 名（0. 8%） 70 岁以上在院外实施心肺复苏术的病人中，49 名（0. 8%） 存活至出院；259 名（6. 6%） 在院内实施心肺复苏术的病人中，有 17 名（6. 6%） 存活至出院。同样，在医院外接受心肺复苏术的住院者中，只有0到5%的人存活下来出院。

经过疾病严重程度调整后请求不实施心肺复苏术的人数随年龄的增加而增加。然而，大多数老年人对心肺复苏术的意义并没有一个准确的理解，也没有与他们的临床医生讨论过心肺复苏术。此外，病人高估了心肺复苏术的成功。然而，在得知心肺复苏术的实际疗效后，许多老年人拒绝了这一程序。此外，研究发现代理人和临床医生经常错误地预测老年人对心肺复苏术偏好。这些研究强调临床医生需要与他们的老年病人明确讨论心肺复苏术及其疗效。在上面的案例中，病人的临床医生应与病人讨论心肺复苏术的性质（心肺复苏术做了什么）、风险和受益以及预期的结果。反过来，病人关于心肺复苏术的决定应该得到尊重。

6. 对请求医疗干预的应对

一个健康的77岁的老人请求进行血清前列腺特定抗原筛查以确定他是否有前列腺癌。值得注意的是，他的一个朋友最近死于前列腺癌。病人经常提出医疗干预请求。许多标准治疗范围之内的要求是合理的，临床医生应该尊重病人的请求。然而，临床医生没有义务批准那些明显无效或违背医生良心的干预请求。

然而，由于证据不足，他的医生不能提出支持或反对筛查的请求。在这种情况下，临床医生有义务与病人讨论作为请求基础的他们的医疗价值观、目标和经验，并告知病人干预的潜在风险和受益。

病人偶尔也会要求采取有效的干预措施，但支持这一请求的目的是有争议的。支持一个有争议的目的的请求反映了在所要达到的目的的价值方面，病人与临床医生之间有差距。例如代理决策者为一位患多器官衰竭和决策能力受损的病人要求继续维持生命（例如人工呼吸、血液透析支持等），因为其目的让病人继续活着，为了实现这个目的，治疗是有效的和必要的。然而，临床医生可能认为这些治疗是无用的，且对病人是无益的，因为他相信这些治疗不会导致病人有意义地恢复（这是临床医生想要的目的）。代理人的目的保持病人活着，而且为此采取的治疗措施是有效的和必要的。然而，临床医生可能认为这些治疗是无效或无益的，因为他认为这些治疗不会给病人带来有意义的康复。换言之，临床医生认为无用的治疗，病人或代理人可能不认为无用。对于目的有争议而干预有效的请求，临床医生的反应应该是，努力辨别病人的医疗价值观和目标，如果病人坚持他的请求，医生应该尊重他的价值观和目标，应该准许他的请求。然而，如果实施干预违反临床医生的良心，医生应该将对病人的医疗转给另一位医生或另一家医院。

有关病人请求干预的争议经常是由于请求干预的疗效是有问题的（例如对老年男性的血清前列腺特定抗原筛查），而其目的（即病人的健康）是无争议的。这些请求往往反映临床证据与临床实践之间的差距。病人的价值观、目标和经验也往往促进这些请求。在上面的案例中，病人可能是由于其朋友的死亡而要求进行血清前列腺特定抗原筛查。

7. 通过有效的医患沟通避免伦理困境

病人与临床医生之间的有效沟通使病人的自主权最大化。然而，有效的沟通不仅限于知情同意和保密。临床医生有伦理义务以尊严、礼貌和尊重的方式对待病人。研究发现病人与临床医生沟通的主要问题是临床医生经常不能重视病人的关注。平均来说，在病人开始描述他们求医的理由后 18 秒临床医生就打断病人。此外，临床医生和病人之间就预先制订医疗计划和生命晚期的照护讨论很少。因此，临床医生和他们的病人（或代理人）之间沟通不畅可能导致伦理困境，这并不奇怪。然而，包括随机试验在内的研究发现，有效的病人—临床医生沟通与病人满意度和依从性以及更佳的健康结果相关。此外，有效的沟通可以减少医疗事故索赔，并可能避免伦理困境。

临床医生可以学习一些技能来改善与病人的沟通，包括与病人进行面谈、收集信息、建立关系以及传达医疗信息（如检查结果、诊断）。在开始面谈的时候，临床医生应该努力了解作为一个人的病人的情况（他们是谁，他们的价值观和目标等等）。应允许病人讲述其就诊理由，而不要打断他。医生应该通过问问题（例如你还有些什么担忧?）来引出病人的想法、打算、计划。值得注意的是，病人列出自己担忧的事情的平均时间是 60 秒。在病人将所有的担忧说出来之后，临床医生和病人应该一起优先考虑这些事情。在面谈过程中，应逐步建立关系。在传达医疗信息（如检查结果或治疗计划）时，临床医生应尽可能不使用专业术语或外语，并经常评估病人的理解力（如通过问“我讲的能理解吗？”或“你觉得我说的有道理吗？”）。以病人为中心的访谈几乎不需要花费很多的时间和精力。其他因素和条件可能会抑制老年病人与临床医生之间的有效沟通，包括感觉障碍（如听力丧失）、认知障碍和社会孤立。为了充分辨识病人的需要并使病人的自主性最大化，临床医生有义务告知病人这些条件和因素。有效的沟通可做到医生与老年病人（或其代理人）就病人的医疗问题做出共同决策，提高病人满意度和依从性，改善健康状况。

（雷瑞鹏、邱仁宗）

第五编　公共卫生伦理学编

八　我国基本医疗保险制度中的公平问题

2009 年中共中央国务院发布了《关于深化医药卫生体制改革的意见》（下面简称《意见》），在此文件中提出了一些非常重要的理念，例如（1）维护社会公平正义；（2）着眼于实现人人享有基本医疗卫生服务的目标；（3）坚持公共医疗卫生的公益性质；（4）坚持以人为本，把维护人民健康权益放在第一位；（5）从改革方案设计、卫生制度建立到服务体系建设都要遵循公益性的原则；（6）把基本医疗卫生制度作为公共产品向全民提供；（7）努力实现全体人民病有所医；（8）维护公共医疗卫生的公益性，促进公平公正；（9）促进城乡居民逐步享有均等化的基本公共卫生服务。这些理念是我们工作的出发点，是评价我们工作的标准，也是我们工作的目标。特别值得指出的是，这个划时代文件中追求的是“均等”“公平”“公正”“正义”。然而，在具体基本医疗保险制度①中，即在城乡职工基本医疗保险制度（简称“城乡职工”）、城乡居民基本医疗保险制度（简称“城乡居民”）以及新型农村合作医疗制度（简称“新农合”）之间存在的不平等，与上述理念是不一致的，亟待改进。

（一）我国基本医疗保险制度中的不平等和不公平

这种不平等体现在这三种医疗保险制度之间医疗保险报销的差异。这些差异包括城乡之间、在职与失业之间以及不同地区经济状况之间的

---

①《中共中央国务院关于深化医药卫生体制改革的意见》2009 年，https//www.gov.cn；国务院：《关于建立城镇职工基本医疗保险制度的决定》，http：//www.gov.cn/banshi/2005-08/04/content_ 20256.htm.

差异。例如在“新农合”中医疗费用报销的比例取决于所用药物是否属于基本药物范畴之内以及所选的医院类别（如果是住院病人）。以河北省为例，如果所用药物在基本药物范畴内，则报销比例为95%，如果所用药物属非基本药物则必须自费；如果是住院病人，那么住进乡医院报销85%—95%，县医院报销70%—82%，市医院报销60%—65%，省医院50%—55%，省外三级医院40%—45%。[①] 然而在“城乡居民”中住院病人医疗费用报销比例分别为初级医院60%，二级医院55%—60%，三级医院50%—55%。；而在“城乡职工”中则分别为90%—97%，87%—97%，85%—95%。[②] 一些疾病非常严重，但有办法治疗，预后良好，但不治就可能死亡，这些疑难疾病必须到省级或省外三级医院住院和手术，这样在这三类医疗保险制度中报销比例分别为：50%—55%或40%—45%（新农合）、50%—55%（城乡居民）和85%—95%（城乡职工）。无可否认，这里存在着重大的不平等。

问题是：这种不平等是不是不公正？对这个问题的一种回答是：这种不平等不是不公正。理由（1）在这三类医疗保险制度中，参保者缴纳的保险金有差别。例如自2012年以来“新农合”的参保者平均每年缴纳保险金不到60元（政府补贴240元[③]）；“城乡居民”则缴纳较多，如上海70岁以上每人缴纳240元（政府补贴1260元），60—69岁每人缴纳360元（政府补贴840元），19—59岁每人缴纳480元（政府补贴220元），学生/婴儿每人缴纳60元（政府补贴200元）[④]；“城乡职工”缴纳的费用则更多，职工工资的2%以及雇主每年所付总工资的6%—7%用于职工的医疗保险。理由（2）经济发达地区的参保者对GDP做

---

① 河北省计生委、河北省财政厅：《河北省2014年新型农村合作医疗统筹补偿方案基本框架》，http://www.hebwst.gov.cn/index.do?id=52837&templet=con_news.

② 百度百科：城乡居民的基本医疗保险，http://baike.baidu.com/link?url=XNaLlP58qYccMGG4w3W3PJVp958SJ5b9-tClxIgWHtGn7 GPYPBO7MZB6d5B4pN5C；百度百科：新型农村合作医疗，http://baike.baidu.com/link?url=vF29U1fkZwSUmji4YYqHrhNFgFRNGaec55YdsS4iaMoVColQgCurSZazMK6bl9em.

③ 百度百科：新型农村合作医疗，http://baike.baidu.com/link?url=vF29U1fkZwSUmji4YYqHrhNFgFRNGaec55YdsS4iaMoVColQgCurSZazMK6bl9em.

④ 上海市人民政府：《上海市城镇居民基本医疗保险试行办法》，http://baike.baidu.com/link?url=oQnQTglmHM89l0Dv31rsbUjYm6VrzvlrgaxwOzaqeDmHde07dbAJL74jhnSQmv5BqpwBZ460eHi39fQn45bSW_.

出比欠发达地区社群成员更大的贡献。在这两个理由背后隐藏的假定是：医疗好比商品，你支付的越多，则你报销的医疗费用越多。

另一种回答则是：这种不平等就是不公平。我国党和政府明确指出"人人享有基本医疗卫生服务""全体人民病有所医"①。其背后的假定是医疗卫生权利概念：当一个人患病，他/她有权获得医疗；或一个人有享有医疗卫生的权利。当说"人人享有基本医疗卫生服务""全体人民病有所医"，这意味着政府有义务向其公民们提供医疗卫生服务。一个人享有医疗卫生的权利与他/她缴纳多少保险金或对社会做出多大贡献没有关系。我国医疗保险制度的许多问题都是由未能认识到一个人病有所医即享有医疗卫生权利这一点所引起。这是其一。其二，不同医疗保险制度的不同报销比例并不是生物学的或其他自然的、不可避免的因素引起，而是社会化的医疗保险制度本身缺陷引起的，因此这种不平等就是不公平，为了社会正义必须加以修改。② 其三，这种不平等已经引起严重的负面后果。根据统计，门诊病人平均一次就诊要付 179.20 元，而住院病人平均每人住院费约为 6632.20 元，相当于一个农民一年全部收入的 1/3。如果这些费用仅报销 50%，一个贫困农民如何负担得起？不仅如此，近年来医疗费用持续飞涨。根据卫生部统计，2010 年医疗卫生总费用已经从 5 年前的 8659 亿元攀升到 19600 亿元，年增长率 13.6%，远超 GDP 的增长率。其中除了通货膨胀和技术进步等合理因素外，驱动医疗费用飞涨的主要原因是过度医疗。根据心脏病学家何大一教授的报告，对于同样的冠心病病人，在欧洲实施支架植入术者为 40%，在中国大陆则为 80%。一个病人一般植入的支架不超过 3 个，而在中国大陆给同一病人植入的支架达 7 个之多，甚至有报告植入 11 个。这种过度医疗受利益驱动，因为尚未改革的公立医院仍然被作为企业对待，有些公立医院仍然千方百计获取利润而不关心病人的利益。在医疗费用只能报销 40%—50%的条件下，过度医疗危及病人的健康和生命，并使病人再度陷入贫困。③ 过度医疗也使许多地方在报销的医疗费用与

① 《中共中央国务院关于深化医药卫生体制改革的意见》2009 年，https://www.gov.cn。

② Daniels, N., 2006, "Equity and population health: Toward a broader bioethics agenda", *Hastings Center Report*, 36 (4): 22-35.

③ 邱仁宗：《过度医疗之恶》，《健康报》2014 年 1 月 17 日。

保险金收入之间失衡，这些地方的许多公立医院财政赤字已达700万—1000万元。为了控制医疗费用，人力社会保障部从2011年起实行一项“总额预付”政策。[①] 即在前几年经验的基础上，医疗保障部门预先付给公立医院估计的全部费用。如果医疗支出低于预付费用，多余归医院；如果有亏损，则由医院支付。然而，根据前几年估计的总费用往往低于实际费用，因为医疗保险部门对促使医疗费用增长的许多因素不予考虑。当预付费用即将用尽时，医生和医院就不再愿意治疗严重病人，于是在媒体或网上有许多病人被拒绝治疗或收治入院的报告。仅山东济南市一地，2011年有270位病人被拒绝治疗。[②] 这对病人造成极大的身体和精神伤害。或者医生使用不在基本药物目录内的昂贵药物，病人不得不自己掏腰包。在上海某些医院，病人自己付费的比例达50%—60%。这造成对病人的经济伤害。对于不得不自己付费的病人来说，在一样付费的情况下，他们宁愿到上海或北京去治病，这造成三级医院医疗资源的不当使用。或者医生和医院宁愿治疗来自其他城市的病人，因为总额预付只控制当地医疗费用，不管外省来的病人。结果，总额预付也许有助于控制当地医疗费用，但不能控制总体医疗费用。因此，总额预付被指责为不能在控制医疗费用、确保医院合理收入与维护病人权利之间平衡，是一项“坏改革”[③]。控制总体医疗费用或遏止医疗费用增长在伦理学上能够得到辩护，因为巨大亏损可能导致医疗保障破产。然而，部分医疗费用也许是不能预测的，由于病人逐渐增长的健康需要，总医疗费用超过总额预付也许是合理的。如果如此，那么超过总额预付那部分费用应该由医疗保障部门支付，而不应该成为强加给医院的负担，而这部分负担最终必定转嫁在病人身上，在实行总额预付时的经济考虑不应该压倒对病人生命健康的考虑。

因此，至少对于穷苦民众（也许是一大群农村贫苦农民和城镇中的失业者和半失业者），基本医疗仍然是不可及的，这一后果与第二轮医疗卫生改革的宗旨和建立社会化的医疗保障制度以及维护社会正义的目

---

① 人力资源和社会保障部：《关于进一步推进医疗保险付费方式改革的意见》，http：//www. gov. cn/gongbao/content/2011/content_ 2004738. htm。

② 于璐：《因总额预付制度病人被拒绝治疗》，《经济参考报》2013年1月25日。

③ 毕晓哲等：《总额预付是一项坏改革》，《南方城市报》2012年4月24日；于璐：《因总额预付制度病人被拒绝治疗》，《经济参考报》2013年1月25日。

标是南辕北辙的。有两个案例可例证这一论点。①

案例1：河北省Q县Z村男性农民Z右腿溃疡。2012年1月，他去B市某医院看病，被告知住院手术需支付30万元。按照他参加的新农合，只能报销一半费用，但他无法支付另一半费用。4月14日他决定自己在家里将病腿锯掉。幸运的是，他存活了下来。这说明他的病虽然严重，但是可以治愈的。那么这种情况是否属于人人理应享有的“基本医疗”呢？或者说“基本医疗”就是那可报销的一半？这就涉及“基本医疗”的含义问题。

案例2：一位老人患癌症。他付不起报销后的医疗费用，于是试图在家里自己打开腹腔摘除癌症器官。但不幸的是他失败了，并且因失血过多而死亡。

这两个案例使公众震惊，于是又激起我们是否应该效法英国提供免费医疗的争论。② 这两个例子表明，医疗上的不平等已导致健康结局的不平等。在目前我国的社会化医疗保障制度下，有一群穷人，他们与比较富裕的人相比，在健康方面不平等，即在健康结局（health outcome）、健康绩效（health performance）或健康成就（health achievement）上处于不平等的地位。这里我们必须区分不同的但相关的概念：医疗和健康，医疗公平/不公平与健康公平/不公平。医疗是疾病、患病、损伤或伤残的诊断、治疗和预防。医疗可及随国家、群体和个体而异，主要受社会和经济条件以及卫生政策影响。医疗在广义上指医疗服务的接受、利用及其质量，医疗资源的分配，以及医疗的筹资。健康则代表身体和精神的安康，不只是没有疾病。③ 健康指健康结局、健康绩效或健康成就，例如预期寿命、生活质量、死亡率等。医疗是健康的社会决定因素之一，除了发生意外，还有许多因素影响一个人的健康。健康的关键社会决定因素包括生活条件、社区和职场条件，以及影响这些因素的相关

---

① 李玲：《“免费医疗”与贫困人群医疗保障》，http：//js. people. com. cn/html/2013/10/17/262384. html.

② 李玲：《“免费医疗”与贫困人群医疗保障》，http：//js. people. com. cn/html/2013/10/17/262384. html.

③ WHO. , 1946, Preamble to the Constitution of the World Health Organization as adopted by the International Health Conference, http：//www. who. int/governance/eb/who _ constitution _ en. pdf.

政策和措施。医疗不平等是指医疗可及方面的差异，可由种种经济和非经济的障碍所引起，例如缺乏保险覆盖、缺乏正规的医疗资源、缺乏经济资源、法律方面的障碍、结构方面的障碍、医务人员的稀缺、缺乏医疗卫生知识等等。健康公平可界定为“不必要的、可避免的、不公平和不公正的健康差异”①，或“不存在群体之间健康的系统差异，这些群体处于不同的有利或不利的社会地位，例如财富、权力或声望。健康不平等系统地使在社会上已经处于不利地位的人进一步在健康方面处于不利地位”②。在医疗可及方面的不平等并不总是导致健康不平等或不公正。在许多情况下，有钱的病人服用进口的昂贵药物，而贫穷的病人只能获得负担得起的药物，但仍然是安全有效的。因此，他们的健康结局并没有实质上的不同。然而，上面两个例子说明，医疗可及的不平等已经导致健康结局的严重差异，我们应该给予权重更大的关注。正如阿南德（S. Anand）③ 指出，种种不平等都引起人们的不舒服或厌恶，然而相比收入不平等而言，人们对健康的不平等更不能容忍，因为收入不平等有可能以激励人们努力工作，有助于增加社会总收入从而有利于社会为由得到辩护。但激励论证不适用于健康不平等，因为它不能激励人们去改善健康从而有利于社会。人们可以容忍在衣着、家具、汽车或旅行方面的不平等，而对营养、健康和医疗方面的不平等感到厌恶。因此，健康或医疗卫生的分配不应该比在收入不平等条件下由市场分配的更不平等。健康或医疗卫生应该被视作一种特殊品（specific good），它理应为每个人享有，而不应该按收入或贡献（例如付更多保险金或对 GDP 贡献更大）来分配。收入仅有工具性价值，与收入不同，健康既有内在价值又有外在（工具性）价值。健康对一个人的幸福（well-being）有直接影响，是一个人作为一个行动者进行其活动的前提条件。这就是为什么德谟克里特在他的《论膳食》一书中说，“没有健康，什么东西都没有用。金钱或其他东西都没有用”，以及笛卡儿在他的《论方法》中

① Whitehead M.，1992，“The concepts and principles of equity in health”，*International Journal of Health Services*，22：429-445.

② Braveman，P. & Gruskin，S.，2003，“Defining equity in health”，*Journal of Epidemiological Community Health*，57（4）：254-258.

③ Anand，S.，2004，“The concern for equity in health”，in Anand，S. et al.（eds.），*Public Health*，*Ethics and Equity*，Oxford：Oxford University Press，pp. 15-20.

断言“维护健康无疑是第一美德，且是生活中所有美好事物的基础”①。因此，健康或医疗卫生的公正和公平的分配是社会正义的本质要素。由于社会安排问题（例如贫困）而不是个人选择（例如吸烟或酗酒）致使患病得不到治疗，健康得不到维护，是严重的社会不公正。

（二）我国社会化医疗保障制度的伦理基础

由于健康公平或基本医疗公平是社会正义的本质要素，在面临健康或医疗卫生不平等或不公平时，我们承诺某种平等论（egalitarianism）。② 在追求健康或医疗卫生平等化（或均等化）之中，何种平等论适合于作为社会化的医疗保障制度的伦理基础呢？

第二轮医药卫生改革旨在缩小贫富在医疗卫生可及方面的鸿沟。然而，我们可以发现相关政策在若干概念上的模糊和不一致。在《中共中央国家关于深化医药卫生体制改革的意见》（2009）中，决策者坚持着眼于实现人人享有基本医疗卫生服务的目标，坚持公共医疗卫生的公益性质，坚持以人为本，把维护人民健康权益放在第一位，努力实现全体人民病有所医，维护公共医疗卫生的公益性，促进公平公正。所设计的“城乡职工基本医疗保险制度”以及“城乡居民基本医疗保险制度”都采用了“基本医疗”概念。基本医疗应该接近或蕴含着某种基于需要的足量平等论（sufficientarianism，下面将仔细讨论）。然而，所设计的三种医疗保障制度及其不平等、不公平的差异似乎基于医疗卫生按贡献分配。足量平等论与按贡献分配原则之间是不一致的，并且是不相容的。

平等论不一定意味着使人们所处条件在任何方面都同样或应该将人们在任何方面都同样对待，而是坚持默认应该平等对待人，某些方面的不平等需要伦理学的辩护。在《哥达纲领批判》中马克思断言，在共产主义社会第一阶段要实行按劳分配原则。③ 然而其一，一个人做出的

---

① Anand, S., 2004, “The concern for equity in health”, in Anand, S. et al. (eds.), *Public Health, Ethics and Equity*, Oxford: Oxford University Press, pp. 15-20.

② 将 egalitarianism 译为“平等论”，希望较为中性。如译为“平均主义”则寓有贬义。

③ Marx, K., 1875, “The critique of the gotha program”, in Tucker, RC. (eds.), *The Marx-Engels Reader*. New York: W. W. Norton, pp. 525-541.

贡献（“劳”）依赖于他或她的能力，而能力又依赖于许多其本人无力控制的因素。一个人生来就是在基因组结构（生物学彩票）及其生长的社会环境（社会彩票）上不平等的。其中有许多因素她或他不能控制。其二，什么样的成就算是贡献依赖于价值系统。在男尊女卑的社会里，家庭妇女的工作根本不被认为是“贡献”。在中国的现实中贡献往往用官职衡量：职位越高，贡献越大。这种资源分配贡献原则的后果是造就一个拥有过度财富和不受制衡的权力的阶层。贡献原则与“应得”（desert）类似：每个人应根据其美德获得财运，美德高财运多，美德低财运少，缺德没有财运。然而，在一个多样化的现代社会，美德的标准难以确定。至于健康或医疗卫生，是不可能按美德或贡献分配的，唯有根据治疗、预防、护理和康复的实际客观需要。因此，贡献或应得原则不宜成为社会化医疗保障制度的伦理基础。

缩小贫富之间不平等或不公平鸿沟的另一进路是严格平等论（strict egalitarianism）。严格平等论主张，每个人应该拥有同等水平的物品和服务，因为人们在道德上是平等的，而物品和服务方面的平等是实现这种道德理想的最佳途径。① 然而，严格平等论认为，公正的不可简约的方面是采取一种相对的理想，公正总是关注与他人相比他或她的遭遇如何，而不单是关注在绝对意义上穷人的遭遇有多糟糕。因此，公正要求平等是一种相对于他人的遭遇如何的理想。对于这种进路，人们的相对地位要比他们的绝对地位更重要，甚至人们的相对地位最重要，绝对地位根本不重要。因此，平等之有价值在于平等本身。② 对严格平等论有许多反对意见。其中最有影响的是向下拉平论证（leveling-down argument）。这种论证是说，达到平等可以通过减少较富裕者的幸福（向下拉平），也可以通过增加较贫困者的幸福（向上拉平）。如果平等本身是目的，我们有什么理由反对向下拉平呢？③ 让我们设想有两个世界 A

---

① Stanford Encyclopedia of Philosophy, *Egalitarianism*, (2013－04－24), http://plato.stanford.edu/entries/egalitarianism/.

② Temkin, L., 1993, *Inequality*, Oxford: Oxford University Press; Parfit, D., 1991, *Equality or priority?* (Lindley Lecture, University of Kansas), Lawrence: Philosophy Department, University of Kansas.

③ Lucas, JR., 1965, "Against equality", *Philosophy*, 40 (154): 296-307.

和 B[①]：在世界 A，所有人在所有方面都是平等的，但条件是如此苦不堪言，人们勉勉强强地活着。而在世界 B，存在着相当程度的不平等，但即使是最穷的人，他们的生活也远比世界 A 所有人的生活要美好。如果我们仔细考察一下“文化大革命”前某些时期，尤其是“文化大革命”时期，我们似乎是在采取一种严格平等论的进路，例如大幅度减少较富裕的人的幸福来追求平等，将脑力劳动者的条件向下与体力劳动着拉平。虽然大多数原本贫困的人条件有一点儿改善，但少数原本富裕的人情况变糟了。通过将一些人变穷来达到平等这种做法在道德上是成问题的：使人人平等的目的是什么？不能为平等而平等，平等是为了使所有人更幸福。我国追求平等的经验可为反对严格平等论的向下拉平论证提供鲜明的例证。因此，严格平等论不适合成为社会化医疗保障制度的伦理基础。

我建议我国社会化医疗保障制度的伦理基础最好建立在下列三种进路上，即特殊平等论、优先平等论以及足量平等论，这三种进路在实际工作中是可以相容和互补的。

1. 特殊平等论

特殊平等论（specific egalitarianism）由诺贝尔奖获得者托平（James Tobin）提出。[②] 他主张，某些特殊品，例如医疗卫生和生活基本品的分配不应该比人们支付能力的不平等更为不平等。对于那些非基本的奢侈品，我们应该鼓励人们去努力、去竞争，然而对于医疗卫生和其他必需品，我们不应该将它们视为在任何意义上刺激经济活动或刺激人们去做贡献的东西。健康或医疗卫生的分配不应该比一般收入的不平等更不平等，不应该比市场按不平等收入分配来分配的不平等更不平等。这种理念是特殊平等论的基础。特殊平等论可作为当今中国将医疗卫生当做商品、将医院当做企业的错误理念的解毒剂。不少决策者似乎仍然不明白正是他们将医疗看作商品、将医院看作企业的观念[③]导致医

---

① Parfit, D., 1997, “Equality and priority”, *Ratio* (new series), 10 (3): 202-221.

② Tobin, J., 1970, “On limiting the domain of inequality”, *The Journal of Law and Economics*, 13 (2): 263-277.

③ 最新表现是让国营企业接管公立医院，以管理企业的方式管理医院，或创办最终以营利为目的的大型医院。这将进一步加剧“看病贵，看病难”的尴尬处境。

疗可及的严重不公平，这种严重差异又引起健康结局的严重差异。

2. 优先平等论

在对严格平等论的批评中有一种是基于福利的、与帕累托（Pareto）效率要求有关的批评：如果收入不那么严格地平等，所有人在物质上可能更好一些。正是这种批评部分启发了罗尔斯的差异原则。① 人们认为，罗尔斯的差异原则为何种论证可作为对不平等的辩护提供了相当清晰的指南。罗尔斯在原则上并不反对严格平等的制度本身，但他关注的是处于最不利地位的群体的绝对地位，而不是他们的相对地位。如果严格平等制度使社会中最不利地位群体的绝对地位最优化，那么差异原则就维护严格平等论。如果收入和财富的不平等有可能提高处于最不利地位群体的绝对地位，那么差异原则就要规定不平等仅可限于达到这样一点，在这一点上处于最不利地位群体的绝对地位不再有可能提高。这种观点称为优先平等论（prioritarianism）②，这一术语首先出现在 1991 年 Derek Parfit 的著名文章《平等或优先》内"优先观点"的名下。③ 优先平等论认为，某一结局的"好"（goodness）取决于所有个体的总幸福，给予最穷的人以额外的权重。优先平等论的提出是为了克服严格平等论的致命缺陷，即忽视最穷的人的绝对状况。优先平等论将优先重点置于使幸福水平非常低的那些人的受益上，以此来帮助不幸的人们，而不是去帮助幸运的人们，即使该社会总体幸福因而比如果资源分配给幸运儿的社会总体幸福要降低一点儿。优先平等论的一个优点是不容易受到向下拉平的反对，另一个优点是有希望将幸福最大化的价值与将优先的重点置于穷人身上结合起来。人们争辩说，将优先重点置于穷人，优先平等论强调的已经不是平等了，因此相对不平等或贫富条件之间的差距不是伦理学关注所在了，因为它唯独关注改善穷人的条件。这种论证似乎并不在理，因为拉高穷人的条件是缩小贫富条件之

① Rawls, J., 1971, *A Theory of Justice*, Cambridge: Harvard University Press.

② 译为"优先平等论"也许不是很贴切，因为"优先"似乎离开了"平等"，但也是为了总体上较为平等或接近平等，因此还是译为"优先平等论"。"足量平等论"这一译名也有类似问题。

③ Parfit, D., 1991, *Equality or priority?* (Lindley Lecture, University of Kansas). Lawrence: Philosophy Department, University of Kansas.

间差距的第一步。优先平等论有助于克服我国目前医疗保险制度中最穷的人待遇最糟的荒谬状况：最穷的人（贫困农民、城镇失业居民）在医疗费用方面报销最少，而相比之下宽裕的人则报销更多。

3. 足量平等论

严格平等论的另一种替代办法是足量平等论（sufficientarianism）。人们争辩说，也许问题不在穷人拥有的比富人少，而是穷人不拥有足量的资源来确保他们有一个健康的生活。伦理学上重要的，不是一些人的条件与其他人相比如何，而是他们是否拥有超过某一阈的足量资源，这个阈标志着一个体面的、健康的生活质量所要求的最低限度资源水平。对于足量平等论而言，一些人与其他人相对而言命运如何并没有使之不公正，不公正的是有些人的条件落在足量水平以下。例如，如果不平等主要是一些既不能预防、又不能纠正的因素的结果，或者如果不平等主要是会过体面生活的人们中个人选择的后果，或者减少不平等所需资源用于促进其他层面的幸福更好，即使在健康方面存在相当大的不平等，这也可能不是不公正。虽然我国男性预期寿命（72 岁）低于女性（77 岁），但这已是接近“足量的”生命年限了。这里的要点不是我们不应该去关注男性的预期寿命，而是这种差异并非标志着男性的预期寿命已经降低到足量生命年限水平以下了。然而关注穷人也就蕴含着平等。虽然足量平等论与优先平等论一样不将平等本身作为公正的唯一目的，但它拥有优先平等论没有的吸引力，即其明确目的是使最穷的人过上最低限度的体面（健康）的生活。而且，如果实行足量原则时采取累进税和社会保障立法，使得财富从富人向穷人转移，足量平等论可导致更为平等或压缩不平等。当这种转移增加享有体面和健康生活的总人数时，足量平等论就使资源从富人向穷人的平等转移合理化了。足量平等论的潜在问题是，可能难以划定一条足量的线，使得一个人超越这条线具有很大的伦理意义。然而，对于健康或医疗卫生来说，我们知道有无可争辩的例子说明，最低限度的体面或健康的水平（即基本医疗）没有满足，正如前面两个例子说明的。因此，在医务专业人员帮助下和公众参与下人们在最低限度的体面的健康水平是什么（基本医疗）达成一致意见，是有可能的。真正的问题也许是，给予低于这个阈的需要帮助的人多大的优先重点，尤其是当这样做会与帮助高于这个阈以上的人发生冲突时。例如具有良好预后的器官移植应该被纳入阈内。现在贫困的年轻病人因为负担不起费用得不到移植的器官，而有钱病人即使预后很差却能得到。

足量平等论可帮助我国决策者确保基本医疗为最穷的人可及，使他们获得体面的最低限度水平的健康结局，避免发生前述的两个案例。按照特殊平等论、优先平等论和足量平等论的理念，我国社会化的医疗保障制度应该进行如下改革：

· 提高最穷人群的医疗费用报销比例，以使人人享有医疗；

· 缩小目前三种医疗保障制度内部以及彼此之间医疗费用报销的差距；

· 将三种医疗保障制度逐步统一为一种医疗保障制度，但不发生向下拉平的情况；

· 具体划定人人必须享有的体面的最低限度健康线，即规定基本医疗的细节；

· 将卫生资源转移给最穷的人，以纠正目前在公平可及方面的失衡状况。

（邱仁宗，原为英文论文发表于 Asian Bioethics Review，2014，6（2）：108-124；Qiu Renzong：Ethical Issues in the Medical Security System in Mainland China）

九　从魏则西事件看医疗卫生改革认知和政策误区

（一）关于魏则西事件的追问

2014 年 4 月，西安电子科技大学大二学生魏则西被检查出患有滑膜肉瘤。这是一种罕见的恶性软组织肿瘤，5 年生存率是 20%—50%。他在百度上搜到治疗这种病的排名第一的医院是武警北京市总队第二医院（以下简称“武警二院”）。他入院治疗后，该院对他进行一种叫 DC-CIK（树突状细胞—细胞因子诱导杀伤细胞）的肿瘤免疫治疗，医生告知他和家人这种疗法“特别好”，该院与美国斯坦福大学合作，“有效率达到百分之八九十”，保他“20 年没问题”。2016 年 4 月 12 日在一则“魏则西怎么样了？”的知乎帖下，魏则西父亲用魏则西的知乎账号回复称：“我是魏则西的父亲魏海全，则西今天早上八点十七分去世，我和他妈妈谢谢广大知友对则西的关爱，希望大家关爱生命，热爱生活。”

一个因未能早期确诊的恶性肿瘤病人，经过治疗未能治愈或缓解，病人两年后去世，为什么会引起全国人民的关切甚至愤怒呢？这固然是因为由此揭发出的一系列令人震惊的事实，包括百度的竞价排名，武警二院采用的未经证明的疗法，身为公立医院的武警二院将科室承包给莆田系，莆田系人员对病人采取其一贯的欺诈营销办法骗取病人 20 万元，以及莆田系医院占全国民营医院（其数目已超公立医院）总数的 80% 等。但是，更深层的原因可能是，在 20 世纪 80 年代以市场为导向的医疗卫生体制改革（以下简称“医改”）转变为政府主导的医改之后，尤其是在我国政府 2009 年发布《关于深化医药卫生体制改革的意见》

并提出了一些非常重要的理念，如维护社会公平正义，着眼于实现人人享有基本医疗卫生服务的目标，坚持公共医疗卫生的公益性质，坚持以人为本、把维护人民健康权益放在第一位，从改革方案设计、卫生制度建立到服务体系建设都要遵循公益性的原则，把基本医疗卫生制度作为公共产品向全民提供，努力实现全体人民“病有所医”，维护公共医疗卫生的公益性，促进公平、公正，促进城乡居民逐步享有均等化的基本公共卫生服务等之后，在确立了于2020年要达到全民享有基本医疗卫生服务的战略目标，且已花费纳税人4万亿元人民币巨款之后，还会随魏则西去世而揭发出种种丑恶现象——而且这些丑恶现象在近几年似乎有愈演愈烈的趋势，使人不禁产生如下疑问：20世纪80年代那场以市场为导向的医改是否要卷土重来？

一些新闻记者、网民和法学家更感兴趣的似乎是，在魏则西的案例中百度是否负有法律责任；武警二院将科室承包出去是否违规；他们提供的DC-CIK疗法是否与斯坦福大学合作，是否有效；莆田系已经将他们的魔爪伸向全国多少公立医院；诸如此类问题。弄清事实，厘清责任是必要的，也是重要的。

但笔者更想追问的是：为什么像魏则西这样的大学生患了自己不了解的病之后会去查百度，而不是去找校医室？每个学校的校医室不是应该承担初级医疗的义务吗？

为什么百度能够对医院进行竞价排名？它不是医院管理委员会，更不是卫生部门的医院管理者，其员工也不是医学专业人员，为何能给全国的医院排名并从这种排名中捞取巨额费用？

为什么一家公立医院而且是一家武警医院能够长期向病人提供未经证明的疗法，并从中榨取病人钱财？以前有些武警医院开展的是手术戒毒和假冒的干细胞疗法，而这次是肿瘤免疫疗法。他们长期运作的这种在欧美可构成刑事罪的作为，为什么既没有受到监管他们的武警相关部门的查处，也没有受到国家卫生部门的查处？

为什么公立医院或部队医院（包括武警医院）会把自己的科室转包给缺乏起码医学专业资质，而且臭名昭著的莆田系人员？

为什么靠欺诈和营销策略发家的莆田系能够发展成全国有8000多家医院“成员”的集团？全国民营医院中的其余5000家医院是否也是

靠莆田系欺诈和营销策略发家的？当下比公立医院数量还多的民营医院在“使全民享有基本医疗卫生服务”方面做出了哪些贡献？为什么莆田系能够与百度及全国多家公立医院结成难以告人的利益链联盟？为什么现在会有保险公司、地产商和银行家等将巨额资本投入这个集团（或联盟）？他们的资本是吃“荤”的（目的是增值资本、获取利润）还是吃“素”的（服务于“病有所医”）？

为什么我国许多医生会发生人格分裂，在救灾的“白衣天使”与平时的“白衣恶狼”之间转换？为什么我国的医患关系会恶化到极点？是什么造成他们两败俱伤？

最后，上述种种乱象为什么会发生在我国大陆？会不会发生在欧洲、日本、韩国、澳大利亚、加拿大、古巴、美国，甚至我国香港、台湾、澳门等地？

前医改办主任孙志刚说过一句非常重要的话：医改首先要改革政府、改革政策。寻根问源，之所以会产生种种乱象而长期得不到解决，而且可能今后会愈演愈烈，就是因为我们在有关医改一些关键性问题的认知上长期存在的误区没有得到纠正，继而出台似乎又回到市场导向的医改政策。这些认知和政策上的误区不能得到纠正，则“实现全民享有基本医疗卫生”恐怕将成为一句空话！

（二）医疗市场的失灵是内置的

误区之一是，没有认识到医疗市场失灵是内置的，即这种失灵是在医疗市场结构内部，不是靠人为努力就能够克服和纠正的；医疗市场的种种乱象并不是因市场扭曲才出现的，以为建立一个“非扭曲”的医疗市场就不会出现这些乱象，这是一厢情愿——医疗市场失灵必然导致扭曲的市场，出现种种乱象。[①] 医疗市场的预设是基于亚当·斯密的“看不见的手”的论点，按照这个论点，每个人在市场上都追求个体利益，而每个人通过市场交易获得了利益，从而全社会也因此受益。于是，有人认为，按照斯密的论点，如果我们能够建立一个医疗市场，那

① 曹健：《从“莆（田系）百（度）”事件看医改疏漏》，http：//opinion. caixin. com/2015-04-08/100798212. html.

么病人通过费用低且有效的治疗而得益，医生通过治疗行动增加收入而得益，全社会的健康水平就大大提高。然而，实质上斯密的这个论点不适用于医疗卫生领域。虽然斯密本人希望通过市场把人性的两个方面，即自我利益与同情的美德结合起来，然而医学的利他主义目的（有益于病人）与医者之关注自我利益（逐利赚钱）之间始终不能通过市场结合起来。迄今为止，世界上没有一个能使患者和医者都受益的市场，美国、中国、印度三大医疗市场都是失败的或失灵的市场，这些市场也不能实现全民健康覆盖，病者不能有所医以及看病难、看病贵的问题仍然长期得不到解决。

为什么会这样？

美国诺贝尔奖获得者、经济学家阿罗（Kenneth Arrow）首次在理论上说明了是什么使得医疗市场根本不同于大多数其他物品和服务的市场。他在1963年题为《不确定性和医疗保健的福利经济学》的文章中论证，医疗卫生与市场中的许多其他物品不同，医疗卫生市场固有的问题往往歪曲正常的市场运作，从而导致广泛的失效或市场的失灵。阿罗指出，如果市场满足一些条件，那么在效率方面比其他配置方法优越，其中有两个条件特别重要：其一，为使市场有效运作，买卖双方都必须能够评价市场上可得的所有物品和服务及其增强效用的特点——由于来源于物品和服务的信息不完全或有关效用有实质上的不确定性，期望通过消费者的选择实现效率就不能实现。其二，有效市场要求有关增强效用的信息以及所有物品和服务的价格为所有市场参与者获得——如买卖双方在信息分配方面不对称则无效率可言，专业知识的专门化生产者提供的商品和服务价值方面的信息不容易为消费者获得，后者不是这些商品和服务可比较的评判者，这时效用最大化就不可实现。阿罗的结论是，信息的不确定性和不对称性都是医疗市场所固有的，它们是医疗市场失灵的基础。①

不确定性。不确定性渗透进医学，挥之不去。这种不确定性的一个来源是医学需要的性质。有些医学需要是偶尔发生或不规则发生的，非常多变，往往不可预测，无论是发生时间还是其严重程度都是如此。与

---

① 肯尼斯·阿罗：《不确定性和医疗保健的福利经济学》，《美国经济评论》1963年第5期。

之相反，其他不可缺少的消费品，如食品和住房的需要则是规则的、可预测的。许多医疗需要产生出计划外的消费。目前人们有关健康状态的知识不能满足预测未来的医疗需要，而且病人不知道对他们现在患有或可能发生的病情将会有哪些可得的或可供选择的办法。当需要发生时，个体往往没有实际的机会根据价格和质量比较结果去购买所需医疗服务。医疗服务需求是刚性的，人们很难预先计划或做好预算来满足这种突然性的需求。与运输市场的对比可使这一点更为清楚。消费者可决定是否买一辆经济型车，或者干脆不买车，乘公交或步行。如果缺乏可得的资金来满足交通需要，或者其他需要更为迫切，那么消费者可根据轻重缓急原则作出合理决定，而且后果一般不是灾难性的。与之相对照，在医疗市场，有些特殊种类的服务（例如治疗癌症）是不能放弃的，必须付出身体、情感和经济上的很大代价。也许最重要的事实是，从医疗中得到的实际受益是不确定的。患有同样疾病的个体在许多方面是不同的。例如，在发病年龄、患病的严重性、是否存在合并症、并发症的影响、诊断阶段所用检查以及对特定治疗方法的反应等方面，在人与人之间都有不同。这些区别造成对特定病人疾病治疗有效性的不确定性。医疗因此不像电视机、电冰箱或汽车等其他市场商品——对于这些商品，与消费者的选择有关的主要因素是个人爱好以及经济状况问题。总而言之，与商品效用和价格有关的不确定性是医疗市场上普遍的特点，使得消费者导向的效率追求难以实现。

信息不对称性。除了不确定性使得所有市场参与者对医疗市场都只有不完备的信息以外，医疗市场因信息的不对称分配又使情形进一步复杂化。阿罗指出这样一个事实：对于许多医疗服务，病人必须依赖专业判断来评估需要的存在和性质，以及满足需要的适当手段。如果医疗市场是高度有效的，病人就会与生产者一样理解被生产出来的产品的效用。然而，医疗市场的商品和服务不显示新古典经济学理论所预设的信息的对称分配，它们往往被称为信任商品（credence goods）。消费者必须信任和服从医生的专业判断，这种服从的基础往往是相信医生（他们是专业人员，不是职业人员）拥有卓越知识和所要求的信托诚信（这是医生向病人提供符合他们最佳利益的建议时所必需的）。例如，病人需要做阑尾手术，一家医院说需支付 5000 元费用，另一家医院说需支付 1 万元，病人如何选择？病人不拥有关于这两家医院的信息，无法做出合理的、对他最有利的选择。随着医学知识的普及，不确定性的某些领域会缩小，但随着高新科技进入医学领域，新的治疗方法的涌现又将不断地把新的不确定性引入医疗市场，包括医学知识爆炸和极端专业化趋势引入的新的信息不对称，甚至专业人员之间也有信息的不对称。因此，不确定性和信息不对称性是医疗市场挥之不去的持续性存在，并且是医疗市场失灵的一个内置性来源。

而医疗市场的国际经验又能提示什么呢？美国是唯一一个按照市场来组织医疗系统的发达国家，除大约覆盖 1/3 人口的贫困医疗保障制度（Mediaid）和老年医疗保障制度（Medicare）以及可公费报销的其他医疗制度（如所有现役和退役军官及其家庭的医疗、所有退伍军人的医疗、所有印第安人的医疗，以及不能享有 Mediaid 的儿童医疗等）外，就是各种各样的保险计划，由私人保险公司运营，由机构或个人购买，许多医院以营利为目的，进行企业化管理，形成强大的公司医学（corporate medicine）。欧洲有两种医疗保险制度，一种是以税收为基础的公费医疗制度（tax-based health systems，TBH，如英国），一种是社会医疗保险制度（social health insurance systems，SHI，如德国），由雇员和雇主共同出资，由半官方机构（如疾病基金会）负责管理该制度并支付医疗费用，政府负责失业或无职业人员的医疗费用。

从微观层次看，美国通过市场控制医疗费用的设想没有实现。1997 年哥伦比亚大学经济学教授 Eli Ginzberg 在审查了有关市场和竞争的证据后得出结论说，“唯有脑子不清醒的乐观主义者才能相信竞争的市场能够限制和遏制未来医疗费用的增长。”美国卫生政策和卫生经济学家 James Robinson 和 Harold Luft 使用了 1982 年的数据指出，“关于医院的成本，在更具竞争性的当地环境中运营的医院，大大高于在不那么具有竞争性的环境中运营的医院。”这个信息令那些相信医疗市场的人感到震惊。更多的竞争怎能导致更高的成本呢？这完全破坏了有关竞争影响的既有经济学理论！但是我们很快就明白，医院的竞争不是价格上的竞争，而是医疗上的“军备竞赛”，医院彼此竞争的不是价格，而是设备数量、质量以及技术的高低。1986—1994 年期间美国一些州的调查结果表明当时竞争降低了医疗价格、费用和医院成本，但 20 世纪 90 年代晚期费用又陡然上涨，到了 2003 年医院成本的增加超过了药物费用的增加。对美国主要大都市医院竞争的一项研究表明：更大的竞争“与更高的费用，而不是与较低的费用相关联”①。这与我国的情况是完全一样的，医院之间竞争拼的是 CT、核磁共振，以及各种新发明的或假冒的高新技术疗法。这一点连莆田系的人员也是很清楚的。

那么美国私立营利医院起了什么作用呢？由投资者拥有的、旨在营利的医院，在美国医疗实业中起着越来越大的作用。营利健康计划的市场份额从 20 世纪 80 年代中的 1/4 上升到 90 年代晚期的近 2/3。临终关怀项目越来越营利，从 1992 年的 13%上升到 1999 年的 27%。虽然美国仅有 10%的医院是营利医院，但 90 年代从非营利医院转到营利医院的医院数量迅速增长。事实说明，营利的医疗敌视医学利他主义传统，获利动机损害医患关系，营利导向的医院与其周围社区的关系恶化。其基本问题是，营利医疗会对“医疗可及”（access to health care）构成威胁，因为不是所有人都负担得起医疗费用。在发展中国家的一个特殊危险是，“喂养”富人的营利医院往往从公立部门吸引走最佳的医护人员，使问题复杂化。在医疗费用方面，《新英格兰医学杂志》的一项研究显示，所有医院的管理及服务费用 1990—1994 年间均呈增长趋势，营利医院增长尤其多。这项研究的结论说，“与市场的言辞相反，市场的力量推高管理费用，我们也许应该问：我们的市场医学实验是否已经失败。”另一项研究显示，1989 年、1992 年和 1995 年，在营利医院服务地区的老年人人均医疗保险费用更高。有关 1986 年、1989 年、1992 年和 1994 年的医院数据显示，1994 年营利医院的服务价格平均比非营利医院高 10%。一项更近的研究显示，过去 30 年在控制人均医疗开支的增长率方面，美国老年医疗保障制度比私营保险更为成功。在医疗质量方面，美国的营利单位显然比非营利单位在病人医疗上花费少，提供的预防服务少，退出率更高，拒绝受益人要求更多。那些健康状况较差或很糟糕的病人似乎在总体上对非营利计划更为满意。有研究提示，营利医院病人的死亡风险较高；还有研究提示，营利医院的透析中心比非

---

① Callahan，D. & Wasunna，AA.，2006，*Medicine and the Market*：*Equity v. Choice*，Baltimore：Johns Hopkins University Press.

营利医院的透析中心高出 8%的死亡风险。①

从宏观层次看，我们可以考察美国的预期寿命和医疗开支。据 2003 年的统计数据，美国人平均寿命为 76.8 岁，欧洲为 79 岁左右；医疗开支方面，2004 年的统计显示，2001 年医疗开支占美国 GDP 的 15%，每人 4370 美元，这一比值和数据在欧洲分别是 7.6%—9.5%与 1763—2349 美元；心脏冠状动脉旁路手术方面，2000 年的统计数据显示，美国每 10 万人中有 205 人，此数据在欧洲为 40—66 人；在医院床位方面，2001 年的统计数据显示，美国每 10 万人有 350 张床位，欧洲则为每 10 万人有 417—820 张床位。欧洲对 SHI（社会医疗保险制度）的一份研究报告显示，从费用控制到健康状况，欧洲的 SHI 国家和 TBH（以税收为基础的公费医疗制度）国家都比美国做得好；而在公平和“医疗可及”方面，TBH（例如英国）比 SHI 稍好。换言之，严重市场导向的美国医疗卫生系统，比欧洲国家产生更糟糕的健康状况和不公正，且费用非常高。美国在医疗卫生上花费的钱更多，但在总体健康状况上排名低，公众的认可度低，在一些指标上逊于其他国家。美国的大学教授们有雇主提供的好的医疗计划，可以在大学的医院看急诊、与专家约谈以及享有极佳的医疗。但只有 62%的美国人有这种雇主提供的医疗，并且人数每年都在下降，而同时有数千万人根本没有保险，这是从克林顿政府到奥巴马政府一直试图解决的问题，但其努力受到迷恋市场的政客的严重干扰。②

百度—莆田—武警医院肮脏利益链之所以能形成并大行其欺诈和营销之道，最清楚不过地表明他们利用了医疗市场内置的失灵。不确定性使病人突然生病，一下子将他置于脆弱和依赖的地位。由于信息的不对称，他必须求助于人。从社会学视角看，病人与医者之间还存在地位的不对称，医者处于强权地位，病人处于无权地位——他几乎没有讨价还价的余地，只能听命于医者。这就给了那些逐利者（不管是医生，还是医疗集团）一个绝佳的机会来剥削病人。请看记者与他们访谈后概括的

---

① Callahan, D. & Wasunna, AA., 2006, *Medicine and the Market: Equity v. Choice*, Baltimore: Johns Hopkins University Press.

② Callahan, D. & Wasunna, AA., 2006, *Medicine and the Market: Equity v. Choice*, Baltimore: Johns Hopkins University Press.

"营销策略"报告[①]：通过广告把消费者"忽悠"过来，或者通过"医托"把在正规医院排队的人"忽悠"到他承包的科室。之后，他把没病的看成有病，有病的过度治疗。正常的药，消费者可以去药店比价，不好骗，所以他们往往要求你使用医院的制剂，而且要求把包装都留在医院，下次来的时候拿上次的单子取药。他们使用的假药可能是真药，比如青霉素，他可以编一个名字，换上包装，对病人进行欺诈。还有一些假医疗器械，比如"微创手术"，就是在皮肤上开一个口，因为本来没病，实际上也没做手术。有几个骗钱技巧。一是所谓的医导，你进了医院后就有一个人形影不离，跟导购一样，对你不停地洗脑、恐吓——你这个手术必须得做，立即签字、立即手术，要不然后果很严重——不给你独立思考和寻求亲朋好友支援的机会。同时通过医导跟病人沟通聊天，掌握病人的收入情况，看人"下菜单"，制定收费方案。一般一次五六百元，要十次一个疗程才能好，骗个五六千元。当时的收入比较少，现在就多了，骗五六万元。现在莆田系一些人还是在骗，手法上没什么太大变化，只不过很多变成了私立医院，还有一些骗子出国，摇身一变成了外资企业，聘请一些卫生局的退休官员作为他们的顾问，帮忙疏通关系。他们也收购药厂，收购媒体，医院规模越来越大，涉及领域越来越多。当时是以治疗皮肤病、性病为主，现在凡是疑难杂症他都治。不仅仅是莆田系，甚至其他系的骗子也开始这样了。他们一般注册在北京、上海等大城市，名为医疗公司、管理集团，还有的开始托管一些国有医院。莆田系这种转变，是中国特有的悲剧。

有人认为我国医疗市场乱象是市场扭曲所致，而不是由于市场本身失灵。[②] 然而，由于医疗市场结构上的特点，即不确定性和信息不对称，再加上医患双方地位不对称，医疗市场就有扭曲的必然趋势。这种医疗市场扭曲的必然趋势，既见于20世纪80年代以市场为导向的医改，也见于21世纪医疗中引入社会资本的所谓"新医改"。这是偶然的吗？

试图用市场解决我国的看病难、看病贵问题，是一种市场谬误或市

---

① 黑马：《起底"魏则西事件"背后的莆田系》，http：//tech.163.com/16/0501/22/BM0VNJAH000915BF.html.

② 邱仁宗：《论卫生改革的改革》，《医学与哲学》2005年第9期。

场原教旨主义，即错误地相信自由市场政策总能产生最佳结果，能解决所有或至少大多数经济和社会问题。试图用市场方法解决医疗领域的所有问题，其结果必然是南辕北辙，看病将仍然很难、仍然很贵，也许会越来越难、越来越贵。市场必须营销，营销必须做广告，巨额广告费最终还是要落在病人身上。例如，莆田系每年要付百度120亿元广告费，这笔巨额费用最终要由病人负担，还不算其他地方的广告费和其他方面的营销费。这种情况下，看病能不贵吗？将看病难、看病贵问题的解决寄托于民营医院，不是很天真吗？

百度—莆田—武警医院肮脏利益链之所以能趁虚而入，也是政府失灵所致。因为政府忙于去邀请社会资本进入医疗卫生领域①，而没有认真地去建立一个可负担的、可及的、可得的、优质的和公平的医疗配送系统。我们将在第三部分讨论这个问题。政府失灵与医疗市场失灵不同，它是可以补救的，关键是要纠正决策者若干重要的认知和政策误区。

（三）医学是人道的专业

误区之二，是不了解医学是人道的专业。医学与一般职业不同，一般职业是谋生计，而医学是救人性命；医生不能将自我利益放在第一位，而必须将病人的利益置于首位；医患之间是信托关系，而不是销售商与消费者之间的契约关系；医院是治病救人的专业机构，而不是企业，它不能以追求利润和增值资本为目的。

在英语词典里，“专业”（Profession）是指“一种要求严格训练和专门学习的职业，如法律、医学和工程专业”；“职业”（Occupation）则“是作为人们生计的常规来源的一项活动”。如何鉴定专业？哪些职业应该被称为专业？标准是什么？概括来说，一个职业形成专业的标准有：（1）具有独特的系统知识（或形式知识）作为知识基础，获得这

---

① 国务院：《国务院关于鼓励和引导民间投资健康发展的若干意见》，http：//www.gov.cn/zwgk/2010-05/13/content_ 1605218.htm；国务院办公厅：《关于促进社会办医加快发展的若干政策措施》，http：//www.gov.cn/zhengce/content/2015 - 06/15/content _ 9845.htm.

种知识和技能需要较长时期专业化的教育和训练，这种知识一般在大学获得认可；（2）拥有这种知识不仅是为自己谋生，而是应满足社会需要，为他人服务，与它服务的人形成特殊关系；（3）服务于社会和人类，有重要贡献，因而专业声誉卓著；（4）有自己的标准和伦理准则（如医学伦理学这种专业伦理学），有自主性（包括自律）；（5）专业和专业人员的形成是文明社会的标志，中产阶级是社会的主体和中坚。

我国古代医生对医学是专业而不是一般职业的认识是非常清晰的。中国医学史上“金元四大家”之一的李杲（1180—1251年）问前来学医的年轻人：“汝来学觅钱医人乎？学传道医人乎？”（元砚坚《东垣老人传》）清代著名医学家赵学敏说：“医本期以济世。”（清赵学敏《串雅内编》）明代医药学家李时珍等一再强调“医本仁术”或“医乃仁术”。清代名医徐大椿说：“救人心，做不得谋生计。”（清徐大椿《洄溪道情・行医叹》）明清时期的著名中医学家喻昌说：“医之为道大矣，医之为任重矣。”（清喻昌《医门法律・自序》）做医生不应该是限于追求“觅钱”“谋生计”的一般职业者，而是任重道远的专业人员。

医学是最古老的专业之一，也是最为典型的专业：有关人体结构和功能、健康与疾病的知识以及诊断、治疗、预防疾病的技能是最复杂的，因而学制最长；医学不仅是有学问的专业，而且是解救人民疾苦、拯救最宝贵的人类生命的高尚行动；医学这项专业有高度自主性，由谁来行医、怎样行医、如何评价，都由专业人员决定（即使规则由政府颁布，也要征询医学专业人员的意见）；医学有自己的伦理学以及据以制订的种种伦理准则、规则和规范，其中有些转化为法律法规。

医学这门专业的关键方面是：其一，社会给予医学专业垄断权，不允许专业以外的人从事诊疗活动，作为回报，医学专业要完成社会所委托的常规和急需任务——这是医生社会责任的来源；其二，病人前来就诊，把自己的健康、生命和隐私都交托给医生，医生就要将病人的安危、利益放在首位——这是医生专业责任的来源。这决定了医学专业的本性是利人、服务社会的道德专业，不能商品化、商业化、资本化和市场化。这并不排斥在一定条件下可以有以营利为目的的医院，但必须是有限的——例如不能成为医疗系统中的主体，且仅限于高档的、非基本医疗层次的。[1]

作为医疗系统主体的医院（尤其是公立医院），有其自己的身份和使命。医院不是一般的社会机构，而是将医学知识转化为力量的专业机构。医院不是受商业利益驱使的、服从市场规律的、旨在增值资本的企业，而是服务于社会健康需要的社会机构，有时要蒙受经济损失。为社会服务与谋取商业利益这两种角色、治病救人的使命与追求自身利益（以至超越补偿而成为营利）的行为不能共存，它应该比企业有更崇高的目的。因此，医院不能企业化和资本化，也不能行政化。当为病人和社会服务的义务被为自己或机构谋取利益的行为压倒时，就发生了“利益冲突”，这种冲突损害医患关系，破坏病人的信任。决策者缺乏“利益冲突”概念，致使医疗卫生领域和行政领域缺乏防止和避免利益冲突的措施，使得贪腐现象容易滋生蔓延，像癌症转移一样腐蚀整个社会和国家，成为破坏社会稳定、瓦解国家基石的极具威胁性的不稳定因素。

世界各国的医疗卫生都曾出现过危机。在解决医疗卫生福利制度中的问题时，有些国家尝试运用市场机制。由于医疗市场内置失灵，均在一定程度上呈现出医学专业精神（medical professionalism）的缺失。因此，呼唤医学精神回归是一项国际性“事务”。自第一轮具有方向性错误的医改以来，我国的医学专业精神已严重丧失，亟待重整。在这样一个历史性关头，中国医师学会以及某高校医学部却提出“医学职业精神”！“职业精神”译为英文是 occupationalism，但英语词典里没有这个词！一般的职业（例如理发师、售货员）需要讲职业道德，却无需 professionalism（专业精神），因为一般职业缺乏医学专业精神所需要的基础，即上述医生与社会的契约关系及医生与病人的信托关系——这决定了医生必须具备医学专业精神。《新世纪医师职业精神——医师宣言》（“医师宪章”）由欧洲内科联合会、美国内科协会、美国内科医师协会、美国内科理事会等共同发起和倡议，首次发表于 2002 年《美国内科学年刊》和《柳叶刀》杂志。目前为止，包括中国在内的 130 个国际医学组织认可和签署了该宪章。

医学专业精神具有普遍性。技术的急剧发展及市场化、全球化使得

---

① 邱仁宗：《过度医疗之恶：从仁术到“赚钱术”》，《健康报》2014 年 1 月 17 日，第 5 版。

医生对病人和社会的责任意识淡化，重申医学专业精神基本和普遍的原则与价值就变得非常重要。医学虽然植根于不同的文化和民族传统之上，但医生治病救人的任务是共同的。[①]“医师宪章”确定了医学专业精神的3条基本原则：（1）将病人利益放在首位，（2）病人自主性，（3）社会公正；以及10项承诺：（1）提高业务能力，（2）对病人诚实，（3）为病人保密，（4）与病人保持适当关系，（5）提高医疗质量，（6）改善医疗可及，（7）有限资源公正分配，（8）推进科学知识普及，（9）在处理利益冲突时要维护信任，（10）专业责任。

在这里我们不禁要问：莆田系或其他民营医院以及从事营销的公立医院知道这3条原则和10项承诺吗？热衷于医疗市场化的决策者知道这3条原则和10项承诺吗？

上文谈到，信息和权力的不对称使病人处于脆弱和依赖的地位，他们不得不将自己的隐私、健康、生命全都交托给医生，这是一种比较密切的关系，不是陌生人关系。由于病人的脆弱性，他必须信任医生，医生也必须以自己的行动获得病人信任，这样才能维持正常医患关系，医疗工作才能顺利完成。因此，我国传统医师说：“医者不可不慈仁，不慈仁则招非。病者不可猜鄙，猜鄙则招祸。”（宋寇宗奭《本草衍义·序例》）医患关系的不对称产生医生的特殊义务——运用自己的知识和能力来帮助病人、关怀病人。我国古时的医生说：“人之所重，莫大乎生死。”（清叶天士《临证指南医案·华岫云序》）“医系人之生死。”（清沈金鳌《沈氏尊生书·自序》）“医之为道大矣，医之为任重矣。”（清喻昌《医门法律·自序》）这种特殊的义务要求医务人员将病人最佳利益置于首位，富有同情心，要“设身处地”地努力了解病人的经验、体验，对病人及时作出回应。医患关系不对称也给医生提供了可以利用病人脆弱性的诱惑，并误用或滥用这种不对称和脆弱性为自己谋利。[②]正如徐大椿在他的《论人参》一文中所说的那样，这些医生“天下之害人者，杀其身未必破其家，破其家未必杀其身，先破其家而后杀其身者，人参也”。当下一些医生为了逐利，虚开昂贵药物和检查，与

---

① 邱仁宗：《医学专业精神亟待重整》，《中国科学报》2014年2月16日。

② 邱仁宗：《医患关系严重恶化的症结在哪里》，《医学与哲学》2005年第13期；翟晓梅：《医学的商业化与医学专业精神的危机》，《医学与哲学（A）》2016年第4期。

当年一些用人参“破家杀人”的医生有何二致？徐大椿进一步说：“医者误治，杀人可恕；而逞己之意，害人破家，其恶甚于盗贼，可不慎哉！”所以我国古代医生强调：“未医彼病，先医我心。”（刘昉《幼幼新书·自序》）“为医之道，必先正己，然后正物。”（《医工论》）

因此，引入市场机制、引入资本、视医院为企业，必然会损害医学的核心价值，使医患关系恶化到极致，永远处于动荡不安之中，也必将引起社会的不稳定。一些决策者急于要将社会资本引入医疗卫生领域，而没有认真考虑一下，社会资本进入医疗卫生领域的目的是什么，将对我国“2020年实现全民享有基本医疗卫生服务”产生什么影响。资本运动的目的是增值资本，否则就不是资本。马克思在《资本论》中说：“如果有10%的利润，资本就保证到处被使用；有20%的利润，资本就活跃起来；有50%的利润，资本就铤而走险；为了100%的利润，资本就敢践踏一切人间法律；有300%的利润，资本就敢犯任何罪行，甚至冒绞首的危险！”① 莆田系的所作所为不就是资本本性最清楚不过的写照吗？关于医疗市场化和资本化，《医学与哲学》主编杜治政在2005年时说，医疗市场化会迫使医院牟利，偏离医院的真正目的；医疗卫生商业化会急剧提高医疗费用，加重国家、单位和个人的负担，浪费资源并造成资源的不公平分配，削弱预防和初级卫生保健；医疗卫生服务市场和商业化会滋生腐败。② 2010年，他在谈到我国情况时说，“资本给医学人性致命一击”，“在资本全面入侵医学的情况下，医学在异化，医生的角色也在发生转换。医生在治疗疾病、完成医院经济指标的同时，也是药品与器械的推销员，医学也逐渐从治疗疾病走向制造疾病，从治疗异常体征走向治疗正常体征，从满足保健需求走向满足生活需求，从医疗服务走向非医疗服务”③。

许多美国医生对美国市场思潮的崛起和医学日益商业化持否定态度。克林顿卫生改革失败后，旨在营利的种种计划遽然兴起，人们评论

---

① 马克思：《资本论：第一卷》，人民出版社1975年版，第829页。

② D，ZZ.，2005，Establishing a Humanistic Health Care Market. International Conference on Health Care Services，Markets，and the Confucian Moral Tradition，pp. 27-28.

③ 杜治政：《资本、科学技术和人文医学》，《北京论坛 文明的和谐与共同繁荣——为了我们共同的家园：责任与行动：“全民健康：医学的良知与承诺”医学分论坛论文或摘要集》2010年版，第1—13页。

说：市场是对美国医学会要维护的医德丧失的悼念，对保持医患关系的神圣性不感兴趣。市场做法包括价格竞争，组合的费用控制措施，利用经济奖励管理医生行为，严厉拒绝病人和医生选择的医疗类型，由工商管理硕士（MBA）而不是医学博士（MD）来决定什么是合适的医疗。这些做法与医学的核心价值对立。医学的核心价值体现在6个方面（即6C），包括：选择（choice），胜任（competence），沟通（communication），同情（compassion），关怀（care）以及利益冲突（conflict of interest）。在市场化和商业化作用下，作为医患关系关键要素的病人的信任受到侵蚀，被不顾伦理原则的医生颠覆。投资者拥有的医疗（investor-owned care）体现了一种新的价值系统，切断了医院公益之本和"撒玛利亚传统"（好心，见义勇为），使医生和护士成为投资者的工具，而视病人为商品。诺贝尔奖获得者、经济学家 Milton Friedman 说，市场病毒横扫美国的医学，绝无仅有地强烈破坏我们社会的基础，这个基础是仅认可具有社会责任的人，而不是尽可能为股东赚钱。《新英格兰医学杂志》前主编、医学教授 Arnold S. Relman 说，不仅有《希波克拉特誓言》嘱咐医生仅服务于"病人的利益"，而且迈蒙尼德也说过不应允许"渴求赢利"或"追求名声"来干预医生的专业义务。他指出，医学实践与商业之间有截然区别，不应让医生被卷入"医学—工业复合体"之中——后者越来越使用广告、营销以及公关技术来吸引病人，视医生之间的竞争是必要的，甚至是有益的，于是使得行为像生意人而不是利他主义者的医生太多了。Relman 的继任者、医学教授 Jerome P. Kassirer 所写的1997年社论《我们濒危的诚信：它只能变得更糟》指出，赚钱的商业文化越来越压倒医学文化及其传统价值（利他主义）。①

医疗商业化、产业化、资本化破坏医学这一专业传统的利他主义价值的最好例子，是自2005年左右兴起的所谓"干细胞治疗"热，全国有近500家医院（其中不乏军队和武警医院）在开展这一未经证明的疗法，直到2012年左右被卫生部禁止。该疗法并不是真正的干细胞疗法。真正的干细胞疗法是一种细胞移植疗法，将培养的多能干细胞定向分化

① Callahan, D. & Wasunna, AA., 2006, *Medicine and the Market: Equity v. Choice*, Baltimore: Johns Hopkins University Press.

为专能的细胞，移植到患者体内，以修复或替换受损细胞或组织，从而达到治愈的目的。这需要艰苦的基础研究。而在我国开展的所谓“干细胞治疗”是将病人体内干细胞取出（也有利用脐带血干细胞），经培养扩增再注射回病人体内，这与目前的所谓肿瘤免疫疗法如出一辙。“干细胞治疗”彼时业已形成产业化，伴随着商业资本的介入，从干细胞的获取、制备、生产到医院的治疗，形成了完整的产业链。中国干细胞产业收入估计在5年内从20亿元增长到300亿元，年均增长率达170%。[①] 巨大的利润空间使得干细胞治疗这一“章鱼”生出众多产业“腕足”：有的做干细胞产品代工，有的做干细胞储存，有的做干细胞产品研发等。北京一家“生物技术服务公司”，每个月收到来自各种医疗和美容机构的近10份订单，请该公司代为进行“干细胞培养”，用来治疗包括糖尿病在内的各种疾病及祛除皱纹等。一个治疗单位（细胞数量5000万）付费1万元左右，某些业务员每月能有上百万元的销售额。[②] 干细胞的研究和应用已与资本、市场等商业力量结合在一起，尤其在临床应用方面，企业化的生物技术公司和医院对利润最大化的追求，驱使一些医生、科学家迫不及待地将很不成熟的干细胞疗法尽可能广泛地应用于更多的病人。这是那些鼓励科研与产业结合、科学家或医生兼企业家的政策所必然产生的负面影响。当公立医院还没有回归公益性，仍然以追求利润为第一要务时尤其如此。[③]

莆田系那样的社会资本兴建大型医院的目的何在？莆田系兴办的新安国际医院是商务部和卫生部批准的首家民营综合性国际医院，于2005年动工，2009年开业，莆田系投资不到2亿美元，大概10亿元人民币，预期收支是4年持平，2014年会达到盈亏平衡，要十六七年才能收回成本。[④] 那么以后呢？按逻辑推论下去，那就是要大赚一笔了！

---

① 佚名：《未来5年中国干细胞产业收入年均增长率达170%》，http://www.medscience-tech.com/view.php? fid-235-id-157965-page-1.htm.

② 秦珍子：《内地干细胞医疗混乱有机构直接将干细胞注射到血管》，http://news.ifeng.com/society/2/detail_2012_04/25/141258191.shtml.

③ 邱仁宗：《从中国“干细胞治疗”热论干细胞临床转化中的伦理和管理问题》，《科学与社会》2013年第1期；邱仁宗：《为何干细胞领域造假多发》，《中国科学报》2014年9月10日。

④ 黑马：《起底“魏则西事件”背后的莆田系》，http://tech.163.com/16/0501/22/BM0VNJAH000915BF.html.

在记者访谈莆田系相关人员的全过程中，被访者谈得最多的就是赚钱，什么“治病救人”“为全民享有基本医疗做贡献”之类的话只字未提。我们能期望他们什么？

决策者将社会资本引入医疗卫生领域，究竟是请来了一位“财神爷”，还是引狼入室，让我们拭目以待！

按照前面讨论的思路，我们首先应全面而坚决地让公立医院回归公益性，切断医生收入与病人付费之间的联系。公立医院应该成为向全民提供基本医疗的主体。正如北京大学卫生经济学教授李玲所说，“公立医院改革是医改的重中之重”，这是牛鼻子，“你把这个牛鼻子牵住了，把医院这个创收机制破了，一切问题迎刃而解”。要把公立医院建成医院的标兵，让民营医院向它们看齐，而不是现在公立医院在向莆田系医院看齐。李玲还指出，“其实医改很简单，预防、看病、吃药、报销，几件事综合起来，一把抓好就可以做好”，“很多基层，像安徽、陕西、三明一些真正有能力的，真心想为老百姓服务的领导就做成了，基层的医改已经探索出中国医改之路了”。关键是有些决策者对此没有兴趣，他们的兴趣是建立医疗集团，引进社会资本，研发高新技术，营利增值，为 GDP 做贡献。李玲说得好：“公立医院就是政府的第二支部队。军队是保卫国土安全，医院这支部队是保卫人民健康安全，同样很重要。不光是救死扶伤，医院也是用来防范风险的，平时可能感觉不到，关键时刻就看出这支部队不可或缺——任何大灾大难的危急时刻，都是军人和医生冲在前面。”① 因此，公立医院改革必须增加政府投入。公立医院的医生应该享受类似公务员的待遇，让他们无后顾之忧，一心一意为病人解除病痛，救死扶伤。2006 年，笔者在北京大学、卫生部和世界卫生组织联合举办的“健康与发展国际研讨会”上，在对森（Amartyr Sen，诺贝尔经济学奖获得者）、Timothy Evans（世界卫生组织助理总干事）和王陇德（时任卫生部副部长）等几位人士发言的评论中说：第一点，在 21 世纪，我们可以期望我国的经济和社会将会以更大的规

① 李玲：《中国的医改这些年做了什么?》，http：//finance. sina. com. cn/zl/china/20140501/115918982894. shtml；李玲：《两会再谈医改，公立医院才是医改的牛鼻子》，http：//www. guancha. cn/liling2/2015_ 03_ 04_ 311011. shtml；玛雅：《民生保障：新中国经验 vs 市场化教训——专访北京大学中国健康发展研究中心主任李玲》，http：//www. guancha. cn/liling2/2015_ 08_ 10_ 329980. shtml.

模发展，预防和治疗疾病、增进健康的能力将进一步提高，增进人民健康的条件将进一步改善，但应该“居安思危”，我们面临的风险和挑战仍然会很大。20世纪遗留下的艾滋病尚未得到有效控制，结核病和疟疾卷土重来，新的突发传染病有可能再次袭击我们，随着人口结构变化而来的老龄化问题会更为突出，生活水准提高也会带来健康问题，例如肥胖、糖尿病等。因此，必须在理念、政策和体制上有所改革和改进，使医疗卫生基础设施进一步改善，以便应对这些问题和挑战。

第二点，大家谈到人群健康对经济和社会发展的重要促进作用。但我们应该进一步看到，健康是公民的权利，甚至可以说是“第一权利”，没有健康，人们就不能行使和享有其他权利。由于健康是权利，因此政府就有义务向公民提供医疗卫生服务。在这方面，过去有些专家建议政府退出医疗卫生领域，这是一个不好的意见。目前，政府资金占所有医疗费用的17%，对公立医院的投入仅占10%或不到10%。这就会产生灾难性后果：公共卫生遭到严重削弱，健康医疗领域存在严重不公平现象，看病难、看病贵，脆弱人群因病致病返贫，医学专业诚信丧失，医患关系面临严重危机。同时，人群健康不仅是卫生部一个部门的工作，也是政府所有部门的工作，政府所有部门都与人群健康有关。

第三点，必须认识到医疗卫生事业的公益性，因此原则上它不能依靠市场来调节，不能“市场化”——“化”者，彻头彻尾、彻里彻外也。公共卫生、传染病控制、疫苗接种、初级卫生保健、脆弱人群的医疗等，都是市场不愿管，也管不了的。医患关系是信托关系，不是契约关系，更不是买卖关系。而摆脱目前医学诚信危机和医患关系危机的关键是将医生收入与病人费用脱钩。为此，政府应增加对公立医院的投入——既要马儿跑得快，又要马儿不吃草，这是不现实的；圈养的鸡不给食，就会飞出去乱吃，这也是自然的。

第四点，卫生改革必须有基于伦理考虑的基准，不能仅有经济指标。例如，改革应减少人群与风险因素的接触，除了减少与物理、化学和生物致病因子接触外，也包括改善营养、住房、环境、教育，减少车祸、暴力（包括家庭暴力）等；减少医疗卫生可及的经济和非经济障碍，包括城乡、性别、文化、种族、宗教、阶层等方面的歧视；扩大医疗卫生覆盖面，使医疗卫生服务更为可及、可得、可负担；增加筹资公平性，“60%—70%依靠个人支付”是一种倒退，必须扭转。基准的确定必须有伦理考虑，伦理学不是培养圣人，而是帮助我们探讨在一定情况下应该做什么。伦理学不是万能的，但没有伦理学是万万不能的。

时隔10年的今天，这四点意见基本上还是适用的。有人担心这样做，国家财务是否会有问题。早在2006年，当准备推行基本医疗保险制度时，在一次国务院社会发展研究中心召开的座谈会上，就基本医疗保险制度计划进行讨论时，财政部代表的回答是三个字：“没有钱”。参会的笔者回答说，我们首先应该明确向全体城乡居民提供基本医疗是不是政府的义务，如果是，那么没有钱就想方设法筹款……实际上我们每年用于现称之为“三公”经费的非政府义务方面支出有多少？这不是一个财务问题，而是一个观念问题、价值观问题。

让国营企业来办公立医院，这是一个馊主意。凡企业，不管是国营还是民营，都要营利增值，为投资者增加红利。这是天经地义，无可厚非的。但是，医院要将病人利益放在第一位，即使赔钱也要抢救生命，国营企业怎能胜任？其结果要么走莆田系的老路，用营销办法办医院，破坏公立医院的公益性，损害病人利益；要么拖累国营企业，使本来不那么赚钱甚至陷入亏损境地的国营企业雪上加霜。

让社会资本投资公立医院，这是另一个馊主意。资本以营利增值为目的，公立医院以治病救人为目的，二者的价值追求不相容并必然发生冲突，而冲突的最可能结果是改变公立医院的公益性，损害病人利益。

基于医疗卫生的特殊性，应该鼓励非营利的民营医院，如果它们具备必要的资质，可以纳入医保范围。营利民营医院应严格限制在非必需、非基本的医疗和向富人提供特殊服务两个层面，不应纳入医保范围。如果用数字来表示，医疗服务中的80%应由公立医院提供，15%由非营利的民营医院提供，5%可由营利民营医院提供。这个数据不一定准确，只是代表一种价值观念和取向。

这里反映两个认知误区。其一，决策者缺乏“利益冲突”（conflict of interest）概念。利益冲突是指专业人员或公务人员因自我利益或其他社会集团利益而损害了他们应为之服务的个体或群体（如病人、纳税人）的合理或合法的利益。现实中，一些政策或做法却是在促使利益冲突。例如，不给公立医院医生合理的工资，让他们想方设法从病人腰包里捞钱；不给政府部门监管人员足够的办公费用，让被监管企业提供办公费用等。这将使贪腐蔓延，并腐蚀国家与社会，破坏社会稳定。医疗商业化和资本化引起的腐败不可小觑，迄今没有认真揭发和查处。其二，决策者缺乏“财务灾难”概念。我们的医疗费用管理必须极力避免或努力补救因费用过高而使病人陷入“财务灾难”，例如倾家荡产、因病返贫等。

（四）建立以初级医疗为中心、与二级三级医疗协调的医疗配送系统

误区之三是不了解建立一个以初级医疗为中心并与二级三级医疗协调的医疗配送系统的重要性。随着我国老龄化和人群中非传染病或慢性病增多，成本效果更佳的配送办法是以初级医疗为中心并与二级三级医疗整合的配送模型，集中于以人群为基础的预防、健康促进以及疾病管理，将初级、二级、三级医疗机构协调起来，与社会照护结合。例如，对患有多种疾病的老年人群，就需要将医疗照护与社会照护结合起来。初级医疗的核心功能是：预防、病例检出和管理、看管、转诊、协调医疗等。WHO 要求建立的医疗配送系统是以人群为中心的和整合的医疗卫生服务。以人群为中心是指要围绕健康需要组织医疗活动，它既包括临床医疗，也包括（也许更为重要的）社区人群疾病的预防、促进健康（例如改变吸烟、酗酒等不健康的生活和行为方式）、及早发现和处置病例、健康信息的提供和教育等。整合的医疗服务包括优质医疗服务的管理和配送，使人们受到连续的健康促进、疾病预防、诊断、治疗、疾病管理、康复和安宁治疗服务，不管在什么地点和什么时间，医疗服务要根据人们的需要进行。这样一种医疗配送系统是为了实现全民健康覆盖，向全民提供可负担、可及、可得且优质、公平、体面的医疗卫生服务。如果有了这样一种系统，那么魏则西那样的病人就不会去找百度，初级医疗的全科医生就会照护他。例如学校的校医室就应该是一个初级医疗中心。

与美国相类似，我国的医疗配送系统是碎片化的，质量低而效率差，不平等和不公平的问题严重。医疗系统的建立缺乏顶层设计，往往

各做各的，结果是逐利趋势占据上风，浪费社会资源和纳税人的税款。阻碍初级医疗与二、三级医疗整合的因素是：目前支付制度刺激增加医疗活动，而不是改善病人健康；医生对与其他医疗机构协调没有兴趣，因为他们的经济利益是将病人留住，在逐利机制下，每一位病人都是“摇钱树”，把病人留得越久，“摇”出来的钱就越多；公立医院与民营医院之间的竞争更像是营利医院之间的竞争，更高的费用压在病人身上或社会医疗保险上。可以预测，随着民营医院增多，超量使用高技术的诊断检查和昂贵的药物问题将更为严重，甚至出现大量使用未经证明的新疗法（如手术戒毒、DC-CIK 疗法）或假冒的新技术（如所谓“干细胞治疗”），以及用换了包装的旧药冒充新药的现象——因为它们可产生更多利润，而病人不能评判临床医疗质量。如 2006—2008 年我国 CT 和 MRI 的使用数年均增加 50%，这种增加是出于病人病情的需要，还是医方及资本方为了获取更大利润？配送系统朝市场方向转变和鼓励社会资本投资医疗，将使我国更为远离“人人享有基本医疗”的战略目标，而不公平和费用飙升将变本加厉。① 如果将这种民营医院纳入医保，基本医疗保险机构必定很快会入不敷出，进而发生严重的财务危机。

为了建立这样一个医疗配送系统，必须解决三个问题。

其一，这一系统是为了满足人们客观的健康需要，能获得健康结局。因此必须将客观的需要与主观的欲望分开。美国医学家兼法学家卡茨（Jay Katz）② 指出，医生应起到教育者的作用，帮助病人筛除越来越多的直接针对消费者的广告以及其他影响人们判断的甜言蜜语。德国古典哲学家黑格尔指出，市场不只是满足 wants（想要、欲望），而且创造 wants。当代医生及其背后的医学机构最重要的任务之一，是帮助人们区别医疗需要（needs）与医疗欲望（desires）。这意味着医学必须进行自我考查，分辨哪些是不当影响以及病人如何受到这种影响，探讨医学如何能够在压力之下仍然忠于它的核心价值。黑格尔对需要和欲望区分

① Yip, W. & Hsiao, W., 2014, “Harnessing the privatisation of China’s fragmented health-care delivery”, *Lancet*, 384 (9945): 805-818.

② Callahan, D. & Wasunna, A. A., 2006, *Medicine and the Market: Equity v. Choice*, Baltimore: Johns Hopkins University Press.

的思想对此很有启发。医学目的毫无边际的模型刺激了市场经常不断地将想要（wants）转变为需要（needs）。商业市场创造需求（wants，想要）——且不谈这种“想要”是否合适——往往使得欲望没有止境。追求无止境获得的是一种“恶的无限”：好的健康总是暂时的，没有最好，只有更好，医学进步总是重新定义什么是“好的健康”，因此我们目前的健康决不是足够好的，于是医学就变成满足健康的无限欲望的无底洞。我们的一些医生不是教育病人区分需要与欲望，而是鼓励病人甚至引诱病人产生越来越多的欲望，以便可以乘机获利。在一次北京电视台组织的有关干细胞治疗的节目中，笔者问某医院的一位医生：你们为什么要开展这种未经证明的“干细胞疗法”？她说“因为病人要求”。当问及“病人怎么知道有这种‘干细胞疗法’时”，她无言以对。显然，病人的这种所谓“要求”是广告或者干脆是医生直接诱导出来的。

其二，在这种医疗配送系统中必须进行供给侧的改革或控制。当前，我们在社会基本医疗保险中只进行消费侧的控制，不控制供给侧。对消费者和病人需求的管理和管控，即需求侧控制，已经被证明是一个完全不能令人满意的控制费用方法，这是一个折磨大多数医疗卫生制度并严重损害病人利益的问题。一方面是排队问题引起的病人不满意，另一方面是医疗费用报销差异导致的医疗不平等，妨碍病人寻求他们所需要的医疗。病人自己截肢和开腹的极端案例就与此问题有关。比如，病人的费用在医疗保险中只能报销一半，他就要自己选择治疗方法，或者干脆不治疗。可是病人缺乏医学专业知识，如何做出合理的、最符合自身利益的抉择？许多病人往往只能选择不去治疗、不佳治疗。这也是一个认知误区，即不能认识到，在医疗卫生领域，筹资决定于支付能力，但医疗的可及应该决定于病人所患病情的需要，而不是病人的支付能力。[①] 美国卫生政策和管理专家赖斯（Thomas Rice）[②] 考查了市场维护者控制医疗需求侧而不控制医疗供给侧背后的假定。首先，无论如何，在许多情况下拥有必要的医疗信息才能做出好的健康选择。可大部分人

① Callahan, D. & Wasunna, A. A., 2006, *Medicine and the Market: Equity v. Choice*, Baltimore: Johns Hopkins University Press.

② Ottersen, T. & Norheim, OF., 2014, “Making Fair Choices on the Path to Universal Health Coverage”, *Bulletin of the World Health Organization*, 92: 389.

不能事先知道选择的结果，许多这种选择提出了一个“反事实”问题：如果不治疗，是否问题就会消失？如果我去找不同的医生，或去找专家而不是初级医疗医生，结果是否会不同？因此，赖斯论证，旨在控制病人需求的卫生政策不仅不起作用，而且依赖的是一个可疑的假定。管控个体健康消费者和病人的行为最后被证明是“至多仅有少许有效”，并通常伴随一些不幸的结局。但对供给侧的管控却不是这样，因为这种管控旨在控制医疗卫生产品的生产和分配，而不是其消费。依赖控制供给侧的卫生政策取得卓越的结果，然而，美国政府控制医院病床和昂贵技术供给的努力却遭到了抵制，种种政治和经济利益集团的抗拒通常使这种努力破产。我国的医改受到既得利益集团抵制也是一个不争的事实。然而，事实也强有力地表明，当控制供给侧的努力强有力且比较到位，并不受干扰时，的确能起到限制费用和改善质量的作用，正如欧洲国家的证据显示的那样。美国能否不采取限制供给侧的措施来对付迅速攀升的费用呢？不可能！高新技术的医疗是医生即供给侧诱导出来的。因此，医改，尤其是控制费用必须进行医疗供给侧的改革和控制。哈佛大学公共卫生学院萧庆伦教授于 2009 年指出：“大约 20 年前，中国把公立医院改成一个私人营利的单位，追求金钱，而且没有股东，这些钱被医院和医生瓜分了。他们的生活好了，但他们也变成了一个强而大的利益团体。所以这次改革很难真正动这些既得利益团体。对于这些问题，其实大家看得很清楚。可是，在这个政治环境下，因为每个强大的既得利益团体都在政治上有他的力量，所以很难出台一个明确的政策。”①2015 年的所谓“新医改”是否代表了这一既得利益集团及其背后的政治力量对以政府为主导的医改的抵制？

其三，在这个系统内必须由初级医疗唱主角，高新技术医疗唱配角。医疗市场营销的一个价值前提，是将医疗卫生仅仅或永远部署在高新技术的领域内。但是这种观点，即认为更好的健康的秘密在于部署高新技术导向的医疗卫生，绝不是真理，而且将越来越稀缺而宝贵的卫生资源投在临终前几周或几天会走向经济上的死胡同。替代的观点是，集中于预防，减少与行为相关的疾病和死亡原因，让改进健康的社会经济

---

① Callahan, D. & Wasunna, A. A., 2006, *Medicine and the Market: Equity v. Choice*, Baltimore: Johns Hopkins University Press.

条件起更大的作用。古巴的经验是一个范例。在美国的封锁下，这个人均 GDP 不到 5000 美元的国家实行全民公费医疗制度，平均预期寿命达 79 岁，医生每 67 人/1 万，过去 10 年 5 岁以下儿童死亡率为 5. 7/1000 活产儿，低于美国。他们的经验就是重点发展初级医疗、强调预防、早发现早治疗，而不是将资源分配于高技术医学。[①] 在我国，要建立以初级医疗为中心的医疗配送系统，必须加强政府对初级医疗的支持，确保初级医疗工作人员的工资收入，提高全科医生的社会地位。在支持不足的初级医疗单位，往往医疗质量差，服务态度糟，不用基本药物，而诱使病人购买更为昂贵的进口药物。这使得病人即使是小病也不愿在初级医疗单位就诊，宁可千里迢迢跑到上海、北京等地就医，加剧看病贵、看病难的状况。

解决上述三个问题，建立可负担、可及、可得且优质、公平、体面的医疗配送系统，必须首先破除逐利机制，否则就是事倍功半，再投入 4 万亿元也建立不起公平有效的医疗配送系统，医疗卫生领域仍将乱象丛生，魏则西那样的病人还要去找百度，还可能落入莆田系的陷阱。

根据世界卫生组织发表的题为“在全民健康覆盖道路上做出公平的抉择”（Making Fair Choices on the Path to Universal Health Coverage）[②] 的有关公平与全民健康的最终报告，全民健康覆盖是指所有人接受满足他们需要的优质医疗卫生服务，不会因无力支付而陷入财务困难。为了实现全民健康覆盖，国家必须在三个层面做出努力：（1）扩展优先的服务，这是指成本有效比较高的服务，优先提供服务给最穷的人，以及防止病人陷入财务灾难；（2）纳入更多的人，这是指扩展覆盖面时首先扩展低收入群体、农村人群和其他处于弱势的人群；（3）减少现款支付，这是指必须逐渐消除现款支付制度（现在实际上在营利的公立医院以及差不多所有民营医院都是现款支付），过渡到强制性的预付制度。这就是我国各级政府和所有医疗卫生部门与机构必须做的，唯有如此才能实现“人人享有基本医疗服务”的目标。

---

① 戴廉：《医改当务之急：改变医院和医生的追求——对话哈佛大学公共卫生学院教授萧庆伦（William Hsiao）》，《中国医院院长》2009 年第 18 期。

② Ottersen，T. & Norheim，OF.，2014，“Making Fair Choices on the Path to Universal Health Coverage”，*Bulletin of the World Health Organization*，92：389.

（五）未经证明疗法的临床不当应用严重损害病人利益

误区之四是，不了解未经证明疗法在临床上的不当应用严重损害病人利益，必须明文禁止，对违规者严厉追责。即便是市场化的美国，对于临床上任意应用未经证明的疗法，一经查实，也会对违法者进行严厉处罚。2011 年，美国逮捕了 3 名男子，控告其涉嫌未经美国食品药品监督管理局（U. S. Food and Drug Administration，FDA）批准就进行制造、销售和使用干细胞等 15 宗犯罪活动。一名在得克萨斯经营一家产科门诊的持照助产妇，以研究为名从分娩产妇那里获得脐带血，将之卖给亚利桑那一家实验室，该实验室又将其送给南卡大学一位助理教授制成干细胞产物，实验室将其卖给美国一持照医生，该医生旅行到墨西哥后将这些干细胞产物在患癌症、多发性硬化以及其他自体免疫疾病的病人身上进行干细胞治疗。这三位被告收取病人 150 万美元费用。三名被告及助产妇被判有期徒刑和罚款。美国食品药品监督管理局于 2012 年对病人提出警告说，干细胞的临床应用虽有前途，但是目前尚未形成安全可靠的治疗方法，病人寄治愈的希望于这些尚不可得的疗法可能受到寡廉鲜耻的医生的剥削，他们提供的是非法的、可能有害的干细胞治疗。[①] 但是，在我国，从“手术戒毒”到所谓“干细胞疗法”，如此众多的医院违规榨取病人钱财，卫生行政部门却从不严加查处并进行追责，以至于这些医院今天更加花样翻新、变本加厉地利用所谓的“细胞治疗”“肿瘤免疫治疗”来诈骗病人。

从药物开发到临床应用，医学界已经探索出一条既有效又合乎伦理的道路。一种新研发的药物或生物制品必须经过临床前研究（包括实验室研究和动物实验）和临床试验证明安全、有效，才能获得药品管理部门批准上市，之后才能在临床上应用。[②] 为新研发的药物或其他临床研究制定这种试验研究、审查批准、推广使用的质量控制程序，是基于无

---

① 新浪博客：《为什么干细胞领域造假事件多发?》，http：//blog. sina. com. cn/s/blog_b367248b0102vjjm. html.

② 我国已有国家食品药品监督管理局颁布的《药物临床试验质量管理规范》（2003）以及原中华人民共和国国家卫生和计划生育委员会颁布的《涉及人的生物医学研究伦理审查办法（试行）》（2007）。

数的历史教训，一旦其安全性和有效性得不到保障，就有可能导致更多患者服用后致残致死。因此，所有研发新药的国家都以法律法规的形式制定了一整套新药临床试验质量控制的规范。通常，遵循这一规范的临床试验分为三期。I 期是初步进行安全性研究，通常在小量健康人（志愿者）中进行，逐渐增加剂量以确定安全水平。这些试验平均需要 6 个月至 1 年，约 29%的药物不能通过这一阶段。Ⅱ期是检验药物的有效性并提供安全性的进一步证据。这通常需要 2 年时间，涉及数百名用该药物治疗的患者，约 39%的药物无法通过这一阶段。Ⅲ期是较为长期的安全性和有效性研究，涉及众多研究中心的数千名患者，旨在评估药物的风险—受益值，一般需要 1—3 年，而这一阶段通不过的药物只有 3%至 5%。[①] 在Ⅲ期临床试验结果证明安全有效后需报请药品管理部门批准，批准后方可应用于临床。在动物实验前，研究计划要由动物伦理审查委员会审查批准；临床试验前，研究计划要递交伦理审查委员会审查批准，委员会要审查该项试验或研究是否有社会价值，研究设计是否合乎科学和伦理，试验中受试者的风险—受益比是否可接受，受试者是否都经过有效知情同意的程序，试验所得数据如何保密，受试者的权利是否得到了保障。这样，就在制度上保障了受试者和病人的安全、健康和利益。但是，莆田系医院，以及其他一些公私医院，受逐利动机驱使，均未经这一套确保受试者和病人安全与健康的程序，也未实行有效的知情同意，连骗带哄地将未经证明的手术戒毒、干细胞治疗、DC-CIK 疗法直接应用于病人身上，使病人在身体、精神和经济上遭受了重大损失。

在特殊条件下，未经证明的疗法在满足一定条件时，可以作为试验性治疗用于病人。试验性治疗又称“创新疗法”，使用的是新研发的、未经临床试验或正在试验之中的药物，其安全性和有效性尚未经过证明。然而，它已经通过实验室研究，尤其是经过动物（一般用小鼠，有时必须用灵长类动物）实验证明在动物身上是比较安全、有效的。所以，试验性药物既不是药品管理部门批准、医学界认可的疗法，也不是“江湖医生”那种无科学根据的所谓“灵丹妙药”。上述那种按部就班的较为漫长的临床试验程序，在面对疫情凶险、传播迅速的传染病挑战时，就会产生一个问题：如果我们手头有一些已经通过动物实验但尚未

---

① 邱仁宗：《直面埃博拉治疗带来的伦理争论》，《健康报》2014 年 8 月 29 日。

进行临床试验或正在进行临床试验的药物或疫苗，能不能先拿来救急，挽救患者的生命？或者，我们还是要等到临床试验的程序全部走完，再将其用于患者？我们与之斗争了数十年的艾滋病，在刚开始蔓延的时候就遇到了类似的情形。当初疫情危急，患者的死亡率很高。一些患者不愿坐等死亡，出于绝望，他们中的60%—80%的人纷纷自行寻找疗法，将生命置于危险的境况之中。当时研发的双去羟肌苷是一种有希望的抗逆转录病毒药物，可代替毒性较大的齐多夫定，但它还没有完成临床试验。艾滋病在当时没有有效的治疗方法，临床试验设置的标准会将许多患者剔除，符合标准的患者又因各种原因不能前去，接受安慰剂治疗的患者更不能从试验中获益，到药物最终被确认为安全有效时，许多患者已经死于非命。因此，在艾滋病患者的强烈要求下，美国当局决定将安全性和有效性尚未最终证明的双去羟肌苷提前发放，并实行“双轨制”，即一方面继续对药物进行临床试验，另一方面立即将该药发放给患者服用。又如西非有2000多人感染埃博拉病毒，死亡率也极高。埃博拉病毒的进一步传播，必将导致更多人的死亡，对这些国家和地区以至全人类构成严重的威胁。埃博拉病毒及其引起的疾病已经被发现近40年，虽然有关药物和疫苗的研发工作一直都在进行中，但长时间止步不前。由于制药产业的商业化，制药公司对发生在贫困国家穷人身上的疾病缺乏兴趣，认为无钱可赚。这种市场失灵造成目前没有专门用于治疗或预防埃博拉病毒引发的出血性发热的药物或疫苗，少数药物或疫苗尚未进行临床试验或正在临床试验之中。在这种非常情况下，就出现了一个“两难”问题：是等待这些新研发的药物或疫苗走完较长时间的临床试验程序后再用于临床，同时眼睁睁地看着许多患者死去；还是在抓紧临床试验的同时提前发放这些药物或疫苗，同时由于它的安全性和有效性未获最后证明，让服用药物或疫苗的患者面临风险呢？显然，这两个选项都有较大的风险。此时，合乎伦理的选择应该是：两害相权取其轻。挽救人类生命是第一要务，医学伦理学的第一原则是不伤害，二者之中哪个伤害的可能性更大一些呢？在按常规进行临床试验时，死亡率高达55%以上的埃博拉患者肯定会逐一死亡。服用那些已经动物实验或尚未完成临床试验的药物或疫苗的患者虽有风险，但很可能会低于或显著低于前者。已经服用针对埃博拉病毒的实验性药物ZMapp的两位美国医生情况好转这一实例说明，对后一选项抱较为乐观的态度是有根据的。[①]

在临床上也会遇到这样的情况，当病人患有无法治愈的病症时，迫切要求医生试验一些新疗法，它们的安全有效尚未证明，但根据医生临床经验和文献搜索，也许对病人有好处。那么，在一定条件下将某些疗法用于试验性治疗在伦理学上也是允许的，但必须满足以下条件：

（1）治疗前应制订相应方案，包括说明其有合理成功机会的科学根据和辩护理由，以及临床前研究获得的有关药物安全和有效的初步证据；

（2）治疗方案应经伦理审查委员会审查批准，在不存在伦理审查委员会时可建立特设委员会来从事治疗方案的审查批准工作；

（3）必须坚持有效的知情同意，明确告知患者或家属药物可能带来的风险和受益，尊重患者的选择自由；

（4）如果这种试验性治疗结果良好，应立即转入临床试验；

（5）这种试验性治疗必须只用于个别病人身上，不可像手术戒毒、干细胞治疗、DC-CIK 肿瘤免疫治疗那样大范围使用；

（6）违反以上规定者应追究行政或民事甚至刑事责任。

我国卫生行政部门应该对将未经证明的疗法任意直接用于病人的医务人员和他们所在的医疗机构严厉追责并进行惩处。对过去的“手术戒毒”和假冒的“干细胞治疗”没有追责查处，是一种是非不分、姑息养奸的态度，它使得一些医者和医疗部门觉得违法违规不会付出任何成本，于是他们为了逐利而变本加厉，假冒的“干细胞疗法”“肿瘤免疫疗法”等花样百出，制造了更多的医疗乱象。对此，我国卫生行政部门应采取果断的行动。

（邱仁宗，原载《昆明理工大学学报》2016 年第 16 期。）

① 邱仁宗：《直面埃博拉治疗带来的伦理争论》，《健康报》2014 年 8 月 29 日；新浪博客：《提前使用试验性抗埃博拉药物是否合乎伦理?》，http：//blog. sina. com. cn/s/blog_b367248b0102vjjn. html.

十　“市场之恶”：市场对人和社会的腐蚀作用

（一）前言

看到我这篇文章的题目，可能会对我的市场观产生误解，所以我要在这篇文章一开始，就阐明一下我对市场的基本观点，即在糟糕的资源配置机制中，市场机制是最好的。我这个观点接近于索罗斯（George Soros）对市场的观点，即（1）市场是个糟糕的资源配置机制，因为它有那么多弊病，都是它本身不能克服的；（2）但是其他机制（包括计划经济），比它还要糟；（3）市场是我们唯一能够利用的资源配置机制；（4）但市场原教旨主义，即企图用市场机制解决所有社会问题是痴心妄想。[①] 也就是说，我认为要对市场采取一分为二的分析态度：其一，市场有许多好处，正如我国自 20 世纪引入市场机制之后，各类产品极大丰富，满足了社会物质文化需要，这是“市场之善”，也是大家有目共睹的，没有必要在这里详谈。与之呈现鲜明对照的是，许多人包括一些决策者却对“市场之恶”视而不见，社会上许多乱象显然就是市场的不当引入、市场失灵所导致。我说的“市场之恶”是指因市场本身性质或其失灵导致对大批无辜人的严重伤害以及对社会的破坏性作用。我们急需端正对市场的错误认识，加强政府和社会对市场的监管，以起到对市场“扬善避恶”的目的。

---

① Soros, G., 1987, The Alchemy of Finance: Reading the Mind of the Market. New York: Simon & Schuster；邱仁宗、周继红：《市场是资源配置的最佳机制吗？——索罗斯的金融炼金术和经济领域中的“麦克斯韦妖”》，《自然辩证法研究》1995 年第 2 期。

（二）市场的概念

英语的“market”一词与其他欧洲语言中的同根词 marché，markt，mercado 等来源于拉丁字根“merx”，意为商品、货物（wares，merchandise）。市场是个体或集体行动者交换商品和服务的体制（institutions）。讨论市场概念时，我们不得不连带讨论与之密切相关的其他概念，例如交换、价格、竞争等。“交换”概念是市场概念的核心。在市场上发生商品和服务交换的理由是自我利益，与为了建立关系的目的而交换礼物不同。大多数使用金钱作为交换的中介，导致价格的形成。但也有的市场采取“以货易货”或拍卖的形式进行交换。市场的概念要比交换更为广泛，因为它包括大量交换产生的结构性宏观效应。“竞争”是市场的一个特点。竞争是行动者谋求最佳交易这一事实造成的，于是在市场的供求参与者中引起竞争。然而，应该注意到，即使在竞争性市场，往往有人拥有不平等的市场力量，例如一家公司是在某一地区的唯一雇主或商品和服务的唯一供应者。当市场具有某些结构性特征，包括大量的买方和卖方、可供比较的商品和不存在信息不对称时，就被称为“竞争性市场”。然而，即使在竞争性市场中，也往往存在不平等的市场力量。例如，当一家公司是某一地区的唯一雇主时，或者当一家银行拥有的信息多于其客户时。

对市场的性质及其价值早有讨论。哲学家亚里士多德讨论了货币的性质，突出了正当的和不正当的交换形式等基本问题，但未直接涉及市场。从 18 世纪初以来，对市场的性质以及对个人和社会价值的争论日益激烈。学者们对市场的态度大致分为三派：朋友、敌人以及持批判态度的朋友。对市场持支持态度的思想家有伯纳德·曼德维尔（Bernard Mandeville，《蜜蜂的语言》[1]），以及最负盛名的苏格兰启蒙运动的代表亚当·斯密（Adam Smith，《国富论》[2]）。在 19 世纪，托马斯·马

---

① Mandeville，B.，1924，*The Fable of the Bees*，Part Ⅰ（1714），Part Ⅱ（1729）. F. B. Kaye（ed.），Oxford：Clarendon Press，［1714/29］.

② Smith，A.，1976，*An Inquiry into the Nature and Causes of the Wealth of Nations*，Raphael，DD. & Macfied，AL.（eds.）. Oxford：Clarendon Press，［1776］.

尔萨斯（Thomas Malthus）[①] 和戴维·里卡多（David Ricardo）[②] 视斯密为“经典”经济学家。在20世纪，亲市场的传统包括以路德维希·冯·米斯（Ludwig von Mises）[③] 和弗里德里希·哈耶克（Friedrich Hayek）[④] 为代表的奥地利学派，以詹姆斯·布坎南（James Buchanan）[⑤] 为代表的维吉尼亚学派，以及以弥尔顿·弗里德曼（Milton Friedman）[⑥] 为代表的芝加哥学派。这些市场之友提供的支持市场的论证各有不同，但贯穿这些论证之中的一条红线则是强调个体论（individualism）以及市场帮助人们从传统的束缚之中解放出来（从反面意义上理解的自由），将他们的论证焦点置于市场促进创新和现代化的作用，以及市场对社会福利的积极影响中。

然而，批评市场的思想家也有长期传统。我国古代历届政府大多采取“重农抑商”的政策，欧洲中世纪则更为严重。基督教文化默认的立场就是认为贸易与市场受饕餮和贪婪的罪恶驱动，对现存秩序起破坏作用。在最近300年，对市场最著名的批评者是让-雅克·卢梭（Jean-Jacques Rousseau）[⑦] 以及卡尔·马克思和弗里德里希·恩格斯。[⑧] 他们对市场批评的共同点是，未加监管的市场产生不平等和破坏性结果、市场的不稳定和异化效应（即将劳动者个人与他们的劳动成果分离开来）

① Malthus, T., *An Essay on the Principle of Population*, D. Winch (ed.), Cambridge: Cambridge University Press, 1992 [1798].

② Ricardo, D., 2005, “Principles of Political Economy and Taxation”, in Sraffa, P. & Dobb, MH. (ed.), *The Works and Correspondence of David Ricardo*, Indianapolis: Liberty Fund 1 [1817].

③ Mises, LV., 1949, *Human Action: A Treatise on Economics*, New Haven: Yale University Press.

④ Hayek, FA., 1944, *The Road to Serfdom*, London: Routledge.

⑤ Buchanan J., 1975, *The Limits of Liberty: Between Anarchy and Leviathan*, Chicago: University of Chicago Press.

⑥ Friedman, M., 1962, *Capitalism and Freedom*, Chicago: University of Chicago Press.

⑦ Rousseau, JJ., 1997, *The Discourses and Other Early Political Writings*, Victor, G (ed.), Cambridge: Cambridge University Press. [1750ff.].

⑧ Marx, K., *Capital: A Critique of Political Economy* (Volume I) (1995). [1867], https://www.marxists.org/archive/marx; Marx, K., *Economic and Philosophic Manuscripts of 1844*, (1995) [1844], https://www.marxists.org/archive/marx; Marx, K. & Engels, F., 1995, *Communist Manifesto*, [1848], https://www.marxists.org/archive/marx/works/communst-manifesto.

及对穷人地位的贬低。他们都希望用组织全社会的经济，即中央计划经济来代替市场。然而在 19 世纪和 20 世纪前面的 3/4 世纪，这种计划经济并不成功。

第三类思想家站在市场的朋友与市场的敌人之间，采取有条件地支持市场的态度。他们既看到市场的优点，也看到了市场的问题。他们认为，在总体上市场的平衡是积极的，但需要有一些其他的体制来缓和市场产生的问题。他们的主要理由是，我们没有一个更好地组织大规模社会经济生活的办法，所以比较好的办法是“驯服”这个市场，而不是取消这个市场。持这种立场的思想家有格奥尔格·黑格尔（Georg Hegel）①、约翰·密尔（John Mill）②、约翰·凯恩斯（John Keynes）③ 和约翰·罗尔斯④，以及欧洲社会民主党人。⑤ 他们欢迎市场作为他们国家框架内达到一定目的的工具，但市场的目的及其活动范围应该由国家来规定。

我们今天仍然可以看到这三种传统存在于不同学科代表的思想家之中。虽然也有例外，例如有些经济学家特别肯定市场，他们使用抽象的方法分析市场，建立种种模型，然而对于实际生活（real-life）中市场存在的一些问题却未加说明。⑥ 行为经济学家（behavioral economists）开始探讨人的实际行为如何偏离这些模型认为的行为，例如丹尼尔·卡内曼（Daniel Kahneman）和艾默斯·特维尔斯基（Amos Tversly）⑦、戴

① Hegel GWF.，1942，*Philosophy of Right*，translated with notes by T. M. Knox. Oxford：Clarendon Press.［1821］.

② Mill，JS.，2004，*Principles of Political Economy with Some of Their Applications to Social Philosophy*，London：Prometheus Books.［1848］.

③ Keynes，JM.，1936，*The General Theory of Employment*，*Interest and Money*，Cambridge：Cambridge University Press.

④ Rawls，JA.，1971，*Theory of Justice*，Cambridge，MA：Belknap Press of Harvard University Press.

⑤ Berman，S.，2006，*The Primacy of Politics：Social Democracy and the Making of Europe's Twentieth Century*，Cambridge：Cambridge University Press.

⑥ Becker，G.，1976，*The Economic Approach to Human Behavior*，Chicago：University of Chicago Press.

⑦ Kahneman，D. & Tversky，A.，1979，“Prospect Theory：An Analysis of Decision Making under Risk”，*Econometrica*，47：263-291.

维·莱布森（David Laibson）[1]、埃姆斯特·费尔（Emst Fehr）和克劳斯·施密特（Klaus Schimidt）。[2] 从哲学视角进行批评的则有阿玛蒂亚·森（Amartyr Sen）。[3] 社会学家、人类学家和历史学家则使用不同的方法来研究市场，他们往往强调市场与其他社会生活领域的关系，因为他们视个体为嵌入社会的，其决策是由社会环境塑造的。来自这些学科的研究者往往对资本主义市场采取批判的态度，他们的研究方法往往使他们能够看到经济学家看不到的问题。但经济学家也可以回答说，社会学家、人类学家和历史学家使用的方法不宜于理解市场间接的积极效应，例如当公司重组时对顾客的受益。虽然不同学科的研究有时是相互交叉的，但要区分不同学科对市场价值的学科径路、研究方法和实质性论证。

（三）支持和反对市场的论证

艾伦·布坎南（Allan Buchanan）[4] 将有关市场的论证分为效率（efficiency）论证和伦理论证。实际上，这两类论证是难以绝然分开的，但为了方便起见，我们暂以他的分类来展开讨论。

1. 支持与反对市场的效率论证

支持市场的效率论证

支持市场的效率论证基于两个主要的断言：一是基于这样一个理论陈述，即在理想市场上的交换达到一种平衡（equilibrium）状态，这种平衡状态就是帕雷托最优（Pareto Optimal），这是福利经济学（welfare economics）的第一基本定理。二是对实际的（非理想的）市场或实际

---

① Laibson, D., 1997, “Golden Eggs and Hyperbolic Discounting”, *The Quarterly Journal of Economic*, 112 (2): 443-478.

② Fehr, E. & Schmidt, K., 1999, “A theory of fairness, competition, and cooperation”, *The Quarterly Journal of Economics*, 114 (3): 817-886.

③ Sen, A., 1977, “Rational Fools: A Critique of the Behavioural Foundations of Economic Theory”, *Philosophy and Public Affairs*, 6: 317-344.

④ Buchanan, A., 1988, *Ethics, Efficiency and the Market*, Totowa, New Jersey: Rowman & Littlefield Publishers.

市场可以变更，使之接近理想市场的效率，从而比非市场安排更为可取。于是我们必须首先界定什么是理想市场，以确保市场上的交换产生帕雷托最优的平衡状态。理想市场的条件如下：(1) 有关商品和服务的性能与质量以及用其他方式生产或提供的费用的全部信息可得，而获得这些信息的费用为零。(2) 履行契约和财产权的费用为零，以及财产权包括生产手段的权利业已确立且稳定。(3) 在下列意义上个体是理性的：他们的偏好是有序的，例如某人偏好 A 大于 B，B 大于 C，那么对他来说 A 大于 C，他们能够选择合适的手段来实现目的。(4) 交易的费用为零，存在完全竞争，即没有买方或卖方单方面影响价格，进入市场有完全的自由；不存在外部效应（externalities，正面的是我可以欣赏邻居美丽的花园；负面的是化工厂污染空气）。(5) 在市场上提供的产品是同质的，买方有可能在不同卖方提供的产品中选择，同样有许多要购买这类产品的买者，卖方也可以选择把产品卖给另外一位买者。简单的商品经济是生产者（或商品提供者）与消费者（或商品购买者）为了满足各自需要而进行的交换。而在资本主义条件下，资本拥有者与非拥有者之间存在着不对称。资本迫使人们的市场交换不再满足各自的需要，而是要求赢利和增值资本。这是资本生产与商品生产之间的不同，即从“简单商品流通的公式”商品—货币—商品（W—G—W）变为“资本主义商品流通的公式”货币—商品—更多货币（G—W—G′）。我们建立了“社会主义市场”，但对有关概念缺乏理论上的探讨。例如，从 2016 年起，马云屡次表示，有了大数据就能搞计划经济了，他不了解市场经济与计划经济之间在概念上的区别。

如果要对市场从效率视角进行论证，那么我们首先需要了解这里所说的“效率”（efficiency）是什么。经济学家从效率视角对市场进行论证时，使用的是帕雷托（Vilfredo Pareto）的效率概念。[①] 帕雷托的效率是：一种经济系统的状态帕雷托最优（Pareto Optimal），当且仅当在没有其他系统存在的情况下，在该系统中至少有一个人生活变好了，而没有其他人生活变糟。一种状态 S_1 比另一种状态 S_2 帕雷托更优，当且仅当在 S_1 中至少有一个人比在 S_2 生活变得更好了，而在 S_1 中没有人比在

① Buchanan, A., 1988, *Ethics, Efficiency and the Market*, Totowa, New Jersey: Rowman & Littlefield Publishers, pp. 4-13.

S_2变糟。唯有满足上述理想市场5个条件才能产生帕雷托效率的结局。当满足这些条件时，生产和交换就会达到一种平衡状态，其中没有人因某人情况变糟而使自己情况变好。由于界定理想市场的这些条件太强，实际市场难以满足，依据效率来支持市场就必须依赖这些实际的市场在多大程度上接近或可以在调整后接近理想市场。

支持市场的论证：(1) 支持市场的论证认为，市场的竞争产生效率，生产者之间的竞争减少生产费用，企业主之间的竞争减少交易费用，生产者、消费者和企业主各方对信息的需要导致建立一个信息市场。因此，虽然在一个不理想的市场，竞争激励人们去更好地满足理想市场的条件，尤其是零交易费用、完全的信息和零信息费用。(2) 市场可以更有效地利用信息，市场上的信息那么多，为了达到有效率的结局，并不一定需要个体或集体拥有所有信息，市场可使个体和集体更为经济地利用信息。例如，桌子的生产者需要知道他是否可预期按照一定的价格卖掉一部分桌子，他并不需要知道整个经济系统需要生产多少桌子，也不需要知道生产汽车与生产桌子的比例。因而可以把市场视为通过搜集和利用信息的专业化来有效地协调许多个体的行动。(3) 市场拥有生产的效率，它能够使与最初的总投入相比的总产出最大化，通过竞争使最节约成本的生产者手中积累更多的资源，做大经济蛋糕。(4) 斯密认为人的利他主义是有限的，仅限于自己的亲戚朋友，但如果把自己的经济蛋糕做大了，就有可能扩大他们的利他主义，这对社会有益。

然而，从效率视角来反对市场的论证也不少。根据效率来反对市场的论证最为明显的是，实际市场不能满足理想市场的条件。无效率（inefficiency）来自以下几个方面：(1) 交易费用高。帕雷托最优要求交易费用为零，但在实际市场，买卖双方必须应对种种后勤问题，包括运输和通信费用，还有起草、诠释和执行合同的法律费用。唯有竞争有可能减少交易费用。(2) 缺乏信息。在实际市场上买卖双方都缺乏信息，生产者不知道消费者需要什么，只能加以猜测，结果造成不是生产过剩就是生产不足。如土豆销售旺盛，内蒙古生产过多的土豆，销售不出去，陕西生产了过多的花牛苹果，只能想办法在网上削价抛售。生产者也不知道与之竞争的生产者的生产方法，对方故意保密，或者受专利法保护。消费者同样缺乏是否存在可供选择的产品或其质量或性能的信息。市场的维护者指出，可以通过广告弥补信息缺乏。但实际上广告充斥着虚假和歪曲的信息。中国电视上的酒精广告从来不提酒精对人体各器官和系统的严重损害作用，尤其是对肝脏、心脑血管和脑的严重损伤作用；人体对钙和奶粉的吸收不分年龄和民族，广告却扬言销售专门供老人的钙片或专门给中国儿童喝的奶粉；更不要说对人根本无效的冬虫夏草、阿胶和燕窝，造成对其他物种（燕子、驴）和西藏植被的严重伤害和破坏作用。商品广告起着严重误导消费者的破坏性作用。(3) 垄断趋势。当一些交换者能够单方面影响价格时，便存在垄断趋势。有些垄断趋势是得到政府支持的（如邮政）。没有得到政府支持的自然垄断可发生于市场交换中某一方独一无二地获得某些原材料，或者他积聚的资本过多，经济规模过大，其他公司难以插足。(4) 外部效应。市场不能实现其效率结局的关键性原因是相邻效应（neighborhood effect）或外部效应（externalities）的无处不在及其严重性。例如，化工厂污染空气，伤及相邻地区居民。我国许多工厂的排出物污染空气、河流和土壤都是典型的消极外部效应。外部效应也有积极的，如一个社区的大多数居民购买免疫商品，形成群体免疫，也可保护未购买疫苗的居民。(5) 私人公共品的失灵。公共品（public goods）对维系一个社会非常重要。公共品有5个特点：一个群体的某些或所有成员采取行动是提供公共品的必要和充分条件；业已提供的公共品为群体的所有成员可得，包括未作任何贡献的成员；无法将未作贡献的人排除在分享公共品之外；个人的贡献就是这个人所花的成本；一个人消费公共品，并不减少所有其他人可得的公共品的供应。于是产生了两个问题：其一，搭便车（free rider）问题：在一个群体内，如果有足够多的人认为，反正大家都做了贡献，我不作贡献也能“免费搭车”，于是就不能形成“公共品”，做贡献的人付出的钱浪费了，想免费搭车的人也搭不了车。美国一些过去已经得到控制的流行病死灰复燃，就是因为一些家长不愿去免疫接种，导致不能在群体内形成群体免疫（herd immunity）。其二，确保问题：如果确保（assurance）他人不是免费搭车人，一个人就愿意做出贡献（如接受免疫接种）。尽管如此，如果他有理由认为别人不会做出贡献而要做免费搭车人，就会决定不去做贡献。化工厂的情况也是如此：如果某一厂主认为，不能确保其他厂主都会遵照排污协议，他就不会采取措施防止排除污染的空气或水。因此，政府就必须出面来解决消极外部效应和提供公共品问题。（6）个人福祉（wellbeing）与在市场上显示的偏好（preference）的满足不一致。在理想市场上效率的另一个基本问题是认为，满足一个人在市场上显示的偏好就是使他的情况变好，增进了他的福祉。于是，将人的福祉与满足在市场上显露的偏好混为一谈了，必须予以摈弃。对此，马克思说的最好，他指出市场过程本身倾向于产生“歪曲的”偏好，对这些偏好的满足并不促进个人的福祉。① 我国电视台广泛播送的酒精以及保健食品是在制造消费者的偏好，不是增加他们的福祉。电视台播放的美女都是女性的异类，是经过美容、化妆、包装的模特儿，但许多女性错以为这些是正常的女性，纷纷加以效仿，制造出众多女性美容的偏好。可是帕雷托最优关注的是个人的福祉，而不是市场制造出来的偏好。（7）失业。失业是市场严重无效率的重要表现之一，因为它不能充分利用所有可得的生产资源，这里指的是劳动力。帕雷托最优平衡状态假定所有人都就业，它考虑所有人的福利，没有人因使人变得更糟而变得更好。市场不能确保所有有劳动力的人就业，因此所有市场国家都不会消除失业，不是所有的人都能进入劳动市场或被雇主雇用，而且失业的存在有利于雇主，便于他们压低工资雇用工人。

2. 支持和反对市场的伦理论证

支持和反对市场的伦理论证是根据某项伦理原则来支持或反对市场的论证。在上述以效率为依据的论证中，实际上有些也是与伦理论证有关的，即它们不仅是非理性的，也是不合伦理的。例如消极的外部效应、公共品匮乏、制造并非有利于福祉的偏好、失业等。

支持市场的伦理论证：支持市场的伦理论证主要依据权利和自由，依据权利和自由的论证往往是齐头并进的，因为所涉的权利就是为了保护所涉的自由。这种论证基于私有财产的权利：它赋予个人对其财产为所欲为的权利。这包括与他人建立交换关系的权利。禁止这种交换，或以任何其他方式干涉这种交换，就侵犯了这些权利，因而也就侵犯了基

---

① Buchanan, A., 1982, *Marx and Justice: The Radical Critique of Liberalism*, Totowa, NJ: Rowman & Allanheld, pp. 21-35.

本的自由。对市场的这种辩护的吸引力在于其先验性和直觉合理性。但它们只有在人们能够维护它们所依据的先验权利或自由的情况下才能起作用。如果认为财产权是先验的，不取决于国家的同意和执行，那么财产权必不可受到损害就是合情合理的。但这种财产权观一直存在争议。许多思想家指出国家在提供和保护财产权与自由契约权方面的关键作用。此外，许多思想史学家指出，认为自由在于不受阻碍地使用自己的财产（即“市场自由”）并不是理解自由的唯一方式。事实上，对市场这种先验维护的力度取决于什么“算”是侵犯自由：人们是否仅仅将国家强加的强制规则视为侵犯自由，还是人们在市场社会中追求自己利益时时遇到的阻碍也算侵犯了他的自由？而人们在追求自己利益时遇到的阻碍往往是许多匿名个人无数决策的结果。严格的私有财产权利制度可能会导致极端不平等的情况，其中一些社会成员在挨饿，因此在什么意义上他们可以被称为自由的是值得质疑的。这给在先验基础上为市场辩护的人提供了一个选择：他们要么咬紧牙关，接受极端不平等和贫困是有正当理由的；或者他们必须从纯粹的先验立场后退一步，承认在考虑市场时后果可能发挥作用。人们可以承认，市场可能需要其他机构的补充，他们对市场的辩护就不再是无条件的了。[①] 然而，权利和自由可以继续在亲市场的论证中发挥重要作用，即使被嵌入一个更广泛的框架之中，例如一定数量的税收也可得到辩护，最近将此称为“自由市场的公平”，强调经济自由作为基本权利的重要性，但也允许为了社会公正对其作一些限制。

反对市场的伦理论证：(1) 市场行使“丛林法则（jungle rule）”。人们往往用社会达尔文主义支持市场，唯有在市场中才能做到“适者生存”，因为市场培育了一个胜者的品质特征，然而这个胜者的品质特征可能就是贪婪、对他人漠不关心或表里不一。市场将一些人变成动物，支配人际关系的是“丛林法则”。(2) 财富不公平分配。有人辩护说，市场按照人的“应得（desert）”分配财富，或者是由于他们的努力，或者是由于他们的贡献大。可是人不是孤立的，有些人家底厚、有关系，他们的努力成功了，但其他人不管怎么努力也不行。工人劳动所做

① Sen, A., 1985, “The Moral Standing of the Market”, *Social Philosophy and Policy*, 3: 1-19.

出的贡献要比他们的工资多得多，但在市场上许多人得不到应得的报酬，而且受到了剥削。（3）市场剥夺许多人的权利和自由。有些人用权利和自由为市场辩护：有人有私有财产，他们有利用财产进入市场的权利和自由。然而市场造成人们收入不平等和贫困（相对和绝对的贫困），穷人的许多权利和自由遭到剥夺。在一个大多数的商品和服务通过市场分配的社会里，没有钱的人仅有非常有限的自由，往往遭到社会排斥（social exclusion）或被强迫（coercion）：没有自由和平等去选择有价值的工作，只好去做本来不愿意做的事情，包括例如出卖自己器官的行为。（4）市场扩大贫富鸿沟。有人辩护说，市场会自动将财富分流给穷人。是的，市场会使国民经济这张饼做得更大，然而这种分流在什么条件下才能做到？非市场的办法：例如国家出台的累进税，对财富进行第二次分配，而市场本身只能使贫富鸿沟日益加深。据北京大学中国社会科学调查中心最新出炉的《中国民生发展报告 2014》，中国处于顶端的 1%富人家庭占有全国三分之一以上的财产，而底端的 25%家庭仅拥有中国财产总量的 1%左右！[①] 世界银行 2012 年报告显示，美国是 5%的人口掌握了 60%的财富，而中国则是 1%的家庭掌握了全国 41.4%的财富。40%低端美国人的全部财富等于比尔·盖茨一个人的财富：400 亿美元。[②]（5）市场腐蚀人和社会。有人辩护说，市场使人心平气和地进行交易，和平又文明，培养了人们的理性和善性。亚当·斯密说：“不是屠夫、酿酒师或面包师的行善我们才能吃到晚饭，而是出于他们自己的利益。”他的意思是，自我利益使个人与许多与之进行交换的伙伴联系起来，进行有效的分工和生产。然而，建立在自我利益基础上的市场使人更为自私和物欲横流，金钱至上，成为拜金教徒。人们越来越多使用金钱刺激，使得人们越来越少出于利他主义和公共利益的内在动机做事。市场使得人际关系工具化，“找关系”“走后门”，尤其是使官场腐败，屡禁不绝，传统的优良的“我为人人，人人为我”的共济关系受到严重腐蚀。（6）异化（alienation）。市场的回报是提供你想

---

① 耿雪：《北大社会调查中心发布《中国民生发展报告 2014》》，http：//www. cssn. cn/zx/zx_ gx/news/201407/t20140728_ 1270511. shtml.

② The World Bank, *Inequality in Focus*, （2012）, https：//siteresources. worldbank. org/Resources/Inequality_ in_ Focus/A [ril2010.

要的东西（wants），对此市场效率非常高。但实际上往往使人们的偏好转移到实际上你并非需要（need）但市场上容易获利的东西。这些东西并不是人们本来选择的偏好和需要的东西。戴维·乔治（David George）[①] 用“偏好污染”这一术语来指：市场给我们创造了我们实际上不需要的、原来也不要的偏好（如垃圾食品）。市场往往会让你觉得被诱导出来的偏好是你本来就有的，使你成为“色盲”。市场可以改变人、人际关系，以致使你成为与你原来不同的人和关系。这是一种异化。有人打比方说，异化好比你 4 个月不洗澡，你就与原来的你完全不同，与他人隔离开。我认为，异化主要是价值和文化意义的隔离。市场有一种扩展到所有其他社会领域的倾向，使之商品化，然后支配作为一个整体的社会。有些本来属于私人领域或亲密关系也被商品化了，如亲子、朋友、夫妻关系的商品化或商业化，例如有偿代孕就是一例。社会有许多领域，在有些领域利益攸关者之间关系是不平等的、涉及公共利益的，市场进入是要失灵的。“集市的道德属于集市之中”（the morality of the bazaar belongs in the bazaar）。所以应该阻止市场进入这些领域，例如国防、安保、医疗卫生、教育、科研等，市场至多在这些领域的边缘起一些辅助作用。

美国哲学家迈克尔·桑德尔（Michael Sandel）用下述问题作为他一篇讲演的题目：是否有什么东西金钱不可能买到？[②] 他的回答是很少。他说，以前牛津的老师讲课讲得好，有钱的学生到学期结束会给老师 5 镑小费。许多老师认为给小费使自己失去尊严，不是给教学应有的尊重，但斯密一定会认为根据市场原理给老师小费没有错。今天市场或类似市场的做法已经扩展到生活的几乎所有领域。美国有几十万犯人住在数百家私人赢利的监狱里，由私人监狱公司管理，按人头天数交费，每人 300—500 元，监狱每年赢利超过 100 亿美元。美国的邮票上不印伟人，而是卡通画上的兔八哥（Bugs Bunny），华纳兄弟公司收买了 500 家邮局出售他们的产品。加拿大皇家骑警队以 250 万美元将其标记出卖

---

① George, D., 2001, *Preference Pollution: How Market Creates Desires We Dislike*, The University of Michigan Press.

② Sandel, M., 2012, *What Money Can't Buy: The Moral Limits of Markets*, New York: Farrar Straus Giroux.

给迪士尼公司，在全世界出卖带有其标记的T恤、咖啡杯、泰迪熊、枫糖浆、尿布袋等。哈佛大学专门成立一个机构检查人们如何利用哈佛的商标，例如发现韩国一家农场出售哈佛鸡蛋，声称吃了与哈佛学生一样聪明。这种趋势也到了我国：遵义的机场已经改为茅台机场，宜宾机场拟改名五粮液机场。首都机场是否也要改为二锅头机场？这种商业化的严重趋势应该给我们的决策者敲响警钟了！

（四）阿罗之箭：医疗市场失灵是内置的

1. 医疗市场的失灵

我国医改在取得成功的同时，也陷入了危机：医患关系严重恶化，以致伤医、杀医事件屡禁不绝。其根本原因是我国决策者企图将市场机制引入医疗卫生领域，将医院视为企业，要求医院赢利，不愿投资医院解决医护人员工资问题，反而要医生去掏病人腰包的钱。在世界上，企图用市场解决医疗问题的就是美国、印度和中国。所以，这三国的伤医杀医事件最多，尤以我国最为突出。我们的决策者不了解：医疗市场失灵（即不可能实现帕雷托最优，在医疗市场交易的结果往往是，病人受到不同程度的损失或伤害，唯一受益者是医疗提供者，而且第三方受到损失和伤害，如家庭成员经济上和感情上的伤害，医患关系恶化的伤害，医学专业声誉受到的伤害——失去了病人和社会的信任等等）是内置的（built-in），即这种失灵是在医疗市场结构内部，不是靠人为努力就能够克服和纠正的。医疗需要和医疗效用有关信息的不确定性和不对称性为医疗市场所固有，它们是医疗市场失灵的基础。医疗市场的种种乱象（假冒伪劣、过度治疗、红包、骗保等）并不是因市场扭曲才出现的，医疗市场失灵必然导致扭曲的市场，出现种种乱象。斯密的“看不见的手”的论点，不适用于医疗卫生领域。虽然斯密本人希望通过市场把人性的两个方面，即自我利益与同情的美德结合起来，然而医学的利他主义目的（有益于病人）与医疗提供者之关注自我利益（逐利赚钱）始终不能通过市场结合起来。迄今为止，世界上没有一个能使患者和医者都受益的市场，美国、中国、印度三大医疗市场都是失败的或失灵的市场，这些市场也不能实现全民健康覆盖，病者不能有所医以及看病难、看病贵的问题长期且永远得不到解决。

2. 医疗市场失灵的内置性

医疗市场失灵的内置性首先由诺贝尔奖金获得者美国经济学家肯尼思·阿罗（Kenneth Arrow）① 提出，并进行了精辟的分析和论证。他指出，医疗市场失灵主要由于两点：（1）医疗需要和医疗结局的不确定性。不确定性渗透医学，挥之不去。这种不确定性的一个来源是医学需要的性质。医学需要发生不规则且非常多变，往往不可预测，疾病发生的时间和严重程度都不确定。与之相反，其他不可缺少的消费者商品，如食品和住房的需要则是规则的、可预测的。当医疗需要发生时，个体往往没有实际的机会根据价格和质量比较结果去购买所需医疗服务（所以只好去百度查去哪家医院看病）。医疗服务需求是刚性的，人们很难预先计划或做好预算来满足这种突然性的需求。我们可以将医疗与运输市场做一对比：消费者可决定是买一辆名牌车还是经济车，或者干脆不买车，乘公交或步行。如果缺乏可得的资金来满足交通需要，或者其他需要更为迫切，那么消费者可根据轻重缓急原则做出合理决定，而且后果一般不是灾难性的。在医疗市场，医疗服务（例如尚可治疗的癌症）是不能放弃的，必须付出身体、情感和经济上的很大代价。最重要的事实是，从医疗中得到的实际受益是不确定的。患有同样疾病的个体在许多方面是不同的。例如，在发病年龄、患病的严重性、是否存在合并症、并发症、诊断所用检查以及对特定治疗方法的反应等，在人与人之间都不同。这些区别造成对特定病人疾病医疗效用的不确定性。因此医疗与电视机、电冰箱或汽车等其他市场商品不同——消费者知道应该买哪家的，到哪里去买，准备花多少钱去买。（2）医患双方在拥有信息方面的不对称性。对于许多医疗服务，病人必须依赖专业判断来评估医疗需要的存在和性质，以及满足医疗需要的合适手段。类似这种商品往往被称为信任商品（credence goods）。信任消费者必须信任和服从医生的专业判断，这种服从的基础往往是相信医生（他们是专业人员，不是职业人员）拥有卓越知识和所要求的诚信。这是医生向病人提供符合他们最佳利益的医疗建

---

① Arrow, K., 1963, "Uncertainty and the Welfare Economics of Medical Care", *The American Economist Review*, 53 (5): 941-973.

议时所必需的。例如，病人需要做阑尾手术，一家医院说需支付5000元费用，另一家医院说需支付1万，病人如何选择？病人不拥有关于这两家医院、做手术的医生的信息，他无法做出合理的、对他最有利的选择。而且还有医患双方在权力结构中的不对称性。从社会学视角看，医生在医患关系中拥有更多的权力，在医患关系中占支配地位。两千年的医学历史中医生永远是“家长”，由他决定“孩子”（病人）该怎么治？病人几乎没有发言权，连知情权也没有。病人处于脆弱地位，他必须依赖医生，为了治病他必须听从医生的嘱咐（包括有时需要给“红包”）。由于信息和权力的不对称，我们要求医患关系是信托（fiduciary）关系：病人把自己的健康、生命和隐私交托给医生，医生要不负病人信托，将病人利益放在第一位。这就不是市场中的买卖关系。

3. 医疗市场将医生置于利益冲突之中

如果企图通过市场来解决医疗问题，你就将医生置于一种永远不可能相容的利益冲突之中。医生在市场内属于卖方，通过向病人提供医疗服务来谋取自己的利益。病人则是买方，向医生购买医疗服务。但是，医生之成为医生，社会花那么大的经费培养医生，是为了满足所有社会成员的医疗需要，因此医生不是生意人，他要把病人利益放在第一位。“医本仁术”，也就是说，医生的天职是为了救死扶伤，治病救人，为病人健康利益服务。可是，进入市场的医生，又要求他为自己和自己医院的利益服务，那么他服务的病人的利益与他为自己和自己医院服务的利益必然发生冲突。企图用市场解决医疗问题，永远不可能解决“看病难，看病贵”问题，而且会加剧这两种文化之间的冲突：一种是逐利增殖资本的市场文化（为股东服务），另一种是有数千年历史的“医本仁术”的医学文化。这就是为什么几千年建立起来的相互信任的医患关系会毁于一旦！（有关医疗市场失灵以及市场价值与医学传统价值之间冲突的文献请阅①）

---

① Callahan, D. & Wasunna, A., 2006, *Medicine and the Market: Equity v Choice*, Baltimore, Maryland: The Johns Hopkins University Press；翟晓梅、邱仁宗：《公共卫生伦理学》第八章“医疗卫生与市场”，中国社会科学出版社2016年版，第166—212页；邱仁宗：《从魏则西事件看医改认知和政策误区》，《昆明理工大学学报》2016年第4期。

在学术界，我们将企图用市场机制解决所有社会问题的人称为“市场原教旨主义者”（market fundamentalists），我国的决策者不仅想用市场机制解决医疗问题，还想用市场机制去解决教育和科研问题，结果给教育和科研造成严重的损害。例如，现在学校利用评比制度（学生不是商品，是有个性的人，怎么按统一标准评比?）以及以减负为名将学生的功课推向家长，使得教育市场大为兴旺。数据显示，中国课外辅导收入从 2012 年的 2281 亿元增至 2017 年的 3930 亿元，年均复合增长率为 9.49%。预计到 2018 年课外辅导总收入将达到 4331 亿元。这是给我国的教育事业做出了伟大贡献，还是对孩子、孩子的母亲以及教育事业的摧残?

科研市场化的结果又怎样?科研市场化严重破坏了我国的科研事业。日本 20 年间出了 19 位诺贝尔奖金获得者，中国就只有屠呦呦一位。“两弹一星”、青蒿素是靠市场化获得的成果吗?科学市场化可以贺建奎为例。他 28 岁在美国获生物物理学博士后回国，受雇于南方科技大学，校方允许他停薪留职，开办公司（据说有 8 个，1 个公司集资 2.5 亿元），自集资金，用来进行科研，再用科研成果赚钱来回报股东，并将利润的 15%给南方科技大学。第一，他同时办 8 个公司，能进行扎实的科研吗?只能靠欺骗吹嘘。2017 年他在中央电视台《新闻联播》节目中吹嘘他的第三代测序仪，实际上是从国外买回来的；他做的生殖系基因编辑漏洞百出。第二，他能有创新吗?在美国波士顿的张锋博士指出，他用的技术和方法都是我们创造的，但我们不会去做他的事。

我们的结论是：由于存在“市场之恶”，我们要呼吁政府加强对市场的监管，放弃市场原教旨主义，将市场从医疗、教育和科研（不是科研成果的应用）领域撤离。目前政府对市场监管不力、监管失灵、监管腐败。最明显的例子，电子烟、冬虫夏草、脑白金、燕窝、保健养生品、酒精等等，骗取消费者钱财，有些更毒害他们的身体。还有造成各种污染的工厂，产生严重的负面外部效应。最严重的还有向官员行贿、官员索贿，使各级官员丧尽诚信。

我们应该鼓励媒体参与对市场的监管，对市场的负面效应进行调查，禁止各级政府阻碍媒体调查。

我们也应该鼓励群众对市场的监管，政府应出资鼓励成立各种监管市场的社会组织，成立各省市和全国的市场监督协会，进行协助政府的独立的监督活动。

（邱仁宗）

十一　经输血感染艾滋病病毒无错误补偿径路能否得到伦理学的辩护？

（一）背景

作为一个整体，中国是一个艾滋病毒感染率相对较低的国家，尽管艾滋病毒在一些省份的流行比较广泛。到 2013 年 9 月底为止有 434000 份报告的艾滋病毒阳性和艾滋病病人仍然活着，新发现 7 万例。[①] 据卫生部、联合国艾滋病规划署和世界卫生组织 2011 年 11 月联合做出的估计[②]，有 78 万（62 万—94 万）PLWHIV（艾滋病毒携带者和艾滋病人），总人口的感染率是 0.058%（0.046%—0.070%）。在 78 万 PLWHIV 中，46.5%通过异性传播，17.4%是男男同性恋者（与男性有性关系的男性），IDU（注射吸毒者）占 28.4%（87.2%在云南、新疆、广西、广东、四川和贵州），6.6%通过商业血液收集和捐赠、输血和血液制品的使用（92.7%，河南、安徽、湖北和山西），以及 1.1%通过母婴传播。根据这些估计，通过输血或使用血液制品感染 HIV 的 PLWHIV，还活着的大约有 51480 人。[③]

通过输血或使用血液制品以及那些以商业（现在是非法的）的方式出售或购买血液感染艾滋病病毒的所有受害者都经历了无法忍受的健康恶化、生活质量严重降低和个人受辱的艰辛。他们要求赔偿和获得正义是合法的和合理的。一个公正的社会应该为他们提供获得正义的机会。然而，长期以来他们为了寻求正义却进一步遭受痛苦。只有少数受害者

---

① http://www.chinaids.org.cn/jkjy/sjazbr1/rdgz1/201312/t20131201_ 90825.htm.

② http://www.chinadaily.com.cn/micro-reading/mfeed/hotwords/20120122573.html.

③ 这个数字不包括那些因非法买卖血液而感染艾滋病病毒的受害者。

通过与血液中心或/和医院协商谈判达成和解，通过司法判决或当地政府的决定而获得赔偿或补偿。然而，在大多数情况下提供血液的血液中心或实施输血的医院拒绝承认艾滋病病毒感染是由他们的不当行为或他们的其他原因造成。法院感觉收集证据证明感染与输血之间的因果关系是困难的，如果不是不可能的话。所以许多法院拒绝接受有关此主题的诉讼。[①] 这种被动和冷漠的态度引发了许多受害者的愤怒，采取“上访”，要求高一级政府或中央政府还他们公道。然而，大多数案件以缺乏证据为由不被法院受理或被法院撤销。这造成病人非常强烈的不满和忿恨，加倍努力要求司法正义，并向更高级政府上访，或采取更具侵略性的行动。受害者与警察或安全人员多次发生冲突，结果使他们“雪上加霜”，增添更多的凌辱和伤害，遭受了更多的痛苦。[②]

（二）有关赔偿或补偿机制法律的欠缺

在 1998 年《中华人民共和国献血法》[③] 颁布实施后，我国经医疗输血感染艾滋病病毒的情况可大致分为如下两种类型。一类是违反《献血法》的相关规定，导致患者由于使用污染的血液或者血液制品而感染艾滋病病毒。这类案例应按《献血法》的相关规定处理，受害人也可根据《民法通则》等相关规定向供血和/或输血机构提起法律诉讼，追究其民事责任。[④] 另一类是由于目前技术条件所限，尚无法检出处在窗口期的感染艾滋病病毒的供血者（或者假阴性供血者）所供血液中的抗体。这种情况下，血液中心并没有违反相关规定采供血，输血医疗单位也没有违反相关法律规定使血液造成感染，献血者本人往往可能也并不知道自己的感染情况。这类案例也应包括由于使用处于窗口期的感染者的血液制造的血液制品（如第Ⅷ因子）所致的艾滋病病毒感染。由

① 中国输血协会：《输血感染病毒侵权赔偿研究》，http://www.csbt.org.cn/science/science_detail.php?id=1&p=2.

② 张渔：《中国艾滋病法律人权报告》，http://www.doc88.com/p-081374246646.html.

③ 全国人民代表大会：《中华人民共和国献血法》，http://www.moh.gov.cn/mohzcfgs/pfl/200804/18252.shtml.

④ 全国人民代表大会：《中华人民共和国民法通则》，http://www.npc.gov.cn/wxzl/wxzl/2000-12/06/content_4470.htm.

于此类案例系非因任何一方当事人过错导致的侵权行为，由于举证责任等的相关规定处于空白，导致难以追究相关当事人的法律责任。

1998年的《献血法》和2010年的《侵权责任法》① 第五十九条都规定了血液问题的赔偿责任，但这两个法律均未对第二类型（即“无过错”）输血感染艾滋病病毒的情况作出规定，事实上，根据《侵权责任法》第五十四条和第五十八条的规定，该法规定的医疗损害责任系遵循“过错责任”原则和“过错推定”原则。《侵权责任法》第七条虽规定“行为人损害他人民事权益，不论行为人有无过错，法律规定应当承担侵权责任的，依照其规定”，但已有法律并无其他相关规定。而《侵权责任法》第二十九条规定“因不可抗力造成他人损害的，不承担责任”以及第六十条规定“限于当时的医疗水平难以诊疗”“医疗机构不承担赔偿责任”，适用于因窗口期或假阴性致输血或使用血液制品所致感染艾滋病病毒的案例。

2010年11月18日，北京市高级人民法院发布《关于审理医疗损害赔偿纠纷案件若干问题的指导意见（试行）》。② 其中第34条规定：“无过错输血感染造成不良后果的，人民法院可以适用公平分担损失的原则，确定由医疗机构和血液提供机构给予患者一定的补偿。”

北京市高级人民法院这一指导意见是《侵权行为法》颁布后地方法院首次提到无过错输血感染补偿的法律文件，其主旨是弥补《侵权行为法》中关于血液感染等医疗侵权问题没有规定“无过错责任”的缺陷。但作为“无过错”的公立血液中心或公立医院，很难完全承担补偿责任，“由医疗机构和血液提供机构给予患者一定的补偿”这条规定在实际操作上存在很大的困难。

因此，有必要在政府支持下建立社会赔偿或补偿机制来解决这一问题，而不是将赔偿或补偿的负担仅仅加于没有过错的血液中心或医院。

（三）赔偿或补偿的进路

在我国，若干地区对因医疗输血感染艾滋病病毒的受害者进行了赔

---

① 全国人民代表大会：《中华人民共和国侵权责任法》，http：//www.gov.cn/flfg/2009-12/26/content_ 1497435.htm.

② 北京市高级人民法院：《关于审理医疗损害赔偿纠纷案件若干问题的指导意见（试行）》，http：//blog.sina.com.cn/s/blog_ 505351850100rbg1.html.

偿，例如在河北、黑龙江、湖北、内蒙古、吉林、浙江和上海等省、自治区或市。①

补偿包括一次性补偿或/和每月额外的补助。一次性补偿从 4 万元到 20 万元不等，每月的补助从 300 元到 3000 元不等。巨大的的差异或不平等可能蕴含着一些不公平。从这些情况看，接受补偿的方式或是通过司法程序或是通过病人与医院协商来解决。这些获得补偿的案例只占所有案例的一小部分。所以建立公平有效的机制为通过医疗输血和使用血液制品感染艾滋病毒的受害者提供赔偿或补偿，是一个紧迫的任务。

中国情况说明，有两种赔偿或补偿径路。一种是"司法径路"，也就是说，赔偿或补偿是在受害者提起诉讼和法院审判后对法院判决后的实施。另一种是"非司法径路"，受害者和医院在法院之外或在法院调解之下协商达成解决办法。

我们查阅了日本、新西兰、澳大利亚、芬兰、瑞典、意大利、法国、英国、加拿大和美国有关经血感染艾滋病病毒赔偿或补偿的资料，包括经血感染肝炎病毒以及疫苗试验使受试者受到损害的案件②，发现

---

① 邱仁宗、翟晓梅、贾平、戴苏娜、刘巍：《关于建立经医疗输血或使用血液制品感染艾滋病病毒保险和补偿机制的意见》，《中国医学伦理学杂志》2013 年第 1 期。

② Adams, T., 2005, *No Fault Compensation for Vaccine Injuries: International Experience*, at http://www.menzieshealthpolicy.edu.au/other_tops/pdfs_events/past0506/adamspaper171105.pdf. *The Accident Rehabilitation and Compensation Insurance Act* (1992) *Available*, at www.victoria.ac.nz/law/research/vuwlr/prev-issues/pdf/vol.../wilson.pdf. *The Patient Injury Act*, 1996, http://www.pff.se/upload/The_Patient_Injury_Act.pdf. *The Patient Injury Act*, Finland (1987): see Ranta, H, (1993) The Patient Injury Act in Finland, *Revue belgede médecine dentaire*, 48 (1), 43-8. Cannarsa, M., 2002, *Compensation for Personal Injury in France*, at www.jus.unitn.it/cardozo/Review/2002/Cannarsa.pdf. Fineschi, V. et al., 1998, *No-Fault Compensation for Transfusion-Associated Hepatitis B virus*, "Hepatitis C virus, and HIV Infection: Italian Law and the Tuscan Experience", *Transfusion*, 38 (6), 596-601. Leveton, L. B., H. C. Sox, Jr., and M. A. Stoto, 1995, "HIV and the Blood Supply: An Analysis of Crisis Decision Making HIV and the Blood Supply by Committee to Study HIV Transmission Through Blood and Blood Products", Institute of Medicine. BloodBook.com (1996) *Protecting the Nation's Blood Supply From Infectious Agents: The Need For New Standards To Meet New Threats*, at http://www.bloodbook.com/FDA-congres.html. Gregg, B., 1998, "Tainted Blood—Whose Fault? Congress Asked to Compensate for HIV Infection", *The Cincinnati Enquirer*, 30 August. Ridgway, D., 1999, "No-Fault Vaccine Insurance: Lessons from the National Vaccine Injury Compensation Program", *Journal of Health Politics, Policy and Law*, 24 (1), 59-90. Royal Commission on Civil Liability and Compensation for Personal Injury 1, 1978, *Royal Commission on Civil Liability and Compensation for Personal Injury: Report*, Her Majesty's Stationery Office. The Scottish Parliament, 2001, "The Macfarlane Trust & No-Fault Compensation", *Research Note for Health and Community Care Committee*, at http://www.drmed.org/medical_errors/pdf/the_macfarlane.pdf. The Scottish Government, 2003, *Report of the Expert Group on Financial and Other Support*, at http://www.scotland.gov.uk/Publications/2003/03/16844/20529. Murray, E., 2009, Petitions Briefing, 12 May, The Scottish Government, at www.scottish.parliament.uk/business/research/.../pb.../PB09-1253.pdf. Picard, A., 2004, The Tainted-Blood Scandal Lives On, Thursday, 15 April, *The Globe & Mail*, A17. Library of Parliament, 2008, "Canada's Blood Supply Ten Years after the Krever Commission", *Parliamentary Information and Research Service*, 2 July.

通常是通过两种径路解决此类问题。一种是通过法律诉讼，按民事侵权相关法律问责赔偿。20 世纪 80 年代，美国、日本、法国和加拿大有成千上万的人经输血感染艾滋病病毒。受害者往往通过国家的司法系统寻求正义和赔偿，法律诉讼案件数以千计。但诉讼时间漫长，往往拖延多年，尽管有一些案件胜诉，但多数结果令人沮丧。一些受害者在漫长的诉讼过程中死亡，有的即使胜诉，还要拿出一大部分赔偿金来支付律师费。大量的诉讼也成为政府和法院的沉重负担。鉴于此，有些发达国家开始探讨另一种途径，即通过非诉讼解决经输血感染艾滋病病毒受害者的赔偿/补偿问题，称之为“无过错”（no fault）补偿机制。该机制参照因输血感染肝炎病毒，尤其是丙肝病毒，以及因医疗行为造成病人损害的一些情况（例如因使用疫苗免疫对使用者造成的损害），实际上是一种通过非诉讼方式的社会补偿机制对损害进行补偿。

也有些国家曾认为已有的民事诉讼赔偿机制可以很好地解决这个问题，不必要或不宜采用无过错补偿机制，但通过实践发现民事诉讼赔偿机制并不适用，因此现在也逐步转向使用“无过错”补偿机制。“无过错”补偿机制的重点是强调损害一旦发生首先考虑如何进行补偿，而不是要判定当事方是否存在侵权过错，责任在谁。诉讼径路的结果往往导致推迟甚至客观上阻碍了赔偿的进行。推而广之，无论造成损害的行为方是否有过错，都可以通过一定程序解决受害者的实际困难，弥补伤害，实现公正。[①]

（四）建立补偿机制的概念和伦理原则

我们建议的经医疗输血或使用血制品感染艾滋病病毒的补偿机制是建立在“无过错”和“补偿”概念的基础上。

我们建议的机制是一旦损害发生，不是依照过错责任原则或过错推定原则，通过冗长而复杂的诉讼程序去确定侵权行为当事人是否有过错及其责任如何，再进行赔偿。而是无论侵权行为当事人（血液中心或者

① Adams, T., *No fault compensation for vaccine injuries: International experience*, (2005), http://www.menzieshealthpolicy.edu.au/other_tops/pdfs_events/past0506/adamspaper171105.pdf.

输血医院方）是否存在过错，只要患者由于受血或使用血液制品而受到损害，就可以提出补偿诉求，获得补偿，及时弥补这种损害造成的损失。

如果依照“无过错”这种实际上是法院外机制解决此问题，就必须对“赔偿”和“补偿”作出概念上的区分。“赔偿”承担的是一种违法责任。而“补偿”是对公民的正当权益所遭受的损害予以弥补，不必然因侵权主体违法侵害所致。在补偿中弥补和保护的是公民的正当权益。引起公民正当权益损害的原因涵盖了非法侵害和非违法侵害（自然事故和社会事故侵害）。“补偿”不具有直接惩罚功能（并不排除事后的惩罚），但的确包含弥补的公平。

推而广之，凡有人在医疗输血或使用血液制品的医疗过程中感染艾滋病病毒，在寻找证据、确定输血与感染之间的因果关系比较困难，受害者不愿采取艰难费时的高成本司法途径解决问题时，也可提出按非诉讼方式的补偿机制解决。在确定输血与感染之间因果关系有较大概率或有显著相关关系后，受害者即可提出保险理赔或补偿要求。

我们建议的机制的缺点，主要是在现行法律框架下缺少制度化的支撑，资金的来源不确定，但如果政府决心解决这个问题，这些缺点不难克服。

建立补偿机制的伦理原则为：

公正原则：回报公正（retributive justice）是公正的重要内容。受害者经医疗输血或使用血液制品感染艾滋病病毒，受到了严重的身体和精神上的损伤，理应获得弥补和补偿，拒绝他们的诉求是不公正的，并损害社会利益；建立经医疗输血或使用血制品感染艾滋病病毒保险和补偿机制的目的就是以更为妥善的以人为本的方式实现公正，让受害者得到合理的弥补和补偿。

责任原则。不管在经医疗输血或使用血液制品感染艾滋病病毒中输血方或制品供给方有无过错，不管受害者感染艾滋病病毒是侵权行为所致还是因技术所限，受害者受到伤害是事实。因此，这类案例的相关方，例如血站、输血医疗单位、卫生行政部门和政府都有对受害者进行弥补、补偿的责任。

相称原则。在解决因医疗输血或使用血液制品感染艾滋病病毒和补偿问题上，补偿与伤害的严重程度要相称；补偿过多可能会给其他利益攸关者增加负担，但这种负担是为了修补受害者的伤害，也是促进整个社会的利益，因此是必要的，与社会和谐的受益是相称的。

尊重原则。因医疗输血或使用血液制品感染艾滋病病毒的受害者是否愿意接受通过司法以外途径的“无过错”机制获得补偿，完全是自愿的；是否接受这一机制是受害者的自主选择，他们同时有权利选择通过司法诉讼的途径获得可能的赔偿。

包容原则。尽可能将医疗输血感染艾滋病病毒的患者包含进补偿机制内，使得这一补偿机制具有包容性。例如既包括因技术所限未能检测窗口期的艾滋病病毒、假阴性而使受血者感染艾滋病病毒的案例，也可包括虽然可能有侵权责任存在，但侵权责任的证据难以搜集，而受害者愿意选择社会补偿机制、庭外解决的案例。

应急优先原则。根据经医疗输血感染艾滋病病毒者的个体和家庭具体状况、生活困难程度、合理的需求，考虑补偿的优先次序。例如先解决生者的补偿，后解决死者的补偿；妇女儿童受害者优先，其余随后；先解决经医疗输血或使用血液制品感染艾滋病案例，再解决因买血感染艾滋病的案例等。

共济原则。在解决因医疗输血或使用血液制品感染艾滋病病毒的保险和补偿问题中，所有利益攸关者（包括受血的受害者、受害者家庭、供血者或血液机构、输血的医疗机构、卫生行政管理机构等）应该和衷共济，本着以人为本的原则，共同为妥善解决这个问题贡献自己的力量。

这些伦理原则构成评价我们在建立因医疗输血或使用血液制品感染艾滋病病毒补偿机制上采取的行动是否合适的伦理框架。

“无过错”或“非司法”补偿机制实际上是一种社会补偿机制，而不是一个机构补偿机制，将补偿负担仅加于机构，即血液中心或医院。因此这种补偿机制要求建立一个专门的基金会，以实施补偿，而基金的来源可以从社会筹集或由政府提供，政府的来源应该是主要的。① 此外，基金的投入数量必须达到一定程度，以确保它能够涵盖所有补偿。

① 我在本章中讨论的补偿机制旨在处理过去已经发生且尚未获得补偿的案例，而不是未来可能发生的案例，我们在给政府的建议中建议用保险的办法来解决未来案例的赔偿要求。

换句话说，应该建立大规模的伤害弥补基金。

国家补偿与社会补偿相辅相成（例如政府也可投入专门为医疗输血感染艾滋病设立的保险项目和基金会）。如果经医疗输血或使用血液制品感染艾滋病病毒案例的责任方（如血液机构或医院）过错明确，那么责任方负有赔偿责任，受害者可按《献血法》和《侵权责任法》进行民事诉讼索赔。如果过错并不明确，因果关系难以确定，那么血液中心或医院并无赔偿责任，同时也难以要求政府承担赔偿责任。然而，鉴于经输血感染艾滋病的受害者的特殊困难以及妥善处理这一问题有利于公共利益和社会的安定团结，政府有责任支持建立“大规模损害补偿基金”，必要时对受害者直接进行补偿、弥补损害和帮助病人（除了保险公司和基金会支付的以外）。这种类型的国家补偿是从补偿和支持方面弥补伤害，不具有惩罚功能（不像具有惩罚性功能的国家赔偿）。简而言之，这种类型的国家补偿可以表征为具有保障、恢复和平衡的功能。

（五）支持和反对“无过错”或“非司法”补偿径路的论证

不伤害/有益的原则要求我们防止伤害，当伤害不能防止时使伤害最小化和受益最大化，而且及早地公平弥补业已造成的伤害。无过错或非司法径路将及早弥补损害；免于他们因没有责任方而不能得到补偿（如窗口期的感染和假阴性）；减少或消除他们的诉讼费用，因为民事诉讼耗时而昂贵，目前也没有其他方法来减少此类案件；防止他们未能及时得到补偿且因这类诉讼通常冗长和证据收集困难而增加费用。这种径路也将减少使病人因“医学防御”和增加诉讼而处于不利地位的风险。

在采用新医学技术（如发明新疫苗）的情况下，即使是临床试验证明是安全有效的，仍然有可能在临床应用时，不管是否由于应问责的行动或无过错，导致阻碍新技术的应用，从长远来看可能会给病人带来伤害的后果。无过错的径路可以促进所有利益相关者，包括受害者、血液中心、医务人员、慈善机构和政府采取和谐的行动来解决这一问题，从而促进社会的团结。帮助受害者及早获得补偿有利于病人以及整个社会。否则受害者将生活在最低水平的体面之下，遭遇巨大的艰难困苦。当社会成员无法获得正义，将是整个社会的一个永久的伤疤。此外，无过错径路使受害者面临的风险远远低于司法径路。

从尊重原则的视角看，无过错或非司法径路给受害者提供了诉讼以外的一个选项。受害者有选择司法径路或非司法径路寻求赔偿或补偿的自由。我们建议允许受害者选择这两种径路之中的任何一种，甚至他/她通过非司法径路获得补偿后，仍然可以通过诉讼寻求司法赔偿。但在他/她通过司法径路获得的赔偿总额中应该扣除他/她已经通过非司法径路获得的补偿总额。

从公正原则的视角看，无过错径路将帮助受害者及早获得公平正义。这里我们不得不讨论回报公正。回报公正与分配公正都是公正原则的一个重要部分。在狭义上，回报公正是一种仅考虑惩罚的公正理论，认为如果相称的话，惩罚是对犯罪的最佳应付之法。就惩罚犯罪行为而言，需要回答三个问题：为什么的惩罚？谁应该受到惩罚？他们应该得到什么样的惩罚？这是回报公正的一个传统径路。

然而，人们逐渐认识到，虽然有必要相称地惩罚犯罪者，同样重要的是要关心受害者，甚至重点应该是受害者。回报公正基础的中心概念是赏罚应得。我们认为人们应该获得其应得的东西。回报公正是给人们应得的东西：罪犯应得惩罚，受害人应得补偿。实践经验证明传统的回报公正径路的负面效应是：重点放在惩罚罪犯；受害者处于这一过程的外围，这一过程的特点是各方之间的敌对关系。惩罚是过去不公正的事件或不当行为的必要回应。然而，对个体如何重建他们的未来生活则没有给予足够的关注。还有一个危险的倾向是从回报公正滑向强调报复。与回报不同，报复一般包括愤怒、仇恨、忿恨和怨恨。这样的情绪具有潜在的破坏性。因为这些强烈的感情往往导致人们反应过度，结果惩罚过度，导致进一步的对抗。由报复主导的惩罚不满足相称性和一致性原则。所以有人一直在辩称，传统的回报径路或回报主义方法只不过是伪装的报复。

然而，回报与报复之间有不同：前者是无偏倚的，其尺度是合适的；而后者与个人有关，其尺度是潜在无限的。

与传统的径路相比，修补性/修复性公正侧重于受害者和违法人的需要，并且有社区参与，而不是仅仅满足于抽象的法律原则或惩罚罪犯。传统的和修补的公正实践之间的区别如表1所示。在恢复性公正的过程中，受害者居于更为核心的地位；重点是修复违法者给受害者造成的伤害；社区相关组织成员在寻求公正的过程中扮演更积极的角色，与政府合作；这个过程包括有争议各方的对话和协商。

表1　**传统径路与修复径路之间的差异**

传统径路	修补径路
受害者处于过程的边缘	受害者处于过程的中心
重点在于惩罚违法者	重点在于修复受害者罹患的伤害
社区由国家代表	社区或其他相关组织成员发挥更为积极的作用
过程的特征是各方之间的敌对关系	过程的特征是各方之间的对话和协商
向后看	向前看，以未来为导向

司法径路与无过错径路之间的区别也类似。遵循无过错径路，受害者是中心，重点在于修补他遭受的伤害，有专业人员和社区组织成员参与其中，过程避免敌对关系，以重建受害者的生活未来导向。在司法径路中，事实的发现由一种敌对的过程决定，其中国家认定有一个犯法的个人，惩罚由一个司法权威机构在听取控方和辩方辩论后判决。因此，类似修复公正实践，无过错径路没有事实调查阶段，那种敌对性的程序也就没有必要了。①

就公正原则而言，使受害者能补救伤害和追究责任（在有人犯法的情况下）是道德上有义务做的。无过错径路帮助受害者及早获得补救。② 虽然它不能促进追究责任，但并不排除或阻止受害者这样做。追究责任是困难的。事实上在一些情况下，未能发现捐献的血液受到艾滋病毒污染，是因为处于窗口期或假阴性，这是技术限制所致。在这种情

① Weitekamp, E., 1993, "Reparative justice", *European Journal on Criminal Policy and Research*, 1 (1): 70-93; Daly, K., 2001, "Revisiting the relationship between retributive and restorative Justice", in Heather Strang, H. & Braithwaite, J (eds.), *Restorative Justice: From Philosophy to Practice*, Vermont: Ashgate, pp. 33-54; Maiese, M., *Retributive Justice*, (2004-05), http://www.beyondintractability.org/essay/retributive-justice.

② 根据估计现在还存活的经输血或使用血液制品感染艾滋病病毒的人数约为51480人，如每人补偿50万元，则共计250亿元，这对政府是可以承受的。

况下很难将责任归于血液中心或医院。在许多情况下，如果输血和发现感染艾滋病毒之间的时间间隔很长，就很难确定输血和感染之间的因果关系，而且收集证据来证明这一因果关系也更难。

在有关无过错径路的争论中，有人争辩说，这种径路是试图免除责任一方的民事或刑事责任。这将“无过错”径路误解为开脱责任人的挡箭牌。无过错径路是开辟一条新的通道来实现社会公正，而不通过诉讼，并没有阻碍原告通过适当的行政或司法程序指控责任方，并让责任方承担行政、民事或刑事责任。

对我们来说，无过错径路并不是唯一的。它不拒绝受害者去通过诉讼实现社会正义。这种径路的主要目的是将赔偿或补偿扩展到各方对感染无责任或无法确定责任方的情况。例如当血液中心或医院的行为并不违反法律，根据过错问责原则，他们无赔偿责任，但是伤害已经引起，病人有权得到补偿。再例如受病毒检测技术的限制，在感染窗口期提供的血液样本不呈现抗体阳性，对此中心血液和医院没有责任。然而，受感染的人还是有权获得赔偿或补偿。

无过错径路更倾向于庭外解决，这使受害者较易及时得到补偿，解决他们的实际困难。它不可解释为“不追究过错”。追求相关方的行政、民事和刑事责任应该通过根据平常的程序实现。无过错径路本身不涉及，但也并不排除或禁止受害者追究责任方的行政、民事或刑事责任。

如果国家补偿来自税收，那就提出这样一个问题：用纳税人的钱来帮助那些受害者是否能得到辩护？完全能。任何一个纳税人一生之中都可能因疾病或损伤而需要输血，都有可能在输血过程中成为无过错或有过错感染艾滋病病毒的受害者。纳税人所交税款中一部分用于此类案例赔偿，也是类似对纳税人的一种保险。

实施无过错/非司法补偿机制有必要建立补偿程序。它应该包括：确定补偿申请人的资格；评估补偿的金额；决定补偿的内容、类型、数量和方法；建立评估补偿申请人的资格委员会，评估补偿金额的委员会，以及协调各方面、接受上诉和实施补偿的工作委员会。在这一过程中，医疗、法律以及其他专业人员和社区组织的代表必须参与。

无过错径路以及我们基于此的建议目的是推动因输血或使用血液制

品感染艾滋病毒问题的解决，修复受害者的伤害，减轻受害人的实际困难，减少艾滋病感染带来的损失，并使他们能够过一个正常的、体面的和有尊严的生活。[①]

（翟晓梅，原为英文论文发表于 Asian Bioethics Review，2014，6（2）：143-157；Zhai Xiaomei：Can the No Fault Approach to Compensation for HIV Infection through Blood Transfusion be Ethically Justified？）

① 我们可以设想，这种无过错赔偿/补偿机制也可用于医疗诉讼。

十二　SARS 在我国流行提出的伦理和政策问题[①]

用“非典”一词指称现在流行的呼吸系统疾病，严格来说是不科学的。因为“非典型性肺炎”早有定论，是指衣原体、支原体引起的疾病及军团菌病。而我们所谓的“非典”实际上是一种既有别于典型性肺炎，又有别于非典型性肺炎的新的肺炎，称之为急性严重呼吸系统综合征（SARS）比较合适。但语言是约定俗成的，在日常使用中大家已经熟知它所指何物，称之“非典”也未尝不可。

痛定思痛，人们才可以进行反思，探讨其中种种问题，吸取经验教训。经过全国人民万众一心，众志成城，奋力抗击，总的形势趋于好转，也是时候对种种问题进行反思了。

（一）文明和疾病

SARS 的流行使人回忆起瑞士裔美国医学史家西格里斯特的《文明与疾病》（*Civilization and Diseases*）一书。这本书破除了人们一个认知上的误区，即以为随着人类文明的进展，疾病将会逐渐减少以至被消灭。人类文明的进展确实会使已知的疾病得到控制，但同时会在人类中间引起新的疾病，而且一些曾被认为已经“消灭”的疾病也会死灰复燃。理由之一，由于城市化、工业化和现代化，人类可能会直接接触一些本来接触不到的致病的物理、化学或生物因子。例如人们在自然条件下接触放射线的机会是不多的，但在军用或民用原子能单位或研究所工作的人，接触放射线身体受到辐射影响的机会就较多，患辐射病的风险

① 这是我国生命伦理学家（也许也是哲学和伦理学家）第一次讨论疫病大流行的论文。

就较高。而辐射病是垂直“传染”（遗传）的，不但影响当事人，而且影响他们的后代。纸烟是现代工业的产物，抽吸纸烟过程中吸烟者可能接触种种有害的物理、化学因子，包括三四苯丙芘、尼可丁等致病化学物质。现在特别重要而许多人未加重视的是，生物致病因子引起的疾病，尤其是跨物种感染。许多生物致病因子引起的疾病是传染病，当它们在动物体内时动物对它们有免疫力，而由于人类自然进化过程中没有接触过这些致病因子，人类对它们没有免疫力，因此一旦传染，十分凶险。历史上的“黑死病”几乎毁掉了整个欧洲，死亡数千万人，这是由鼠类传染给人的鼠疫。苏联的医学专家曾提出“自然疫源地”概念。大意是说，比方有一片森林，其中生活着许多动物和植物，包括鼠类。这些动物体内有致病微生物，但动物在进化过程中已经适应，形成“共生”。这片森林与人类社会是隔绝的，因此以动物为宿主的致病微生物不会影响人。但是由于人类社会的不断发展，人们开始进入这片森林，动物体内的致病微生物就有机会袭击人类。而在开始时人类对它们没有免疫力，因此情况非常严重。用“自然疫源地”概念来解释鼠疫这样的疾病的流行及其对人类的杀伤力是合理的。这也说明这种跨物种感染是人类文明发展的结果。同理，艾滋病可能是从猴传染给人的，现在全世界 4000 万人患病，数百万人死亡。

但是，不少人误认为，人类文明的发展必然随着疾病的直线下降甚至消灭。在我国，轻言“消灭”就是一例。疾病的消灭应以致病因子的消灭为前提，但我们怎能做到消灭致病因子？霍乱、天花等疾病不都在一些曾宣布它们已被消灭的国家或地方重新出现了吗？而结核病的复发流行在许多国家已成为严重的卫生问题。因此，我们至多可以控制疾病，使它即使发生，也控制在散在病例之内，不至于流行。而且一旦疾病被列入“已被消灭”之列，人们就会对它放松警惕，连学校教科书也不讲。

我们的科学界、卫生界、食品界、媒体对跨物种感染几乎很少注意到。2021 年 11 月在首尔举行的亚洲生命伦理学学术会议上，我国华中科技大学生命伦理学研究中心的雷瑞鹏代表在会上作了一个题为“在异种移植中跨物种感染与道德无关吗”发言的。这个发言引起很大反响。她论证了在异种移植中跨物种感染的严重问题，并认为这是异种移植必须要解决的主要伦理问题，否则不能在人体上应用。猪身上有多种对猪不引起疾病的逆转录病毒（艾滋病病毒就是其中一种），但一旦猪的器官或在猪身上长出的人类器官移植到人体内，就有可能引起类似艾滋病这样的凶险流行病。但是我们在国内很少人讨论这个问题，似乎跨物种感染不是一个伦理问题。同样，我国一些地区食用野生动物盛行，始终没有将它作为一个问题严肃处理。据目前资料看，现在流行的 SARS 也很可能是从动物传染给人，而人类对它没有自然免疫力的一种疾病。但可庆幸的是，它的传染力虽然比艾滋病强一些，但凶险程度则大大逊色于艾滋病。根据目前的数据，它的总死亡率大约是 5%，而艾滋病是几乎 100%，即使结核病死亡率也达到 10%。然而，大家对在城市化、工业化和现代化进程中可能有新的疾病流行没有心理准备。

如果我们在理念上对文明与疾病的总的关系有一个贴切的认识，那么就可以避免一些错误的态度。在过去，一些人往往将疾病与社会制度、“主义”挂钩。例如好像社会主义国家不应该有性传播疾病或艾滋病，因此发现有这种疾病流行，就设法掩盖，有意瞒报。甚至有的部门连痢疾那样的常见病也要瞒报。更不要说某个省由于有关部门的失误导致艾滋病的流行，他们向中央隐瞒病情，拒绝专家进行疫情调查，对这一事件中央有关部门至今没有加以严肃处理。他们错误地认为，如果是社会主义国家或如果“政绩“好，就不应有这些疾病的流行。任何疾病都是物理、化学或生物致病因子作用于人类有机体的反应，只要掌握疾病发生发展规律和在人群中流行的规律，就能控制它，这与社会制度没有直接关系。“政绩”的好坏不在于是否有这些疾病流行，而是在于能否正确对待这些疾病，及时加以处置，使它不致扩大蔓延。像这次 SARS 早已在广东和香港蔓延，有关部门却没有及时了解他们的经验教训，在北京和全国采取有效措施，却一味隐瞒疫情。这种错误态度导致严重的负面后果，丧失了及时防止在北京发生流行的良好时机。隐瞒疫情必然使广大医务人员处于信息闭锁和无知地位，他们不知道如何进行防护，导致众多医务人员被感染，使医院成为疫源地。这种教训实际上早已有之。前几年，南方一些省流行登革热，有关部门没有及时公开疫情，也没有及时向医务人员及公众传授有关诊断、治疗和预防的知识，致使延误对病人的处理，好在登革热病情不那么凶险。反之，现在决策者对 SARS 采取正确态度，每日向国内外公众公布 SARS 疫情，对医务人员进行大量培训工作，同时也对大众进行大量科普工作，并及时采取隔离措施，目前疫情已经成功地控制在广东和以北京为中心的华北地区，且呈稳定下降的趋势。这两种态度的社会后果是泾渭分明的。

（二）公共卫生

SARS 的流行突出了公共卫生的重要性。虽然我国的先哲早已提出“圣人不治已病治未病”（《内经》），虽然我国政府早已将“预防为主”的方针列为卫生工作四大方针之一，而且新中国成立初期在公共卫生方面的成就就已在国际上众口皆碑，可是改革开放以来，公共卫生在医疗卫生工作中的地位却日益下降。如果公共卫生不能得到应有的重视，“预防为主”的方针如何落实？

公共卫生工作的薄弱是有目共睹的。只要看一看各地的疾病控制中心（前卫生防疫站）的人力财力投入，与各地的临床医院加以比较，其分配的不公正是不言自明的。公共卫生是面向全民的，它不仅有益于广大公众健康，而且在卫生资源的公正分配方面也起重要作用。我国的医疗卫生在世界卫生组织的排位非常靠后，主要就是因为资源分配的不公正，而这一点始终没有引起有关部门的重视，相反却有些不服气。他们陶醉于引进高技术装备，满足于高科技人才的训练，没有对随着文明进展而可能引发的疾病“居安思危”，因而未能建立有效的疫病预警、调查、报告机制。

公共卫生是面向全民的，而不是面向个别病人的，不能将它交给市场，必须由各级政府部门投资。可是，一些政府的顾问一直鼓吹“政府全面退出医疗卫生”，将医疗卫生全部交给市场去运作。我们在讨论市场的文章中曾指出，索罗斯称市场是最坏的资源配置机制中最好的（the best of the worst mechanisms of resources allocation），是有道理的。他是沿用丘吉尔对民主的评价：民主是最坏的政治制度中最好的。实际上，对我们来说，这句话很容易理解，也就是说无论对民主还是对市场，都应该“一分为二”。一方面，它比其他资源配置方式（例如计划经济）要好，另一方面，它有局限性，不能保障社会的公正，也不能解决例如对脆弱人群的照顾、环境保护等重要问题，它的不足之处应该由政府出面解决。所以像安全、执法、教育一样，在一定意义上，卫生也是不能靠市场或主要靠市场解决的。

这里要重点谈谈教育和卫生问题。一个现代社会不能是平均主义的，即将同样的资源直接分配给社会成员。这会造成另一方面的不公正，即有些人在各尽所能地劳动，而另一些人却“袖手旁观”，吃现成饭，结果可供分配的社会资源日益枯竭。因此，必须鼓励社会成员参与竞争，使之在竞争中发挥才能，各尽所能。但是，这种竞争应该是公平的，为此必须制订相应的游戏规则。然而，有两个因素影响人们的公平竞争：教育和卫生。如果教育和卫生方面资源微观分配不公，人们就不能公平竞争。因此，现代社会都要努力保障公民在教育和卫生方面有公平机会，使之能够公平地参与竞争。

可是，我国一些政府顾问或参谋却鼓励政府“全面退出医疗卫生领域”。其一，他们不了解文明社会的趋势是逐步加大医疗卫生在资源分配中的比重（当然并不是越多越好，比重过大，超过社会发展允许的范围，也是不妥的）。其二，他们不了解医疗卫生在国民经济中的重要作用。这种不了解也许是历届政府的误区，卫生部门始终是“老九”，这是众所周知的事实。在医疗卫生与国民经济的相互关系中，人们似乎只看到医疗卫生对国民经济的依赖，却始终没有重视医疗卫生对国民经济的重要促进和制约作用。其三，在有效性和公正性两大现代社会价值之中，他们舍公正而求有效。当然，在一个时期，根据社会的现实，我们可以着重解决有效性问题，或在另一时期，我们需要着重解决公正性问题。但在任何时候我们必不可将它们绝对对立起来，采取“非此即彼”的错误态度。虽说经济学家可以着重考虑有效问题，但不考虑公正问题的经济学家恐怕是过时的经济学家或半吊子经济学家。

对于只懂得“效益”语言不懂得“公正”语言的决策者或学者，SARS的流行和对它的抗击，也可以有很大的启发。“效益”可以有两种：经济效益和生命健康效益。经济效益是指某一措施可能带来财政、金钱收益的后果。而生命健康效益是指某一措施给人们带来的影响生命健康的后果，这种后果包括对疾病的治疗、健康的增进、生活质量的提高、生命的延长等。如果某一措施同时带来这两种效益，或同时带来这两方面的负效益，那么我们容易对这些措施作出是否应该采取的伦理评价。但如果某一措施只带来经济效益，而引起生命健康的负效益，我们是否应该采取？或者如果某一措施带来生命健康的效益，却肯定至少在一个时期对经济有负效益，我们是否应该采取？过去一些决策者实际上做的是：即使某一措施引起生命健康的负效益，只要带来经济效益，就应该采取。而在抗击 SARS 的战斗中，事实证明，我们应该采取带来生命健康效益的措施，即使在一个时期对经济有负效益。实际上，“有效”与“公正”、“经济效益”与“生命健康效益”在根本上是一致的。不考虑“公正”的“有效”，不可能长期“有效”；不考虑“有效”的“公正”，不可能长期“公正”。“经济效益”与“生命健康效益”的关系也是如此。

现在，决策者已经认识到公共卫生在抗击像 SARS 那样的疫病中的重要性，对疾病控制中心增加了拨款，希望这不仅是一项特设性措施，而是能够借助这样的契机，将公共卫生置于它应有的地位。为此，需要制定“公共卫生法”，以明确政府对公共卫生的义务和责任。

公共卫生一个重要方面是国民医疗卫生知识的普及工作。在我国，国民医疗卫生知识的普及工作少得可怜。我们有着披头盖脸的药品、营养品的广告，这些广告几乎绝大多数（如果不是全部）是误导观众的。中央电视台以及各地电视台都是国家或地方政府的电视台，竟可以拿广告费而去协助厂家误导观众？他们对观众的责任心在哪里？有人曾经建议，电视台每播出一条医药广告，就必须拿出广告费中的一部分来做医疗卫生知识的普及工作。然而这项建议至今“石沉大海”。前几年北京的电视台播了很多方便面广告，医务人员下乡时，农民问他们，哪里可以买到“高蛋白”？医务人员回答说：你们养的母鸡生的蛋就是高蛋白。但是农民卖掉了鸡蛋买了方便面，他们以为方便面有营养。这一事实充分说明，电视广告的误导作用和医疗卫生知识普及工作的贫乏。“公共卫生法”应规定，中央和各级政府都要拨款建立相应机制，向国民加强医疗卫生知识普及工作。

在我国，公共卫生还应该有另一方面的工作，即对个人的卫生行为教育以及对影响公众健康的不卫生行为的管制。对个人的卫生行为教育应该是医疗卫生知识普及工作的一部分。这部分教育应该从幼儿园、小学做起。个人的卫生行为教育与文明礼貌或“公德”教育是联系在一起的。例如“随地吐痰”是不文明的，但同时因为你痰中的微生物可能使周围的人感染生病，给人带来伤害，因而也是不道德的。在公共场合“大声喧哗”“唾沫四溅”也是不文明的，但同时因为这影响了旁人休息、看书，你的唾沫飞扬，也会传染疾病，给人带来伤害，因而也是不道德的。而且这种恶习已经给我国带来极坏的国际影响，外国人现在称中国人为“Chinese duck”，他们非常惊奇：一个来自号称社会主义国家的人，竟然能够如此旁若无人，根本置他人的利益于不顾。可惜的是，我们的党政部门，尤其是宣传教育部门至今不重视这些不文明、不卫生、违反公德的问题。

（三）农民的医疗保险

SARS 突出了另一个重要问题，即广大农民的医疗保险问题。应该说，尽管有过将医疗卫生重点放在农村的种种指示，农民的医疗问题始终没有得到很好的解决。除了上面讨论过的要政府全面退出医疗卫生的谬论外，有一个重要的观念问题始终没有解决，即政府有没有义务向农民提供医疗的支持？如果有，其根据是什么？

在过去，决策者的思想中有一个误区：农民没有理由在医疗方面（在预防接种等方面大家没有分歧）得到政府的支持，因为农民的税收贡献少或没有向国家上交利润。因此最初制定我国的医疗卫生制度时，就根本没有考虑农民的医疗问题。这种说法背后的预设是错误的，并且不符合我国的法律。健康是一个人生存、发展以及延续后代所不可缺少的，或者说是一个人的基本权利之一。我国《民法通则》早已明确规定，公民有“生命健康权”。怎么能够根据上交利润多少来确定一个人或一个人群的医疗权利呢？现在我国医疗卫生资源在城乡之间存在严重的不平等、不公平、不公正。这也是我国医疗卫生在世界卫生组织排名188 位的主要原因。即使现在实行的社会医疗保险制度，也没有考虑农民的健康需要。社会医疗保险制度体现了国家、单位和个人的共同责任，解决从业者个人的医疗问题。国家的责任体现在国家对医院的人力、物力、财力投资。那么，为什么国家对农民的医疗没有责任呢？这无论如何是讲不通的。如果承认农民有生命健康权，那么各级政府就有责任在农民的医疗方面提供支持。至于这种支持的方式，这种支持如何逐步到位，是可以探讨研究的。前一时期，卫生部门和政府在考虑，通过国家、地方政府和农民共同负担的办法来解决农民的医疗问题。只要明确政府在这方面负有义务和责任，总能够找到办法。例如过去政府总想通过向当地卫生机构提供财政支持来解决农民的医疗问题，但得到资助的卫生机构并没有用来解决农民的问题。这种支持可以直接投向农民，建立农民的医疗保险基金，各地政府还可以设法从各种渠道集资，在一个村或一个乡建立农民的医疗保险基金，为农民建立医疗账本。当然各地农村差异很大，在农民医疗问题上，在"普遍覆盖"问题上不能含糊，但覆盖多少可视当地社会经济发展情况和农民家庭收入而异：社会经济发展水平高、农民收入高的多覆盖，低的少覆盖。一般应随社会经济发展和农民家庭收入由低到高而覆盖由少到多。

这里需要解决另外一个认识问题。有些决策者或向政府提供建议的经济学家总认为效益是"实"的，而伦理要求则是"虚"的。他们不了解政府作出的每一个重要决策都是一种伦理判断，或者是符合伦理的判断，或者是不符合伦理的判断。例如将农民排除在社会医疗保险之外，就是一个不符合伦理的判断，因为它伤害了农民，也不符合《民法通则》规定的公民享有生命健康权的原则。卫生资源分配方面的严重不公正，实实在在地损害了农民的利益。

还有一个问题是，公共卫生、农民医疗都是政府责任，都要政府支持，钱从哪里来？当鱼和熊掌不可兼得时，我们总要舍弃一些应该舍弃的东西。例如我们每年因贪官贪污损失多少？每年官场吃喝花去多少？每年公车花费多少？恐怕加起来都有好几千亿元。如果按2000亿元计算，假设我国有10亿农民，每个农民的医疗保险基金就可以有200元。一些地方政府拒绝拿出钱来支持农民的医疗保险，却有钱出国旅游、大吃大喝，这样的官员还有什么资格留在职位上？

在这里顺便讨论一下医院改革问题。医院改革在调动医务人员积极性、改善医务人员生活、增加医院收入、改善医院设备、减少政府贴补方面起了积极作用，但若干政策，例如"以药养医""科室包干"、收入与病人交费挂钩等，对医疗事业的公益性质及医患之间的信托关系起了极大的腐蚀作用，造成医患关系紧张，病人对医务人员和医院不信任，医院采取措施防备病人状告法院。医改导致医务人员采取律法主义和最低纲领主义的态度，即处处防备将来不致打输官司；该做的手术虽然病情需要，但由于风险大避免病人打官司而不做；或者不必要的检查全做，留下证据说明没有遗漏疏忽。尸检尽量不做，避免让病人得知而打官司，但不做尸检又如何提高诊治水平？卫生部门挑选院长就看能否为医院赚钱，院长也将主要精力用于如何弄钱，而不是放在改善服务质量、提高服务水平上。甚至有的医院院长谈到拒绝收住交不起医药费的病人时还理直气壮地说："开医院就是为了赚钱！"但是，赚钱是办医院的根本目的吗？如果为了赚钱，为什么要开医院，办企业不是更能赚钱吗？因此，在不少院长的脑子里，什么是本，什么是末，是不清楚的。虽然现在已经采取了一些措施（如收支两本账），但没有从根本上解决。根本的解决方法是改革医务人员的工资制度，将他们的收入与病人所交费用脱钩。非营利的国家医疗单位应该由各级政府的财政部门支付工资，而且由于其工作的高风险性和复杂性，医务人员的工资应该是比较高的，从而使他们没有后顾之忧，全心全意救治病人，不去考虑对病人的处理能给医院带来多少收入，相反应考虑节约病人的医疗开支。

（四）对动物的责任

据说，第一个 SARS 病人是广东饮食业处理野生动物的，从而引起 SARS 是一种跨物种感染的疾病的猜测。广东以及其他地区食用野生动物的风气由来已久，但始终没有引起卫生部门以及其他有关部门的严肃注意，因而未能采取有力措施。食用野生动物甚至食用属于宠物类的猫狗有两个问题需要讨论。其一是食用野生动物引起的人类健康问题。上面已经谈到跨物种感染的严重性。人类历史上培养的、国际上通用的家畜家禽（如猪、羊、牛、鸡鸭、鹅等）以及鱼虾之类被证明是富有营养的，人类已经有一套科学加工方法使之食用时有安全保障，因而没有理由再去食用野生动物甚至猫狗等。一些从事科学技术哲学研究教学的单位用"中华鲟"招待客人，当问及"中华鲟是国家一级保护动物，怎能食用"时，回答是"这是养殖的"。那么，养殖的熊猫是否可以食用？追求食用野生动物，尤其食用国家保护的野生动物，是一种变态心理。这与讲排场有一定关系。越是能够用稀缺动物来招待客人，越显得我待客的盛意，也越显得我的能耐大。其后果是，一方面磨灭了人们保护野生动物的意识，另一方面大大增加了跨物种感染的风险。食用野生动物与疾病的流行有一定相关性。

其二，人类作为万物之灵，对于其他物种有一定的责任。人类有义务和责任保护动物和生态。动物尤其是高等动物是人类的远亲，猫狗马等宠物更是人类的助手和朋友，怎能无端加以残杀？生态环境是人类世世代代赖以生存发展的依托，我们怎能自掘坟墓或者断绝子孙的生路？由于历史的原因，人类目前还不能完全不食用动物，不能完全不做动物实验，但我们可以一方面将使用动物限于家畜家禽鱼虾之类或将实验动物主要限于啮齿动物，另一方面在操作中尽量减少它们的痛苦，决不以残忍的手段对待它们。

为了防止今后引起类似SARS或更严重的跨物种感染疾病，应建议修改“保护野生动物法”，全面禁止食用野生动物及宠物动物。实际上只有将食用动物限制在家畜家禽鱼虾之类，才能保障食物安全，防止跨物种感染，有效地保护野生动物，保护生态环境。同时应在适当的时候，制定“实验动物保护条例”，建立动物伦理委员会审查涉及动物的研究计划。

（邱仁宗，原载《自然辩证法研究》2003年第6期。）

十三　在公共卫生中群体健康与个人自由的关系

（一）自由的概念

自由是人类追求的核心价值之一。人类历史就是一部为争取自由而斗争的可歌可泣的历史。这部历史正在书写，远远没有写完。各国哲学家对自由的概念以及对个人自由是否应该施加限制、施加多大限制以及施加限制的理由有诸多的讨论，但对个人自由的追求是跨文化的。匈牙利诗人和革命家裴多菲的名诗“生命诚可贵，爱情价更高，若为自由故，两者皆可抛”，为我国几代知识分子传颂。在我国历史上，长期的封建社会甚至禁止青年恋爱婚姻的自由，涌现了许多青年男女争取恋爱婚姻自由的故事，这些故事中争取恋爱婚姻的主人公，得到了大众的喜爱和支持，这也是人们争取自由运动的一部分。

在有关自由的哲学研究中，推崇和崇尚自由的学派众多，其内部又有各种派别，有关这些文献可说是汗牛充栋，但我们认为重要的是要发展有关“自由”的概念和观念，以有助于解决在实践中遇到的有关自由的问题。我们在有关自由的哲学研究中，逐渐形成了三个基本观点。其一，自由是人类的基本价值之一。现在讨论自由的哲学家尤其伦理学家，都是主张自由是一个值得我们维护、值得我们为之奋斗的重要价值，不同的是，有些哲学家或伦理学家认为自由是最高的价值，在价值的优先顺序的排列之中是第一位，因此不应该受到任何限制。因为对于他们来说，人是自然地或天生地处于“安排他们行动的完全自由的状态……只要他们认为合适……不会假以或取决于任何其他人的意志"[①]，"证明的负担该由反对自由的人来承担；那些要施加任何限制或禁止的人……先验的假定是支持自由的"[②] 等等。[③] 这被称为基本自由原则（Fundamental Liberal Principle）。[④] 从这个原则推出，自由在规范性上是基本的（normatively basic），因此辩护的负担是在那些将用强制（coercion）手段限制自由的人的肩上。问题是，他们没有提供论证，证明其他重要的价值，例如公正不是在规范上是基本的，或者自由与公正也都是在规范性上是基本的，但自由比公正更为基本。不给人自由，与不给人公正的政策和法律一样要得到辩护。基本自由原则的出发点是人处于天生自由的和平等的自然状态，因此对这种自由和平等的限制必须要得到辩护。我们的观点是，限制自由要由施加限制的人或机构进行辩护，这一点非常重要。但辩护理由不是由于人是天生自由和平等的。首先人不是生来就平等的，不如说，人生来就是不平等的，基因组的差异使有些人天生就容易患某些疾病，而且人不能选择自己的家庭，有的孩子出生于系统弱势的家庭，即连续三代处于贫困的家庭，使孩子一开始就处于社会经济弱势状态。怎能有生来平等的情况发生呢？当然你可以争辩说，我说的天生就是平等的，是指人一出生在道德和法律地位即规范性意义上就应该是平等的，而不管事实上无论在自然条件方面还是社会条件方面存在多大的不平等。然而，人一出生就在自然和社会条件方面存在的不平等，也必然会影响到他对自由的享有或对自由的行使。

我们与其他许多哲学家和伦理学家在一起认为自由的确是一个值得我们维护、值得我们为之奋斗的重要的价值，但只是许多重要价值之

---

① Locke, J., 1960, *The Second Treatise of Government in Two Treatises of Government*, P. Laslett, ed. Cambridge: Cambridge University Press, pp. 283-446. [1689].

② Mill, JS., 1963, *Collected Works of John Stuart Mill*, Robson JM. ed. Toronto: University of Toronto Press 21: 262.

③ Feinberg, J., 1980, "The Child's Right to an Open Future", in Aiken, W. & LaFollette, H. (eds.) *Whose Child? Children's Rights, Parental Authority, and State Power*, Totowa: Rowman & Littlefield; reprinted in J. Feinberg, Freedom & Fulfillment, Princeton: Princeton University Press, 1992, pp. 76-97; Rawls, J., 2001, *Justice as Fairness: A Restatement*, New York: Columbia University Press, pp. 42-43, 44, 112.

④ Gaus, G., 1996, *Justificatory Liberalism: An Essay on Epistemology and Political Theory*, New York: Oxford University Press, pp. 162-166.

一。在有些情境（context）下，自由这个基本价值也许不得不与其他基本价值发生竞争，迫使人们对它们进行权衡，在特定情况下自由也许不得不让位于其它的重要价值，也就是说，在有些情境下，其他重要的或基本的价值也许处于比自由更加优先的地位。例如在疫病大流行时，生命这一基本价值在满足一定条件下就应该置于比行动自由更优先的地位。

其二，我们认为，自由本身不是目的。我们成为一个自由人，就要为了某种目的而采取自主的行动。我们在文首提到裴多菲的诗句，他为了自由抛弃了生命和爱情，是为了将匈牙利民族从奥地利统治下解放出来。1848 年 3 月佩斯起义开始，1 万多名起义者集中在民族博物馆前，裴多菲当众朗诵了他的《民族之歌》。起义者欢声雷动，迅速占领了布达佩斯，并使之成为当时欧洲革命的中心。翌年 4 月，匈牙利国会通过独立宣言，建立共和国。恩格斯曾指出："匈牙利是从三月革命时起在法律上和实际上完全废除了农民封建义务的唯一国家。"① 成为一个自由人以后，他就有可能全面发展自己，做他自己喜欢做的工作，过自己喜欢过的生活，为他个人、家庭、社区、国家以至人类做许多好的事情。以此次新型冠状病毒流行而言，如果相关部门不去干预李文亮等医生的言论自由，而是以他们的言论中透露的真实信息作为提前严格管控的依据，也许可以控制武汉疫情暴发的规模。② 但如果拘泥于戴口罩者被视为有病的人、社会地位降低的陋习而坚持不戴口罩的自由，因而感染病毒，那就不适当地将自由凌驾于自己生命之上了。

其三，我们认为自由这个概念不仅有消极意义，也有积极意义的内涵。当我们谈及自由，实际上隐含着个人与社会的关系。唯有社会性的人，才有自由问题。对于《鲁滨孙漂流记》小说中的鲁滨孙而言，"自由"对他毫无意义。因为荒岛上就是他一个人，没有其他的人，更没有什么机构（例如政府）限制他的自由。从历史上看，自由这个术语产生于古代希腊。现代的自由（liberty）概念源于古希腊的自由

---

① 百度百科：裴多菲，https：//baike. baidu. com/item/% E8% A3% B4% E5% A4% 9A% E8%8F%B2%C2%B7%E5%B1%B1%E9%99%80%E5%B0%94/6131448? fromtitle = % E8% A3% B4%E5%A4%9A%E8%8F%B2&fromid = 824904&fr = aladdin.

② Lei，R. & Qiu，R.，*Chinese Bioethicists：Silencing Doctor Impeded Early Control of Coronavirus*，(2020-02-13)，https：//www. thehastingscenter. org/conoravirus-doctor-whistlebrower.

(freedom) 和奴役概念。对于古代希腊人来说，成为自由人就是没有主人，不再按主人的意志活着，而是按自己喜欢的那样活着。这是最初的自由 (freedom) 概念。正如亚里士多德所说，自由的一个意义是，一个人应该像他喜欢的那样活着。[①] 这是自由 (freedom) 的特权，因为不能像一个人喜欢的那样活着，那是奴隶的标志。所以从一开始自由这个概念具有消极意义的内涵，即不再受奴隶主的统治和管辖，按自己的意志过自己的生活。在古罗马，一切在罗马皇帝统治下，有限的自由仅仅给予罗马公民。在中世纪，享有许多自由的仅是贵族。1215 年的英国大宪章运动，一开始是贵族们与国王的争端，是贵族们从国王统治下获得更多的自由，后来的大宪章不仅将"主权"(sovereignty) 赋予贵族 (nobles)，也赋予人民 (the people)。在这里"主权"(sovereignty) 不仅是指一个国家有权治理自己的国家，也可以指一个人对自己的身体和生命独有的控制的自然权利 (natural right，天赋人权) 与道德权利。这就奠定了人民享有自由，特别是享有反对暴政压制自由的基础。[②] 所以，在很长时间内自由是指"从……（奴隶主、国王等）之下摆脱出来"(free from……)。

于是，在讨论到自由这一基本价值的意义问题时，崇尚自由的哲学家首先强调自由应该是一个消极 (negative) 概念。例如伯林 (Isaiah Berlin) 说，自由是没有任何人或人的身体来干扰我的活动。如果别人阻碍我去做我本来要做的事情，那么我就是不自由的。这种阻碍超出一定程度，那么可以说我是被强迫的或被奴役的。他特别解释说，我不能跳 10 英尺高，或因为我是盲人而不能阅读这种情况不能说我被强迫或被奴役。强迫是对他人的故意干扰。[③] 这一点似乎没有人反对。问题是，自由仅仅有其消极方面似乎是不够的。我们认为消极的自由和积极的自由都是不可缺少的，其间并不存在不相容之处。当一个人生病了，他面前有多种选项，由他做出抉择，不容他人干涉（消极意义上的自由），这是对的，但这是不够的。要去治病，必须有积极意义上的自由。

---

① Aristotle, Politics 6.2, https://en.wikipedia.org/wiki/Liberty.

② Schmidtz, D. & Jason, B., 2010, *A Brief History of Liberty*, chap. 2. Malden, MA: Wiley-Blackwell.

③ Berlin, I., 1969, *Two Concepts of Liberty*, *in his Four Essays on Liberty*, Oxford: Oxford University Press, pp. 118-172.

许多崇尚自由的哲学家主张必须要有积极意义上的自由。例如格林（Thomas Hill Green）就主张，如果一个人受制于不能控制的冲动或渴求，那么他就不是自由的。[①] 正如一个奴隶做的不是他自己要做的事情一样，一个酒精成瘾者在找不到酒时所做的也不是自己要做的。神经科学研究已经发现那些物质使用障碍患者（包括对烟草、酒精、海洛因、可卡因成瘾的人）渴求的（或想要的 wanting）不是他们实际上喜欢的（liking），而是长期服用这些物质侵害了他们脑的结构和功能，神经科学家业已找到成瘾者想要的（wanting）实际上不是他们喜欢的（liking）的神经生物学基础。[②] 因此，一个人是自由的，仅当他是自我引导和自主的。一个自由人的理想是他的行动是他自己的。一个人是自由的仅当他有能力决定自己，塑造自己的生活。自由是采取行动或追求自己目的的有效能力（effective power），简言之就是行动能力。一个病人不受他人干扰，但自己不去医院找医生看病，他就不是自由的。这种作为行动能力的积极自由概念就必定与拥有资源的自由紧密联系起来。刚才提到的病人不去医院看病，可能他没有医疗保险或没有钱看病，因此他缺乏去医院看病的行动能力。在这个意义上他是不自由的。[③]

从我们上面的讨论中，可以引出两点结论：其一，既然自由不是一种独一无二、至高无上或可以压倒一切的重要价值，那么在不同的情境下自由这个价值就要与其他重要价值（例如隐私、公平、不伤害、尊重人）相竞争，看看应该将它排在何种优先地位；其二，既然自由不仅仅是不受他人干扰，而且更重要的是按照自己的想法、自己喜欢的方式采取行动，那么就会与他人和社会发生互动，行动本身或其后果就会对他人和社会发生影响，这种影响可能是积极的，也可能是消极的。于是，就产生对自由的限制问题。有关在公共卫生情境下限制个人自由问题，我们将在下面加以讨论。

---

① Green, T., 1986, *Lectures on the Principles of Political Obligation and Other Essays*, Harris, P. & Morrow, J. (eds.). Cambridge: Cambridge University Press, [1895]), p. 228.

② Kringelbach, M. & Berridge, K., 2011, "The Neurobiology of Pleasure and Happiness", in Illes, J. & Sahakian, B. (eds.) *The Oxford Handbook of Neuroethics*, Oxford: The Oxford University Press, pp. 33-48.

③ Dworkin, G., 1988, *The Theory and Practice of Autonomy*, Cambridge: Cambridge University Press; Raz, J., 1986, *The Morality of Freedom*, Oxford: Clarendon Press.

对自由的讨论必然联系到对社会进行个体论（individualism）或集体论（collectivitsm）的分析。强调自由具有绝对价值的往往是个体论的支持者，认为社会不过是社会成员个体的相加。例如斯宾塞认为“集体的性质取决于其组成部分的属性”[①]。然而这种个体论越来越不得人心。早先就有人主张社会类似有机体，不是个体的堆积，有机体是一个复杂系统，其内部有各种各样复杂的生命形态。[②] 但也有人既反对激进的个体论，也反对激进的集体论。[③] 我们认为，社会由个体组成，不仅仅是个体的相加，个体嵌入社会之中，个体不能离开社会而生存和发展，个体与社会的利益本质上是一致的，但有时会发生相互冲突，在发生冲突时将优先地位置于个体还是集体取决于情境。由于篇幅的关系，本文集中讨论在公共卫生或突发卫生事件中保护群体健康与维护个人自由之间的张力，不可能花很大篇幅专门讨论个体与社会的关系。

（二）公共卫生中群体健康与个人自由之间的张力

下面我们将集中讨论在公共卫生实践中提出的有关个人自由与公共卫生相冲突以及如何正确处理的问题。生命伦理学这门学科是一门实践伦理学的学科，应该用伦理学的理论、原则和方法去探讨临床、与健康相关的研究以及公共卫生实践中提出的实质性伦理问题（应该做什么）和程序性伦理问题（应该如何做），其使命是帮助医生、科学家、公共卫生专家等拥有专业权利的专业人员以及监管、治理这些专业的拥有公权力的决策者做出合适的或符合伦理的决策。作为实践伦理学，与理论伦理学不同，后者的使命是改进和完善以至创立更好的伦理学理论，但这不是实践伦理学的使命。

通常将生命伦理学的起源归于《纽伦堡法典》。[④] 该法典是对纳粹

---

① Spencer, W., 1995, *Social Statics*, New York: Robert Schalkenback Foundation. [1851].

② Ritchie, D., 1896, *Principles of State Interference*, 2nd edition. London: Swan Sonnenschein.

③ Hobhouse, L., 1918, *The Metaphysical Theory of the State*, London: Allen and Unwin; Dewey, J., 1929, *Characters and Events*, Ratner J. (ed.), New York: Henry Holt.

④ 陈元方、邱仁宗：《生物医学研究伦理学》，中国协和医科大学出版社 2003 年版，第 309—310 页。

医生在医学研究中从事反人类（anti-humanity）罪行进行的纽伦堡审判最终判决书中的一个部分，题为“可允许的医学实验”，而其开宗明义的第一条原则就是：“人类受试者的自愿同意是绝对必要的。”这个自愿同意原则，从研究伦理学进一步扩展到临床伦理学和公共卫生伦理学，标志着数千年的医学史发生了范式的转折，即从医生—研究者为中心转向以病人—受试者为中心。自愿同意是对个人自由的尊重，即尊重病人或受试者行使其作为积极自由的有效决策能力。后来进一步发展的知情同意的伦理规则，特别强调在告知病人或受试者有关信息并帮助他们理解信息后，他们给出的同意必须是自由的同意，即不是处于强制或不正当利诱下表示的同意。

公共卫生与个人自由具有内在的一致性，这是基于个人与社会之间存在着内在的一致。前面我们讨论到，人类是社会性动物，一方面，社会（或任何集体）是由许多个人组成的，任何一个社会必须考虑个体的利益，尊重个体的自由、自主和尊严。另一方面，之所以需要社会，就是因为孤立的人不可能生存和延续，一旦结合为社会，那么这个社会就不是各个个体的相加，而是一个多于个体相加的实体。可是个体乃至群体在价值上都是多元的，他们各自想过什么样的生活是各不相同的。尽管有这些不同，促进个体和群体健康的措施，归根结底是有利于作为人群组成部分的个体的福祉，也有利于个体的自由。如果没有了健康，也就没有了个人的自由。因此为了健康，同时也是为了自由，个体需要暂时放弃一些自由。但在现实情况中，公共卫生与个人自由时常会发生不一致。这种不一致产生于两种情况：一种情况是个体不了解公共卫生措施对确保人群健康以及相应也确保自己健康的必要性和重要性；另一种情况则是有些公共卫生措施不必要地或过多地干预或限制个人的自由。

公共卫生与个人自由之间往往会发生冲突。公共卫生将群体的健康置于个人自由之上，不得不对个人自由进行限制。有两种限制个人自由的方式：一种是限制个人选择的自由（例如对吸烟的限制）；一种是直接限制个人的活动自由（例如 SARS、禽流感流行以及此次新冠肺炎流行时的检疫或隔离）。经典的可得到辩护的公共卫生干预是将一个患有潜在致命传染病的人进行检疫或隔离，这时不得不放弃个人的自由，但群体也许得到了拯救，作为群体一员的个体也同样受益，因为控制了疫病在群体中传播而避免了个体对疫病的感染。然而，限制个人的活动自由，不仅影响个人及其家庭，而且影响社区以至整个社会和国家的国民经济。因为大多数的个人活动是社会活动，他们参与的是社会、经济、文化以至国际的活动。在这里，个人的利益与社会的利益错综复杂地、密切地联系在一起。一个地区或一个国家做出限制个人自由的决策，对群体的福祉与个体的福祉进行权衡，是非常困难的。尤其是在一种新的病原体传播时，对疫情的发展未知因素太多、不确定性太大、影响因素太复杂，往往使决策者处于困惑为难的境地。

决策者必须在公共卫生与个人自由之间进行权衡。例如，人们普遍同意，政府应该禁止销售对消费者的健康和生命造成危险的产品。无数的食品添加剂或其他产品上的涂料被禁止使用或者只被少量使用，如反式脂肪、儿童玩具外部的涂料或家具、墙壁上油漆甲醛含量。尽管禁止种种不同危险产品有许多的论证，但对烟草来说却是独特的。因为其他任何产品，不管是合法的还是非法的，都没有杀死那么多人，比交通事故、疟疾和艾滋病加起来还要多。烟草也是高度上瘾的。凡是在医疗费用由所有人支付（通过缴税）的地方（包括美国对穷人和老人的公费医疗制度），所有人都要支付治疗吸烟引起的疾病的费用。但全面禁止吸烟会给犯罪组织造就一个新的发财来源。烟草工业反对澳大利亚的法律，因为他们害怕世界上最大的纸烟市场如中国和印度会如法炮制这条法律。然而正是这些国家最需要这样的立法。其实，澳大利亚人只有15%吸烟，美国人只有 20%吸烟，而在 14 个低收入和中等收入国家41%的男性吸烟，吸烟的年轻女性也越来越多。我国 3 亿人吸烟，7.4 亿人被迫吸二手烟，每年死于吸烟者达百万余人。① 世界卫生组织估计在 20 世纪约有 1 亿人死于吸烟，而在 21 世纪吸烟将杀死 10 亿人。② 可是在市场化的今天，公司知道如何利用我们的无意识的欲望，将主观上的“想要”（wants）变成“需要”（need），然后向我们推销不健康、

---

① Yang, G. et al., 2015, “The Road to Effective Control of Tobacco in China”, *The Lancet*, 385 (9972): 1019-1028.

② WHO, *Tobacco*, (2019 - 07 - 26), http://www.who.int/mediacentre/factsheets/fs339/en/.

损害健康的产品。纸烟制造商知道如何操纵纸烟的性能使之最大限度地使人上瘾。吸烟引起的损害的图像能够对这种无意识欲望起抗衡作用，从而使人们更容易坚定戒烟的决心。因此，我们不应将这些对纸烟的限制视为限制个人自由而加以拒绝，我们应该维护这些法律，将之作为对个体健康利益与烟草公司利益进行平衡的举措。要求出售的纸烟素色包装、带有健康警告和肺癌图像，对作为理性的人来说，是一项平等机会的立法。

但在限制个人自由的历史中，会出现一些不必要地限制个人自由的案例。2006 年 7 月美国亚利桑那州凤凰城的医生诊断 Robert Daniels 患有极为严重的耐多种药物的结核病。他没有带口罩去当地便利店购物，公共卫生官员获得一纸法院命令，将他强制送入 Maricopa 县医院的禁闭病房对他进行治疗，为了防止他将病传播给他人，将他密不透风地隔离起来，对他进行裸体检查，禁止他外出、锻炼或接受家人探访。2007 年 5 月 31 日，美国公民自由联盟代表他向 Maricopa 县提出诉讼，反对像囚犯一样对待他。虽然国家有权对患有严重传染病的个体进行检疫和隔离，以保护公众健康，但也有义务尊重个人的自由。① 在此次新冠肺炎流行中，某些地方在隔离检疫时，执法人员闯进公民家里禁止家人打麻将，并殴打家人，后来受到处理。于是，我们看到这样的情况：一方面，我们维护群体健康，这是一项重要的价值；另一方面，个人的自由仍然也是一项重要价值，并不因为在特定情境下将重点置于群体健康之上而可对个人自由置之不顾。

（三）在公共卫生中限制个人自由的伦理学论证

我们先来看看个人的行动自由会对他人和社会带来严重影响的两个案例。

案例 1。2019 年 12 月 22 日，“未成年人保护伦理、法律和社会问题研讨会”在中国人民大学召开，会议一致认为，对动物实施暴力并在

① ACLU. *ACLU Arizona sues country officials over inhumane confinement of TB patient*，（2007 - 05 - 31），http：//www. aclu. org/press-release/aclu-arizona-sues-contry-officials-over-inhuamne-confinement-of-TB-patient.

网上向儿童展示，严重损害了儿童的身心健康，为了保护未成年人健康成长，预防未成年人犯罪，建议全国人大修订相关法律禁止向儿童传播暴力，防止未成年人直面暴力，包括对动物实施的暴力。互联网给近10亿中国人民提供了言论自由和表达自由的机会，但这类虐待动物的视频向儿童传播，严重伤害了儿童的身心健康，引起了儿童家长甚至儿童自己的抗议，他们呼吁国家禁止在网上传播虐待动物的视频。因此，我们必须用强制的手段禁止这类视频制作人的表达自由。① 这一案例充分说明，无限制的言论自由如何损害社会的利益！除此以外，还有必要限制如下的言论自由，例如传播色情材料，对受害者进行诈骗，宣扬种族、族群和性别歧视，宣扬暴力和恐怖主义，传播自杀和杀人方法等。

案例2。郑州是上千万人口的城市，在此次新冠肺炎疫情防控中已经连续19天没有新增确诊病例。根据政府安排，工厂已经开工，机关开始上班，学校即将开学，交通也基本恢复。然而郑州市交运局执法大队协警郭某某，3月1日从北京乘飞机到阿联酋看足球赛，3月4日又从阿联酋乘飞机到意大利看足球赛，3月6日返回北京，从北京乘高铁回到郑州。回郑州后，当派出所警察电话询问他时，他开始不接电话，之后隐瞒出国行程。还连续参加三场聚众宴会，反复乘坐公共交通11次。3月10号上午出现发烧症状，确诊为新冠肺炎。短短6天时间，追踪到密切接触者39737人，其中119人出现各种症状，需要隔离医学观察。为了应付这个突发人祸，郑州市已经决定小学开学推迟，公共交通暂缓运行，临街门市延迟开门。这说明，在新冠病毒传播期间，一个人违反有关保护公众健康的规定的行动自由，会给他人和社会造成多么严重的伤害！而这种伤害他人和社会的行动自由反过来也会伤害自己的健康和生命！②

我们在前面讨论到，作为一项重要价值或核心价值，如果有一项政策或法律要对个人自由加以限制，是要得到辩护的。那么有哪些令人信服的理由使我们在公共卫生领域做出限制个人自由的决策得到伦理学的辩护呢？

---

① 湖北理工大学：《我院联合主办“未成年人保护伦理、法律和社会问题”研讨会》，http：//law. zstu. edu. cn/info/1056/3029. htm.

② 百度百科，郭伟鹏，https：//baike. baidu. com/item/%E9%83%AD%E4%BC%9F%E9%B9%8F/24572778？fr=aladdin.

首先一个理由是，限制个人自由是为了防止这个人的自由行动伤害他人。社会因素在一个社会的个体和群体健康中起决定作用，个人的责任仅起边缘作用。因此社会应该负起维护和促进该社会的个体和群体健康的主要责任。为此，立法机构和行政机构应该通过相应的法律、条例或规章，由立法机关或政府授权的公共卫生或疾病控制机构，依据这些法律、条例和规章在全社会范围或针对有目标的人群采取保护和促进个体与群体健康的措施。这些措施既保护了群体也保护了个体，与个人的自由和自主并无冲突。但在特定条件下，针对全社会或目标人群的公共卫生措施有时会与个人自由发生冲突，这些措施是带有强制性的，因此在一定意义上侵犯了个人自由。那么，这些干预措施能够得到伦理学的辩护吗？如果为了他的自身利益（例如吸烟对吸烟者自己身体有害）对他的行为（吸烟）进行干预，就会侵犯他的行动自由，这种干预能够得到伦理学上的辩护吗？密尔也许会反对这样做，因为他说过："能够正当地行使权力于文明社会任何一位成员并违反他的意志的唯一目的是防止伤害他人，仅为他本身的利益不能成为充分理由。"①

一个人的行动可有四个变量（见下表）。一类行动是自愿的（有行为能力的、充分知情的、没有压力的），另一类是非自愿的（无行为能力的、不知情的、在压力之下的）；此外，有些行动是与自己有关的（行动的不良影响落在自己身上），另一些是与他人有关的（行动的不良影响落在他人身上）。②

表 1 **人的行动的变量**

	自愿的 voluntary	非自愿的 involuntary
与自己有关的 Self-regarding	成人在一个单独的地方吸烟	未成年孩子（无行为能力）在一个单独的地方吸烟
与他人有关的 Other-regarding	在办公室或家里配偶（表示同意）前吸烟	成年人在饭馆或其他公共场所吸烟或在家里成年成员（有行为能力但未表示同意）前或在未成年弟妹或自己孩子（无行为能力）前吸烟

① Mill, JS., 1978, *On Liberty*, Indianapolis: Hackett Publishing, p. 9.

② 翟晓梅、邱仁宗：《公共卫生伦理学》，中国社会科学出版社 2016 年版，第 103、111—115 页。

有些与他人有关的行动不仅对他人有不良影响，而且也没有他人自由的、自愿的、不被欺骗的同意。例如未经同意在家庭、办公室或公共场所吸烟。如果他人是成人，即使同意该人将风险加于其身上（如同意他当众吸烟），但对他人的健康风险仍然存在，干预措施包括对他人同意吸烟的决定进行干预，即干预吸烟者在公共场所吸烟与干预他人容许他在公共场所吸烟，这种做法既包括保护他们健康的家长主义干预（为了保护行动者自己而进行的干预被称为家长主义干预（paternalistic intervention），也包括保护他们以外的第三者健康的非家长主义干预（non-paternalistic intervention）。不管一个人的行动是自愿的还是非自愿的，社会可以某种方式干预，以减少或防止将严重风险加于他人身上。如果是非自愿的（包括无行为能力者做出的决定）与他人有关的行动（例如未成年人在公共场所吸烟），那么这种干预似乎容易得到辩护。但强制干预一个自愿的仅与己有关的行动，该行动仅使该个人受到伤害，干预是为了他自己的利益而压制他自愿的行动，而这行动并未伤害他人，这种干预似乎得到伦理学辩护。尤其是在行动者将因这种健康风险行动带来的快乐看得比该行动可能引起的健康风险（例如患病、伤残和早死）更加重要这类情况。例如：

案例3。2004—2007年间英国一位著名画家在《卫报》的访谈中说，吸烟是极大的乐事；吸烟带来的兴奋当然要付出代价，他不在乎；吸烟有利于他的精神健康。他说，管制吸烟实际上是管制快乐。一个人的快乐与他人无关，国家干预他的快乐是不当的，因为这远远超出了政府干预范围，而把个人的好恶通过权力转变为公共政策。许多吸烟者有同样的感觉。如果放弃吸烟，就剥夺了他的快乐；如果继续吸烟，也就少活几年，这没有什么了不起。在制定有关吸烟的管制措施时，对吸烟爱好者的这些感觉应该给予重视。人是如此千差万别，应该给这些嗜烟如命者留下一条生路。①

因此有人认为，在公共卫生领域，仅当有风险的行动是与他人有关的或者非自愿的，或者两者兼有时，对这些行动的干预是必要的。但在

---

① Hockney, D., "Smoking Is My Choice", *Guardian*, (2006-06-01); "A Letter from David Hockney", *Guardian*, (2007-02-25); "I Smoke for My Mental Health", *Guardian*, (2007-05-15).

界定“非自愿”或“影响他人”上仍然会有不同意见。例如人们是在电视上看到了酒精广告后经常喝酒，最后终于患了酒精中毒症、肝硬化和肝癌，濒于死亡。那么他们饮酒的行动是自愿还是非自愿的？同时，仅表明一个人的行动对他人有不良影响是不够的，有必要表明对他人的那些不良影响严重到足以证明限制他个人的自由是必要的。例如有人仍然质疑，吸烟的人给他人造成的影响是否严重到必须禁止他们在公共场所、餐馆、办公室甚至有妻儿的家庭内吸烟，尽管大多数人的答案是肯定的。在疫病大流行即将或已经到来时，例如在 SARS、禽流感、埃博拉和新冠肺炎疫情流行期间，根据疫情的严重程度采取不同的措施限制个人自由以防止疫病迅速扩散，既有必要的又有充足的辩护理由。这里既有避免他人受到伤害的非家长主义干涉，又有避免当事人受到疫病伤害的家长主义干涉。

因此，公共卫生强调避免他人受到本可避免的伤害而采取干涉个人自由的非家长主义干涉措施，并没有否定也需要采取避免当事人（自由受到限制的人）受到本可避免伤害的家长主义干涉措施，例如健康促进、对有利于健康和不利于健康的行为采取奖惩措施、强制性义务免疫接种等。密尔也说过，在桥上行走的人如有掉入河中的风险，应该对他进行干预，以防他掉入河中。[①] 因此，以公共卫生的名义来干预个人的行动，是可以得到伦理学辩护的。

第二个我们认为更重要的理由是公民有义务为社会建立和维护公共卫生这个“公共品”（public good）。这就要涉及个体与社会的关系问题：个人不可能孤立地存在和生活在社会之外，人是一种关系的存在，人处于关系之中。个人与他人、与整个社会是相互依赖的。在健康方面也是如此。人唯有在一个良好的公共卫生框架或基本设施之内才能够预防疾病、治疗疾病、增进健康，个人不可能“独善其身”，即使你从父母那里继承了一套良好的基因组，你要拥有健康体魄，还需要良好的环境和条件。而公共卫生是对于公民的生存和发展非常重要的“公共品”。公共品是一个社会集体所有的，不排斥社会任何成员使用，而一个人的使用也不会影响他人使用的善品（good）。安全、教育、交通、法律、国防、科学、

---

① Saunders, B., 2016, “Reformulating Mill’s Harm Principle”, *Mind*, 125 (500): 1005-1032.

公共卫生、医疗都应该是公共品，供全民使用，或者可以用“公共事业”或“公共专业”来概括。不排斥其中有些公共事业让私人参与，但它们只能起辅助的、边缘的作用。但有些公共品是不允许私人插足的，例如安全、国防、公共卫生。作为公共品的公共卫生是不能在商品基础上让私人一方支付、另一方提供的。公共品使社会的所有成员受益，作为公民个体有义务来维持和扩大你所在社会的公共品，这既有利于自己及家庭，有利于他人，也有利于社会。正因为公共品为社会所有人使用，而以私人名义行动的所有人都不能对它们的保有和维护负有责任，因此它们容易被过度使用或支持不足，产生所谓“搭便车”问题。

在公共卫生中群体免疫（herd immunity）就是公民们集体努力形成的公共品。群体免疫意指，当人群中的大多数成员通过免疫接种形成了群体免疫后，传染病在这个人群中的传播就被遏制了。疫苗接种的历史在很大程度上是公共卫生强制执行疫苗接种的历史。目前在许多国家疫苗接种率很高，例如在美国1998年19—35个月大的儿童中疫苗接种率达90%。这既是医生说服也是强迫的结果。所有州要求所有儿童接种预防麻疹、小儿麻痹和白喉的疫苗，不接种的儿童不能上学，不能入正式的托儿所。疫苗接种的结果是，以前经常发生的疾病下降了99%以下。随着疾病的消退，人们越来越关注疫苗的质量、疫苗接种可能的不良反应。既然发生疾病的可能性小了，为什么还要儿童接受风险？有些父母认为，既然大多数人接受了免疫接种已经形成了群体免疫，不让我们的孩子接受免疫接种，对群体免疫不会有影响。于是就产生了“搭便车”问题。

对许多接触性传染病来说，接受免疫接种有两个潜在的正面结果：其一是，它通过提高个体对特定传染病的个人免疫水平对个体提供保护；其二是，它也通过有关人群内形成的普遍免疫水平保护了群体或人群的健康，确保特定疾病的暴发不大可能发生，这就是“群体免疫”。因此，可将接受免疫接种看作一种不仅使个体受益，而且也使集体受益的行动，因为只要人群内存在群体免疫，就使所有人受益，包括那些没有接受免疫接种的人以及尽管接受了免疫而免疫反应不足的人。也就是说，免疫接种既产生“私人品”（private good），又产生“公共品”（public good）。公共品具有非排外性以及依赖于大量个人的合作。非排外性是指无人能被排除在外而大家都能由此受益，即使他们对产生这些善品没有做出贡献。群体免疫就是这种情况：没有接受免疫接种的人可从群体的高度免疫性受益。然而群体免疫仅能通过集体的努力产生，因为任何个体单独行动都不能产生、获得或控制这种群体免疫。公共品的第三个特点是它的不可分割性，即它们不能分解或划分为许多私人品，在群体或人群之内分配。这完全适合于群体免疫，平等的集体受益仅能来自集体行动的结果。群体免疫提供群体保护，它是一种公共品，不可分割的、非排外的，并依赖于群体的合作行动。因此，作为个体的公民因参加免疫接种而既获得私人品，又分享公共品。那些不参加免疫接种的人也从公共品中获益，即使他们没有通过自己参加免疫接种而做出贡献。至少在某些情况下，个体没有参加免疫接种是由于医学上的理由，如对疫苗的某种成分过敏，或孩子太小，或者是由于错过了机会，这些都不是有意不参加免疫。但也有故意不参加免疫的，这是有行为能力的个体有意选择的结果，例如父母担心疫苗质量得不到保证。这种情况才是“搭便车”问题。这些逃避免疫接种的人没有履行作为一个公民应该对维护和扩大公共品的义务，如果大家都去“搭便车”，那么这个“便车”本身也就不存在，群体免疫无法形成，一旦传染病来袭，这个群体就不堪一击，大多数人会成为传染病的受害者。因此，不履行公共卫生义务者，将来应该接受适当的行政或法律的惩罚（例如郑州的郭某某）。[①]

（四）限制个人自由在伦理学上可辩护的条件

在限制个人自由方面，最严格的莫过于检疫和隔离。检疫和隔离对于尚无有效药物和疫苗的传染病疫情来说，是唯一控制传染病流行的有效措施。传染病控制的一个重要部分是防止暴发期间疾病进一步蔓延，对于呼吸系统感染，例如流感和冠状病毒感染尤为如此。流感和冠状病毒感染流行时感染者咳嗽、打喷嚏或说话都是传播的重要途径，因此限

---

① Dawson, A., 2011, “Vaccination Ethics”, in Dawson, A. (ed.), *Public Health Ethics: Key Concepts and Issues in Policy and Practice*, Cambridge University Press, pp. 143-153; Jennings, B., 2007, “Public Health and Civic Republicanism: Toward an Alternative Framework for Public Health Ethics”, in Dawson, A. & Verweij, M. (eds.), *Ethics, Prevention, and Public Health*, Oxford: Oxford University Press, pp. 30-58.

制人与人之间的接触，避免人群集会非常重要。在暴发期间，政府或公共卫生机构可能决定取消各种会议、群众集会、集市、演唱会、剧场表演、体育比赛，学校、幼儿园、商店关门（只留下少数超市）、工厂停业等等。再者在必要时限制人们出门旅行甚至访亲问友的自由，不管是为了公事还是私事。但这些措施会对人们的日常生活或他们的收入来源以及国家的经济产生重要影响。

在历史上，隔离或检疫的极端形式是将个体关在类似监狱之内，将他们完全排除在公共生活之外，而且是终身排除。隔离和检疫对个体生活的影响很大，使他们不能继续他们原来计划的生活，履行他们的工作职责，赚取生活费用，关怀所爱的人。与他人分开还有重要的符号意义：这些个体或群体容易被贴上“危险的”标签，这使他们不再是其社群的成员，被排除在这社群之外，甚至使他们得不到基本的必需品，例如食物和医疗。简言之，被隔离和检疫的所有个体至少被剥夺了若干福祉所需的基本来源。而且，检疫措施可能意味着将所有疑似患者放在一起，其中包括事实上接触疾病、在短期内可能生病的人，以及那些仅仅被人认为接触而实际上没有感染的人。这些没有感染的人可能与那些可能传染他们的人一起被隔离。于是，虽然检疫措施意在减少更大人群内接触传染的风险，实际上也增加了被检疫人群的风险。最近几十年业已制订了一些程序和条例，来使被检疫或隔离的人的风险最小化，至少使他们有正当程序的权利，来保护公民免受不合适的隔离。然而，即使这些措施谨慎应用，它们仍然需要伦理学的辩护，就因为这种严厉的检疫隔离措施对个人自由乃至由此而引起的对社会和国家的伤害和损失太大了。

隔离和检疫最能体现公共卫生与个人自由之间的冲突。由于患危险传染病的个人对他人的威胁，国家有权限制他们的自由。公共卫生官员可被授权以公共卫生名义剥夺个人的自由。这些都可以得到伦理学上的辩护。但在国家干预个人自由时也必须考虑到风险因素，包括风险的性质和程度，风险是否即将来临还是遥不可及，还有没有可供选择的其他应对办法。在以公共卫生名义进行国家干预限制个人自由时，能否得到辩护就要看我们面临什么样的威胁，对谁的威胁，威胁的确定程度如何，后果如何。艾滋病开始在我国发生时，有人就建议将艾滋病病人或感染者集中隔离起来，这样做就必然会严重限制他们的自由，而且这样做不能得到伦理学的辩护。首先，这种做法对遏制艾滋病是无效的。因为你这样做的前提是将人群中所有感染艾滋病病毒的人检测出来。就以艾滋病高危群体而言，估计服用非法药物的人有上千万，性工作者及其顾客有上千万，同性恋者估计有3000万，如何从数千万人中检测出艾滋病病毒感染者？还未包括那些在性方面比较活跃的青少年男女以及孩子长大成人后设法享有性生活的中老年男女。我们将艾滋病患者和病毒感染者集中隔离起来，使得更多的人不愿意去接受艾滋病病毒检测，于是他们尽可能在“地下”活动，这是公共卫生最忌讳之处。其次，这样做也是不必要的。艾滋病与其他传染病，尤其是呼吸道传染病不同，其病毒的传播仅有三条途径，即血液、性活动和母婴垂直传播。控制这三条途径存在有效的办法，没有必要将他们集中隔离起来。因此，为控制传染病、保护公众健康而限制个人自由，必须满足一定的可辩护条件。

规定一些限制个人自由的可辩护条件，可缓解公共卫生与个人自由之间的冲突。公共卫生措施，例如强制性免疫接种或传染病流行中的检疫和隔离，往往被置于个人自由之上。但这些措施为控制疫病流行是必要的，为了实现群体免疫和传染病防控的目标，有时不得不将促进公共卫生置于个人自由之上，但要根据疫病流行的性质和情境，对个人自由进行不同程度的限制。然而有时计划要实施的措施以及这些措施的实施过程会有欠妥之处，或者公众对此不了解，甚至也有个别人抵制和反抗，制订一些标准来确保这些限制个人自由的措施是合理的，能得到伦理学辩护的，这样才能向公众解释清楚这样做的理由，对于抵制和反抗也有理由采取行政的甚至司法的手段加以解决。我们认为，在公共卫生工作中限制个人自由可辩护的条件有：

（1）有效性（Effectiveness）：必须显示限制个人自由对保护公众健康或公共卫生是有效的。例如强制性免疫接种和疫病大流行时的检疫和隔离，业已证明对预防传染病和大流行蔓延是十分有效的。但试图将所有艾滋病感染者隔离起来，以控制艾滋病的蔓延，结果证明是无效的（例如在古巴就以失败而告终），因此这种做法得不到辩护。检疫和隔离的目的是阻断病原体与人体的接触，必须有一个不存在漏洞的程序落实，否则就不能做到阻断病原体与人体的接触。例如笼统地提出“家庭隔离”而没有规定什么是家庭隔离，家庭隔离的目的是什么，如何做到家庭隔离，如何检查和监督家庭隔离的实施，如何对家庭隔离进行评估和验收，没有这些详细的规定，家庭隔离就不能落实。例如此次新冠肺炎疫情初期，有些地方没有关于家庭隔离的详细规定而盲目提出“居家隔离”的政策，不可避免将病毒传播给家庭成员。还有人驾驶汽车将有症状的监狱释放人员从封城多日的武汉途经2000多公里运入北京，这样的隔离徒具形式，没有阻断病毒感染人体的途径。

（2）相称性（Proportionality）：必须权衡限制个人自由在公共卫生方面的受益与侵犯个人自由带来的风险。例如SARS期间所采取的强制隔离办法，限制了个人自由，也产生了不合意的消极后果，但对公众健康的保护十分重要，包括对被隔离者的保护。这样做符合相称性条件，在伦理学上能得到辩护。相称性也指对个人自由限制的程度应该与疫病的严重性和传播途径相适应，例如我国对SARS进行严厉的隔离措施，对新冠肺炎疫情采取封城的举措，而对禽流感则采取自愿隔离一周的措施，这样做符合相称性条件。如果对艾滋病感染者进行强制隔离，就不符合相称性条件。对于2009年发生的病情较轻的甲型H_1N_1禽流感，我国采取出入境管制和来自疫区人员居家自愿隔离一周的措施，大约发生确诊46600例，死亡6例。而在美国没有针对个人和人员集中场所采取任何措施，估计发生6080万例感染，27万例住院治疗，12469例死亡。显然，我们采取的措施在相称性方面要比美国略胜一筹。

（3）必要性（Necessity）：并不是所有有效的、相称的措施，为实现公共卫生目标都是必要的。有些措施可能不必要地侵犯了个人自由。例如将所有结核病人隔离起来进行治疗，以防止用药不当产生多重耐药结核菌，就可能不必要地侵犯个人自由。对患结核病病人实施监督下服药，或给完成治疗直到治愈的结核病病人提供奖励，比将这种病人隔离起来确保完成治疗要好。2019—2020年美国流感季已导致至少1900万人感染，约1万人死亡；我国每年患流感的也有上千万人，死亡8万—9万人，将所有确诊和疑似流感病人隔离起来，既是不可能的，也是不必要的。而对于遏制和最后控制新冠病毒传播，这种检疫和隔离则是必要的、必不可少的。主张强制检疫和隔离的人有责任提供支持性的理由，说明这种强制性做法是必要的。

（4）侵犯最少（Least infringement）：即使一项政策满足了前面三个辩护条件，还需要看对个人自由的侵犯是否最小化。当一项政策侵犯个人自由时，公共卫生工作人员应该寻求将对个人自由的限制减少到最低程度的政策或措施。例如此次新冠病毒流行期间，检疫和隔离最严格的武汉，居民可以有除书面方式以外的任何通信自由，社区中心协助解决他们日常生活的必需品问题等。在北京处于相对检疫隔离状态的居民，除了邮购、外卖（送到大门口自取）外，也可以去附近超市购物，或乘公交去远处访问。

（5）透明性（Transparency）：当公共卫生人员相信他们的政策、做法和行动侵犯某一群人的个人自由时，有责任向有关各方，包括受这种侵犯的人说明这种侵犯是必要的理由。这种透明性要求基于平等对待和尊重每一位公民。透明性也是为建立和维持公众对公共卫生的信任和树立责任心所不可缺少的。①

我们这里讨论的是采取检疫和隔离措施时的透明性，而不是讨论在整个防控疫病大流行中透明性的极端重要性。疫情如战场，信息瞬息万变。在制定一项有效的防控疫病流行的应对规划和策略时，信息的自由流动和及时可得，可以减少决策的不确定性和提高其有效性。像某些部门那样不考虑后果地压制专业人员提供的可能会对防控疫病有效的重要信息，致使武汉失去了防控疫情的宝贵窗口期。利用这宝贵的窗口期采取积极而有效的措施，有可能使武汉的疫情不致外溢到湖北省，更有可能不致外溢到全国，这是此次疫情应该反思的重要问题。

最后我们想要指出的是，检疫和隔离措施会对人们的日常生活或他们的收入来源有重要影响。例如工厂、商店、餐馆、办公室关门，取消大型活动，会影响一些人和商家收入。如果雇员工作的地方关闭时间长，他们可能失去工作，对于社会经济地位糟糕的脆弱群体影响尤为严重，例如外来工、农民工、临时工。如果某些群体由于公共卫生措施而

---

① Childress, J. et al., 2002, "Public Health Ethics: Mapping the Terrain", *Journal of Law, Medicine & Ethics*, 30: 170-178；翟晓梅、邱仁宗：《公共卫生伦理学》，中国社会科学出版社2016年版，第103、111—115页；Lei, R. & Qiu, R., *Report from China: Ethical Questions on the Response to the Coronavirus*, (2020-01-31), https://www.thehastingscenter.org/report-from-china-ethical-questions-on-the-response-to-the-coronavirus/.

损失严重，他们要求得到补偿是否能得到伦理辩护？以政府为基础的赔偿机制可视为社会同舟共济的表现。如果存在公共卫生的威胁，所有公民都应该愿意分担保护性措施的代价，毕竟如果这些措施有效，所有人都受益。同时，社会对损失严重者或受损失的脆弱群体进行适当补偿，体现了回报公正，以及避免扩大社会不平等和不公正。这种补偿机制对公共卫生本身也有益，例如禽流感发生时遏制动物源疾病的流行。畜牧业在许多人类传染病的传播和扩散中起重要作用，现在对畜牧业疫病暴发的对策是集体屠杀所有曾接触疾病的动物以及在确认病例一定范围内的所有动物。补偿机制不仅是一个公正和共济问题，而且也有利于对动物源传染病的检测。如果农民面临他们的动物悉数遭到屠杀而没有补偿，可能不愿意报告养殖场内的病情。因此补偿机制有利于检测工作，而检测对于及时而有效应对传染病的暴发不可缺少。因此，妥善处理隔离后补偿问题，对于全社会同舟共济预防、控制和抗击传染病的流行是有益的，也是可以得到伦理辩护的。

（雷瑞鹏、邱仁宗，原载《探索与争议》2020年第10期。）

十四　防控新冠肺炎疫情的伦理和政策问题

（一）前言

生命伦理学的使命是帮助临床、研究和公共卫生专业人员以及相关监管者、立法者等握有公权力人员做出合适的或合乎伦理的决策，为临床、生物医学科技和公共卫生的伦理治理提供伦理学的基础。在防控新冠肺炎疫情中生命伦理学的使命是帮助医生、科学家、公共卫生人员和决策者做出防控疫情的合适决策，这个决策应该与其他可供选择的决策相比是：对防控新冠肺炎疫情更有效，能够更为有效地延缓并最后终止疫情的发展；能够使人的健康和生命损失更小；能够更早地复工复业复市复课，并且在个人自由和权利方面限制得更少。

这次的新冠肺炎疫情是动物源疾病（zoonosis，过去译为人畜共患病是不合适的，因为这个译名模糊了这类疾病来源于动物）的一次暴发和大流行。根据人类对动物源疾病数百年甚至数千年的斗争经验，对动物源疾病（例如鼠疫、猪流感、禽流感、SARS、MERS 等）可以形成若干基本认识[①]：

· 动物（尤其是脊椎动物，如蝙蝠）源疾病比禽类源疾病厉害得多，疫情的暴发和流行往往是突然发生的，其原发国家往往是事先不知道，因而缺乏准备。在通信和交往不甚发达的时代，继发国家也难以对此有所准备。例如 1918 年的猪流感大流行，第一个病例发生在法国，随后快速蔓延至全世界，一直到太平洋诸岛和北极附近，全世界有 5 亿人感染，死亡 5000 万至 1 亿人。即使通信发达的现代，有些国家会认

① 翟晓梅、邱仁宗：《公共卫生伦理学》，中国社会科学出版社 2016 年版，第 287—288 页。

为“这些是落后国家的病，与我们无关”。例如新冠肺炎疫情，尽管我国早已在1月份报告给世界卫生组织，世界卫生组织也早已立刻告知欧美各国，但有些国家，尤其是美国仍认为“我们这里平安无事”。

·疫情的暴发和流行必然引起资源匮乏，分配必须有优先次序，不会给每个人分配到同等的资源，对此要制订合乎伦理而又可行的分配原则，满足稀缺资源分配的公平性和可及性。

·在疫情的暴发和流行期间总会有对个人自由权利的限制，施加限制的需要和性质可因大规模流行的疫病类型、疾病传播机制、可得的医疗以及国家总的社会经济状况等而异。但必须公开透明，事先告示，使大家有思想准备。

·在疫情的暴发和流行期间，“个人”处于相互传播疾病的网络之中，大家（至少潜在地）全都既是得病者（victim）又是传病者（vector）。认识到这一点，有利于大家建立“同舟共济”思维和态度。

下面我们将讨论这次新冠肺炎疫情提出的伦理问题和政策问题。

（二）应对疫情应该采取什么样的策略?

我们先看看美国和中国应对甲型 H_1N_1 大流行的策略。2009年，H_1N_1 流感在美国大面积暴发，并蔓延到214个国家和地区，导致全世界近20万人死亡。美国采取的是“应付”策略，并未对疫情的发展进行强力干预和广泛宣传，4月美国出现甲型 H_1H_1 流感病例，但5月就宣布将停止统计甲型 H_1N_1 流感病例。这向世界发出一个错误信号：“甲型 H_1N_1 流感跟普通流感差不多，不用紧张。”可是突然间，2009年10月26日宣布甲型 H_1N_1 流感紧急状态。《华盛顿邮报》网站26日的文章说，奥巴马这一决定，是因为认识到了甲型 H_1N_1 流感病毒可能影响到白宫的政治风险。《华尔街日报》网站上，一位网民质疑说，应该一开始就宣布紧急状态，但政府一直等到道琼斯指数重上一万点才宣布这个决定，他们认为银行股价稳定比甲型 H_1N_1 流感更重要。奥巴马及其幕僚知道，奥巴马支持率下跌，美国人的注意力需要从对总统和白宫的劣行上转移。挪威《快报》批评美国说，“几个月以前美国还在安抚欧洲，美国是安全的，现在看，那完全是个谎言。”瑞典卡罗林斯卡医学院教授维克福斯表示，就在几个月前，欧洲很多国家在甲型 H_1N_1 流感问题上还在赞扬美国的“沉着勇敢”，并且批评中国“紧张过度”，但从现在的情况看，中国人做了一件聪明的事情，而美国犯了错误，更是坑了世界。①

而我国采取的是“阻断”策略。2009 年 4 月 30 日，我国迅速成立了由卫生部牵头、33 个部门参与的应对甲型 H_1N_1 流感联防联控工作机制，下设综合、口岸、医疗、保障、宣传、对外合作、科技、畜牧兽医等 8 个工作组以及甲型 H_1N_1 流感防控工作专家委员会，筑起了联动“防火墙”，并且确立了“高度重视、积极应对、联防联控、依法科学处置”的防控原则。② 以中国为代表的、经历过 SARS 疫情的亚洲国家均采取全力防控而不是应付的策略。

中美对防控 H_1N_1 策略的结果是：根据美国 CDC 估计，2009 年 4 月 12 日到 2010 年 4 月 10 日，在美国 6080 万人患病，274304 人住院，死亡 12469 人。③ 而在我国，截至 2010 年 3 月 31 日，全国 31 个省份累计报告甲型 H_1N_1 流感确诊病例 12.7 余万例，其中境内感染 12.6 万例，境外输入 1228 例，死亡病例 800 例。④ 我们从中得到的启示是，防控疫情的出发点是人的福祉（wellbeing），在这里就是防止、减轻和挽救人的健康和生命的损失。人的生命重于泰山。这是防控疫情大流行的第一伦理原则。这使得人们即使初期可能有失误，也有可能调整过来。如果防控疫情是为了选票或股市，就会前后摇摆，进退失据，最后使人民的健康和生命蒙受重大损失。现在美国联邦政府应对新冠肺炎疫情也没有摆脱这一套路。

1. 防控新冠肺炎疫情的三种策略

消除性策略（elimination strategy）：这个策略的目标是切断病毒与

---

① 《美国误导世界——甲型流感松懈》，《环球时报》2009 年 10 月 29 日。

② 《卫生部部长：中国应对甲型 H_1N_1 流感积累六大经验》，http://www.gov.cn/gzdt/2009-08/24/content_1400044.htm.

③ CDC，*H1N1 Pandemic*（*H_1N_1pdm09virus*），（2009），http://www.cdc.gov/flu/2009-H1N1-pandemic. H_1N_1

④ 《中国累计报告甲流确诊病例 12.7 余万例 死 800 例》，http://www.chinanews.com/jk/jk-jkyf/news/2010/04-02/2206312.shtml；操秀英：《甲型 H_1N_1 流感：金融海啸中的致命飓风》，《科技日报》2020 年 5 月 7 日。

人的接触，消除病毒的传播链，最后迫使病毒死亡。病毒只能在动物或人体内生存和繁殖，不能在体外生存。这种策略是采取强硬措施压平传染曲线。[①] 我国和新西兰等国都采取这一策略。我国对武汉封城，新西兰封国；广泛的检测和接触追踪；关闭公共场所和禁止聚会；禁止旅行；强制性社交距离和戴口罩。优点是减少感染、住院和死亡人数；可使经济早日恢复。缺点：社会和经济代价可能比较大，由于不得不停市停业，迫使许多人失业，经济无法正常进行而不得不停止；还有可能因输入病例增多或无症状感染者数量大而复发，并可能形成二次暴发。然而，这种策略使患病和死亡人数大为减少，因此容易复工复业复市复学，恢复经济。5 月 7 日统计全国输入病例总计 1680 例；无症状感染者发现 880 例，完全在可控范围之内。[②]

新西兰的经验值得我们了解。2020 年 3 月 23 日，当新西兰已经发现有 102 例感染（0 死亡）时，新西兰年轻女总理就宣布采取消除性策略（限制旅行、拉开社交距离等），26 日进而宣布“封国”。4 月 24 日，这个 500 万人口的国家只有 1500 例感染，17 例死亡；而美国科罗拉多州人口 550 万，11000 例感染，550 人死亡。4 月 28 日，新西兰总理宣布新冠病毒已经被消除（eliminated），感染实际是 1412 例，19 例死亡，82%的病人已经恢复，72%的经济已经恢复运转。而澳大利亚还在考虑采取消除性策略还是减缓性策略，该国总理坚定地站在特朗普一边，要向中国甩锅。[③] 新西兰的经验（当然还需要谨慎从事）说明：human right v human left 这一两分法中，如果 human left 还有什么 human right？唯有人留下来才有人权可言。这就涉及公共卫生中一个基本的伦理问题：当你所属人群（包括你自己）的健康和生命受到威胁时，暂时地适度地限制你的自由和权利完全能够得到伦理学的辩护。

---

① Baker, M. & Wilson, N., *Elimination: what New Zealand's coronavirus response can teach the world*, (2020 - 04 - 13), https: //www. theguardian. com/world/2020/apr/10/elimination-what-new-zealands-coronavirus-response-can-teach-the-world.

② Howard, J., "To help stop coronavirus, everyone should be wearing face masks", *The science is clear*, (2020-04-04), http: //www. theguardian/com/commentisfree/2020/appr/04/why-a-mask-may -be our -best -weapon-stop-coronavirus.

③ Baker, M. & Wilson, N., *Elimination: what New Zealand's coronavirus response can teach the world*, (2020 - 04 - 13), https: //www. theguardian. com/world/2020/apr/10/elimination-what-new-zealands-coronavirus-response-can-teach-the-world.

同样，中国的经验是非常成功的，最大程度减少感染人数和死亡人数，使人民的健康和生命的损失降低到最小程度，也能早日逐步恢复正常的个人、家庭、社会和经济生活。这次五一节，1亿多人出游，在继续采取适度防控措施下有多少人感染病毒？几乎没有！新增的主要是境外输入病例。当然还需要对疫情保持警惕，使疫情防控常态化。这又一次证明我国强有力的组织力和领导力。这也是一些国家无法学习我国经验的原因。这是一个新型病毒，疫情初期有失误在所难免。然而，这个新病毒是冠状病毒，我们可以根据经验、理性和逻辑假定（assume）它是人传人的。而事实上1月份已经有医生感染该病毒。如果已经有40余例确证病例，再加上几十例“不明肺炎”的疑似病例，那时就封城或封锁某些地区，将这100余例以及通过接触追踪得到的接触者全部隔离起来，岂不更好？冠状病毒跨越物种障碍外溢到人后，先感染对病毒有易感性的个体即样本者（samplers），通过少数样本者感染传播者（spreaders），再从传播者感染一般人群，形成暴发（一天增加几百、几千，甚至成万感染病例）。如果我们提前接触追踪，隔离感染者和接触者，封锁局部地区，是否有可能避免封城？即使提前封城，也可能不致影响全国。这是不是大惊小怪？对付冠状病毒就是要如此。其实，检测、口罩、保持社交距离、不聚会，这些基本措施是非常重要的，而又是比较简单的。拿戴口罩来说，这是既简单又有效的办法，如果50%的人戴口罩，病毒传播就能预防一半，如果80%的人戴口罩就能够阻断病毒传播。① 但有些国家的人有这样的陈旧观念，认为人一戴口罩其道德就低人一等，容易受人歧视，因此很不愿意戴口罩，说服他们戴口罩很难。有人用一个简单明了的比方说明戴口罩的重要性，这种比方称为尿液测试：如果我们都是裸体，有人往你身上撒尿，你马上就会被弄湿；如果你穿上裤子，有些尿将透过裤子，但不多，所以你得到了较好的保护；如果撒尿的人也穿了裤子，尿就留在他裤子上，你就不会被弄湿。②

---

① Vakil, K., *We asked health experts about the "Wear Your Mask: The Urine Test" meme*, (2020-05-01), http://www.couriernewsroom/20200501/we-asked-health-experts-about-the-your-wear-mask-the-urine-test-meme/.

② 《从“防疫模范”，到确诊病例破万！新加坡疫情为何突然二次爆发》，https://baijiahao.baidu.com/s?id=1665001883325151741&wfr=spider&for=pc.

2. 抑制性或减缓性策略（suppression or mitigation strategy）

政府采取的限制性措施或者属于建议性或者虽属强制但不严格执行，例如提倡自愿戴口罩、自愿保持社交距离或自愿居家隔离等，目的是逐步拉平传染曲线，逐步减少感染数以减轻医院压力；曲线一旦拉平就逐步放松限制性措施，恢复正常生活。[①] 优点是，公众容易接受，对经济损失较小。缺点是，如果迁就公众错误的陈旧观念，不严格执行戴口罩、保持社交距离、禁止聚会等措施，患病率和死亡率就会偏高（例如欧洲各国以及美国一些州的患病率和死亡率都偏高），并容易复发。例如新加坡，1—3 月累计病例仅为 233 例，受到世界卫生组织的表扬，可是截至 4 月 22 日中午 12 时新加坡新增确诊人数 1016 例，累计确诊人数达到 10141 例。至此，新加坡成为东南亚首个确诊病例人数破万的国家，现在不得不再度采取限制性措施。新加坡此前一方面出台政策，禁止去过疫情高发区的外国人士抵新，并要求回国的民众遵循 14 天的居家隔离令，违反人员将被判罚 6 个月监禁或 1 万新元，对密切接触者进行详细追踪，从住宅位置到社会关系等；但另一方面一直不停工不停课不封城，不建议民众佩戴口罩，社交距离凭自愿，不进行社区隔离，每天仍然有 1000 人出国旅行等，基本上属于减缓性策略，现在不得不收紧限制性措施，例如要求大家戴口罩等。[②]

3. 放任性（laissez-faire）策略

人们给这种不负责任的策略一个好听的名字：自然群体免疫策略（或佛系抗疫）。这是一条死胡同。

群体免疫是这样一种情况，人口中有足够比例的人对特定的病毒产生的感染拥有免疫力，这样就会延迟或阻止疾病传播，保护高危的个人。通过自然感染可以产生免疫力，使身体对侵犯的病原体产生免疫反应。然而，在这种情况下，个体必须通过患病来获得对未来感染的免疫

---

① Baker, M. & Wilson, N., *Elimination: what New Zealand's coronavirus response can teach the world*, (2020-04-13), https://www.theguardian.com/world/2020/apr/10/elimination-what-new-zealands-coronavirus-response-can-teach-the-world.

② 雷瑞鹏、邱仁宗：《为什么自然群体免疫得不到伦理辩护？》，《健康报》2020 年 5 月 8 日。

保护。另一种办法是，可使用人工的免疫接种将处于某种状态的病原体引入人的身体，这不会使接种疫苗的个人患病而仍然能够使他对未来的感染产生免疫保护反应。

群体免疫如何影响病毒的传播和保护人们?

人群1：没有免疫力

基础繁殖比（basic reproduction ratio，符号为R0）是从一个病人传染到整个人群中的平均感染人数。在第一阶段，R0为3的病毒（意指每一个受感染的人会一直继续去传染3个其他的人）从受感染的一个人传播到三个过去未曾感染过而没有免疫力的人。在第二阶段，这三个人分别感染另外三个人，导致该人群内被感染的人数增加。在第三阶段该人群所有人都被感染了。

人群中的免疫力能够阻止病毒的传播，保护了整个群体，包括没有免疫力的个人。

自然群体免疫策略带来的健康和生命的伤害太大。在一个群体中，如果受感染的人不能接触到未受感染的人，也就不可能把病毒传染给他们。于是，感染链中断，传播停止，最后病毒死亡。这就是为什么我们想尽一切办法使病毒不能接触到人，包括戴口罩、保持社交距离、对来自疫区的人进行检疫、对疑似感染者隔离、对不管是轻症还是重症的病人都要隔离治疗、对疫情暴发地区进行“封城”、禁止聚会和自由旅行等等。如果我们放任病毒去感染人，借以形成自然群体免疫就要考虑病毒的基础繁殖比（RO）：这决定群体中需要多少人感染病毒产生免疫力，才能形成自然免疫力。例如麻疹病毒的R0是12—18，即一个感染麻疹的人可传染其他12—18个人，要在群体中形成对麻疹的自然免疫力，需要人群中92%的人感染病毒拥有免疫力。新冠病毒（SARS-CoV-2）的R0估计为2.5，因此需要感染病毒产生免疫力以实现群体免疫的人口比例约为60%。为了简化，我们假设英国人口是6000万（实际是6500万），美国人口3亿（实际是3.28亿）。如果形成自然群体免疫，需要60%的人感染新冠病毒，那么这两国分别需要3600万和1.8亿人感染病毒。如果以我国新冠肺炎平均死亡率2.3%来计算（简化为2%，世界卫生组织公布的平均死亡率为3.4%），为获得自然群体免疫，英国需要死亡72万人，美国需要死亡3600万人。这一死亡人数比这两国历史上因战争而死亡的人数加起来还要多。人的生命比泰山还重。为获得自然免疫力，需要英美两国分别有 3600 万和 1.8 亿人感染病毒、72 万人和 3600 万人死亡，这在伦理学上能接受吗？

自然群体免疫在伦理学上不可辩护和不可接受，其一，因为采取自然群体免疫的策略将使人民遭受巨大的伤亡，他们的身体、精神和社会上遭受的伤害将是史无前例的，实际上对于任何人、任何家庭和任何社会都是无法承受的，这将是社会的崩溃。而幸存者所得到的免疫力究竟能持续多久，面临病毒的变异是否能够继续有效，都是不确定的。因此，这一决策对个人、家庭和社会带来的巨大而可能不可逆的伤害大大地超过可能有限的受益（风险—受益比太差）。因此，这一决策是坏的、糟糕的、贻害无穷的。其二，决策者有勇气将分别需要 3600 万人和 1.8 亿人感染病毒、72 万人和 3600 万人死亡的事实公开告诉英美两国的老百姓吗？肯定没有这样的勇气。于是，他们只好拐弯抹角地隐瞒事实。其中英国政府很快就否认他们要采取自然群体免疫的策略应对新冠肺炎的流行。但美国政府实际上在暗中执行如此荒诞而缺乏公共卫生常识的政策，没有将实情告知他们的人民，许多美国人民被蒙在鼓里，因而美国政府违反了尊重人的自主性，违反了知情同意的伦理要求。因此，这种决策是错的，而且是大错特错的。幸亏美国是实施联邦制的国家，许多州反对美国联邦政府的自然群体免疫策略。①

那么如何看待瑞典的经验或教训？拥有约 1100 万人口的国家瑞典，在国内出现疫情后，一直没有实行严格的隔离措施，餐馆、酒吧、理发店、健身房都正常营业。只规定：禁止 50 人以上的聚会；关闭高中和大学；并禁止私自探访养老院。此外推行的都是自愿防疫措施：建议人们在家工作；建议 70 岁以上老人避免社交活动；对任何有新冠肺炎症状的人，建议在家休息。不过，国家边界、幼儿园、小学、初中仍然开放；餐馆、酒吧正常运营，但顾客只可围桌进餐，不能在吧台逗留。②瑞典实施的策略实际上处于自然群体免疫与减轻性策略之间。实际后果

---

① 《“佛系”抗疫的真相！他们寄望于群体免疫，现在的情况是……》，https：//baijiahao. baidu. com/s? id = 1665858972850266742&wfr = spider&for = pc.

② 丁丁旅行：《不封国隔离的瑞典，目前至少 11%感染，死亡率高居北欧各国之首》，https：//www. sohu. com/a/390439532_ 246796.

是无论其感染率和死亡率均比其他北欧国家丹麦、挪威、芬兰高得多。根据美国约翰·霍普金斯大学网站的疫情实时统计数据，截至4月27日12时，瑞典确诊病例18929例，死亡病例2274例。丹麦确诊病例8698例，死亡422例。芬兰的最新确诊病例为4695例，死亡190例，而该国最近仍把禁止大规模集会的时间延至夏天。瑞典2300多名专家和医生公开发表联名信，要求政府改变防疫政策。瑞典医学专家纳克勒称："没有人尝试过这条路线，为什么我们要在未经知情同意的情况下首先在自己的国家实施这样的措施？"① 瑞典卡罗琳医学院教授纳尔松日前表示，瑞典政府对疫情的评估和行动模式"缺乏科学证据"。他警告，瑞典的防疫方式犹如任由厨房着火，等它自己熄灭，而无视火势蔓延焚毁全屋的风险。"群体免疫"的前提是保护好老人等脆弱人群、易感人群，但是瑞典的数据显示，老人的死亡人数已占整体死亡人数的一半以上。瑞典教授林纳森解释说："瑞典科学界对政府的疫情防控政策感到担忧，特别是因为它是基于可疑的估计和数据。"国际流行病学家们警告称，目前世界疫情高峰尚未到来，人们等待着瑞典的实验将如何结束。报道称，这不是科学家在小白鼠身上做实验，而是瑞典政府在自己的同胞身上做实验。②

（三）疫情时期稀缺资源的分配

疫情暴发，医疗需要突然增长，事先没有预先准备，只好立即安排，采购订货，供应需要时间，因而必然使防控疫情所需各类资源稀缺，包括：用于预防的资源，如口罩、疫苗等；用于诊断、治疗的资源：试剂盒、病床、防护服、呼吸器、药物（支持性或特效性药物），甚至整个医院，以及所有其他相关设备等。从伦理学的要求看，稀缺资源的分配应该是可及的和公平的。

---

① 《瑞典首都"群体免疫"下月见效？死亡率超美国，大学教授揭背后真相》，https：//baijiahao. baidu. com/s? id = 1665175104728510381&wfr = spider&for = pc.

② 翟晓梅、邱仁宗：《公共卫生伦理学》，中国社会科学出版社2016年版，第289—290页。

稀缺资源的分配原则可罗列如下：[①]

原则 1：这些稀缺资源必须按需分配，尽可能使有健康或医疗需要的人可及。除了像口罩那样可以自购外，尤其是住院必须免费，不可按购买力来分配。如果有人穷得连口罩也买不起，也应免费供给。否则会形成可及的不公平，使脆弱人群受到不相称的伤害，使社会原有的贫富差距加大。

原则 2：应该利用有限资源产生最大的健康和生命受益，即增加痊愈率、症状好转率、死亡率，用有限资源挽救最多人的生命，恢复最多的人的健康。

原则 3：有限资源的分配要公平。对于个体来说，需要以同等的权重给予同等的健康或医疗，以避免歧视脆弱人群而对拥有财富或权势的人群特殊照顾，使不公平最小化。对脆弱人群要特别保护，脆弱人群是缺乏保护自己利益和权利的群体，例如穷人、病人、儿童、孕妇、老人、住在护理院和养老院的人、监狱里的犯人等。每个人都需要戴口罩预防病毒，这是同等的预防需要，那就要设法使每个人都可获得口罩，对于穷得买不起口罩的人，就应免费供应他们。如何给予不同等的需要以不同等的权重呢？这是一个值得探讨的问题。可以考虑：其一，对一些由于境遇更差而对治疗有更强烈需要的人，如病人（相对健康人而言）、危重病人（相对于病情轻微的病人或没有症状的感染者而言）、高危人群（相对低危人群而言）、比较年轻的人（相对于老人而言）等人的需要给与较高的权重；对于对治疗有反应、预后较好的人（相对于对治疗无反应的人而言），应该给予较高的权重。

原则 4：建立和遵循分配稀缺资源的公平程序。例如决策和辩护理由的公开；辩护理由能为所有人合理接受；有明确和可接受的修改程序；有明确的实施政策和权威；等等。

药物和疫苗的分配产生的问题有：如果药物不能治疗所有病人，应治疗哪些病人？按照上述的分配原则，则下列四类病人有优先权：身为医疗救治服务人员和为社会提供基本和必要服务的人员；对治疗有反应的病人；高危病人；儿童、青少年、比较年轻的病人。疫苗仅对尚未感

---

① 翟晓梅、邱仁宗：《公共卫生伦理学》，中国社会科学出版社 2016 年版，第 289—290 页。

染的人有意义，疫苗可提供最高水平的保护，在高收入国家可随时间推移而增加供应，那么疫苗应优先供应哪些人？按照上述的分配原则，则得到优先供应的应该是：儿童、医疗救治服务人员和为社会提供基本和必要服务的人员；高危人群；对疫苗有反应的人。

稀缺药物和疫苗的分配必须采取配给的办法。在我国制定的《应对流感大流行准备计划与应急预案》中，规定了药物和疫苗优先配给：为社会提供基本服务的人群，以及老人、儿童等高危人群。药物使用的策略是，抗流感病毒药物优先用于临床患者的治疗，预防用药优先使用人群包括老人、儿童、职业高危人群及患有慢性疾病、免疫功能低下的人群等。这些规定是与伦理学的要求一致的。

优先提供医护和社会必要服务人员的理由有二：其一，尽可能确保当疫情来到时本身资源也变得稀缺的医疗和公共卫生体系以及公民正常生活所需的社会服务体系正常运行。其二，优先给予医疗救治人员和提供社会必要服务人员预防和治疗性医疗资源，可能是切断病毒传播途径的关键措施之一。这是因为这两个群体最有可能成为病毒的感染者和传播者。优先配给药物或疫苗给这些群体，可以在一定程度上控制疫病的传播与流行，降低感染的发病率和死亡率。

稀缺资源是否可按类选法分配？[①] 类选法（triage）来源于战场对伤病员的处理。在一场战役中，留下大量伤病员，而医务人员和药品严重缺乏，那么如何处理大量的伤病员呢：那时医务人员不得不把病人分成3类：（1）即使不治也有可能恢复；（2）即使治也不能恢复；以及（3）治疗可使他存活和恢复，不治则可能死亡或残疾。医疗救治人员会将优选治疗放在第3组病人，然后再来照顾第1、2组病人。这是根据需要分配有限资源，也是最有效地使用资源的一种办法。这是在战场上首先使用的方法。在疫情时期我们能否用此法分配稀缺资源？是否可解决稀缺资源分配的可及性和公平性问题？这也许是一种既合乎伦理又可行的稀缺资源分配办法。

但有一种主张将稀缺资源优先分配给年轻人的论证不能得到伦理学

---

① WHO, *Guidance for Managing Ethical Issues in Infectious Disease Outbreaks*, (2016), https://www.who.int/ethics/publications/infectious-disease-outbreaks/en/.

的辩护。这个论证被称为公平打球机会（fair innings）论证。[①] 公平打球机会论证支持根据年龄来分配资源和照护。意思是说，就像在板球或棒球比赛中队员轮流掷球或接球一样，那些已经到达人类生命正常寿命的老人比起还没有到达这个年龄的人，就不能要求分配到资源，要把机会留给年轻人，让他们也有机会活那么长。这种论证站不住脚。设想一个年老病人，另一年轻病人，后者因为年轻，可以优先获得治疗，但有少数年轻人抽烟喝酒，患有许多疾病，而有些老人身体状况良好，平时做的工作也许比上述这些年轻人还多，其预后可能比上述年轻人还要好。根据年龄分配稀缺资源将老人置于不公平的地位，是对老人的歧视，违反了医疗的公平性。

（四）药物疫苗研究/试验性治疗双轨制

为防控疫情，研发安全而有效的诊断、治疗方法和疫苗是道德命令，必须是我们防控疫情努力的优先事项之一。一般情况下，一种新研发的药物必须经过临床前研究（包括实验室研究和动物实验）和临床试验证明安全、有效，才能获得药品管理部门批准上市，之后才能在临床上应用。为新研发的药物制订试验研究、审查批准、推广使用的质量控制程序，是基于无数历史的教训。一旦其安全性和有效性得不到保障，就有可能导致更多患者服用后致残致死。因此，所有研发新药的国家都以法律法规的形式，制订了一整套新药临床试验质量控制的规范。

临床试验共有三期：I 期是初步进行安全性研究，通常在小量健康人中进行，逐渐增加剂量以确定安全水平。这些试验平均需要 6 个月至 1 年，约 29%的药物不能通过这一阶段。Ⅱ期是检验药物的有效性并提供安全性的进一步证据。通常需要两年时间，涉及数百名用该药物治疗的患者，约 39%的药物无法通过这一阶段。Ⅲ期是较为长期的安全性和有效性研究，涉及众多研究中心的数千名患者，旨在评估药物的风险—受益值，一般需要 1—3 年，而这一阶段通不过的药物只有 3%—5%。那么，在危急时刻能否在临床试验结束前提前使用？这种按部就班的较

① 翟晓梅、邱仁宗：《公共卫生伦理学》，中国社会科学出版社 2016 年版，第 425 页。

为漫长的临床试验程序，面对疫情凶险、传播迅速的传染病挑战时，就会产生一个问题：如果我们手头已有一些通过动物实验但尚未进行临床试验或正在进行临床试验的比较安全有效的药物或疫苗，能不能先拿来救急，挽救患者的生命？或者我们还是要等到临床试验的程序全部走完，再将其用于患者呢？

我们与之斗争了数十年的艾滋病，在刚开始蔓延的时候就遇到了类似的情形。当初疫情危急，患者的死亡率很高。一些患者不愿坐等死亡，出于绝望，他们中的60%—80%纷纷自行寻找疗法，将生命置于危险的境况之中。当时研发的双去羟肌苷是一种有希望的抗逆转录病毒药物，可代替毒性较大的齐多夫定，但还没有完成临床试验。艾滋病在当时没有有效的治疗方法，临床试验设置的标准会将许多患者剔除，符合标准的患者又因各种原因不能前去，接受安慰剂治疗的患者更不能从试验中受益，到药物最终被确认为安全有效时，许多患者已经死于艾滋病。因此，在艾滋病患者的强烈要求下，美国当局决定将安全性和有效性尚未最终证明的双去羟肌苷提前发放，并实行"双轨制"，即一方面继续对药物进行临床试验，另一方面立即将该药发放给患者服用。后来埃博拉病毒流行时也是采取的这一办法。

提前发放试验药物的风险评估。在疫情流行期间，我们等待走完临床试验程序才允许病人使用以及在临床试验的同时我们挑出一些比较安全有效的用于病人（试验性治疗，美国称创新治疗 innovative therapy），这两个选项都有较大的风险。面临两个选项都有较大风险时，合乎伦理的选择应该是：两害相权取其轻。挽救人类生命是第一要务，二者之中哪个伤害的可能性更大一些呢？在按常规进行临床试验时，死亡率高达55%以上的埃博拉患者肯定会逐一死亡。服用那些已经动物实验或尚未完成临床试验的药物或疫苗的患者虽有风险，但很可能会低于或显著低于前者。已经服用处于临床试验期的抗埃博拉药物 Zmapp 的两位美国医生情况好转这一实例说明，对后一选项抱较为乐观的态度是有根据的。

试验性治疗风险最小化。试验性治疗使用的是新研发的、已经临床前试验、但未经临床试验或正在试验之中的药物，其安全性和有效性尚未经过证明。然而，它已经通过实验室研究，尤其是经过动物实验证明是比较安全、有效的。所以，试验性药物既不是药品管理部门批准、医学界认可的疗法，也不是“江湖医生”的偏方或祖传秘方。采用试验性治疗的条件如下：

· 不存在已经得到证明的有效疗法；

· 不可能立即启动临床试验；

· 至少根据实验室和动物研究提供的数据对干预的安全性和有效性提供初步支持，且有合适科学资质的伦理委员会根据有利的风险—受益比分析建议在临床试验之外进行这种干预；

· 有关国家主管部门以及具有合适资质的伦理审查委员会已经批准使用；

· 有充分的资源确保风险最小化；

· 获得病人的知情同意；

· 对干预进行监测，对结果加以记载，与广泛的医学和科学共同体及时分享治疗结果。

（五）限制自由：在防控疫情中的非药物干预

对于一种既没有特效药物又没有疫苗的新型病毒引起的疫情，也许隔离（广义上的，防止人与病毒接触）是唯一有效的办法，要实施隔离，就会限制个人的自由和权利，尤其是隔离的实施是强制性的，不仅是建议性的。戴口罩、保持社交距离、消毒、接触追踪、无症状感染者/疑似病人/确证病人的隔离治疗、来自疫区的检疫、居家检疫、社区管制、禁止聚会、禁止旅行、封城等目的都是防止病毒接触人，病毒接触不到人就会死亡。

隔离遇到的阻力比较大（有人喊“要自由，不要隔离”“隔离侵犯自由和人权的基本价值”）；不易落实（如武汉一个释放罪犯被人驱车3000里安然送进北京小区），徒具形式；对经济的影响比较大（对个人也是对社会）。这里存在着被隔离者和施行隔离者对自由和人权的意义理解问题；以及不了解在公共卫生中为了公众健康（其中包括每一个个人）有时必须暂时地、有限度地限制个人的自由和权利。而这种限制是有条件的。

1. 对个人自由的认识

自由（free）源自古希腊文，是指奴隶解放，不再按奴隶主的意志生活，而是按自己的意志生活，他们有了自我，有了自己的生活。亚里士多德说，自由的意义是，一个人应该像他喜欢的那样活着。[①] 自由是人的基本价值，但不是唯一的、永远压倒一切的基本价值。人还有其他基本价值：健康、生命、公正、不伤害人、尊重人、共济、为他人（家庭、社会、国家、人类）做贡献。自由这个基本价值是否比其他基本价值更高，要看情境如何。例如自由与生命这两个基本价值，在战争情境下有时自由的权重会大于生命，但在平时肯定生命的权重大于自由。生病住院，你的自由必然受到限制，大家理所当然接受，不会提出抗议。而且自由这个基本价值也可与其他基本价值相辅相成。“要自由，不要隔离”，这是不懂得对立统一的道理：暂时的隔离是保护你永久的自由。疫情到来，生命没有了，还有自由吗？自由本身不是目的，不能为自由而自由。我们成为一个自由人以后，就要为了某种目的而采取自主的行动。当裴多菲发表“生命诚可贵，爱情价更高，若为自由故，二者皆可抛”这一脍炙人口的诗句时，他要自由是为了争取民族解放。此外，个人的自由不仅仅与个人有关。许多人自由从事国际、国家、社会需要的活动。许多人自由地去工作，有利于他人。所以限制个人自由不仅影响他们自己，也影响社会经济、政治、文化、医疗、教育、科研事业。

在疫情期间限制个人自由有 5 个可辩护条件：

有效性（effectiveness）：必须显示限制个人自由对保护公众健康或公共卫生是有效的。例如强制性免疫接种和流感大流行时的检疫和隔离，业已证明这些措施对预防传染病和控制大流行蔓延是十分有效的。但试图将所有艾滋病感染者隔离起来，以控制艾滋病的蔓延，结果证明是无效的，因此这种做法得不到辩护。

相称性（proportionality）：必须显示限制个人自由在公共卫生方面的受益要比侵犯个人自由的风险大得多。例如 SARS 期间所采取的隔离办法，限制了个人的自由和自主性，又有不少不合意的后果，但对公众健康的保护十分重要，包括对被隔离者的保护。这样做符合相称性条

---

① Aristotle, *Politics* 6.2, https://en.wikipedia.org/wiki/Liberty.

件，在伦理学上能得到辩护。相称性也指对个人自由限制的程度应该与疫病的严重性和传播途径相适应，例如我国对 SASS 采取严厉的隔离措施，而对禽流感则采取自愿隔离一周的措施，这样做符合相称性条件。如果对艾滋病感染者进行强制隔离，就不符合相称性条件。

必要性（necessity）：并不是所有有效的、相称的措施，为实现公共卫生目标都是必要的。有些措施可能不必要地侵犯了个人自由。例如将所有结核病人隔离起来进行治疗，以防止用药不当产生多重耐药结核菌，就可能不必要地侵犯个人的权利和利益。给完成治疗直到治愈的结核病病人提供奖励，比将这种病人拘留起来直到确保完成治疗要好。

侵犯最少（least infringement）：即使一项政策满足了前面三个辩护条件，还需要看对个人自由、权利和利益的侵犯是否最小化。当一项政策侵犯个人自由时，公共卫生工作人员应该寻求将对个人自由的限制减少到最低程度的政策或措施。当一项政策或措施必然会侵犯隐私时，应寻求侵犯程度最小的政策或措施。

透明性（transparency）：当公共卫生人员相信他们的政策、做法和行动侵犯某一群人的个人自由时，有责任向有关各方，包括受这种侵犯的人说明这种侵犯是必要的理由。这种透明性要求来自我们应该对公民平等对待，尊重他们。[①]

2. 对个人权利和人权的认识

权利是一个人合理（合乎伦理，能为伦理学辩护的）或合法（法律法规有规定的）的要求（claim）。不是所有要求都能构成权利。例如我要求医保付 50 万美元用肿瘤免疫疗法治疗我的肿瘤，我这个要求不能成为权利。当一个要求成为权利时，那么政府或相关部门就有义务保障我行使这个权利，例如现在我国制定民法典，那就是规定作为我国一个公民应该享有的权利，政府和司法部门就有责任保障公民行使这些公民权利。[②] 人权是作为人类一个成员应该享有的权利，这是总结历史教

① 翟晓梅、邱仁宗：《公共卫生伦理学》，中国社会科学出版社 2016 年版，第 111—115 页。

② 翟晓梅、邱仁宗：《公共卫生伦理学》，中国社会科学出版社 2016 年版，第 59—60 页。

训尤其是纳粹反人类罪行的产物，一个人或一群人，他或他们的价值观与主流社会不一致，格格不入，甚至有些人可能犯了根据主流社会规定的法律的罪，但作为人类一个成员，他们仍然具有人的尊严，仍然是目的本身。我国宪法有尊重和保护人权的条款。然而，人权与其他基本价值之间、不同人的人权之间，甚至同一个人的不同人权之间，人权与非人动物权利之间都可能存在冲突，需要我们在不同的情境下进行权衡，排列优先次序。例如病人有生命权又有知情同意权，不手术不能挽救他的生命，可是他又不同意手术，我们可以通过合法程序，强制施行手术。在疫情期间，存在着要命还是要权的问题：human right v human left。大家要权衡：给自己和他人的生命的权重是否应该比给其他方面权利的权重更高？如果说人命重于泰山，那么显然应该给予它压倒一切的权重。如果人命都没有了，还有什么人权？

Siracusa 原则。1984 年在意大利 Siracusa 举行的一次联合国会议上，Siracusa 原则[①]被世界各国广泛认可为测量对人权有效限制的法律标准。即使国家有充分的理由限制人权，也必须尊重人的尊严和自由。要求国家对人权的限制：必须符合法律；基于正当的目的；尽可能采取限制性、侵犯性最小的手段；不应该是随心所欲、不合情理的。国际人权原则强调个人权利和自由的重要性，但明确指出，当公众健康受到威胁时，这些自由可以受到限制。在个人和集体之间取得平衡可能是一项艰巨的任务，特别是在科学的不确定性和危机的情况下。

还有其他许多伦理问题，例如：应该如何对付无症状感染者；应该如何对待境外感染者；防控措施应该如何常态化；应该如何推广使用健康码（请参阅[②]）；等等。尤其重要的是应该如何预防新冠肺炎第三次侵袭我国。这次新冠肺炎疫情的暴发是过去 26 年中由蝙蝠传播的冠状病毒引起的第六次暴发，其他五次是 1994 年的亨德拉病毒、1998 年的尼帕病毒、2002 年的 SARS、2012 年的中东呼吸综合征（MERS）和

---

① United Nationss Economic and Social Councl, *The Saracusa Principles: on the Limitation and Derogation Provisions in the International Covent on Cicil and Political Rights*, (1985), http://www.undocs.org.

② 李阳和、雷瑞鹏：《健康码背后的伦理思考》，《健康报》2020 年 4 月 29 日。

2014 年的埃博拉。[1] 那么若干年后冠状病毒是否有可能再次侵袭我国呢？这也许是一个大概率事件！有效防控冠状病毒第三次侵袭我国，我们就应该：对冠状病毒来袭要有准备，要有预案，要有专门机构人员做好规划，要拨专款，要储存好医院、物资（呼吸器、口罩、病床、防护服等）；按照中国科学院武汉病毒研究所石正丽研究员的思路，在病毒找到我们之前先找到它们，防止病毒从动物外溢到人；当防止外溢失败时，在病毒感染人初期，出现几十例或近百例不明症状或疾病时就采取接触追踪、检疫和隔离措施，防止疫情暴发。限于篇幅，这个问题需要另文详细讨论。

（雷瑞鹏、邱仁宗，原载《科学与社会》2020 年第 10 期。）

① Qiu, J., *How China's 'Bat Woman' hunted down viruses from SARS to the new Coronavirus* (2020-03-11), https://www.scientificamerican.com/article/how-chinas-bat-woman-hunted-down-viruses-from-sars-to-the-new-coronavirus1/.

十五　防控动物源疫病大流行的伦理和策略问题

（一）前言

我们作者之一曾在2003年SARS在我国流行接近晚期时写了一篇文章，是发表在《自然辩证法研究》杂志第6期的首篇论文。[①] 提及这篇论文是想表明，在SARS之后，我们虽然也吸取了一些教训，但没有充分吸取应有的教训，尤其表现在减少对疾控中心的支持，疾控中心每况愈下，限制公立医院发展，迫使公立医院及其医护人员像国营企业一样赢利。如果我们从SARS中吸取足够的教训，此次新冠流行本可以避免，即使这次的冠状病毒是一种新的病毒，但它与SARS和中东呼吸综合征都是冠状病毒，而且曾被国际病毒分类委员会冠状病毒小组建议命名为SARS-CoV-2。我们可以看到，抗击SARS与抗击SARS-CoV-2基本相同，不过后者的规模更大，而不是一些专家或武汉相关部门所说的"没有SARS严重"[②]。

（二）对动物源突发传染病流行常备不懈

许多人，尤其是一些决策者有一个错误的观念，即认为随着我国工业化、现代化和城市化的发展，随着我国科学技术和医学的发展，疾病

---

① 邱仁宗：《SARS在我国流行提出的伦理和政策问题》，《自然辩证法研究》2003年第6期。

② Lei, R. & Qiu, R., *Report from China*: *Ethical Questions on the Response to the Coronavirus*, (2020 - 01 - 31), https://www.thehastingscenter.org/report-from-china-ethical-questions-on-the-response-to-the-coronavirus/.

就会自然而然地减少和消失。这是非常错误的。2003年那篇文章提到了瑞士裔美国医学史家西格里斯特的《文明与疾病》（*Civilization and Diseases*）一书[①]，他指出文明是疾病产生的一个因素，文明也许帮助我们控制了某些疾病，但由于文明引起的种种因素，引发了更多的、更复杂的、传播规模更大、影响面更广的疾病。从人类历史总体来说，死于疫病的人数要比死于战争的多得多。[②] 而其中对人类的健康和生命危害最大的是“动物源疾病”（zoonoses），即动物宿主与人之间自然传播的疾病和传染病。动物源疾病曾长期被认为是突发疾病的重要范畴，这种疾病具有动物储存宿主（animal reservoirs），在整个进化史上为人类提供新的传染源。动物源疾病的突发有两种不同机制：有些病原体起源于动物，但业已进化为主要或专有地传染给人，在从动物越过物种屏障传播到人后已经适应人对人传播；而其他病原体则要求继续从动物储存宿主重新引入，并且从未在人群中自行流行。在前一类中许多病原体是古老的，起源于在驯养动物时的家畜病原体，例如麻疹起源于牛的麻疹病毒，而天花起源于骆驼或牛的痘病毒。最近的动物源疾病如HIV-1和HIV-2则是越过从灵长类到人的物种屏障的新的人类疾病，SARS以前起源于动物源疾病，现在已经适应于人对人传染了。[③]

我们要看到的是，由于环境的改变，病原体本身的内在生物学改变，以及科技和产业发展引起的外在生物学改变，使得在人群之中产生和传播动物源疾病的机会越来越大。动物源疾病在人体内突然出现的过程经历两个转变阶段：（1）人与感染原的接触和（2）感染原的跨物种传播；还有两个转变阶段是（3）持续性的人与人之间的传播和（4）对人宿主的基因适应。第（4）阶段不是许多动物源疾病在人体内出现所必要的，但确实是某一个病原体暴发式大流行的前提条件。目前我们了解的动物源疾病发生的过程包括：动物源病毒已经发生进化，能维持

---

① Sigerist, H., 1943, “Civilization and Disease”, *Chapter 1: Civilization as a factor in the genesis of disease*, Ithaca and London: Cornell University Press, pp. 7-41.

② 邹志炎、梁梓庆、杨雪：《人类和疫病之间的斗争》，https://wenku.baidu.com/view/b169d2445a8102d276a22f83.html.

③ Cleaveland, S. et al., 2007, “Overviews of Pathogen Emergence: Which pathogens Emerge, When and Why”? In Childs, J. (eds.), *Wildlife and Emerging Zoonotic Diseases: The Biology, Circumstances and Consequences of Cross-Species Transmission*, Springer-Verlag Berlin Heidelberg, pp. 85-111.

在野生动物宿主体内，跨越物种障碍传播到在分类学上不同的宿主体内引起增殖性感染，启动引起疾病的病理过程，并通过在第二宿主物种内反复感染产生大规模的患病率和死亡率，成为具有国家性、地区性或全球性的健康问题。在这一过程中，首先动物致病原已经适应它们的储存宿主（host reservoirs，HRs），储存宿主具有多样性，地理范围广阔，宿主和病原体群体在当地已经播散。历史的因素已经改变和模糊了传统的物种分布模式，增加了带有病毒的 HRs 与易感的第二宿主物种（secondary hosts，HSs）混合的机会。目前的历史条件使得这些病毒和宿主有了史无前例的扩张机会，进入了新的生态环境。最近 20 年，感染病毒的 HRs 和 HSs 以更快的步伐迅速转移地点，预示着在动物源病毒构成人类公共卫生威胁方面的大转变。①

这些改变动物源疾病突发过程的因素有：非生物因素（如气候变化和厄尔尼诺现象）改变了 HR 与 HS 种群或传染媒介之间的接触潜能，增加了外溢的机会；某些动物源病毒固有的生物和进化因素增强了它们跨越物种屏障的能力；在最近几年外部的生物相互作用，例如 HR 或传播疾病媒介宿主（host vector，HV）物种的受感染或隐性感染个体因自然或由人促成的地点迁移在动物源疾病突发之中起着特别重大的作用。使动物源疾病的规模和范围大为扩大的最重要因素都是人为因素，人口的迅猛增长以及现代农业的耕作方法促使人类移民进入具有高度生物多样性的生态系统的腹地，将这些地区变成耕地和牧场。商业农业活动进入森林栖息地的空地，将人类和牲畜与当地的动物种群混合，而且也与任何动物源病原体混合。过去 50 年大量人口涌往城市，许多人不得不居住在大城市的边缘地区（棚户区），卫生条件差和缺水等糟糕的条件与媒介传播的病原体引起的疾病突发一直有密切的联系。在土地利用中，城市周围的变化改变了野生动物栖息地的面积和质量，增加了人—动物—媒介相互作用的潜力，使得许多野生动物物种成为不同病原体的储存宿主，导致与蝙蝠有关的动物源病痛的突发。通过建筑公路、铁路

---

① Childs, J., 2007, "Introduction: Conceptualizing and Partitioning the Emergence Process of Zoonotic Viruses from Wildlife to Humans", in Childs, J. et al. (eds.), *Wildlife and Emerging Zoonotic Diseases: The Biology, Circumstances and Consequences of Cross-Species Transmission*, Springer-Verlag Berlin Heidelberg, pp. 1-31.

以及机场加强社会交往是驱动疫病发展影响最大的人为因素。野生动物养殖、偷猎以及全国和国际野生动物非法交易网络，食用野生动物，将它们用作药材或利用它们的身体部分作装饰品，为新型宿主、动物源病毒交换提供了广泛的领地。现代医学广泛使用打针给药、使用针头、广泛使用免疫治疗、器官移植尤其是未来的异种器官移植、输血也大大促进动物源病原体的传播。①

从上面所述引出的一个规范性结论，就是我们要为下一次以及之后的动物源疫病的流行做好准备（preparedness），即要时刻准备着下一次以及之后的动物源疫病大流行。突发性动物源疾病大流行，无论它是轻度的，中度的还是重度的，都会影响很大比例的人群，要求一个国家内部许多部门协同做好几个月甚至几年的应对，并且要求在国际层次各国之间相互协调、共同合作。因此，一个国家要在过去多次发生大流行的经验和教训基础上做好应对下一次可能发生的大流行的准备。

对大流行做好准备可以得到伦理学的辩护。我国儒家典籍《礼记·中庸》说："凡事预则立，不预则废。"何况突发公共卫生事件，动物源传染病大流行这样重大的问题！如果我们早做好准备，也许动物体内的病原体不至于外溢到人体内。即使发生外溢事件，也有可能局限在局部地区，不至于形成疾病的暴发，每天增加数百甚至数千病例！动物源疾病的大流行给千百万人及其家庭、社会、整个国家，乃至全世界造成严重的身体、精神、社会、经济的伤害和损失。如果各国都有准备，就有可能避免或减少大流行对个人、家庭、社会和世界的伤害和损失，使各方大为受益。因此，可以理解为什么世界卫生组织两次要求各国为疫病全球大流行做好准备。②

但我们认为，WHO有关为大流行做好准备的文件以及其他有关文献中没有提及一个关键的问题，即我们为大流行所做的准备中应该采取

---

① Childs, J., 2007, "Introduction: Conceptualizing and Partitioning the Emergence Process of Zoonotic Viruses from Wildlife to Humans", in Childs, J. et al. (eds.), *Wildlife and Emerging Zoonotic Diseases: The Biology, Circumstances and Consequences of Cross-Species Transmission*, Springer-Verlag Berlin Heidelberg, pp. 1–31.

② WHO, *A Strategic Framework for Emergency Preparedness*, (2007), https://www.who.int/ihr/publications/9789241511827/en/; WHO Regional Office for Europe, *Guide to Revision of National Pandemic Influenza Preparedness Plans*, (2017), https://www.ecdc.europa.eu/en/seasonal-influenza/preparedness/influenza-pandemic-preparedness-plans.

什么样的策略？从各国的情况看，大家采取的是一种防御性策略（defensive strategy）或称保守策略（conservative strategy），我们拟建议采取另一种策略，即进攻性策略（offensive strategy）、激进策略（radical strategy）或先发制人策略（pre-emptive strategy）。因为篇幅关系，我们下面只讨论这种战略的两个部分，即预防和控制动物源病毒从动物宿主外溢到人，以及预防和控制动物源病毒在传播到人后在人群中引起暴发。

（三）预防和控制病原体从动物到人的外溢

在讨论预防和控制传染源从动物到人的外溢之前，我们先看看一个号称“蝙蝠女侠”的案例。①

武汉病毒研究所研究员石正丽自从 SARS 大流行以后 16 年来坚持对引起 SARS 的病毒进行追踪研究，目前已经鉴定出几十种致命的类似 SARS 的病毒。她一直追踪到蝙蝠的洞穴，从蝙蝠那里采取血样和拭子样本。2004 年她参加的国际研究团队在广西南宁附近洞穴蝙蝠聚居地收集到了包括蝙蝠的血、唾液、尿、粪球以及拭子样本，在一周内探索了 30 个洞穴，但只看到十几只蝙蝠。在她快要放弃时，一家实验室请她测试来自 SARS 病人产生的抗体的诊断盒。测试结果发现取自三个菊头蝠物种的样本中含有 SARS 病毒的抗体。石正丽的团队利用抗体测试将地点和蝙蝠物种范围缩小，最后找到了昆明郊区的蝙蝠洞。在以后的 5 年中，他们在不同季节进行了紧张的采样活动，结果发现了数百种具有基因多样性的源自蝙蝠的冠状病毒，其中大多数是无害的，但有十几种属于与 SARS 同样的种群。他们在 2013 年发现有一冠状病毒毒株来自菊头蝠，与在广东果子狸身上发现的有 97%相同的基因组序列。这一研究成果结束了 10 年之久的搜寻 SARS 冠状病毒自然宿主（natural reservoir）的工作。在包括昆明附近蝙蝠洞穴在内的许多蝙蝠栖息地中，各种病毒不断混合，为危险的新病原体的出现创造了巨大的机会。2015 年 10 月，石正丽团队从昆明郊区蝙蝠洞附近四个村庄的 200 多名居民

---

① Qiu, J., *How China's "Bat Woman" Hunted down Viruses from SARS to the New Coronavirus*, (2020-03-11), http://www.scientficamerican.com/author/jane-qiu.

那里采集了血液样本，检查发现有6个人或接近3%的人从蝙蝠身上携带了SARS冠状病毒的抗体，但他们之中没有一个人处理过野生动物或报告过SARS样或其他肺炎样症状。2019年12月30日，研究所所长要求她调查武汉市疾病预防控制中心在两名住院的非典型肺炎患者中发现的一种新型冠状病毒，如果这一发现得到证实，那么新病原体可能会构成严重的公共卫生威胁，因为它与导致SARS的蝙蝠传播的病毒属于同一家族。1月7日她的团队确定该新病毒确实引起了这些患者的疾病。该病毒的基因组序列与研究人员在云南菊头蝠中发现的冠状病毒具有96%的同源性。石丽正的调查表明，野生动物贸易和消费只是问题的一部分，尽管武汉疫情的暴发是过去26年中由蝙蝠传播的病毒引起的第六次暴发（其他五次是1994年的亨德拉病毒，1998年的尼帕病毒，2002年的SARS，2012年的中东呼吸综合征MERS和2014年的埃博拉病毒）。问题不在动物自身，而在于人与它们的接触。由于70%的动物传播的新兴传染病均来自野生动物，因此我们应该从全球范围内的野生动物中发现这些病毒，并开展更好的诊断测试。因此，上次SARS也好，这次新冠也好，我们发现的只是冰山一角。全球有多达5000种冠状病毒毒株正在等待发现。石正丽正在计划一项全国性项目，以系统地对蝙蝠洞中的病毒进行采样，其范围和强度要比其团队先前的尝试大得多。她说："蝙蝠传播的冠状病毒将引起更多暴发，我们必须在它们找到我们之前找到它们。"

石正丽所做的工作是我们所建议的预防和控制跨物种传播外溢效应的进攻性策略的一个范式。她的工作提示我们：（1）以往猖獗一时的SARS以及现在接近尾声的新冠肺炎只是冰山一角，如果我们不能走在病毒即将越过物种屏障接触人体以前采取有效隔断措施，那么下一次冠状病毒的外溢和暴发仍然是不可避免的，因此必须落实预防为主的方针。（2）而要落实预防为主的方针，我们就要寻根溯源，追查到冠状病毒的储存宿主（HR），我们必须以石正丽为榜样对所有可能感染冠状病毒的蝙蝠洞穴进行普查，取样进行测试。（3）可能是储存宿主的蝙蝠通过自然（如野生动物栖息地缩小）或社会（对野生动物的捕猎、运输、加工）的因素与其他野生动物密切接触而使后者成为第二宿主（HS）以及其他中间宿主（HI，intermediate host），病毒的基因在动物之间传播可能发生基因改变，对不同野生动物之间的接触、对第二宿主和其他中间宿主以及病毒在动物之间传播是否发生改变，都要进行研究。（4）因为人直接接触蝙蝠洞穴而感染冠状病毒的机会不多，但接触HS的野生动物可能较多，要研究促使病毒跨越物种壁垒传播给人的生物因素和非生物因素。这是一项预防新冠肺炎在我国再次暴发的基础性研究。用一句话来表达，就是要建立以野生动物为基础的检测系统。但建立这样的检测系统要求国家投入大量的资源，需要做艰苦的调查研究工作，不是可以立竿见影的，更不是能够立即带来丰厚利润的，绝不能也不应该怀着急功近利的心态对待这项基本设施建设。

跨物种传播（外溢）的概念。跨物种传播（外溢）这一术语是指一个外来病毒一旦进入HS种群中的一个个体时完成病毒周期的能力：（1）吸附、渗透以及从病毒外壳脱离或分离的能力；（2）转录转化和复制；以及（3）组装和释放。① 现在要集中注意的是，为了防止野生动物的冠状病毒进入人群的个体，那我们就要建立和加强对以野生动物为基础的病毒在动物不同物种之间传播的检测。与通常在固定地区进行观察或守候的监测（monitoring，如警察监测嫌疑分子）不同，检测（surveillance）则是通常对特定地区的特定威胁进行观察的行动，并伴随着数据的收集。我们过去对动物源疾病往往进行外溢后的检测和基于人的检测。这些检测对于进行治疗以及采取进一步措施防止或减少病例是必要的，但不能预防疾病从野生动物传播到人或外溢的案例发生。预防病原体从第二宿主动物（HSs）或中间宿主（HIs）外溢到人，唯有靠我们对在HRs内病原体的生态情境和生物学相互作用的深入研究和理解才有可能。

基于动物的对动物源疾病的检测将给个人、家庭、社会和国家带来巨大受益：（1）一旦动物源疾病的特征得以了解，在拥有必要的公共卫生基础设施的国家立即就能在地区和国家层次启动或建立系统的检测工作，系统收集可能传染到人并引起疾病的数据；（2）可及早地

① Childs, J., 2007, "Introduction: Conceptualizing and Partitioning the Emergence Process of Zoonotic Viruses from Wildlife to Humans, in Childs", J. et al. (eds.), *Wildlife and Emerging Zoonotic Diseases: The Biology, Circumstances and Consequences of Cross-Species Transmission*, Springer-Verlag Berlin Heidelberg, pp. 1-31.

对有可能传播到人的动物源疾病发出早期警报，以便一个国家的其他地区或其他国家做好应对措施；（3）可使国家及时采取干预措施防止发生外溢。实际上在流感问题上对家禽和家畜已经建立了全球性的基于动物的检测，但尚未扩展到野生水禽和岸禽 HRs，尽管后者是非常必要的。

目前我们控制动物源疾病的方法忽视了对野生动物生态学和病原体维持和传播的研究，因此也就忽视了有可能在外溢到人之前阻断病原体的传播。其根本原因是，我们的预防和控制采取的是侧重于人类 HS 的防御性策略。我们的建议是以攻为守，将工作转向动物源疾病的老巢，即野生动物的 HR。这一进攻性策略使我们能够在经过调查研究后获得动物源病毒在野生动物 HRs 内维持和传播周期的信息和数据，就可以采取相应的干预措施，通过破坏动物源病毒在 HR 内的维持和传播周期来防止或大大减少感染人的动物源病原体的跨物种传播或外溢。然而偏向于基于人的检测和溢出后对感染病毒的人进行治疗的径路已得到制度化，需要决策者的果断决策才能扭转，对基于野生动物的进攻性策略投入更多的资源。①

进攻性策略的根本目标是阻断野生动物与人的接触，在这两种不同物种之间建立一道不可逾越的屏障，最近全国人大常委会通过的全面禁止食用野生动物的决定是非常重要的。然而，我们要注意到，数千年食用野生动物的习俗难以在短期改变过来，在加强教育的同时需要采取一系列措施（包括帮助养殖野生动物工作人员转业等）防止野生动物的交易和食用成为一本万利的地下产业。另外，还需要补充其他措施，例如禁猎，有必要将居住在蝙蝠洞穴附近村落的村民迁移到其他安全的地方等。

---

① Childs, J., 2007, "Pre-spillover Prevention of Emerging Zoonotic Diseases: What Are the Targets and What Are the Tools?" In Childs, J. et al. (eds.), *Wildlife and Emerging Zoonotic Diseases: The Biology, Circumstances and Consequences of Cross-Species Transmission*, Springer-Verlag Berlin Heidelberg, pp. 389 – 443; Ellis, K., *Health Officials Should Be Watchful of Zoonotic Diseases: Experts Advise Proactive Public Health Monitoring For Zoonotic Diseases*, (2007 – 07), https://www.healio.com/infectious-disease/emerging-diseases/news/print/infectious-disease-news/%7B5e8423bc-fafd-4faf-b579-16211fbc5253%7D/health-officials-should-be-watchful-of-zoonotic-diseases.

（四）预防和控制动物源疾病在人群中暴发

我们建议的预防和控制动物源病毒外溢到人的进攻性策略，其第一部分是建立或健全基于野生动物的检测系统，预防这些病毒跨越物种壁垒外溢到人；第二部分是当预防外溢未能实现时，预防和控制动物源疾病在人群中暴发。在这里，暴发（outbreak）是指在某一时刻某一地方患有某种疾病的人数突发性增长。动物源疾病在人群中的突然出现有三个阶段：（1）从动物宿主传播到人类样本者（human samplers，这是指感染新病毒的高危个体），（2）从样本者传播到散布者（spreaders，这是指在新的宿主群体内拥有传播新病毒的高度潜力的个体）以及（3）从散布者传播到一般人群。[①] 根据以上所述，我们可以在第二、第三阶段控制病毒从少数样本者传播到散布者以及从散布者传播到一般人群来遏制疾病的暴发。这种控制的可能唯有基于两项根本措施：信息的完全和透明以及隔离的及早实施，其中信息的完全和透明是前提，如果有关感染、疾病的传播的信息不完全和不透明，隔离或阻断人与病毒的接触就是一句空话。

现在我们撇开相关事情的责任不谈，看看此次新冠肺炎疫情暴发是不是可以避免的。我们认为，如果我们采取的不是保守的、防御性的策略，而是进攻的、激进的、先发制人的策略，这次暴发是有可能避免的。

防止和控制流行病的成功取决于决策者、医疗和公共卫生专业人员以及公众的共同努力，而这种努力是否适宜、是否有效取决于三方能不能及时获得瞬息万变的疫情的信息/数据。在病毒外溢后如果信息不完全和不透明，就难以将病毒引起的疾病控制在一定范围内，结果是该病毒所致疾病的暴发成为不可避免。我们认为至少从 2019 年 12 月到 2020 年 1 月 20 日以前武汉公共卫生负责机构收集必要的信息不及时，制订

---

① Cleaveland, S. et al., 2007, "Overviews of Pathogen Emergence: Which pathogens Emerge, When and Why?" In Childs, J. (eds.), *Wildlife and Emerging Zoonotic Diseases: The Biology, Circumstances and Consequences of Cross-Species Transmission*, Springer-Verlag Berlin Heidelberg, pp. 85-111.

了过高的疾病报告标准，有意压低所需报告的病例数，以属地管理为由拒绝向中央派来的专家组汇报全部疫情，在疫情通报中有意对疾病的严重性轻描淡写，从而麻痹了公众对疫病的警惕性而未采取必要的自我防护措施，对透露新病毒所致疾病的医务人员进行压制和打击，不顾疫情的紧迫性仍然举办大型会议或大规模商业性活动，同时向公众隐瞒疫情，结果这些大型集会大量参与者的无症状或仅有轻微症状的感染者将病毒传播到武汉以及湖北省各处，并进一步传播到全国各地甚至国外。[①] 因此，人们有理由质问：我们是否使武汉抗击新冠肺炎疫情耽误了 43 天？[②] 在掌握真实疫情信息和数据的基础上，采取强有力的有效措施来防止已经外溢到人的散在病例向全市扩散形成暴发，这 43 天应该是足够的。然而，是否能够成功在疫情传播的早期阶段控制在暴发前状态还取决于采取的策略。

我们认为，有关疫情信息/数据的完全掌握是将外溢初期成功控制于暴发前状态的前提，但不是关键。关键是采取什么样的策略：保守的防御型策略，还是先发制人的进攻型策略？我们认为，采取进攻型的策略胜算要更大，尤其是在面临新的病毒攻击而疫情发展不确定的条件下。据报道[③]，我国第二批专家组建议采取的应对冠状病毒传播的保守

---

① 刘名洋：《对话“传谣”被训诫医生：我是在提醒大家注意防范》，http：//www. bjnews. com. cn/feature/2020/01/31/682076. html；Lei，R. & Qiu，R.，*Chinese Bioethicists*：*Silencing Doctor Impeded Early Control of Coronavirus*，（2020 - 02 - 13），https：//www. thehastingscenter. org/conoravirus-doctor-whistlebrower；许雯：《财新冰点周刊曝光防疫重大疑点，一篇指南拖垮多少家庭?》，http：//www. zhuanlan. zhihu. com；高昱：《“华南海鲜市场接触史”罗生门 武汉市卫健委“双标”令人迷惑》，http：//www. caixin. com/2020-02-19/101517544. html；《武汉新型冠状病毒肺炎大事记（2019 年 12 月—2020 年 1 月 20 日）》，http：//www. caixin. com/健康；许冰清、陈锐、王珊珊等：《特别报道：1 月 6 日之后，12 天病例零新增之谜》，https：//m. yicai. com/news/100485217. html? clicktime = 1580776530；Lei，R. & Qiu，R.，*Report from China*：*Ethical Questions on the Response to the Coronavirus*，（2020-01-31），https：//www. thehastingscenter. org/report-from-china-ethical-questions-on-the-response-to-the-coronavirus/；刘志伟：《关于当前肺炎疫情，武汉市卫健委通报来了》，《科技日报》2019 年 12 月 31 日。

② 纪洞天：《是谁使抗击武汉肺炎耽误了 43 天?》，http：//www. blog. wenxuecity. com/myblog.

③ 俞琴、黎诗韵：《专访卫健委派武汉第二批专家：为何没发现人传人?》，http：//news. sina. com. cn/c/2020-02-26/doc-iimxxstf4577244. shtml；许雯：《中疾控独家回应：“人传人”早有推论，保守下结论有原因》，http：//www. bjnews. com. cn/news/2020/01/31/682224. html.

策略，是根据："人传人"早有推论，保守下结论有原因；做出"未发现明显人传人现象""不能排除有限人传人的可能"等。这些言论提出了这样一个问题：我们撇开"人传人"早在2019年12月或2020年1月初就已存在这一事实不谈，所谓的"人传人"早有推论这一点非常重要。面临新的病毒袭击，我们缺乏信息、缺乏数据，因而决策缺乏足够的证据支持。但是缺乏足够证据支持的不但是可能采取的进攻性策略，专家组建议采取的保守和谨慎的策略也缺乏足够的证据支持。实际上，决策者是处于不确定性条件下做出决策。在不确定性条件下做出决策，除了证据基础外，我们需要依靠理性、依靠经验、依靠逻辑推理。如果依靠理性，那么即使专家组手头没有证据，我们假定（接受它为真的但没有证明）"人传人"岂不更为合理？因为人类已经有了两次冠状病毒流行的沉痛经验，它们都是"人传人"的。冠状病毒不属于人感染人必须每次接触第二宿主或中间宿主的动物那类病毒。没有证据也没有理由断言这次的病毒不会"人传人"。更重要的是，在不确定性条件下，是做出一个保守性决策好呢，还是做出一个进攻性决策更好？那就要在道德两难（moral dilemma）情境下按照"两害相权取其轻"的伦理原则办事。

在不确定性情境下采取进攻性的防控策略（简而言之是"宁可错隔离一大堆人，也不放走一个感染者"），是有根据的。因为SARS最早就是不明肺炎，而且SARS的中间宿主就是野生动物。国外也有成功的经验可循。19世纪斯诺成功控制英国的霍乱，并不是等待鉴定出传染源后做出的。这种进攻性的先发制人策略是暂时性的，可随疫情缓解而缓和，也可随疫情严重而层层加码。对这种进攻性策略的伦理学辩护理由是：（1）从后果来看，采取这种策略很可能将疫情限制在武汉某个区（例如汉口地区），顶多限制在武汉市，而不会外溢到武汉以外。当然，湖北各地要注意呼吸道感染症状患者的发现、治疗和隔离，还要严查买卖野生动物的市场和餐馆。从某种意义上来说，这就是提前"封城"。因为控制冠状病毒传播的唯一有效办法就是接触、追踪和隔离。（2）按照公共卫生伦理学有关限制个人自由的可辩护条件之一是侵犯个人自由的最小化。如果尽早采取严格的防控措施，那么实际限制自由的强度和规模肯定会比现在小很多。当然，这样做会更早地引起公众恐慌。但同样，这样做引起的恐慌要比现在的规模和强度小得多。所以，采取这种策略，关键是要向公众说明其必要性和暂时性。(3) 采取激进的防控策略，对国民经济和人民生活的影响肯定也比保守策略小。因为保守策略的结果是最后不得不采取力度更大、规模更大的隔离封闭措施，付出的代价和造成的影响也要大得多。

这样做的结果是，有可能最后发现疫情没有形成暴发，仅存在少数散在的病例。这种结局不是进攻性策略的失败，而是它的成功。这是公共卫生的特点。如果邻国有天花流行，我国公民接种天花疫苗，最后平安无事，不能就此推论说接种天花疫苗是白费功夫。尽管采取先发制人的策略，需要耗费一定的人力物力甚至财力，可能会造成某些方面的损失，但“两害相权取其轻”，对策偏强的策略带来的损失，显然要比偏弱的小得多。

（雷瑞鹏、邱仁宗，原载《自然辩证法研究》2020 年第 8 期。）

第六编　政策建议编

十六　关于迅速遏制艾滋病在我国蔓延的呼吁*

1998年11月12日，国务院印发卫生部、国家计委、科技部、财政部的《中国预防与控制艾滋病中长期规划（1989—2010年）》以来，已经过去了一年多。由于这一重要规划落实得很不够，我国艾滋病感染呈迅猛增长势头，我们面临艾滋病威胁的被动局面，各级政府和全社会严重缺乏控制艾滋病蔓延的紧迫意识。如果不迅速采取措施，组织落实这一规划，2010年将我国艾滋病病毒感染者控制在150万的目标不但不能实现，而且很可能使我国进入艾滋病流行的泛滥期。为此，我们提出如下呼吁，建议迅速采取措施遏制艾滋病在我国的蔓延。

（一）形势严峻

艾滋病在我国蔓延迅猛。自1982年艾滋病病毒通过进口血液生物制剂传入我国、感染我国公民，1985年发现第一例外来艾滋病病人以来，艾滋病已经从边疆、沿海地区迅速蔓延到广大内陆地区，现在业已遍及全国31个省。艾滋病病毒感染者已经从吸毒人员等有高危行为的人群扩展到社会各个阶层。据专家估计，截至1998年底，我国艾滋病病毒感染者实际人数累计约40万人。

我国业已进入艾滋病病毒传播的广泛流行和迅速增长期。我国现在

---

* 编者按：这是以曾毅院士为组长的艾滋病防治专家建议组（邱仁宗为组员）向中央领导递交的建议书。附件有：我国艾滋病流行形势；艾滋病经血传播形势严峻，控制措施力度亟待加强；中国吸毒现状、发展趋势和经济影响；异性性传播是艾滋病流行加快的主要危害因素；艾滋病流行的社会和经济影响；评价艾滋病控制和预防的伦理框架；关于某地献血人群HIV感染的现况调查汇报。本文仅附评价艾滋病控制和预防的伦理框架。

约有有偿献血（卖血）者500万人，按地区统计，不同地区的卖血者中艾滋病病毒感染率有所差异，最低的地区也达8.1%，最高的地区甚至达到50%。1998年底我国政府公布的吸毒人数为59.6万人，专家估测实际吸毒人数为600万人，有的地区的吸毒者中艾滋病病毒感染者已达20%—30%，目前我国艾滋病感染者中70%为吸毒者，而他们脱毒后的复吸率达95%以上。在西南某县一个200人的农村，已有20名感染了艾滋病病毒的青年死亡。我国约有卖淫妇女400万人，由于每年在“严打”中被公安部门送进妇女管教所的仅占总人数的10%，而90%四处逃散，转入地下，无法对她们进行预防艾滋病教育，因而对她们的艾滋病感染情况基本不明。再者，卖淫在我国实际上已经形成具有相当规模的“产业”，虽经多次“严打”，并未减少。同性恋者占我国人口的1%—3%，虽然我国法律并未认定同性恋为非法，但由于社会对他们采取歧视态度，他们基本上也处于地下状态，对他们的艾滋病感染情况也基本不明。与艾滋病病毒感染密切联系的性病，年报告人数为63万人，实际每年新发病例数为630万人。根据艾滋病在一个国家的流行规律，开始为传入期和扩散期，一旦进入增长期，就会呈现感染加速度增长趋势，如果在这个阶段防治措施不力，就会迅速进入泛滥期。我国近年来艾滋病感染人数以每年30%的速度增长，说明我国已进入快速增长期。

我们能用于遏制艾滋病的时间和机遇已经不多。如不迅速采取有效措施，2000年我国艾滋病病毒感染者将累计达60万—100万人，由此引起的社会经济损失可达4620亿—7700亿元人民币。到2010年，感染数可能超过1000万，社会经济损失将达77000亿元。到了那时，我国将成为世界上艾滋病感染人数最多的国家之一，艾滋病的流行将成为国家性灾难。目前在亚洲、非洲一些艾滋病高发国出现的劳动力大量丧失、平均期望寿命急剧下降、国民经济连续出现负增长、许多村庄荒芜衰败的灾难性局面，将同样会在我国出现。到了那时，不但我国发展国民经济的战略不能实现，而且改革开放几十年辛辛苦苦获得的光辉成就将毁于一旦，“千村薜荡人遗矢，万户萧疏鬼唱歌”的悲惨景象将重新出现在中国大地，中华民族将再一次面临关系民族生死存亡的最严重挑战。

（二）问题严重

艾滋病是可以预防和控制的。事实上世界上许多国家由于采取了得力而有效的政策和策略，艾滋病的流行已经得到了控制。但是，我国艾滋病预防与控制的工作还存在着严重的问题。

我国艾滋病防治工作存在三个严重不足：对艾滋病出现大流行的估计严重不足，对艾滋病严重危害的认识严重不足，对艾滋病防治工作的投入严重不足。据联合国艾滋病规划署的资料，1996—1997 年印度政府对艾滋病防治的投入为 746. 7 万美元，泰国为 7406. 2 万美元，越南为 454. 5 万美元，我国则为 275. 6 万美元。这三个严重不足，造成了艾滋病防治工作的四个严重不够：广泛深入的预防艾滋病宣传严重不够；支持开展艾滋病防治措施的政策严重不够；开展有效干预措施的力度和广度严重不够；科学研究，包括控制措施、药物、疫苗和基础研究的投入严重不够。不解决好这些问题，《中国预防与控制艾滋病中长期规划（1998—2010 年）》的目标无法实现，控制中国艾滋病大流行就无法保证。

预防与控制艾滋病的工作尚未成为所有各级政府和政府所有部门的行为。有些省市领导没有掌握本省市的艾滋病流行情况，或向中央隐瞒艾滋病流行已经非常严重的实情，阻碍医务人员或公共卫生人员对当地艾滋病情况进行调查，错误地认为“情况不清没有责任，摸清情况反而会影响政绩”。有些部门则对预防与控制艾滋病的工作采取“事不关己，高高挂起”的错误态度。一些因非法采供血/浆而酿成的艾滋病病毒传播的恶性案件至今未得到查处。各级政府及其部门重视并采取有力措施是遏制艾滋病流行的关键。

由于政府重视不足，有关预防与控制艾滋病的宣传教育严重不力，预防与控制艾滋病的工作尚未成为全社会的行为。我国除了 12 月 1 日“艾滋病日”前后媒体较为集中地开展艾滋病宣传教育外，平常很少向公众宣传。这使得我国大多数人对艾滋病认识很少，或认为艾滋病“离我很远”“与我无关”。包括有高危行为的人群在内，许多人对艾滋病仍一无所知，一旦遇到艾滋病病毒感染者或艾滋病病人就发生恐慌，对他们及其家庭成员采取严重的歧视行为。艾滋病病毒感染者被赶出校门、工作单位、村庄，甚至被赶出家庭和医院的事件屡有发生。目前的40万名艾滋病病毒感染者将陆续出现临床症状，对这些艾滋病病人的治疗是不可推托的义务和责任，但政府及有关部门至今对此尚无相应政策、组织准备和应变措施。

世界范围内业已被实践证明有效的控制艾滋病流行的策略和措施不能在我国试验推广，有时还受到严重干扰。这些有效措施包括：广泛、深入、持续的宣传教育；安全的血液供应；对艾滋病患者和感染者的认真治疗和处理；在有高危行为的人群中宣传推广避孕套、清洁注射器，以及美沙酮维持治疗；及时地、规范地治疗性病；以及对孕妇进行抗病毒治疗，阻断母婴传播。在有高危行为的人群中，单纯的宣传教育效果非常有限，必须有强有力的器具（避孕套、清洁注射器）、药品（口服美沙酮）及医疗（性病治疗）作为支持和后盾。泰国、澳大利亚等国控制艾滋病的成功经验已经充分证明，上述有效措施无论是用于何种目标人群，无论是在小范围科研试点还是在全国范围内推广实施，无论是用于发达国家还是发展中国家，对于控制性病和艾滋病都是有效的。

但是，由于我国法律确定卖淫和吸毒是违法行为，使这些有效的控制措施在我国无法有效实施。这是我国目前控制艾滋病流行的最大障碍。卖淫和吸毒这些行为与人的生理、社会以及经济因素有复杂关系，例如卖淫与相对贫困、性别不平等有关，吸毒者在上瘾后成为失去自主选择的病人。世界上所有国家都在努力解决这些问题，但他们都在实践中痛感解决这些问题的难度。一方面，在找到有效的办法以前这些问题将持续存在；另一方面，艾滋病问题迫在眉睫，时不我待，因而他们不得不采取上述称之为“减少危害策略”措施。如今，凡采取这些措施的国家，艾滋病的流行均得到有效的遏制。艾滋病这个大敌当前，我们没有理由不采取这些措施。

（三）呼吁

我国预防与控制艾滋病正处于关键时刻，是否能够使中国避免出现非洲和亚洲邻国的灾难，取决于各级领导对艾滋病的防治是否有足够的认识，取决于能否出台相关政策支持对控制艾滋病十分有效的措施。

我们恳切地希望我国最高领导层能像有些发展中国家的首脑那样亲自挂帅，担任国家或政府中预防与控制艾滋病机构的领导人，指导我国预防和控制艾滋病传播的相关政策措施的制定工作，向各级政府和所属部门以及全社会宣传艾滋病的严重威胁，指出预防与控制艾滋病是关系到国家兴衰、民族存亡的大事，提高各级政府的危机感和紧迫感，把握住这历史的关键时刻，及时有效地遏制艾滋病在我国的蔓延。

有效控制住我国艾滋病大规模流行是一项复杂的社会系统工程，需要制定正确的策略，采取全方位的得力措施。为此，我们建议：

第一，进一步加强国务院对艾滋病防治工作的领导，成立由国务院总理或副总理为组长的艾滋病防治领导小组，下设工作班子，并设立专家顾问委员会，进行对策研讨，提出书面建议。

第二，开展广泛、深入、持续的全民艾滋病宣传教育。

第三，强化安全血液供应的法制管理，明确职责，加大宣传和执法力度，严惩非法采血和采浆的“血头”以及与“血头”勾结的医务人员和管理人员，保护群众和病人的合法权利。

第四，修改“禁娼”和“禁毒”法律中不利于艾滋病防治工作的有关条文，在这项工作完成以前，国务院尽快出台相关政策，保护和支持医务卫生人员、社会工作者、民间团体在高危人群中进行预防艾滋病的宣传教育，包括使用避孕套的性安全教育、使用清洁针具的减少危害教育，以及美沙酮维持治疗的试点工作等，以保证预防与控制艾滋病病毒传播的工作及时进行。

第五，加强艾滋病防治中的科学研究，包括行为学、流行病学、药物和疫苗的研究工作。

第六，为保证《中国预防和控制艾滋病中长期规划（1998—2010年）》的落实，必须加大对艾滋病防治工作的经费和人力投入，而且政府投入应该作为艾滋病防治投入的主渠道。

第七，为制定艾滋病防治的方针政策，建议国务院尽快召开一次由有关专家和领导参加的高层次的“遏制艾滋病流行的战略论证会”，分析国内外艾滋病流行趋势和遏制对策。

附件：

评价艾滋病控制和防治行动的伦理框架

控制和防治的行动，包括个人（包括艾滋病感染者、高危人群、健康的非感染者）的行动，医务人员和公共卫生采取的行动，以及各级政府采取的措施、对策、政策，以及行政部门的条例和立法机构通过的法律。

伦理框架是指用来判断某一行动是应该（obligatory）做的，是禁止（prohibitive）做的，还是允许（permissive）做的若干基本伦理原则。就艾滋病控制和防治的行动而言，凡有利于控制和防治艾滋病的，就是应该做的；不利于或有害于控制和防治艾滋病的，就是禁止（不应该）做的；对于是有利于还是不利于控制和防治艾滋病不能确定的，就是允许做的。

以下是用于评价控制和防治艾滋病行动的基本伦理原则：

原则 1　不伤害（non-maleficence）

在艾滋病控制和防治方面的行动不应使艾滋病感染者、高危人群、健康的非感染者的身心健康受到伤害。例如不应有侮辱或歧视的语言和行动。非法采血造成许多人感染，必须严厉打击。

原则 2　有益（beneficence）

在艾滋病控制和防治方面的行动应有利于艾滋病感染者、高危人群、健康的非感染者的身心健康，保护健康人和高危人群不受感染，使已感染者和艾滋病病人得到治疗和护理。当一个行动既有有利于他们身心健康，又有不利于他们身心健康时的因素，应采取有利超过不利的行动，而不应采取不利超过有利的行动。目前国际上认可的“减少危害策略”（harm reducing strategy）在许多国家控制艾滋病中已见成效，我们应该“拿来”试点，根据我国国情加以推广。

原则 3　尊重（respect）

尊重艾滋病感染者、高危人群、健康的非感染者的人格，尊重他们的知情选择（知情同意或知情选择），尊重他们的隐私并为他们保密。对艾滋病感染者、高危人群、健康的非感染者应一视同仁，平等对待，不可歧视。

原则 4　公正（justice）

分配的公正（distributive justice）：

微观分配：对艾滋病感染者、高危人群、健康的非感染者提供的咨询、卫生保健服务应该按照病情需要和可能条件公平分配。

宏观分配：国家分配给艾滋病的控制或防治的资源过少，已经严重影响对艾滋病在我国流行的遏制。

报答的公正（retributive justice）：对促进或损害艾滋病的控制或防治者应分别给予相应的激励或批评/惩罚。一些有违法行为者在教养期间表现良好，回归社会后找不到工作。仍有少数医院管理者和医生勾结血头非法输血，造成艾滋病感染，至今没有严惩；一些地方拒绝艾滋病检测，向中央隐瞒艾滋病疫情，也未及时处理。这些都违反了报答的公正。

原则 5　团结互助（solidarity）

艾滋病是我国在 21 世纪面临的最大挑战之一。艾滋病与每个人有关，与国民经济发展战略有关，与中华民族的生死存亡有关。艾滋病的控制和防治应该成为政府行为，各级政府以及政府各部门都有责任。同时，艾滋病防控也应该成为全社会的行为。在应付这一严重挑战中，艾滋病感染者、高危人群与健康的非感染者都要考虑对方健康利益。医务人员、公共卫生人员、生物医学科学工作者、人文社会科学工作者、妇女工作者、媒体工作者、民间团体、各行政部门工作者、司法工作者、立法工作者应该通力合作。同时，我们也应努力开展国际合作。

十七　关于干细胞研究和应用的建议*

(一) 关于人类胚胎干细胞研究的伦理原则和管理建议

1. 前言

人类胚胎干细胞的研究，对于有效治疗人类多种疾病，维护和促进人类健康具有巨大的潜在价值。政府应该支持并鼓励非政府机构支持人类胚胎干细胞研究。由于该项研究可能引发若干社会、伦理和法律问题，因此应遵循一定的规范，以利于研究顺利、健康地开展。政府必须严格禁止人的生殖性克隆。

2. 原则

(1) 尊重原则：人类胚胎是人类的生物学生命，具有一定的价值，应该得到人的尊重，没有充分理由不能随意操纵和毁掉人类胚胎。人类胚胎干细胞研究对于治疗人类多种疾病具有潜在价值，因此有理由允许和支持利用胚胎进行干细胞研究。

(2) 知情同意原则：必须告知人工流产的胎儿组织或体外受精成功后剩余胚胎的潜在捐献者、配子或体细胞的潜在捐献者有关干细胞研究的信息，获得他们自由表示的同意，并给予保密；同样将来在将干细胞研究用于临床时，也必须将有关信息告知受试病人及其家属，获得他们的自由同意，并给予保密。

(3) 安全和有效原则：必须设法避免给病人带来伤害，在用人类

---

* 本章收录的是2001年卫生部医学专家委员会的关于人类胚胎干细胞研究的伦理原则和管理建议（邱仁宗委员起草）以及该委员会2010年的人类成体干细胞临床试验和应用的伦理准则（胡庆澧委员起草）。

胚胎干细胞治疗疾病前必须先进行动物实验，在证明对动物安全和有效后方可进行临床试验。临床试验应遵照国家药物管理局有关新药临床试验和基因治疗的规范。

（4）防止商品化原则：应提倡捐赠进行人类胚胎干细胞研究所需的组织和细胞，禁止一切形式的买卖配子、胚胎、胎儿组织。

3. 管理建议

（1）准入：

从事人类胚胎干细胞研究的单位必须在人员、技术设备、管理和伦理方面具备一定的条件，向科技部/卫生部申请许可证，获得批准后方可进行人类胚胎干细胞研究。原则上不允许省以下单位进行人类胚胎干细胞研究。

（2）人类胚胎干细胞来源：

人类胚胎干细胞来源主要有（i）人工流产后的胎儿组织或（ii）体外授精成功后多余的冷冻胚胎或冷冻配子。

在严格控制的条件下，如有充分的特殊理由，也可用（iii）在捐献者知情同意条件下捐赠的配子，通过体外授精产生胚胎，获得干细胞。

在严格控制的条件下，如有充分的特殊理由，也可用（iv）在捐献者知情同意条件下捐赠的体细胞和卵子，通过体细胞核转移技术产生胚胎，获得干细胞。

捐赠卵子必须经受痛苦的手术，并可能有种种不良后果，应鼓励公民及其家属死后捐赠卵子或卵母细胞。

建立干细胞系后，应尽力避免用（iii）和（iv）这两个来源。

（3）人类胚胎干细胞研究必须贯彻知情同意和保密的原则。应介绍干细胞研究的概况及可能结果；告知干细胞研究对胚胎或配子捐献者不能提供直接的医疗好处；说明同意或拒绝捐献胚胎或配子都不影响对他/她将来的治疗和护理；告知捐献胚胎将不会移植入任何妇女或动物的子宫中；说明研究要毁掉这个胚胎；告知他/她的个人信息将不会出现在研究资料中，姓名也用编码代替。

（4）应严格禁止：

将用于干细胞研究的胚胎放入任何妇女或动物的子宫内。

利用人的配子与动物的配子制造嵌合体。对人的体细胞核与动物线粒体 DNA 的嵌合体的研究应加以严密监督，禁止将这种嵌合体干细胞用于人体。

所用胚胎超过了 14 天。

在胚胎中加入任何外来基因或用任何人或动物的细胞核取代胚胎中的细胞核。

利用强迫或利诱等手段使捐献者怀孕流产或操纵人工流产的方法和时间。

一切形式的买卖配子、胚胎，胎儿组织，包括给予捐献者经济报酬。

（5）审查和监督：

人类胚胎干细胞研究项目必须经过本单位伦理委员会审查，报请科技部和卫生部的联合机构审批。

从事人类胚胎干细胞研究项目的科研人员及该单位伦理委员会成员必须接受研究伦理培训。

从事人类胚胎干细胞研究的单位必须向科技部和卫生部的联合机构提供年度报告。

人类胚胎干细胞研究项目必须随时接受科技部和卫生部的联合机构的监督和检查。

（6）建议负责管理人类胚胎干细胞研究的科技部和卫生部的联合机构为：人类遗传资源管理办公室。

（7）根据上述原则和建议在年内制定“人类胚胎干细胞研究管理暂行办法”。该暂行办法根据人类胚胎干细胞研究的科学进展，在三年后修订。当人类胚胎干细胞研究进入临床试验时，应另订“人类胚胎干细胞临床试验暂行办法”。

（二）人类成体干细胞临床试验和应用的伦理准则

第一章 总则

第一条 为加强人类成体干细胞研究和应用的伦理管理，使干细胞技术更好地为治疗人类疾病、增进人民健康服务，并切实保护病人和受试者的权利和利益。根据我国《执业医师法》《人体器官移植条例》《人胚胎干细胞研究伦理指导原则》《涉及人的生物医学研究伦理审查办法（试行）》《医疗技术临床应用管理办法》以及《药品临床试验管理规范》，参考国际干细胞研究协会（ISSCR）《干细胞临床转化（应用）指导原则》，特制定本伦理准则。

第二条　人类成体干细胞是指人体各种组织或器官内具有自我更新和分化潜能的特定多能或专能细胞。它存在于人体的各种组织和器官中（如骨髓、皮肤、脂肪等）、人的胚胎组织或生殖细胞中，以及胚外组织（如羊水、脐带、脐带血等）中。诱导性多能干细胞（iPS 细胞），也属于成体干细胞。成体干细胞及其衍生物对于一些不治之症和难治之症如肿瘤（白血病、急性淋巴瘤等）、早老性痴呆、帕金森病、糖尿病、脑瘫、截瘫等的治疗可能具有良好的前景，为科学家和广大公众所关注。

第三条　人类成体干细胞（包括胚外组织来源的干细胞）移植技术，是指将患者自体（或异体）具有生物活性的成体多能干细胞或诱导分化成一特定的细胞类型后，移植到患者体内继续增殖，以修复损伤组织和器官。此项技术目前可分为三类：第一类，不在体外进行特殊技术处理的人类原代细胞或组织，如造血干细胞、软骨细胞等，移植治疗血液系统疾病、角膜损伤和软骨损伤。第二类，经体外扩增和诱导分化培养等特殊处理的成体干细胞，如神经干细胞、间充质干细胞等用于一些疾病的临床试验治疗。第三类，经基因处理后的成体干细胞，如成体干细胞基因治疗、iPS 细胞用于治疗，或以成体干细胞为载体的非医学目的干细胞移植。上述三类中，第一类目前已属常规医疗。第二类处于探索阶段，还没有系统的安全性和有效性的科学评价，应鼓励积极开展规范的试验研究。第三类 iPS 细胞尚在进行基础及临床前研究，尚不具临床试验条件，更不能应用于临床。非医学目的的成体干细胞移植应明令禁止。

第四条　应用成体干细胞于临床治疗疾病的安全性和有效性目前尚未得到充分证明，必须首先按科学原则和伦理原则进行临床前研究和规范的临床试验。在临床试验证明其安全和有效并经必要的审批、准入前，不允许任何单位将成体干细胞作为常规治疗应用于临床。

第五条 进行第二类或部分第三类（见本准则第三条）成体干细胞临床试验的机构应首先完成临床前研究，获得安全、有效和可控的实验证据后可申请临床试验，其临床试验方案须经省、市、自治区、直辖市卫生行政部门评审，同意后方可开展。

第六条 成体干细胞的临床试验，必须建立在科学文献和包括动物实验在内的临床前研究基础上，整个试验设计、过程、数据的收集、处理等应科学严谨，符合普遍认可的科学原则，包括研究诚信原则。涉及人的生物医学研究不符合科学要求，也必然是背离伦理原则的。

第二章 伦理原则

第七条 不伤害/受益原则。成体干细胞临床试验前，成体干细胞产品应由有资质的第三方机构检验，如不合格（标准另定）不能进行。根据临床前研究的数据，对受试者可能的风险/受益比进行评估，风险应为最低程度，如风险大于最低程度，则应考虑其社会受益是否大得足以为试验辩护。临床试验中应努力使风险最小化，受益最大化。如风险大，而受试者个人和社会受益小，试验方案不予批准。

第八条 知情同意原则。成体干细胞的临床试验，应向受试者提供充分的信息，客观地介绍可能的疗效、风险和毒副作用，并让受试者理解这些信息，给予充分的思考时间，然后作出自愿参加或拒绝参加的决定。受试者可在任何时候、以任何理由退出试验，且不受歧视。受试者的个人资料应严加保密。

第九条 公正性原则。征召受试者时应制订公平的纳入和排除标准，对受试者的受益和负担要公正分配。

第十条 公益原则。成体干细胞临床试验结果证明安全有效时，研究者应进行实事求是的科学总结并在专业杂志公开发表，研究者、资助单位和政策制订部门应充分考虑本项研究的社会公共利益，使社会利益最大化。

第十一条 非商业化原则。采集临床试验用的成体干细胞，应坚持无偿自愿捐献，但可给予适当补偿。成体干细胞临床试验的费用应寻求相关部门或基金会资助，不允许向受试者收取费用。

第三章　行为规范

第十二条　严格区分临床前研究、临床试验和临床应用的界限，不能混淆。临床前研究和临床试验研究，是医药临床科学试验的两个重要阶段，只有经过这两个阶段的科学试验，取得安全性和有效性的充分证据，经过科学评估和伦理审查，并经国家医药卫生主管部门批准后，方可转化为临床应用。未经科学证明，未通过主管部门批准，即将成体干细胞以商业化形式进入患者市场，在公共媒体上刊登广告，进行虚假宣传，将对患者身体、心理和经济造成伤害，在伦理上是不能允许的。

第十三条　成体干细胞的采集、处理和加工要有严格的质量控制。为确保细胞的质量和安全，必须对供者进行遗传病和流行病筛查；必须在充分安全无菌、符合药品生产质量管理规范（GMP）的环境下采集、处理和加工；必须使用标准化方案对整个生产周期进行监控，在分化和制作过程中，确保批号的均一性和验证方法，降低细胞来源的多样性，应规范分化和制作过程，严格测试其功能和最后产品的成分。为维持干细胞的稳定性，对其表型、核型、遗传及表观遗传进行基础分析和标记；必须高度关注多能干细胞在治疗中的致瘤性问题及毒性反应（包括主要器官的急性和慢性毒性反应）、细胞移植后的预期部位的血液生化改变和免疫源性；必须建立统一规范的移植标准，包括移植时机、移植途径、移植细胞数量及临床主要观察评价指标，以确保受试者的安全和所得数据能否确定移植的有效性。

第十四条　成体干细胞临床前研究，是临床试验的必要前提。临床前研究要对拟作治疗用的干细胞的特征、进入靶点的途径、在体内的作用机制、毒副作用及致瘤性等进行系统规范的研究（包括实验室和动物研究），以取得干细胞治疗技术安全性、有效性和可控性的科学数据后，方可进入临床试验。

第十五条　成体干细胞的临床试验，是临床应用（转化）的必要条件。临床试验方案，应经省、自治区、直辖市级伦理委员会进行严格科学评审和伦理审查。伦理审查的主要内容为：

（1）用于试验的成体干细胞是否由有资质的单位提供，对所提供的干细胞及其衍生物的生物学特征是否符合科学标准应有第三方的科学鉴定报告。

(2) 提供临床前成体干细胞研究（包括实验室研究和动物研究）有关安全性和有效性的数据、报告、科学评估。

(3) 研究者的资格、经验是否符合试验要求。

(4) 临床试验的科学根据、试验方案、试验目的和意义。

(5) 受试者可能遭受的风险程度与试验预期的受益相比是否合适，对受试者在研究中可能承受的风险是否采取了保护措施。

(6) 在知情同意过程中，向受试者（或其家属、监护人、法定代理人）提供的有关信息资料是否完整易懂，获得知情同意的方法是否适当，知情同意书是否合适。

(7) 对受试者的资料是否采取了保密措施。

(8) 受试者入选和排除的标准是否合适和公平。

(9) 是否明确告知受试者应享有的权益，包括在试验过程中可以随时退出而无须提出理由且不受歧视的权利。

(10) 受试者是否因参加试验而获得合理补偿，如因参加研究而受到伤害甚至死亡时，给予的治疗以及赔偿措施是否合适。

(11) 研究人员中是否有专人负责处理知情同意和受试者安全的问题。

(12) 对受试者在研究中可能承受的风险是否采取了保护措施。

(13) 研究人员与受试者之间有无利益冲突。

第十六条 成体干细胞的临床应用，必须实行严格的准入制度。根据卫生部颁发的《医疗技术临床应用管理办法》的规范，干细胞治疗属于第三类医疗技术，应由卫生行政部门严格控制和管理。未经卫生行政部门批准，不允许任何单位将成体干细胞随意应用于临床，并进行商业运作。

第十七条 应用骨髓造血干细胞、外周血造血干细胞和脐血干细胞移植技术，用于治疗造血系统的疾病、肿瘤放化疗后造血损伤、自身免疫性疾病、放射病、遗传性疾病等，已开展数十年，其安全性和有效性已经得到科学的证明，已有成熟的管理办法，并已成为常规治疗，无需进行临床试验。

第十八条 根据《赫尔辛基宣言》35 条的精神，一些危重患者，在自愿同意的情况下，医务人员可用其自体或异体的成体干细胞作为一种试验性治疗或创新疗法提供给个别患者，试验性治疗不属常规临床试验，更不属常规临床应用。它应具备以下条件：

（1）试验性治疗的对象，应是个别晚期肿瘤或严重疾患，确实无其它更好的药物和医疗技术可供选择。

（2）临床医师应提出试验性治疗的书面计划，包括：选择成体干细胞治疗技术的科学合理性根据；有临床前研究的安全性和有效性科学数据；临床工作者的资质；患者确系自愿，有合格的知情同意书；有符合科学要求的干细胞技术操作设施；有治疗毒副作用的措施及处理并发症和不良反应的计划；有随访计划。

（3）临床医师应承诺利用他们从个别患者那里获得的经验来达到普遍性知识，为此其书面计划还应包括：用系统和客观的态度来确定治疗结果；将治疗结果，包括阴性结果和不良事件在学术会议或专业杂志上向医学界报告；以及在一些患者身上获得阳性结果后及时转入正式的临床试验（按第十五条规定进行）。

（4）书面计划须通过省、自治区或直辖市级伦理委员会的评审。

第十九条　间充质干细胞是由间充组织组成的细胞，其分化程度较低，保留有丰富的原始状态的间充组织，在一定条件下可分化成新的细胞和组织。利用它作为成体干细胞的来源可减少排斥反应，应加强临床前研究，符合本准则第十五条相关规定和要求可申请进行临床试验。

第二十条　成体干细胞及其衍生物，需要进行批量生产，并提供医疗市场的时候，属人类细胞的医疗产品，应严格审查，未经行政主管部门批准，不得进入医疗市场。

第二十一条　严禁成体干细胞及其衍生物用于非医学目的，例如增高、增加智商或提高运动成绩等。

第四章　监督管理

第二十二条　成体干细胞临床试验证明其安全和有效后，转化为临床应用前，须经卫生部批准，取得准入资格后方可进入临床应用。

第二十三条　建立国家级干细胞研究和应用的专家委员会，隶属卫生部。建立严格的准入制度，对有资质的符合规范管理的医疗卫生单位，核发干细胞诊疗科室许可证，并及时向社会公告。对已获得准入的医疗卫生单位应定期进行检查和复审。未通过临床应用能力考核和伦理评估的医疗机构，禁止其从事任何种类干细胞治疗技术。

第二十四条 省、自治区、直辖市卫生行政部门对辖区内成体干细胞的临床试验和临床应用负有管理、监督责任。

全国各省市医疗卫生单位、中国人民解放军和武警部队的医疗卫生单位，有关成体干细胞及其衍生物的临床试验和应用，均应遵循本伦理准则。

本准则实施之日起，凡不符合本准则规定的均应予以废除。

第二十五条 医疗机构违反本准则在临床试验前提供干细胞疗法或以试验性治疗长期提供未经试验的干细胞治疗者，除勒令其停止干细胞治疗外，5 年内不得申请《医疗机构临床应用管理办法》规定的第三类医疗技术应用以及干细胞治疗的临床试验。

第二十六条 自本伦理准则批准之日起生效。

附　件

术语解释：

（1）干细胞（stem cell）：具有自我更新和多向分化潜能的一类细胞，在人和动、植物的生长发育过程中起着“起源或再生修复”作用的细胞，它是能够对合适的调节因子或微环境做出反应，而进行不同途径分化的细胞群。

（2）成体干细胞（Adult Stem Cell）：是从胎儿或成年组织来源的一类干细胞，如骨髓、皮肤、肠道、脂肪、肝脏、大脑、脐带、脐带血、胎盘等组织中均可提取的干细胞，它是组织发育和修复再生的基础，与胚胎干细胞“全能性”不同，具有一定的分化“可塑性”。

（3）成体干细胞衍生物（Derivatives Adult Stem Cell）：由成体干细胞衍生出的细胞和组织，如 iPS 细胞衍生出配子，称为衍生物。

（4）骨髓造血干细胞（Marrow Stem Cell）：从骨髓中提取的干细胞，称骨髓干细胞，包括骨髓造血干细胞、骨髓间充质干细胞等。

（5）脐带来源干细胞（Umbilical Cord Stem Cell）：是从脐带和脐带组织中提取的干细胞，包括脐带血造血干细胞、脐带来源的间充质干细胞。

（6）间充质干细胞（Mesenchyme Stem Cell）：是由间充质组织来源的具有干细胞特征的细胞，它的分化程度较低，在一定条件下可以分化为多种类型的细胞。

（7）诱导性多能干细胞（Induced Pluripotent Stem Cell，iPS cell）：通过转录调控因子或其它技术从体细胞重新编程获得的多能干细胞，称诱导性多能干细胞（ips 细胞）。

（8）临床前研究（Preclinical Study）：指医疗技术和药物进入临床试验前的研究，它包括实验室研究和动物实验研究，主要目的是为了提供医疗技术、器械和药物等干预措施在安全性、有效性和可控性方面的科学证据。

（9）临床试验（Clinical Trial）：即人体临床试验，是医学研究中的重要环节。《赫尔辛基宣言》中指出，医学的进步是以研究为基础的，这些研究最终必须包括涉及人类受试者的研究。它必须经临床前研究在安全性和有效性得到科学证据的情况下，方可进行临床人体试验，以对新的医疗技术或药物在人体的安全性、有效性作进一步验证。临床试验是临床应用的必要条件。

（10）试验性治疗或创新疗法（Experimental Treatment or Innovative Therapy）：《赫尔辛基宣言》第 35 条指出，当不存在已证明有效的治疗方法或治疗无效时，医生在取得患者知情同意后，为了挽救患者生命、恢复健康或减轻痛苦，可使用未经证实的或新的治疗方法和措施。试验性治疗不属于临床试验，更不属于临床常规治疗。

（11）临床转化（Clinical Translation）：指一种新疗法或药物逐步转向临床应用的过程，这个过程包括：对组织或细胞在正常状态下的作用机制以及对特定疾病或功能障碍的作用研究；将研究所得的信息用于设计和研究对疾病或功能障碍的诊断、治疗和修复的临床应用。

（12）临床应用（Clinical Application）：指一种新的医疗方法和药物在临床作为常规治疗的应用。它必须是经过临床前研究、临床试验（人体试验）等阶段，对人体的安全性和有效性得到充分验证，并经卫生行政主管部门或食品药品监督管理局（SFDA）依据有关法律或规定审查批准。

十八　有关克隆问题向外交部递交的意见*

一、我国对克隆人的政策是：坚决反对克隆人，不赞成、不支持、不允许，也不接受任何克隆人试验。这“四不政策”中“不接受”的具体含义如下。

（1）这里说的“克隆人”，是指克隆出一个完整的婴儿。在国际人类基因组组织（HUGO）的文件以及流行的文献中，“克隆人”被称为“人类生殖性克隆”（human reproductive cloning）。

（2）在这“四不政策”中“不接受”的具体含义应该是：“不接受国外任何单位和个人在中国进行任何克隆人的试验。”“不接受”的英文应该是：reject。

二、主张全面禁止克隆（既禁止生殖性克隆，也禁止治疗性克隆）的主要理由有：（1）治疗性克隆为了研究和实验的目的制造并毁坏人类胚胎，是将人类的早期生命——胚胎工具化，侵犯人的尊严；（2）不禁止治疗性克隆，就无法有效地禁止生殖性克隆，政府难以有效监控是否有人利用治疗性克隆制造出的胚胎进行了生殖性克隆；（3）除了治疗性克隆外，还有其他途径（如成体干细胞研究）可以解决器官移植中的免疫排斥反应。针对这些观点，我反驳及应对的理由如下。

论点1：治疗性克隆为了研究和实验的目的制造并毁坏人类胚胎，是将人类的早期生命—胚胎工具化，侵犯人的尊严。

（1）“制造并毁坏人类胚胎”不是治疗性克隆（HUGO文件中称“人类治疗性克隆”，human therapeutic cloning）的目的。治疗性克隆的

---

* 这个意见是2005年联合国讨论《禁止克隆一切形式人的克隆声明》时应外交部要求提出的（邱仁宗起草）。

目的是挽救千千万万病人的生命，他们患癌症、心脏病、脑血管病、老年痴呆症，目前无法治疗，只好走向死亡；他们器官衰竭，没有可供移植的器官，只好坐以待毙。治疗性克隆用克隆出自身的细胞、组织、器官进行移植，给他们带来重获生命的希望。但要使这种希望成为现实，必须首先进行研究和实验，就需要牺牲一些人类胚胎。牺牲人类胚胎不是我们的目的，不是我们的意向，我们希望不破坏胚胎，但我们做不到。挽救千千万万病人的生命是我们的目的，是我们的意向。也就是说，人的治疗性克隆会有两种效应：作为我们目的的有意的效应是挽救千千万万的病人；我们可以预料的、但并非我们本意的又不可避免的效应是牺牲人类胚胎。这在伦理学上称为“双重效应”。当一位孕妇患了癌症或危险的宫外孕时，如果不进行人工流产，就不能挽救母亲的生命，要挽救母亲的生命，就必须进行人工流产。如果不进行人工流产，母亲和胎儿的生命都保不住。这时人工流产就有两个效应：作为目的的有意的效应是挽救母亲生命；不是我们的目的但我们可以预料到又不可避免的效应是胎儿流产了。在双重效应的情况下，做人工流产是可以得到伦理学上辩护的。如果无缘无故地进行人工流产，无缘无故地牺牲胎儿，在伦理学上就得不到辩护。

（2）人的尊严决定于人的内在价值（internal worth）以及人们对这种价值的认同（identity）。问题是什么是“人”？在西方，人们所说的人实际上包含两个概念：person 和 human being。Human being 是生物学概念，所有在生物学分类上属于脊椎动物门、哺乳动物纲、灵长类、人科、人属的实体（即 homo sapiens）都是 human being，人类胚胎、胎儿、婴儿、成人都属于 human being，在有些文献中也称“人类生物学生命”（human biological life）。Person 则与之不同，一个 person 不仅应该是 human being，而且应该具有自我意识或自我意识潜能，处于社会关系之中。在有些文献中也称“人类人格生命”（human personal life）。因此，胚胎、胎儿尚未成为 person，而脑死人作为 person 已经死了。脑死人在呼吸器上还有心跳呼吸，作为 human being 仍然活着，作为 person 则已经死了。如果否认这两者之间的区别，美国等国家将脑死人宣布死亡，然后利用他们的器官进行移植，这才真正是拿人当工具，侵犯人的尊严。当然，我们不这样看。虽然脑死人作为人类生物学生命在呼吸器上仍然活着，但作为人类人格生命已经死亡，如果他生前表示有意捐献器官，那么脑死后摘取他的器官移植，并不是拿他当作工具，也没有侵犯他的尊严。中国儒家强调“人能群”（荀子），人之为人必定处于一定的社会关系之中，因此儒家的人是 person。荀子和韩非子都强调：“人始于生而卒于死。”我们的法律就是以这一概念为基础。既然出生以后才是人，出生以前就不是人。因挽救千千万万人的生命而牺牲人类胚胎，就谈不上“侵犯人的尊严”。

（3）尽管胚胎和胎儿还不是人（人类人格生命），但毕竟也是人类生物学生命，因此仍然具有一定的内在价值（这个价值不高于人类人格生命的价值）。它们不只是一块肉（像胎盘那样），可以无缘无故地舍弃掉，因此没有充分理由不能随意处置它们。但在人的治疗性克隆时，为了挽救千千万万病人的生命就是一个很充分的理由。正如上面人工流产的例子所表明的那样，挽救母亲的生命是牺牲胎儿生命的充分理由。如果技术发展到我们不用通过克隆胚胎就能获得干细胞并达到治疗目的，那么牺牲人类胚胎就不可能在伦理学上得到辩护了。

论点 2：不禁止治疗性克隆，就无法有效地禁止生殖性克隆，政府难以有效监控是否有人利用治疗性克隆制造出的胚胎进行了生殖性克隆。

（1）首先是否同意人类治疗性克隆可以挽救千千万万的病人，如果同意这一点，那么治疗性克隆就是我们应该做的。不能因为有可能出现消极后果，我们就不去做应该做的事情，否则就是“因噎废食”。我们做器官移植，就有人可能买卖器官，因此我们干脆连器官移植也禁止。这合理吗？

（2）没有理由说“不禁止治疗性克隆，就无法有效地禁止生殖性克隆”。禁止了治疗性克隆，有人决意要做生殖性克隆，还是会去做的。关键是如何“有效地禁止生殖性克隆”。我认为相反，不禁止治疗性克隆，才能有效地禁止生殖性克隆。一方面，合理的治疗性克隆已经允许了，你决意要做生殖性克隆，就不在理了；另一方面，治疗性克隆需要批准，研究计划要伦理审查，研究结果要汇报，研究过程要监督检查，这就同时有利于禁止生殖性克隆。反之，全面禁止造成研究人员的逆反心理，他决意在一个谁也想不到的地方偷偷做克隆人试验，这倒反而难以查处。正如器官移植，如果管理有效，买卖器官的查处是不难做到的。

（3）对治疗性克隆的有效监控措施可包括：禁止利用14天以上的胚胎；胚胎的利用要报批、登记、备案、定期检查；对违反规定者严肃处理；对试图克隆人者给予刑事处分。

论点3：除了治疗性克隆外，还有其他途径（如成体干细胞研究）可以解决器官移植中的免疫排斥反应。针对这些观点，我反驳及应对的理由如下。

（1）是的，除了克隆胚胎外，还有其他途径可以解决对干细胞定向发育器官移植的排斥反应问题。目前想到的一个办法是利用成体干细胞。但成体干细胞一般是专能的，成体干细胞目前已知有：骨髓干细胞（发育成各种血细胞）、皮肤干细胞（发育为皮肤）、肠壁干细胞（发育成肠上皮细胞）等。它们不能发育为其他系统的细胞。当然我们应该投资研究如何使成体干细胞成为全能干细胞，使之能发育成其他系统的细胞、组织和器官。但这是一种可能。这种可能短时期内不可能马上成为现实。我们不能将全部希望都寄托在这一途径。正因为如此，提倡研究使成体干细胞成为全能的德国国会建议，允许从国外进口用核转移技术获得的干细胞。与此同时，我们也需要在严格控制的条件下试验人的治疗性克隆。

（2）目前所知除治疗性克隆和成体干细胞外，还可以利用人工流产死胎的原始生殖细胞、体外受精成功后本来就要舍弃的多余的胚胎，或利用人工授精创造一个胚胎来供给干细胞。这三者都有排斥反应问题，而第三者有与人的治疗性克隆同样的问题：为了获得干细胞而创造胚胎，获得干细胞后破坏胚胎。

三、治疗性克隆可能引发的伦理、人权问题及我应对的口径如下。

（1）所谓“伦理问题”，是不知道应该做什么（实质伦理）和应该如何做（程序伦理）的问题。伦理问题可由利益冲突引起，如医生开药有回扣，使他不能作出有利于病人的判断；也可由义务冲突引起，两个病人都需要移植用器官，但只有一个器官，医生对二者都有治疗义务，不知道该怎么办；也可以由不同文化引起，有的病人相信天主教，不愿引产，但医生相信儒家，认为人工流产不成问题，病人拒绝引产会威胁病人生命，不知该怎么办。治疗性克隆会引起的伦理问题有：

1）所用胚胎超过14天。14天的胚胎已经个体化，不能形成孪生，已有神经发育，可能开始有痛觉。国际惯例不允许用14天以上的胚胎进行研究（胚胎研究早已有之，凡允许进行胚胎研究的国家，例如英国一般只允许用14天以下的胚胎进行研究）。依照国际惯例，我们提出的管理建议也规定不能利用14天以上的胚胎。

2）买卖精子、卵、胚胎、胎儿组织或干细胞、从干细胞克隆出来的组织、器官。我们提出的管理建议禁止一切形式的买卖配子、胚胎，胎儿组织。因为这些都是人类生物学生命，买卖有失人类尊严，而且这样做的后果是促使社会贫富两极分化。美国允许买卖血、精子、卵，代理母亲商业化，其他国家认为这样做是错误的。

3）在胚胎中加入任何外来基因或用任何人或动物的细胞核取代胚胎中的细胞核。我们建议禁止。对人类胚胎的这种没有充分理由的操纵损害人类生命的尊严，也可能带来意想不到的负面后果（非常怪的怪胎）。

4）利用人的配子与动物的配子制造嵌合体。我们建议禁止。理由同上。

5）制造人的体细胞核与动物线粒体DNA的嵌合体（中山医科大学陈教授用人的皮肤细胞核与兔卵细胞质形成嵌合体）。我们建议加以严密监督，作为研究不完全禁止，但禁止将这种嵌合体干细胞发育出来的细胞、组织或器官用于人体。因为这种嵌合体干细胞不是人类干细胞，会发生排斥反应或线粒体病。

6）将用于干细胞研究的胚胎放入任何妇女或动物的子宫内。这就是生殖性克隆，应该禁止，并给予刑事处分（英国法律有如此规定）。

7）违反知情同意原则，利用强迫或利诱等手段使捐献者怀孕流产或操纵人工流产的方法和时间。我们建议禁止，并应给予处分。

（2）治疗性克隆引起的人权问题有：

1）人的胚胎，尤其14天以下的胚胎不是人，也感觉不到疼痛，没有人权或权利问题。人才有人权问题，能够感受疼痛的高等动物有权利问题，这不是人权，而是动物权利问题。

2）上述第7）条是人权问题：违反知情同意和自主性原则。

3）捐献人工流产后的死胎、体外受精多余胚胎、精子或卵者应给予保密，泄露此秘密，也是侵犯人权，违反了保护隐私原则。

4）在操作过程中给有关人员造成严重损害，违反不伤害原则。

四、在生殖性克隆的定义上，有两种主要观点，一种观点试图从定义上将治疗性克隆包括在生殖性克隆范围之内，认为只要制造并使用了胚胎的克隆都是生殖性克隆，而生殖性克隆又分为活产克隆（live birth cloning）与治疗性克隆（therapeutic cloning）。另一种观点则认为应以是否以制造出个体为目的来区别治疗性克隆与生殖性克隆。对此，我应研究我能接受的生殖性克隆的具体定义措辞及理由。

（1）首先什么是“生殖”？生物有两种本能：个体生存和物种繁衍。“生殖”就是为了物种繁衍，在儒家社会表现为先祖生命的延续，在其他社会表现为家庭的延续。有了一个胚胎就能说繁衍了物种？这是可笑的。儒家重视生殖，也只有一个新生儿的诞生才算尽了对祖先的义务，决不会满足于有个胚胎。同样，重视家庭价值的西方人，没有孩子也要领养一个孩子，许多人不远千里来到中国领养可爱的中国孩子，他们能满足于领养一个胚胎吗？

（2）用活产克隆（live birth cloning）与治疗性克隆（therapeutic cloning）的区分来代替生殖性克隆与治疗性克隆的区分，没有改变问题的实质，而造成概念的严重混淆。治疗性克隆是为了治病救人，不是为了生个孩子，而生殖性克隆是为了生孩子，不是为了治病救人，这两个概念的区分如此明确，几乎不必再作什么注释。而用生殖性克隆将活产克隆与治疗性克隆包括起来，却造成概念上的混淆：将生殖目的硬加在治疗性克隆头上；而活产克隆应该与死产、流产、小产克隆相对而言，活产克隆是克隆成功后生出一个活的孩子，而死产是生出一个死孩子，流产、小产是胎死腹中。但所有这些都是以胚胎在人的子宫内为前提。而治疗性克隆是绝对不允许将胚胎放入任何人或动物的子宫内的。因此我们只能接受生殖性克隆与治疗性克隆的区分。

五、针对境外媒体报道的中国正在进行克隆人实验以及对治疗性克隆研究没有任何监控的说法，我加以反驳的事实根据如下。

（1）中国科学家确实正在进行治疗性克隆研究的准备工作，从胚胎中提取干细胞，并尝试使它们定向发育，培养成将来可以供临床应用的细胞或组织，但没有人进行克隆人的实验。我国政府已经一再表示反对克隆人，如果你们有确凿证据和信息，表明确有中国人在进行克隆人的试验，欢迎你们举报，以便我们严格查处。

（2）关于治疗性克隆的研究，我们正在制定监控措施，卫生部医学伦理专家委员会已经提出了管理建议（见附件），并不是毫无作为。

（3）关于媒体或网站上许多中国科学家进行治疗性克隆的报道，我们不能完全相信。中国媒体也追求轰动效应，中国的记者对科学知识了解得非常少（例如始终弄不清人工授精与体外受精的区别，经常将体外受精说成人工授精），常有不实的报道。如果你们有可靠信息，发现某个科学家在进行治疗性克隆时越出国际公认的规范，欢迎你们举报，以便我们进行调查。

十九　关于扩大艾滋病检测的伦理准则和行动建议*

（一）扩大艾滋病检测的重要性

根据2007年11月29日发表的《中国艾滋病防治联合评估报告》，目前，我国的艾滋病疫情处于总体低流行、特定人群和局部地区高流行的态势。艾滋病疫情上升速度有所减缓，性传播逐渐成为主要传播途径，艾滋病疫情地区分布差异大，艾滋病流行因素广泛存在。截至2007年10月底，全国累计报告艾滋病病毒感染者和艾滋病病人223501例，其中艾滋病病人62838例，死亡报告22205例。截至2007年底，我国艾滋病病毒感染者和病人约70万，全人群感染率为0.05%，其中艾滋病病人8.5万人，2007年新发艾滋病病毒感染者5万人，因艾滋病死亡2万人。在估计约70万艾滋病感染者和病人中约47.65万未经检测和诊断，约占68%，高出发达国家的平均25%—35%很多。

2005年的全球首脑会议要求尽可能在2010年使预防、治疗和关怀普遍可及。为确保这一战略目标，世界卫生组织在2006—2010年的战略方向是：扩大检测和咨询，预防最大化，迅速扩大治疗，加强医疗系统，其中扩大检测和咨询是前提。检测是鉴定HIV感染者，使感染者有可能知道自己的感染状态的唯一途径。鉴定出感染者才可以向他们提供治疗、关怀和支持，才可以向他们提供咨询，使之避免感染别人，从而有效遏制艾滋病的蔓延。扩大检测可使更多的人在症状出现前就知道自

---

* 这是2007年12月22—23日在北京举行的全国扩大艾滋病检测伦理和政策问题专家研讨会经过讨论一致通过的，意见由翟晓梅、胡庆澧、邱仁宗起草，并递交中国疾病预防和控制中心。

己感染状态，而在这时治疗更为有效。有资料表明绝大多数人知道了自己是阳性后会改变高危行为，而且现在已经有了可靠、有效、快速、使人更能接受的检测方法，与预期收益相比，其成本是合理的。因此扩大艾滋病的检测和咨询，不但有必要，而且有可能。

（二）艾滋病检测存在的问题

扩大艾滋病的检测和咨询首先要总结我们过去和目前艾滋病检测中存在的问题、经验和教训。

1. 自愿咨询检测（VCT）：目前我国已经在全国范围内建立3000余VCT门诊，但每天前来检测的人数偏少。其原因是：许多人还不知道有VCT门诊、在哪里；有些门诊离受检者路太远；缺乏后续服务或后续服务质量不高；担心不能保密及可能受到污辱和歧视。VCT的目标人群是“性工作者、吸毒人群、同性恋人群以及其他高危人群”，这使一些人踌躇不前。而“实名制”可能是有高危行为的人群不敢前往的一个重要原因。医患关系的恶化也可能是人们对VCT的医务人员不能信任的一个原因。

2. 在医疗机构由医务人员启动的检测（PITC）：当病人去医疗机构看病，医生发现病人的症状提示病人可能感染艾滋病病毒，要求病人作艾滋病检测，这种诊断性检测在伦理学上不成问题。问题主要在于，许多医疗机构为了保护医务人员而启动艾滋病检测。这种保护性检测的目的，不是为了感染者的生命健康和遏制艾滋病蔓延，而是为了保护医务人员；无知情同意，受检人既不知情，又没有同意，缴纳费用时才知道做了检测；无保密，检测结果和其他化验条在一起可以任人随便翻阅，有时本人不知晓，却已为他人所知；无咨询，即使查出是阳性也不咨询；无后续服务，没有与HIV相关的治疗、预防、关怀、支持服务；要缴费，不明不白做了检测要缴费；有歧视，本来要做的检查或手术也不做了，将病人推出或转到传染病院；如此等等。

3. 强制性检查（Mandatory testing）：对供血、供移植的器官、组织和细胞者进行强制性检测非常必要，并没有争议。但过去在若干地方为了地方政府的需要对目标人群进行强制性检测或筛查，虽然这类筛查达到了行政和公共卫生上的某些目的，但没有提供咨询，没有后续服务，甚至也不告知，不必要地限制受检人知情同意的权利，容易加强对这些人群的歧视，因而难以成为常规服务。

（三）扩大艾滋病检测的伦理准则

1. 艾滋病检测的目的是检出艾滋病病毒感染者，使他们早日和及时获得咨询、治疗、预防、关怀和支持等服务，有益于他们的生命健康；并通过他们的行为改变来防止传播艾滋病，以遏制艾滋病的蔓延，促进公众健康。因此，第一，检测本身不是目的，而是为了更好地促进感染者的生命健康，促进公共卫生；第二，检测以及随后的咨询、治疗、关怀和支持都应该以个人感染者和病人为中心，考虑他们的需要和关注。

2. 艾滋病检测必须坚持知情同意原则。必须向潜在的受检人提供他们做出检测决定所需信息，关键是要使他们理解所提供的信息，在此基础上自由地做出检测或不检测的决定。知情同意原则的实施可以根据情况采取不同的形式："选择检测"（opt-in）和"选择不检测"（opt-out）。"选择检测"是默认不检测，当事人主动提出要检测。"选择不检测"是默认检测，当事人可以选择不要检测。其变化的背景是：过去对艾滋病没有有效治疗办法，社会和国家对艾滋病感染者和病人的支持缺如，检查出阳性也没有意义，反而容易遭致歧视。现在情况已经大为不同：有效的治疗已经可得，社会和国家对艾滋病的支持已经大有改进，对艾滋病的歧视也已减少，因此对检测采取鼓励的态度。即使是现在，在那些治疗及其他后继服务无法保证的地区，或污辱和歧视仍然非常严重的地区，或对于那些不能保护自身利益和权利的脆弱人群也许仍应采取"选择检测"的办法为妥。但不管是"选择检测"还是"选择不检测"的不同办法，都应该毫不含糊地贯彻知情同意原则。

3. 艾滋病检测也必须坚持保密原则。除了进行治疗的医生或相关公共卫生部门需要了解感染者的个人信息外，其余无关第三者都无权获得感染者的个人信息。为了更好地贯彻保密原则，VCT 门诊可考虑将实名制改为编码制，提供治疗服务不是实名制的理由。编码制同样可以提供各类服务。

4. 艾滋病检测必须与咨询服务相结合。根据情况和需要，可以着重提供检测后的咨询，主要对检测结果阳性者提供咨询。但决不能单纯进行检测而不提供任何咨询。

5. 艾滋病检测是整个预防、治疗、关怀和支持的链条中的一个环节。检测决不能孤立进行。检测本身不是目的，目的是实现预防、治疗、关怀和支持的普遍可及，从而控制艾滋病的流行。检测是普遍可及的必要前提，检测和咨询后必须有后续服务，包括治疗、预防、关怀和支持。这就必须在技术、财政上提供保证，并建立支持性的社会、政策、制度、法律环境。

（四）“两条腿走路”

目前我国已经具备了扩大艾滋病检测和咨询的条件。2006 年国务院颁布了《艾滋病防治条例》，制定了《中国遏制与防治艾滋病行动计划（2006—2010）》，完成了“三个一”框架的建立，就是制定了一个国家的防治规划，建立了国家统一的协调机制，建立了统一的艾滋病防治监督与评估体系，提出和落实“四免一关怀”政策。

根据我国情况，我们应该“两条腿走路”，既要鼓励扩大多种形式的由病人启动的艾滋病检测和咨询，也要鼓励在医疗机构内由医务人员启动的艾滋病检测和咨询。

（五）扩大由病人启动的艾滋病检测和咨询

目前 VCT 的数量远远不能满足需要，应更为广泛地建立 VCT 门诊，包括在广泛流行或密集流行地区有条件的医院都应该建立 VCT 门诊；

允许并鼓励社群组织建立 VCT 门诊，开展 VCT 服务；

建议中国疾病预防和控制中心（CDC）制订准入标准，进行人员资格认定和培训，对 VCT 门诊的工作进行检查和评估；

开展流动的 VCT 服务；

对已有 VCT 门诊要进行检查、监督和评估，人员要培训，尤其是增加伦理培训。

（六）鼓励在医疗机构由医务人员启动艾滋病检测和咨询

开展在医疗机构由医务人员启动的艾滋病检测和咨询（PITC）非常重要。如果不能将我国的医疗机构调动起来参与检测和咨询工作，那么扩大艾滋病检测就是一句空话。在全国范围内医疗机构是保卫人民健康生命的主力军。随着 HIV 从核心人群向一般人群转移，发现是 HIV 阳性的场所更多会是医院。医疗机构检测出阳性后也更易提供后续服务。因此，在医务机构由医务人员启动艾滋病检测和咨询既是政府的义务，也是所有医疗机构和医务人员的义务。

（七）根据不同流行类型扩大艾滋病检测和咨询

WHO/UNAIDS 根据不同流行类型决定扩大检测的对策比较适合我国的情况，艾滋病在我国不同省份的流行情况，甚至在一个省份内的流行情况，也都可以划分为广泛流行、密集流行和低度流行三种类型，应根据不同类型扩大检测和咨询范围：

1. 所有医疗机构应向以下人员推荐 HIV 检测和咨询：

其征候和症状或其病情表明有 HIV 感染（包括结核病）的人，以及接触过 HIV 的儿童或 HIV 阳性妇女生的儿童

2. 在广泛流行地区，对前往以下机构诊疗的所有病人推荐检测和咨询：

住院和门诊病人服务机构，包括结核病门诊

产前、分娩和产后服务机构

性病门诊

为最高危人群服务的医疗机构

为 10 岁以下儿童服务的医疗机构

为青少年服务的医疗机构

外科服务机构

生殖健康服务机构，包括计划生育机构

3. 在密集和低度流行地区，则对前往以下机构诊疗的所有病人推

荐检测和咨询：

性病门诊为最高危人群服务的机构，产前、分娩、产后服务机构，结核病服务机构

（八）在医务人员启动的艾滋病检测中实施 opt-out 进路

Opt-out 必须有条件才能不致成为隐蔽的强制检查。实施 opt-out 的条件是：

在实施前必须通过政府公告和媒体告知全体居民，今后去医疗机构或某些医疗机构看病增加一项 HIV 检测；

在医院一揽子同意检查的项目中必须醒目地让病人知道其中有 HIV 检测；

在检测前应向病人提供信息服务，让病人有表示不参加检测的机会；

在病人表示不参加后对病人的治疗等服务不应受丝毫影响；

Opt-out 的实施过程应制定规范程序；

在医疗机构进行 opt-out 的检测应制订医务人员行为准则；

对医务人员进行伦理培训；

在过去的公共卫生工作中筛查和常规化往往有隐性的强制。如果缺乏伦理意识和必要的培训，筛查和常规化确实也容易导致变相的强制。因此在使用这些词时应比较慎重，避免有人利用它们实施强制的检测。

（九）努力消除开展 PITC 的阻力

在我国开展 PITC 的阻力非常之大。可能的阻力有：

目前艾滋病防治的重担主要落在 CDC 和传染病院，因此为调动医疗机构和医务人员参与艾滋病检测工作，必须在政策和体制上改变这种在防治艾滋病任务上负担轻重不均的情况；

相当多的医疗机构也不愿意承担这个任务，因为检测、治疗艾滋病，费用不高，影响医院收入；

如果承担艾滋病检测和咨询工作，许多其他病人因为无知和恐慌就

不来医院看病，进一步影响医院收入；

公立医院方向性错误的医疗体制改革尚未扭转，不可能很好完成检测和咨询任务；

许多医疗机构的医务人员对艾滋病缺乏基本的知识，存在无知和恐慌；

对艾滋病感染者和病人的歧视60%—70%发生在医疗机构；等等。

对这些阻力都需要通过教育、宣传、制度保证、行政指导等办法加以破除。

（十）开展PITC的保证

用法规或条例规定医疗机构承担检测、咨询、医疗、关怀艾滋病感染者和病人的义务；

制订医务人员在医疗机构进行检测和咨询的工作流程和行为准则；

对全体医务人员进行有关艾滋病科学和伦理学知识的培训；

扭转医疗市场化、将医生收入与病人缴费挂钩的错误政策，政府恢复对公立医院的投入；

检测费用应该在各级政府预算中开支。

二十　就联合国机构关于关闭强制性拘禁戒毒中心的联合声明向我国政府建议书

（一）联合声明及我国政府的应对选项

1. 联合国12个机构的联合声明

2012年3月，12个联合国机构①联合发布了《关闭强制拘禁戒毒中心和康复中心的联合声明》（附件1），签署这份《联合声明》的联合国机构号召存在强制拘禁戒毒和康复中心的国家毫不迟疑地关闭这些中心，释放被拘留人员。在自愿、知情基础上，在社区为需要这些服务的人，提供适合的卫生保健服务。这些服务应该包括以科学证据为基础的药物依赖治疗，艾滋病和结核病预防、治疗、关怀和支持；以及针对身体暴力和性暴力的卫生、法律和社会服务，以使他们能够重新回归社会。

2. 对《联合声明》的解读

《联合声明》的提出，是基于下列的事实和证据：

（一）世界各国数十年的经验表明，对使用毒品采取刑罪或惩罚的政策效果甚微，毒品使用者人数以及主要毒品使用量不降反升，毒品纯度越来越高，价格越来越低，毒品使用人群与毒品使用相关的健康问题

---

① 这12个机构包括：联合国国际劳工组织、联合国人权高级专员办公室、联合国开发计划署、联合国教科文组织、联合国人口基金会、联合国难民高级专员、联合国儿童基金会、联合国毒品和犯罪办公室、联合国性别平等和妇女赋权组织、世界食品规划署、世界卫生组织以及艾滋病规划署。

日趋严重，需要重新审视既往政策并探讨新的应对策略。[1][2]

在联合国《单一麻醉品公约》签订50年、尼克松总统启动禁毒战争40年后，全球虽然花费了巨额投资，但无论是在减少毒品供应还是在减少毒品需求方面，都没有看到明显的效果。由于缺乏有效制约和监督机制，这种政策在实施过程中极易导致公权力的滥用和对人权的侵犯，这类事件在全球范围内的强制拘禁戒毒机构内都屡禁不绝。在由19名政要、顶级专家、企业家等组成的全球毒品政策委员会[3] 2011年的《反毒之战》报告中，对此均有详尽的分析[4]，并在总结经验的基础上提出了制订毒品政策的4项原则。[5]（见附件2。）

（二）过去20余年的神经生物学和神经行为学研究证明，所谓的"吸毒成瘾"就是药物成瘾的一种，是一种慢性复发性脑疾病。

"吸毒成瘾"（使用阿片类药物以及其他精神活性物质成瘾）者反常的思维和行为，都是特定脑区受损的症状，因而"吸毒成瘾"者是脑部受到这些"毒品"损伤的病人。全球的科学研究证据表明，帮助这部分人的有效办法是采用经过临床证明有效的药物并结合心理、行为和社会的综合性治疗方法，而不是对他们实施"惩罚"和"监禁"。

---

① 2006—2012年《中国禁毒报告》。

② *Recent Statistics and Trend Analysis of Illicit Drug Markets*，2012，UNODC.

③ 委员会成员包括哥伦比亚前总统伽维里亚、墨西哥前总统塞迪洛、巴西前总统卡多佐（主席）、希腊前总理帕潘德里欧、美国前国务卿舒尔茨（名誉主席）、西班牙前欧盟高级代表索拉纳、加纳前联合国秘书长安南、加拿大前联合国人权干事卡扎奇基纳、美国前联邦储备银行行长沃尔克、英国维京集团创始人布兰森、瑞士前主席德雷福斯、挪威前外交部长和联合国难民高级专员斯托尔滕贝格、波兰前总统克瓦斯涅夫斯基等。

④ *War on Drugs Report of the Global Commission on Drug Policy*，June 2011.

⑤ 该报告提出了有关毒品政策的四原则：原则1：毒品政策必须基于可靠的经验和科学的证据。成功的主要测度应该是减少对个人和社会的健康、安全和福利的伤害。原则2：毒品政策基于人权和公共卫生的原则。我们应该终止对使用某些毒品的人以及种植、生产和配送少量毒品的人的污名化和歧视，并将依赖毒品的人视为病人而不是犯人对待。原则3：毒品政策的制订和实施应该是全球分享责任，但也需要考虑不同国家的政治、社会和文化现实。原则4：应当鼓励家庭、学校、公共卫生专家、发展实践者以及民间组织领导人的参与，禁毒部门和相关政府机构要与他们建立起伙伴关系。联合声明是基于数十年的科学研究，数十年的禁毒战争和现行政策实施的后果及对它们的反思的产物，它是立足于事实，立足于科学证据，为了更好地减少毒品问题及其不当政策对受影响的个人和国家带来的伤害。

3. **我国政府对待《联合声明》的可选择应对方式**

目前有三种应对方式可供我们选择：

选项（一）：完全不理会《联合声明》。

这种应对方式实为下策。如果我们完全不理会《联合声明》，这就意味着我们无视这数十年积累的科学证据，无视这数十年来禁毒战争和现行政策事倍功半的事实，说明我们违背了长期信守的实践是检验真理的唯一标准以及科学决策的原则，这不是一种求真务实的理性态度。

那么，我们是否可以以“文化特殊性”作为论据来为不理会《联合声明》辩护呢？我们认为不能。首先要看在毒品政策或措施方面，有哪些与文化有关，哪些与文化无关。吸食毒品后，毒品对使用者脑部的损害或成瘾的事实是与文化无关的，这是一个神经生物学问题，处于不同文化情境的毒品使用者的大脑结构和功能及其病变与文化也没有关系。即使是与文化有关的毒品政策，数十年的实践证明，这种政策未能使毒品使用量下降，也未能使毒品使用者减少，反而使得与毒品使用相关的健康问题在毒品使用人群中日趋严重，这一不争的事实并未因文化差异而有所不同。唯一可以用文化来解释的是我们强调个人对社会的责任，但是西方文化并非不重视个人对社会的责任，目前国际上对毒品采取种种降低伤害的政策无一不是考虑如何减少对社会的伤害，因此不能用个人对社会的责任这一点来为强制拘禁的戒毒政策辩护。

选项（二）：立即关闭我国目前的强制隔离戒毒所（也就是《联合声明》中所称的强制拘禁戒毒和康复中心在我国的对应名称，下同）。

立即关闭我国强制隔离戒毒所多有不可行之处。广大的参与强制隔离戒毒工作的人员，在观念没有转变之前，难以理解关闭这类戒毒所的必要性。人们也有理由顾虑，立即关闭这类戒毒所，可能给毒品使用者，尤其给贩卖者、生产者一个错误的信号，认为毒品可以合法化了，从而给社会带来冲击。更重要的是，近年来不少强制隔离戒毒所已经从只是为毒品使用者提供脱毒治疗逐渐向为他们提供药物依赖治疗和心理社会康复的转变过程之中，在这种状况下提出“关闭”这些强制隔离戒毒所可能为服务提供者所不能接受。

选项（三）：也就是我们准备建议的应对方式是，按照《联合声明》的精神，努力使这些强制隔离戒毒所转变为“药物依赖医疗、关怀和康复中心”[①]。这种转变需要我们勇敢地去面对过去政策失效的事实，承认目前对成瘾者的政策难以为继，需要政策的改革，但这种改革需要以最低的社会成本进行。其好处是，既能达到《联合声明》的要求，又能使社会更加稳定，避免改革可能带来的过度冲击，或者可使这种冲击引起的负面影响最小化。而我国最近几年来在一些强制隔离戒毒所贯彻“以人为本”的经验，已经使这种转型具有初步的可能性和可行性。如果转变成功，我们将来不仅可收治阿片类药物的成瘾病人，还可以收治其他精神活性物质（合成毒品、酒精等）成瘾的病人等等，使之成为名副其实的以公共卫生和权利保障为导向的、向社区毒品使用人群提供健康服务的药物依赖治疗、关怀和康复中心（Center for Treatment，Care and Rehabilitation of Drug Dependence）。

（二）反思政策，转变观念——改革毒品政策的科学根据和现实需求

对我国以强制隔离戒毒所[②]为核心的禁吸戒毒体制改革的关键是转变观念，树立科学的态度，尤其是积极吸收国际上的最新科学研究成果，并结合中国的现实，探寻改革的适当路径。

纵观全球毒品战争的失败以及我国禁毒工作中所面临的巨大现实挑战，其根源都是缺乏科学根据和观念错误，这使得我们在工作中虽然作了很大努力，但却往往事倍功半。

需要确立的观念之一：吸毒成瘾是慢性复发性脑疾病。

药物[③]（drug）是指作用于神经精神系统、影响精神功能（情绪、认知、意志和行为）的精神活性物质（psychoactive substances）。其中可

① 劳改戒毒者也转入此类中心。

② 包括劳教戒毒。下同。

③ 指影响生物学功能的化学物质（不同于提供营养或水），它们可来自植物，也可来自实验室。

滥用的（abusable）作用于精神的药物，是使人感到快乐、愉悦而不是用来治病的药物。[①] 这些作用于精神的药物滥用后会引起中枢神经系统、心血管系统、呼吸系统、消化系统结构和功能的损害，发展为成瘾，即使用者不顾药物对社会和个人产生的显著负面后果，出现不能自我控制的、强迫性的觅药行为和使用药物的行为，通常的自律和良心的约束已不管用，使用者会采取常人看来是不可思议的，危害个人、家庭及社会的行为。

经过数十年悉心的科学研究，科学家已经获得充分的科学证据，证明吸毒成瘾是一种慢性复发性脑疾病。成瘾者由于长期服用对精神有作用的物质，脑的结构和功能受到严重损害，进而使得他们产生非个人的意志能够控制的行为。

对成瘾的科学研究由于神经成像学的发展而发生决定性的转折。[②] 科学研究发现，成瘾有其神经生物学基础，是与有精神活性作用的可滥用药物对若干脑区以及神经递质及其通路的损害有关[③]，这些损害使成瘾者行为发生异常改变。[④⑤⑥] 科学研究的进展彻底改变了我们对药物（“毒品”）滥用和成瘾的原有观念。Leshner[⑦] 于 1997 年首先提出，成瘾是一种慢性复发性脑疾病。其特点是强迫性的觅药行为，尽管出现了负面结果但仍然滥用药物，大脑的结构和功能持续发生改变，使得成瘾

---

① 对人类威胁最大的可滥用药物是：尼古丁、酒精（乙醇）和阿片类药物（从鸦片罂粟汁中提出的药物）。

② 使用 PET（质子发射断层扫描术）和 SPECT（单光子发射计算机断层扫描术）或 MRI（核磁共振影像术），尤其是使用 fMRI（功能核磁共振影像术）使我们对脑活动的研究革命化。

③ fMRI 研究提供强有力的证据证明，与对照组相比，依赖酒精、大麻、可卡因、尼古丁、海洛因的人前额叶皮层功能活动受到障碍，前额叶区、眶额区和扣带回皮层发生病理改变，因而判断、决策和抑制性控制能力降低。

④ Hyman S.，2012，*Biology of addiction*，in Goldman's Cecil Medicine，24th edition，Elsevier，pp. 14-142.

⑤ Goldstein RZ et al.，2002，“Drug addiction and its underlying neurobiological basis：Neuroimaging evidence for the involvement of the frontal cortex”，*Am J Psychiatry*，159（10）：1642-1652.

⑥ Volkow N et al.，2004，“Drug addiction：the neurobiology of behaviour gone away”，*Nature Reviews of Neuroscience*，4：963-970.

⑦ Leshner AI，1997，“Addiction is a brain disease，and it matters”，*Science*，278：45-47.

者在戒毒后容易复用。①②③

根据科学证据，我们可以得出结论，成瘾（包括使用尼古丁、酒精、大麻、可卡因、苯丙胺和海洛因等所有可滥用的有精神活性作用的药物）是疾病，不是罪行。毒品使用者违法犯罪是因为服用药物使他们产生异常的思维（如幻觉、妄想）和非理性甚至非法的行动（如抢劫）；他们需要药物缓解由于神经系统损害出现的戒断症状（强迫性觅药行为）；他们需要钱买毒品（偷抢钱财）；他们出现自我毁损行为（毒品所致的精神障碍）。

需要确立的观念之二：毒瘾者是自主能力严重受损的病人。

将非法药物（"毒品"）成瘾者当作"罪犯"或"违法者"对待并给予惩罚，其前提除了认为成瘾不是疾病外，还认为药物滥用和成瘾者有完全的自主性④；另一种相反的观点则认为药物滥用和成瘾者完全没有自主性。⑤ 对成瘾者的心理行为研究表明，他们不是完全没有自主性，也不是与正常人一样具有完全的自主性，而是自主性严重缺损。他们不仅花费时间和努力来寻求药物，而且也设法和努力停止消费药物，回归正常。⑥ 人类有趋利避害的本能，成瘾者由于社会化严重不足，因此在被拘禁、受惩罚时，便会更加渴望使用毒品来缓解受压感。⑦⑧

---

① Volkow ND et al.，2005，"Drug and alcohol：Treating，preventing abuse，addiction and their medical consequences"，*Pharmacology and Therapeutics*，108：3-17.

② Gunzerath L et al.，2011，"Alcohol research：Past，present and future"，*Annals of the New York Academy of Science*，1216：1-21.

③ Carter A et al.，2012，"Addiction Neuroethics：The Ethics of Addiction Neuroscience Research and Treatment"，*Elseview*，pp. 4-47.

④ 这种观点认为，成瘾者应该对其本人服药、成瘾以及成瘾后的一切负面行为负责，不能戒断、继续服用、一再复用，是他努力不够，没有负起责任，应该制定法律惩罚他们，迫使他们负起责任，改变思想和行为。

⑤ 依照这种观点，成瘾者自己对服药、成瘾，以及成瘾后的一切行为都不负责任，包括犯罪活动，因此应该完全按照严重的精神病人那样对待他们。

⑥ 研究表明，他们起初是自愿服用毒品的行为，逐渐转化为非自愿的服用毒品，最后到行为被渴求毒品驱使。他们对自己很难有长期计划，即使有了计划也很难实现，他们不能将意志加于自己，特别难以管理自己，难以约束自己，生活方式混乱，他们只能"得过且过"，在每个时刻对当下的事情作出选择。

⑦ 作为自然界生物物种的一员，人具有在身体和心理上趋利避害的本能。在心理学上，人们要 feel good（感觉舒服，感觉良好），喜欢快乐、愉悦、欣快、舒服、高兴、痛快，当遇到逆境心里发生焦虑、担心、害怕、郁闷、无望、紧张、疲惫时，要设法 feel better（感觉好些）。如果一旦滥用，发生依赖成瘾，被视为违法者，将他们监禁起来，用种种方式惩罚他们，让他们在社会上无地容身，被污名化和受歧视，被边缘化，这就驱使他们更渴求使用药物（"毒品"）。

⑧ Carter A et al.，2012，"Addiction Neuroethics：The Ethics of Addiction Neuroscience Research and Treatment"，*Elseview*，pp. 65-66.

因此，当戒断症状发作时，其强迫性觅药行为不是毒品成瘾者能自主选择的，是他们脑的结构和功能受到损害所直接驱使的，因而他们不能对其行动及后果负有道德和法律责任。但当药瘾得到满足，自主能力或理性得到恢复时，他们应对所选择的行动及其后果负责。

需要确立的观念之三：为毒品成瘾者提供自愿的、知情的、以科学证据为基础的、权利平等的治疗服务是帮助他们摆脱毒品的关键。

既然毒品成瘾是疾病，合适的办法就不应该是惩罚，而是提供药物治疗、心理行为治疗和社会支持、关怀等综合性服务。[①]

研究表明，将吸毒成瘾者视为“违法者”进行强制隔离戒毒与药物依赖治疗是无益的，尤其是对合成毒品（“冰毒”“摇头丸”“K粉”等）使用者，“违法者”的标签作用使得这部分病人采用种种方法逃避打击，结果是这部分病人很少得到有效的治疗，使用合成毒品造成的负性结果越来越严重。

国际上的研究和成功经验显示，吸毒成瘾的治疗需要多元化，药物治疗是治疗成功的第一步。同时，必须为吸毒成瘾者提供心理行为治疗和社会支持，没有单一的方法可以治疗所有吸毒成瘾者。药物依赖治疗必须方便可及，必须照顾到患者的多种需求，病人对治疗提供者和治疗机构的信任和满意度是治疗成功的基础。对吸毒成瘾的治疗应当以科学证据证明为有效的疗法为基础，治疗应当是自愿的和知情的，要以平等待人的态度对待药物依赖者，要像关怀其他疾病患者一样关怀他们和帮助他们。

在社会转型过程中，我们要做好对弱势群体的救助工作，尽可能减少他们所受的伤害和不公正待遇，坚决落实“以人为本”、重视民生、建设和谐社会的方针，就会预防一些弱势群体中的人去接近这类药物，这是社会进步和精神文明的具体体现。

需要确立的观念之四：“刑罪化”或“违法处罚”不是对待“成瘾者”的合适政策，也不是遏制毒品泛滥的合适手段。

---

① 阿片类药物代替疗法（OST）是让有海洛因依赖的病人服用阿片类药剂，如美沙酮、丁丙诺菲、口服吗啡、二乙酰吗啡（药用吗啡）等，能够有效的帮助吸毒成瘾者解决生理上对毒品的依赖。另外，纳曲酮治疗、动机促进治疗、认知心理治疗、居住治疗集体、匿名戒毒会等治疗方法在治疗毒品依赖方面也都为科学研究证明是有效的，这些治疗的前提都是把毒品成瘾看作一种疾病。

我国法律将吸食、注射毒品列入治安管理处罚的范畴①，而持有、运输、买卖和向他人提供少量毒品亦然。② 运输、贩卖一定数量以上毒品时则构成犯罪，累计的零包贩卖也属于打击之列。③

刑罚或违法处罚的好处是可以抑制毒品的使用和成瘾，但其代价巨大，弊大于利：（一）作为刑罚或违法惩治往往事倍功半，不成功的原因之一是，如果有强有力因素驱使许多人去使用药物，那么这种惩罚是无效的（所谓“法不责众”），实际上只能处罚和监禁其中一小部分人，例如我国登记在册的吸毒者只是一部分。（二）催高药物价格，执法越严，价格越高。（三）高价格意味高利润，生产、贩卖集团为了谋取高利润，不惜采取一切手段，包括暴力。抓捕了贩卖者，很快有人填补空缺。“重赏之下，必有勇夫。”使用者则更加困苦，受强迫性觅药行为驱使，为了获得药物，只能通过参与违法犯罪活动获得毒品。巨大利润可用来引诱执法人员和官员腐化。（四）给药物使用者贴上社会标签导致污名化，促使药物使用者行为角色化。WHO 进行的国际调查表明，在 14 个社会中，药物成瘾是 18 种疾病和残疾中最受歧视的。（五）药物使用者（毒瘾者）被作为社会的敌人对待，被妖魔化，执法力度越大，越容易侵犯个人权利，也越容易导致执法人员滥用职权，因而将

---

① 《中华人民共和国治安管理处罚法》第七十二条：有下列行为之一的，处十日以上十五日以下拘留，可以并处二千元以下罚款；情节较轻的，处五日以下拘留或者五百元以下罚款：（一）非法持有鸦片不满二百克、海洛因或者甲基苯丙胺不满十克或者其他少量毒品的；（二）向他人提供毒品的；（三）吸食、注射毒品的；（四）胁迫、欺骗医务人员开具麻醉药品、精神药品的。

② 第七十一条：有下列行为之一的，处十日以上十五日以下拘留，可以并处三千元以下罚款；情节较轻的，处五日以下拘留或者五百元以下罚款：（一）非法种植罂粟不满五百株或者其他少量毒品原植物的；（二）非法买卖、运输、携带、持有少量未经灭活的罂粟等毒品原植物种子或者幼苗的；（三）非法运输、买卖、储存、使用少量罂粟壳的。有前款第一项行为，在成熟前自行铲除的，不予处罚。

③ 《中华人民共和国禁毒法》第五十九条：有下列行为之一，构成犯罪的，依法追究刑事责任；尚不构成犯罪的，依法给予治安管理处罚：

（一）走私、贩卖、运输、制造毒品的；

（二）非法持有毒品的；

（三）非法种植毒品原植物的；

（四）非法买卖、运输、携带、持有未经灭活的毒品原植物种子或者幼苗的；

（五）非法传授麻醉药品、精神药品或者易制毒化学品制造方法的；

（六）强迫、引诱、教唆、欺骗他人吸食、注射毒品的；

（七）向他人提供毒品的。

使用毒品、拥有供自己使用的少量毒品，甚至种植、生产、购卖为自己服用的少量毒品去罪化或者去罚化就成为国际上立法的趋势。①②

对于人们使用可滥用药物，是否可以采取强制的治疗措施呢？当成瘾者处于有行为能力状态时，对其进行治疗应获得其知情同意，同时向其说明在一定条件下强制治疗的必要性。当成瘾者处于不能自主决定阶段时，在一定条件下不排除经过家属代理同意后进行强制性治疗或强制性实施已经同意的治疗计划，但在强制治疗后应定期重新评估行为能力，如评估其有行为能力则可在强制治疗后补行知情同意程序。③ 这种知情同意被称为“动态同意”，在其中将成瘾者与治疗者之间的关系看作伙伴关系，要求不断协商；不断测评病人行为能力，不管最初测评结果如何；知情同意是一个合作过程，而不是对病人的一次性权威判断；对病人的治疗需要作出个体化的、以证据为基础的决定。④

根据各国的经验，对毒品使用者进行药物（美沙酮、丁丙诺啡）治疗，每投入 1 美元，收益为 4—7 美元；铲除古柯植物每投入 1 美元收益 15 美分，动用警力每投入 1 美元收益 52 美分，对可卡因使用者进行

---

① 目前法律规定种植、生产、贩卖、销售、使用药物都是犯罪或违法的国家有两种改变办法：（一）改变 1：种植、生产、贩卖、销售、使用药物全部合法。目前这种改变可能引起难以预料的结果，很少人建议这样做。（二）改变 2：生产、贩卖、销售要受到刑罚，但使用或拥有少量供自己服用的无罪。但有些地方仍保留非刑事的惩罚：罚款、转诊去药物治疗。这种改变被称为“去罪化”（decriminalization）或去罚化（de-penalization）。在葡萄牙和荷兰等国实施的“去罪化”或“去罚化”尝试已经获得有益结果。

② Mark Kleiman et al. , *Drugs and Drug Policy*, Oxford 2011, pp. 15-134; Carter A et al. , 2012, “Addiction Neuroethics: The Ethics of Addiction Neuroscience Research and Treatment”, *Elseview*, pp. 248-278; *War on Drugs Report of the Global Commission on Drug Policy*, June 2011.

③ （一）在人群层次上，采取某些强制性措施是必要的。如公共场所禁止吸烟、严惩酒驾、禁止一定规模的药物种植和贩卖等。公共场所禁烟、不许媒体作烟草广告，凡是执行好的地方，也都是有效的。（二）在个人层次上，在一定时期脱离原有环境，甚至在特定条件下强制治疗是否能够得到辩护？对此有不同意见。有人提出强制治疗的标准有：（1）成瘾者不能作出治疗决定（例如在药瘾发作时自主能力受损，不能作出理性决定或不能坚持原来的治疗计划）；（2）所提供的强制治疗是有效的；（3）强制治疗没有严重的风险或伤害；（4）不进行强制治疗很可能有严重负面效应。如果符合这些标准，在一定条件下进行强制治疗是可以得到辩护的。但对于成瘾者，不管是强制的还是非强制治疗，都需要在治疗过程中不断评估其决策能力，在评估其有自主能力时应获得其对治疗的知情同意。

④ Carter A et al. , 2012, “Addiction Neuroethics: The Ethics of Addiction Neuroscience Research and Treatment”, *Elseview*, pp. 153-174.

治疗，每投入1美分收益7.46美元。[①]

（三）建议

建议一：对强制隔离戒毒所和实施《禁毒法》以来的药物依赖治疗工作进行综合评估

建议由公安部禁毒局组织评估团，在我国不同类型地区各选一至两处强制隔离戒毒所[②]，对强制隔离戒毒以及《禁毒法》颁布后的药物依赖治疗工作进行调查评估，评估目前采用的治疗方法是否有效，评估所提供的公共卫生（尤其是艾滋病和丙肝）服务质量，对在押人员的基本权利保障状况，进行成本—效益和成本—效果分析，从而对今后全国范围内的强制隔离戒毒所依照国际标准和公共卫生导向，进行规范化管理和进一步转型工作做好思想和实践储备。

建议二：修订相关法律，理顺现行戒毒体制

建议全国人民代表大会常务委员会参照联合国12个机构的《联合声明》的建议以及全球禁毒政策委员会报告中的原则和建议，在适当的时候，尽快启动修订《中华人民共和国禁毒法》等一系列法律法规的程序，明确强制戒毒、社区戒毒、自愿戒毒和社区康复的关系和程序，减少现行法中不甚合适、过于模糊、易被误用或滥用的规定，从而更为有效地治疗患者，保障人权，打击犯罪。公安部、卫健委等尽快启动对各自部门规章的清理和修订。

建议三：推动现有的强制隔离戒毒所转型升级，提升规范化管理水平

建议目前主管强制隔离戒毒所的司法部推动这些戒毒所转型升级，提升规范化管理水平：

（一）现有的强制隔离戒毒体制对于戒毒和预防及缩小吸毒造成的社会危害性做出了一定贡献，但存在着制度性缺陷。为了弥补这种缺陷，一方面需要提升并规范现有戒毒所的管理水平，另一方面需要鼓励

---

① 澳大利亚悉尼St. Vincent医院咨询医师Alex Wodak博士2013年7月29日在中国红丝带论坛北京研讨会上的发言。

② 包括劳改戒毒。

社区的、民间的自愿戒毒中心的积极参与，并进一步推动现有的戒毒所转型。

本建议书所指的转型目标，是指在提升现有戒毒所管理水准、规范其管理程序的基础上，逐步将其转化成对吸毒成瘾者进行治疗、关怀和康复的医疗和社会服务型机构，从而使其更加具备公共卫生导向，并符合国际通行的权利保障的基本原则。该类型的机构可定名为：药物依赖治疗、关怀和康复中心。

（二）无论是现有的戒毒所还是社区或民间的自愿戒毒中心，其配备的工作人员应当以医务人员（或者受过良好医务训练的人员）以及社会工作者为主（比如达到或超过工作人员总数的2/3），司法人员或者公安人员为辅。我们建议，应当规定每个戒毒所的医务人员都受到正规的、药物依赖治疗专业的训练，并持证上岗；社会工作者的录用也应当达到一定的标准，并接受基本的医学及心理学等相关培训；具体办法可由卫生部协同司法部、公安部和民政部制定。

（三）按照药物依赖的医学标准对病人进行诊断和治疗，公安人员在确定具体的毒品使用者是否是成瘾者时，需要得到并出具明确的、以证据为基础的、独立的、有合格医生资质的人士/单位出具的医疗诊断书，体内含有毒品成分、使用毒品行为和有吸毒史①以及公安人员的经验判断，不能成为吸毒成瘾的认定依据。

强制隔离戒毒所和社区自愿戒毒中心在接纳吸毒成瘾者时，应当负有审查诊断证明的义务，如果无法出具合格的诊断证明，强制隔离戒毒所和社区自愿戒毒中心应当拒绝接纳该毒品使用者进所/中心。

建议公安部和司法部制定更为详细的、有可操作性的吸毒成瘾者进入戒毒所/中心的条件、程序、定期治疗效果评估制度、康复进展状况报告等制度性规定，以及离开戒毒所/中心、转入社区康复的条件和程序等；并规定吸毒成瘾者有选择进强制隔离戒毒所还是去社区或其他自愿戒毒医疗机构进行治疗的权利。

（四）戒毒所/中心应当提供药物治疗②和心理、行为治疗，并关注成瘾者家庭和社会支持、康复、文化学习、职业培训、正当娱乐和体育

① 公安部、原卫生部：《吸毒成瘾认定办法》，2011。

② 目前主要是美沙酮维持治疗。

锻炼等因素；有效降低传染性疾病尤其是艾滋病和丙肝病毒在接受戒毒者当中的传播；提倡对于艾滋病病毒感染者和病人的“分流制”管理，即允许他们离所治疗。[①]

2013年4月7日，中华人民共和国司法部颁布了《司法行政机关强制隔离戒毒工作规定》，并将于2013年6月1日起施行。其中第五章和第六章规定了强制戒毒所内的治疗康复和教育，第三十七条做出了分流制的规定。[②] 该规定注意到了强制戒毒所内出现的问题，并试图有所改变，这是值得欢迎的。但强制戒毒本身需要改革，并不是未来的发展方向，其大规模建设所耗费的社会资源和由此引发的社会问题，尚未为规定起草者注意，这是非常令人担忧的。

建议四：逐步推广有民间及多元化社会力量举办的药物依赖治疗服务

建议民政部、卫生健康委员会和其他相关部门根据相关法律法规大力支持民间组织和其他社会组织举办药物依赖治疗服务。目前，我国的吸毒成瘾治疗几乎完全是由政府包下来，社区、社会团体、民间组织参与的空间非常有限。虽然我国目前大力推广的美沙酮维持治疗起到了令人瞩目的成就，但大一统的、几乎是占主导地位的强制拘禁戒毒模式是不可能满足不同类型吸毒成瘾者治疗需求的。当今，我国社区的民主法治建设正在走向一个新阶段，社区正在开始朝着“自我管理、自我服务、自我教育”的方向发展。因此，戒毒工作应尽可能多地给社区、慈善机构、社会团体、志愿者组织、民间组织、宗教组织以更大的工作空间，让它们发展有效的和多元化的戒毒模式。[③]

---

① 韩跃红等：《生命伦理学的维度——艾滋病防控难题与对策》，人民出版社2011年版，第90—92页。

② 第三十七条　戒毒人员患有严重疾病，不出所治疗可能危及生命的，凭所内医疗机构或者二级以上医院出具的诊断证明，经强制隔离戒毒所所在省、自治区、直辖市司法行政机关戒毒管理部门批准，报强制隔离戒毒决定机关备案，强制隔离戒毒所可以允许其所外就医，并发给所外就医证明。第三十八条　戒毒人员所外就医期间，强制隔离戒毒期限连续计算。对于健康状况不再适宜回所执行强制隔离戒毒的，强制隔离戒毒所应当向强制隔离戒毒决定机关提出变更为社区戒毒的建议，同时报强制隔离戒毒所所在省、自治区、直辖市司法行政机关戒毒管理部门备案。

③ 这些模式除美沙酮这一基本治疗方法外还有：以社区为基础的预防、治疗、康复、关怀和协助重返社会工作、住宿治疗集体、戒毒者互助小组、医院门诊或住院治疗、认知治疗、寺院戒毒等。

（一）制订全国性的“药物依赖治疗、关怀和康复中心”的章程、治理规范、标准治疗和工作人员行为守则，建立由中心各参与设立方代表参加的董事会或指导委员会，建立规范的管理和监督机构。

（二）中心接受药物依赖服务的家庭监督、社会监督。中心应当定期或不定期组织家庭成员、媒体和民间组织代表参观、座谈，听取意见。通过社交媒体加强透明度并加强和社会各界人士、网民的沟通。

（三）中心的经费支持可参考《中华人民共和国精神卫生法》。经费可由中央和地方政府资助，并鼓励民间公益性基金会、企业和慈善人士的参与，放宽境外专业组织或者慈善机构进入门槛。出资方每年对中心的管理方式、服务质量和治疗效果、成本效益等进行评估，从而决定下一年度的经费投入。中心是非营利性的公益机构，但可以适当要求戒毒者支付占总成本一定比例的费用。[①] 中心可向政府或者其他社会各部门筹集资金以弥补剩余的成本费用，费用的使用应当透明化。

建议五：明确治疗毒品使用者的主管单位

建议国家卫健委疾病预防控制局（精神卫生处）主管毒品[②]依赖和成瘾者的治疗、关怀和预防工作。其中包括对转型后的药物依赖和成瘾防治中心以及民间治疗机构的管理，开展和加强对药物依赖和成瘾的神经生物学、心理和行为学以及治疗和预防的研究，加强培养药物依赖和成瘾研究和教学的专业人才，在大学和医学院校设立药物依赖和成瘾的系和研究中心，可能需要在各大区（如西南、西北、中南、华东、华北和东北）分别设立或加强原有的药物依赖和成瘾研究机构。药物依赖和成瘾的研究应包括社会危害最大的尼古丁、酒精、阿片类药物以及目前越来越流行的合成毒品（或药物）。药物依赖的研究要与国内人文社会科学等多学科研究机构合作，要开展或加强对药物依赖和成瘾的人类学、社会学、伦理学、法律和政策等问题的研究。

建议起草人：

邱仁宗，中国社会科学院哲学研究所研究员、应用伦理学研究中心名誉主任，国家卫生部卫生政策和管理专家委员会委员及医学伦理专家委员会副主任委员，联合国艾滋病防治署艾滋病与人权专家委员会委员

---

① 比如不高于总成本的20%。

② 建议今后改称为“精神药品”，尼古丁和酒精也是精神药品。

翟晓梅，中国医学科学院/北京协和医学院社会科学系主任、生命伦理学研究中心执行主任，国家卫生部医学伦理专家委员会委员，中国性病艾滋病协会伦理工作委员会主任委员，中国科协中国自然辩证法研究会生命伦理学专业委员会理事长。

贾平，律师、青年法学家，民间智库公共卫生治理项目执行官，达沃斯世界经济论坛青年领军者（YGL）成员。

李建华，云南省药物依赖防治研究所所长/主任医师、昆明医科大学教授、国家卫生部疾病预防控制专家委员会委员、鸦片类药物依赖社区药物维持治疗试点工作国家工作组成员、中国药物滥用协会全国常务理事

韩跃红，昆明理工大学社会科学学院教授、前院长，中国科协中国自然辩证法研究会生命伦理学专业委员会常务理事

张瑞宏，昆明医科大学人文学院院长、教授，中国科协中国自然辩证法研究会生命伦理学专业委员会常务理事

刘巍，北京陈志华律师事务所律师

附件（略）：

（1）《联合国12机构联合声明》（2012年）

（2）《全球毒品政策委员会报告》（2011年）

（3）李建华：《阿片依赖的神经生物学及吸毒成瘾的预防与治疗》

（4）贾平：《强制戒毒法律概览及评述》

（5）刘巍：《规范动态管控与因涉嫌吸毒而强制尿检的关系》

（6）邱仁宗：《有关药物依赖的科学报告》

二十一　关于建立输血感染艾滋病病毒保险和补偿机制的初步意见

2010 年 12 月 31 日国务院下发“关于进一步加强艾滋病防治工作的通知”（48 号文件）。通知针对中国当前艾滋病流行及防控形势，从四方面提出 17 项要求部署艾滋病防控工作，其中第八条指出，“卫生、保险监督管理等部门要探索建立经输血感染艾滋病保险制度”。我们拟从国务院通知出发，探讨建立输血感染艾滋病病毒保险和补偿机制或办法。

（一）问题的迫切性

根据联合国艾滋病规划署网站“中国艾滋病形势与应对”栏目报告，截至 2009 年底，估计我国（大陆地区）现有 74 万（56 万—92 万）成人与儿童感染艾滋病病毒。在估计现存的 74 万艾滋病病毒感染者中，44.3%经异性传播感染，14.7%经同性传播，32.2%经注射吸毒感染，7.8%通过商业采供血和使用受到感染的血液血或血液制品感染，1%经由母婴传播。[①] 按此估计，经血液（包括血液制品，下同）感染艾滋病的人数约为 5.772 万人。截止到 2010 年 8 月，累计报告艾滋病病毒感染者总数为 361599 人，包括艾滋病病人 127203 例和死亡报告 65104 例[②]，则仍存活的艾滋病病毒感染者为 296495 人，经输血感染艾

① http：//www.unaids.org.cn/cn/index/page.asp? id = 197&class = 2&classname = China + Epidemic+%26+Response.

② http：//www.unaids.org.cn/cn/index/page.asp? id = 197&class = 2&classname = China + Epidemic+%26+Response.

滋病病毒者为23127人。[①]（注：在上述文字中，“通过商业性采供血和接受被感染的血液/或血液制品”可能并不是准确的表述。）

在1998年《献血法》颁布实施后，我国经输血感染艾滋病病毒的情况似分为如下两种类型较为合适。一类是违反《献血法》的相关规定，导致患者由于使用血液或者血液制品而感染艾滋病病毒，这类情况可称为“有过错”导致使用血液或者血液制品感染艾滋病病毒的案例。这类案例可按《献血法》的相关规定处理，受害人也可根据《侵权责任法》向供血和/或输血机构提起法律诉讼，追究其民事责任。另一类是由于目前技术条件所限，尚无法检出处在窗口期的感染艾滋病病毒的供血者，或者假阴性供血者。这种情况并非血液中心医务人员违反相关规定采供血，也非医疗单位违反相关法律规定造成使用血液或血液制品感染，献血者本人也并不知道自己的感染情况，因此可界定为“无过错”（no-fault）感染艾滋病病毒案例。这类案例也应包括由于使用处于窗口期的感染者的血液制造的血液产品（如Ⅷ因子）所致的艾滋病病毒感染。由于此类案例并非为因过错造成侵权行为，因此不适用“侵权责任法”及其他民事法律追究责任。

1998年的《献血法》第二十一条规定：“血站违反本法的规定，向医疗机构提供不符合国家规定标准的血液的，由县级以上人民政府卫生行政部门责令改正；情节严重，造成经血液途径传播的疾病传播或者有传播严重危险的，限期整顿，对直接负责的主管人员和其他直接责任人员，依法给予行政处分，构成犯罪的，依法追究刑事责任。”[②] 2010年的《侵权责任法》第五十九条规定：“因药品、消毒药剂、医疗器械的缺陷，或者输入不合格的血液造成患者损害的，患者可以向生产者或者血液提供机构请求赔偿，也可以向医疗机构请求赔偿。患者向医疗机构请求赔偿的，医疗机构赔偿后，有权向负有责任的生产者或者血液提供机构追偿。”[③] 这两个法律均未对“无过错”输血感染艾滋病病毒的情况作出规定。《侵权责任法》第七条虽规定：“行为人损害他人民事权

① 亚洲促进会的报告中为69000人。参阅《他山之石：国际血液供应污染事件处理经验》，2007年。

② 《中华人民共和国献血法》。

③ 《中华人民共和国侵权责任法》。

益，不论行为人有无过错，法律规定应当承担侵权责任的，依照其规定。”但已有法律并无此规定。而《侵权责任法》第二十九条规定：“因不可抗力造成他人损害的，不承担责任。”因窗口期或假阴性致输血或使用血液制品感染艾滋病病毒应属于“因不可抗力造成他人损害的”情况。

2010年11月18日北京市高级人民法院发布《关于审理医疗损害赔偿纠纷案件若干问题的指导意见（试行）》。[①] 其中第33条规定：“因输入的血液是否合格引发的损害赔偿纠纷案件，患者一方同时起诉血液提供机构和医疗机构时，如果患者一方的赔偿请求得到支持，人民法院可以判决血液提供机构和医疗机构对患者一方承担连带赔偿责任。不负最终责任的当事人在承担了赔偿责任之后，可以依法向承担最终责任的其他当事人进行追偿。”第34条规定：“无过错输血感染造成不良后果的，人民法院可以适用公平分担损失的原则，确定由医疗机构和血液提供机构给予患者一定的补偿。”

北京市高级人民法院有关输血感染赔偿问题的指导意见可以看作首次提到无过错输血感染补偿的法律文件。但作为无过错公立机构的血液中心或者公立医院，很难承担补偿责任。由医疗机构和血液提供机构给予患者一定的补偿这条规定在实施中存在很大的操作上的困难。

对于“无过错”导致感染艾滋病病毒，或者无法确定输血与感染艾滋病之间的因果关系的情况，没有例外的是患者受到了严重伤害，他们是受害者，要求得到赔偿或补偿，要求有个说法的诉求往往非常强烈，他们的诉求是正当的，对他们进行一定的补偿是符合社会正义的。但实际情况是，可能个别受害者通过法律诉讼或者调解获得一定的赔偿，但绝大多数的情况是法院对此类棘手的案例根本不予受理。这样的结果导致受害者的严重不满，认为司法不公正，于是采取上访甚至更为极端的做法。由于各地严格控制上访，于是他们与公安人员或/和其他管制人员屡屡发生重大冲突，成为社会政治上不安定的因素，影响了社会的和谐。[②]

---

① 《北京市高级人民法院关于审理医疗损害赔偿纠纷案件若干问题的指导意见（试行）》。

② 调查表明，在输血感染艾滋病的受害者中59.4%要求血站或医院赔偿，73.6%去法院提出法律诉讼，但大多数没有成功。于是99.1%采取上访。然而在上访过程中，81.1%受到执法人员干预，他们的自由被剥夺，仅有46%能得到医药费（根据爱知行研究所调查报告）。

考虑到艾滋病已经从高危人群向普通人群传播，对普通献血者的相关信息更难控制，因技术所限无法检出已经感染艾滋病病毒的献血者的案例可能会逐渐增加，加上绝大多数尚未得到处理的积累的案例，我们必须尽快解决这个问题。这样可以使经输血或者使用血液制品而感染艾滋病病毒的受害者得到公正的赔偿或补偿，使血液中心和医院能够维持正常的工作秩序，更为关键的是会大大有助于维护社会的和谐和稳定。

（二）对经输血感染艾滋病病毒案例的赔偿或补偿机制：国外的一些经验

20 世纪 80 年代，美国、日本、法国和加拿大有成千上万的人经输血感染艾滋病病毒。受害者往往通过国家的司法系统寻求正义和赔偿，法律诉讼案件数以千计。但诉讼时间漫长，往往拖延多年，尽管有一些案件胜诉，但多数结果令人沮丧。一些受害者在漫长的诉讼过程中死亡，有的即使胜诉，还要拿出一大部分赔偿金来支付律师费。大量的诉讼也成为政府和法院的沉重负担。①

鉴于此，有些发达国家开始探讨不经过法律诉讼解决经输血感染艾滋病病毒受害者的赔偿/补偿问题，称之为“无过错”赔偿机制。该机制参照因医疗行为造成病人损害的一些情况，例如，因使用疫苗免疫对使用者造成的损害，即按照“无过错”造成损害的赔偿机制进行赔偿。

也有些国家曾认为他们过去已有的通过民事诉讼的赔偿机制很好，认为不必要或不宜采用无过错赔偿机制，但现在也逐步转向使用无过错赔偿机制。在他们的无过错赔偿机制中，所谓的“无过错”其实是强调不追究“过错”，把重点放在“赔偿”上，通过解决受害者的实际困难，实现社会正义。

日本②

1993 年制定的赔偿方案确定，为感染艾滋病病毒的所有成年血友

---

① 亚洲促进会的报告：《他山之石：国际血液供应污染事件处理经验》，2007 年。

② 亚洲促进会的报告：《他山之石：国际血液供应污染事件处理经验》，2007 年；Adams T：No Fault Compensation for Vaccine Injuries：International Experience. October 2005，http：//www. menzieshealthpolicy. edu. au/other_ tops/pdfs_ events/past0506/adamspaper171105. pdf.

病患者每月提供2328美元的赔偿，此外血友病患者若因艾滋病相关疾病住院，每月还另外提供318美元的补贴。此外日本还提供抚恤金：失去主要劳动力的家庭将得到为期十年、每月1575美元的补贴。如果是非主要劳动力死亡，家庭会获得一笔63257美元的赔偿，以及1352美元的丧葬费。1994年日本对赔偿方案进行了修订，将配偶纳入赔偿计划。这项赔偿基金由日本政府和医药公司共同承担。根据文献记载，日本在疫苗接种的赔偿方面采取的也是无过错赔偿机制。

新西兰①

在新西兰，无过错赔偿机制始于1974年，1982年国会正式通过《意外事故赔偿法》，其特点是关注个人损害索赔，排除通过司法途径索赔。1992年通过《意外事故康复和赔偿保险法》，根据这项法律，成立由事故赔偿理事会管理的基金会，由税收支出。其理念是，受害者找不到谁应负责或无过错时，社会应承担责任来保护全民免受损害。申请人必须确定其个人损害因意外事故引起，“意外事故”定义为“有意行动的无意后果”。成立审查委员会来决定损害是否在应赔偿之列。这是一项权利，与强制保险的模式不同。

瑞典和芬兰②

瑞典的无过错赔偿机制开始于1975年1月1日。当时该机制并无立法规定，是有关各方自愿一致同意而实行的。但1996年瑞典颁布了《病人损害赔偿法》后，该赔偿机制就成为强制性的。其目的是在客观基础上给受害者提供赔偿（损害是无法预料或不可能避免的），而不是通过民事诉讼索赔。受害者仍然可以保留通过法院索赔的权利，仅当受害者证明损害是损害方疏忽或故意所致时才能得到民事赔偿。

赔偿金来源由各地负责公共卫生的机构County Council负担大部分的赔偿金；患者就医时多交的费用；以及医生所付的保险费等几部分构成。

赔偿费：90%的收入和全部医疗费用，疼痛和痛苦费用，有上限

---

① *The Accident Rehabilitation and Compensation Insurance Act* 1992，www. victoria. ac. nz/law/research/vuwlr/prev-issues/pdf/vol…/wilson. pdf.

② *The Patient Injury Act*，issued on 19 June 1996，http：//www. pff. se/upload/The_ Patient _ Injury_ Act. pdf；The Patient Injury Act，1 May 1987，Finland. See Ranta H：The Patient Injury Act in Finland，*Revue belge de médecine dentaire*（1993）Volume：48，Issue：1，43-48.

规定。

程序：无需律师介入，要填表；递交保险公司医学评估员评估；评估报告送交索赔人；如索赔人拒绝接受评估报告时有权上诉，可找律师；上诉评审组每年开会12次，由瑞典上诉法院法官作终审裁决。

芬兰于1987年颁布《病人损害赔偿法》，实施无过错赔偿机制。芬兰有很好的社会保险机制，93%医疗由国家提供。赔偿没有上限。

法国①

1991年12月31日法国根据法律建立了因输血或注射血制品感染艾滋病病毒的受害者赔偿基金会。受害者必须确定感染艾滋病病毒是输血或注射血制品所致。基金会在收到支持索赔要求的报告后三个月内赔偿。赔偿金包括金钱方面和非金钱方面的损失，赔偿对象包括直接和间接的受害者。3/4的赔偿金在确诊为艾滋病病毒感染时支付，1/4在患艾滋病晚期时支付。

任何拒绝基金会的行动（索赔被拒、受害者拒绝基金会所提供的赔偿金额等）必须交由巴黎上诉法庭审理。当受害者接受基金会意见获得全额赔偿金后，不得进一步要求索赔（这一点与欧洲人权法院相悖。后者认为受害者获得赔偿后仍然可以要求追加赔偿）。

赔偿金一次付款还是分期付款由法官决定。不应对赔偿金征税，但可对其存在银行产生的利息征税。

意大利②

1992年2月25日意大利通过一项法律，对因输血或注射血制品感染肝炎（乙型、丙型）和艾滋病病毒者进行无过错赔偿。有学者分析了意大利中部托斯坎纳地区自该项法律颁布到1996年12月31日期间提出的赔偿要求。（这些要求包括由地区军医院的医学委员会进行考查，委员会要写出一份报告，内容包括已完成的评估、对得到证实的疾病的判定，以及对在引起损害的事件与病人受损或死亡之间是否存在因果关系的意见）学者的分析结果是，在要求赔偿的428人中372人已经获得

① Cannarsa M.，2002，*Compensation for Personal Injury in France*. www.jus.unitn.it/cardozo/Review/2002/Cannarsa.pdf.

② Fineschi V et al. "No-fault compensation for transfusion-associated hepatitis B virus，hepatitis C virus，and HIV infection：Italian law and the Tuscan experience"，*Transfusion*（1998），Volume：38，Issue：6，pp. 596-601.

赔偿，56 人被拒绝。输血后感染（286 例）显然比血制品引起的感染更普遍（141 例）。要求索赔的大多数是肝炎感染，尤其是丙型肝炎，而艾滋病病毒感染病例很少，特别是在 1995—1996 年之间艾滋病病毒感染病例显著减少。结论是，虽然大家公认意大利法律（210/1992）使由于医疗而感染病毒的人受益，但因缺乏过去输血的文件材料而使由于医疗而感染艾滋病病毒者的受益大打折扣。

美国①

早在 1986 年美国国会颁布国家儿童疫苗损害赔偿法，旨在有效和快速地赔偿受损害的儿童和家庭，实践证明用这种无过错赔偿机制来代替以侵权为基础的保护病人的机制是成功的。无过错赔偿机制的主要目的是关注受疫苗损害的人，而不是惩罚生产疫苗的厂家（它们可能有过错也可能无过错）。确定它们是否有过错可能存在相当的困难，肯定要花费大量时间。因此，美国 2003 年的评估报告建议将无过错赔偿机制用于因输血感染艾滋病病毒的情况。

1997 年美国医学研究院（IOM）的经血液和血制品传播艾滋病委员会应参议院和健康与人类服务部的要求完成了一项报告。该报告针对政府对血液安全监管不严格提出了许多批评，在赔偿政策中建议采用无过错赔偿机制。该报告说，如果 20 世纪 80 年代就采取这种机制，许多受害者的困难早就可以缓解了。该报告建议决策者对这些受害者采用无过错赔偿机制。

美国早就认识到在这类问题上“严格问责”（strict accountability）即按民事侵权赔偿的缺点。缺点包括：确定责任的时间长、花费大、程序复杂；结果不准确，不可预测，因此并不公平：虽经努力也不能消除风险，且要血液机构或厂家承担责任；使血液机构或厂家不敢积极提供

---

① Lauren B. Leveton and Harold C., Jr. Sox: HIV and the Blood Supply: An Analysis of Crisis Decisionmaking by Committee to Study HIV Transmission Through Blood and Blood Products, Institute of Medicine (Oct 5, 1995); Protecting the Nation's Blood Supply From Infectious Agents: The Need For New Standards To Meet New Threats, July 25, 1996 filed, approved and adopted by the Committee on Government Reform and Oversight, http://www.bloodbook.com/FDA-congres.html; Gregg B., "Tainted blood-whose fault? Congress asked to compensate for HIV infection", *The Cincinnati Enquirer*, Sunday, August 30, 1998; Ridgway D., "No-Fault Vaccine Insurance: Lessons from the National Vaccine Injury Compensation Program", *Journal of Health Politics, Policy and Law*, 1999; 24 (1): 59-90; DOI: 10.1215/03616878-24-1-59.

公共品（血液、疫苗）。因此许多州通过血液保障法（blood shield laws）将与血液制品相关的损害置于严格问责范围之外。根据这些法律，医院、血液机构和医务人员仅当他们没有采取合理的步骤来筛查和检测血液时才负有责任。结果许多法院不受理输血感染艾滋病病毒的案件。于是，血液保障法给血液机构、医院提供的保护与对受害者权利的保护之间存在不对称性。因此报告建议联邦政府为输血感染艾滋病病毒的受害者建立无过错赔偿机制。在无过错赔偿机制中受害者无须证明他们感染艾滋病病毒是血液机构疏忽的结果，只须有一个客观的、以科学为基础的程序来确定其感染是输血引起，则理应获得赔偿。

英国①

20 世纪 90 年代英国议会一直在讨论无过错赔偿机制的议案，许多议员认为“医疗意外事故”的定义不清楚，符合赔偿的条件不明确。新西兰和瑞典的模式不适合英国。政府认为不应干预公民通过侵权诉讼获得赔偿的权利。1973 年英国成立 Pearson 委员会来检讨基于过错的赔偿机制的缺点。1978 年该委员会建议目前不引入无过错赔偿机制，待研究和评估新西兰和瑞典的经验后再说。但 1979 年英国的《疫苗损害赔偿法》规定，如服用疫苗导致死亡或严重残疾，可获得一次性赔偿，而无需证明疏忽或过错，但服用疫苗与损害之间的因果关系必须确定。索赔要求由劳动部的国务秘书做出，有权要求疫苗损害法庭进行审查，法庭的裁决是定论性的，但可要求司法复审。2001 年 7 月 11 日，英国政府和卫生部同时发布新闻表示要探索无过错赔偿机制以节约时间和金钱。

而苏格兰于 1998 年在血友病协会要求下，并根据英国政府支持因在国民健康服务系统（NHS）内注射血制品感染艾滋病病毒的血友病人的决定，建立了麦克法兰基金会。对受害者一次支付的赔偿金为 21500—60500 英镑。受害者从基金会获得赔偿，则血制品厂家、血液机构和政府被免除问责，即无过错赔偿。但无过错赔偿仅限于 NHS 管理范围的供血引起的艾滋病病毒感染，这与民事诉讼（基于过错的追究）不同。不过，无过错机制仍然要求证明输血与感染（损害）之间

① Royal Commission on Civil Liability and Compensation for Personal Injury 1 1978 HM Stationery Office.

的因果关系。是否赔偿基于病人是否符合获得赔偿的条件，而不是去追究过错在于谁。整个索赔过程无需辩护，没有对抗。2009 年苏格兰政府承认无过错机制比现有的程序更简便，值得进一步研究。最近一个专家组报告承认无过错机制处理受害者索赔要求更为快捷、诉讼费用更少、可以减轻受害者和医务人员的压力，但认为它忽视了问责和优质服务的重要问题。①

加拿大②、澳大利亚③的情况与英国类似，对无过错机制有了更多的研究，但尚未从有过错机制过渡到无过错机制。

（三）我国建立因医疗输血感染艾滋病病毒的赔偿/补偿机制的意见

在我国，若干地方对因医疗感染艾滋病病毒的受害者进行了赔偿。例如，亚洲促进会报告有如下案例。

在河北邢台，有数十人在同一家医院感染艾滋病病毒。一些当事人只获得少量的赔偿；在某个案件中，受害人获得 40 万元人民币的赔偿。

在内蒙古，因医疗输血感染艾滋病病毒的成人每月获得 300 元人民币的补偿，儿童每月 200 元，另外还提供一些咨询和支持性服务。

在上海，法院判决给因医疗使用血液制品感染艾滋病病毒的血友病患者一次性赔偿 10 万元人民币，另外提供每人每月 1000 元人民币生活补助，以及一些医疗费用补贴。

在湖北，襄樊市承诺给每个输血感染艾滋病病毒的受害者 10 万—

---

① The Macfarlane Trust & No-fault Compensation, "Research Note for Health and Commuinity Care Committee", *The Scottish Parliament*, 2 September 2001, http://www.drmed.org/medical_errors/pdf/the_macfarlane.pdf; *Report of the Expert Group on Financial and Other Support*, 24 March 2003, The Scottish Government, http://www.scotland.gov.uk/Publications/2003/03/16844/20529; Murray Earle, *Petitions Briefing*, 12 May 2009, The Scottish Government, www.scottish.parliament.uk/business/research/…/pb…/PB09-1253.pdf.

② Picard A, "The tainted-blood scandal lives on", Thursday, April 15, 2004-*The Globe & Mail*, Page A17; Library of Parliament: Canada's Blood Supply Ten Years after the Krever Commission, Parliamentary Information and Research Service, 2 July 2008.

③ Moaven L., "Should we be screening blood donors for hepatitis G virus? The case for screening", *MJA*, 1998; 169: 373-374.

20 万元的赔偿。

至今最大的集体诉讼发生在黑龙江省，19 名感染者每人获得 2.55 万美元的赔偿、每月 382 美元的补助和一些医疗费用补贴。有两名感染者死亡的家庭将获得 4.5 万美元的赔偿。

在吉林，有 68 人声称在一家医院感染了艾滋病，医院和他们达成协议，给每人 4 万元人民币的赔偿。①

从以上的赔偿案例看，获得赔偿的途径或通过法院判决，或通过患者和医院协议解决，赔偿金额也大相径庭。这些案例仅占所有输血感染艾滋病病毒全部案例的一小部分。

我们需要及时解决那些在医疗中经输血感染艾滋病病毒受害者的经济、生活等困难问题，使他们得到公正的赔偿或补偿，实现社会正义，也使血液中心和医院维持正常的工作秩序，落实“以人为本”和建立“和谐社会”的理念，加强社会的和谐和稳定。我们参照其他国家经验，提出如下建立输血感染艾滋病病毒保险和补偿机制的初步意见。

1. “无过错”和“补偿”概念

我们建议的输血感染艾滋病病毒保险和补偿机制应建立在“无过错”概念基础上。“无过错”机制要强调的是不追究在医疗中经输血或者使用血液制品感染艾滋病病毒过程中的过错在谁，假定没有“过错”方存在。我们工作的重点在于解决和弥补因这种损害给受害者造成的损失。不通过法院解决，而是通过法院外机制来解决。推而广之，凡在输血或者使用血液制品的医疗过程中有人感染艾滋病病毒，可首先假定其中并无过错（除非有证据证明是刑事损害），在确定输血与感染之间因果关系的概率比较大时即可进行保险索赔或补偿要求。

通过这种把重点放在评估受害人是否有资格获得对伤害的弥补，而不是在鉴定差错在于血液机构和医院，“无过错”机制解决问题的好处：

· 法律诉讼增多导致“医学防御”，对患者、对社会不利；

· 民事诉讼并不能减少此类案例的发生；

① 以上案例均引自亚洲促进会的报告《他山之石：国际血液供应污染事件处理经验》，2007 年。

· 患者难以找到血液机构或医院过错证据；
· 这类案例可能会拖得很久，经济和社会代价过大；
· 有利于社会安定维稳，建立和谐社会。

与“无过错”概念相应的是“补偿”概念。如果确定通过“无过错”法院外机制解决此问题，根据我国相关法律的界定和规定，“赔偿”的术语使用可能不大合适，而称之为“补偿”较妥。因为“补偿”是对公民的正当权益非因公权力主体违法侵害所遭受的损害予以弥补，补偿并不是和违法行为联系在一起的，弥补和保护的是公民的正当权益，引起的原因是非违法侵害（自然事故和社会事故侵害）。与赔偿不同，赔偿承担的是一种违法责任，而“补偿”不具有惩罚功能，只有公平的弥补特性。

2. 建立因医疗输血或使用血液制品感染艾滋病病毒的保险和补偿机制的伦理原则

公正原则：回报公正（retributive justice）是公正的重要内容。因医疗输血或者使用血液制品感染艾滋病病毒，受害者受到了严重的身体和精神上的损伤，理应获得弥补和补偿，拒绝他们的诉求是不公正的，并损害社会利益；建立“无过错”输血感染艾滋病病毒保险和补偿机制的目的就是以更为妥善的以人为本的方式实现社会正义，让受害者得到合理的弥补和补偿。

相称原则：在解决因医疗输血或者使用血液制品感染艾滋病病毒的保险和补偿问题上，补偿与损伤的严重程度要相称；补偿可能会给其他利益攸关者增加一些负担，但这种负担的增加是为了促进整个社会的利益，是必要的，与社会和谐的利益相比是相称的。

尊重原则：因医疗输血或者使用血液制品感染艾滋病病毒的受害者是否接受“无过错”机制获得赔偿，完全是自愿的；是否接受这一机制是受害者的自主选择，他们有权利选择通过司法诉讼的途径获得可能的赔偿。

共济原则：在解决因医疗输血或者使用血液制品感染艾滋病病毒的保险和补偿问题中，所有利益攸关者（包括受血的受害者、受害者家庭、供血者或血液机构、输血的医疗机构、卫生行政管理机构等）应该和衷共济，本着以人为本的原则，共同为妥善解决这个问题贡献自己的力量。

这些伦理原则构成评价我们建立因医疗输血或者使用血液制品感染艾滋病病毒保险和补偿机制上采取的行动是否合适的伦理框架。

3. 建立对因医疗输血或者使用血液制品感染艾滋病病毒受害者的保险和补偿机制的模式

保险

保险：血液机构和保险公司协商建立该保险险种。

保险可能的两种形式：医院或血液机构向保险公司投保，交纳一定数额的保险金，当感染发生时，由保险公司支付赔偿金。另一种形式可以是受血者或者血液制品使用者缴纳一定数额的保险费，一旦发生感染，由保险费支付赔偿金。

第二种保险形式较为可取，这样一旦认定受害者的感染与输血或者使用血液制品有关，便可立即赔付。假设一个城市每年受血人数为 100 万，再假设每年可能有 2 人不幸通过输血或者使用血液制品感染艾滋病病毒，如每个受害者应获得 100 万元赔偿金，每位受血者或者血液制品使用者需要缴纳保险费仅为 2 元。这种办法也许也可用于输血感染乙型和丙型肝炎的保险问题。

当然，缴纳保险费的办法只适用于解决未来可能的受害者的赔付问题，不能解决过去受害者的补偿问题。

基金会

作为公益单位的血液机构或医院难以承担补偿责任，而设立专门的基金会可能较为妥当，可以作为社会补偿的一种形式。建立基金会的优点是，可由第三方处理补偿问题；减轻血液机构和输血医疗单位的负担，避免受害者与血液机构之间的直接对抗。基金会必须有资金注入，或从社会的资金，或从政府的资金注入；而且资金的注入必须达到一定水平（例如每人补偿总额为 100 万元，则需筹款 2 亿—3 亿元来覆盖 23127 位已经感染的受害者），才能实现补偿。基金会应该是一个独立机构，为了节省资源，也可以由现有的基金会（例如艾滋病基金会）负责此项活动。这一模式适合解决过去经输血或者使用血液制品感染艾滋病病毒的案例。这种模式的法律依据或许可以参考《民事侵权法》第三十三条规定："完全民事行为能力人对自己的行为暂时没有意识或者失去控制造成他人损害有过错的，应当承担侵权责任；没有过错的，根据行为人的经济状况对受害人适当补偿。"

国家补偿

国家补偿与社会补偿相辅相成（例如政府也可投入专门为输血感染艾滋病设立的保险项目）。如果经输血或者使用血液制品感染艾滋病病毒案例的责任方（如血液机构或医院）过错明确，那么责任方负有赔偿责任，受害者可按《献血法》和《侵权责任法》进行民事诉讼索赔。如果过错并不明确，因果关系难以确定，应该适用"无过错"机制，即假定不存在过错方，不去费时费力追究责任方或过错方，那么血液中心或医院并无赔偿责任，同时也难以要求政府承担赔偿责任。因为按照《国家赔偿法》，经输血感染艾滋病不属于行政赔偿或国家赔偿范围。[①]然而，这不妨碍国家行政机关，鉴于经输血感染艾滋病的受害者的特殊困难以及妥善处理这一问题有利于公共利益和社会的安定团结和谐而采取一定的措施对他们直接进行补偿、弥补和救济（除了政府支持建立为此目的的保险和基金会外）。

我们可以考虑为经输血或者使用血液制品感染艾滋病病毒的情况建立国家某种补偿机制。国家补偿是国家责任的一种，对公民、法人或者其他组织的正当权益非因公权力主体违法侵害给受害人造成所遭受的损失或损害予以弥补。国家补偿责任中的责任，和其他法律责任最大的区别就在于，国家补偿责任并不是和违法行为联系在一起的。

国家补偿的特征：它是国家责任的一种，弥补和保护的是公民、法人或者其他组织的正当权益，引起的原因是非违法侵害（自然事故和社会事故侵害，这与国家赔偿不同，国家赔偿责任是国家承担的一种违法责任），就其形成，只有侵害不一定必然补偿，只有侵害造成了损害，才引起补偿责任。国家补偿的功能：它是一种对损害的公平弥补救济责任，不具有惩罚功能（国家赔偿责任含有一定意义的惩罚性）。简言之，国家补偿具有保障功能、复原功能和衡平（公平 equity）功能。

进行救济就要花纳税人的钱，那么用纳税人的钱来救济那些受害者

---

① 《中华人民共和国国家赔偿法》。

是否合理？完全合理。任何一个纳税人一生之中都可能因疾病或损伤而需要输血，都有可能在输血过程中成为无过错感染艾滋病病毒的受害者。纳税人所交税款中一部分用于此类案例赔偿，也是类似对纳税人的一种保险。

考虑到目前的情况，我们拟建议以保险作为补偿今后输血感染艾滋病的案例的基本模式，而以基金会作为补偿已往输血感染艾滋病的案例的基本模式。同时建议政府给予上述建立保险和基金会等处理经输血感染艾滋病案件给予大力支持，并在必要情况下也可以直接补偿、救济受害者。

4. 拟订经输血或者使用血液制品感染艾滋病病毒补偿的程序

1. 首先要确认受血者感染艾滋病与输血之间因果关系。这种因果关系鉴定者应是由相关专家组成的委员会。

2. 在确认这种因果关系有困难时（尤其是既往病例），如能确认受血者感染艾滋病与输血之间有较大的相关性，即可将该案纳入无过错感染补偿范围内。

3. 征求受害者（家属）意见，是否同意按无过错输血或使用血液制品感染艾滋病病毒赔偿办法获得赔偿。如果同意，在补偿同意书签字，交由保险公司或基金会办理并支付。如果不同意，他们宁愿采取去法院控告或上诉的办法，他们仍然享有这样的权利。

4. 已经纳入无过错感染补偿范围内的受害者不能再诉诸法律诉讼或上访（这需要与司法、上访机构沟通）。

5. 成立专家委员会认定受害人是否符合获得赔偿的条件。

6. 卫生部需拟订“输血或者使用血液制品感染艾滋病病毒保险和补偿办法”。

5. 建立“输血或者使用血液制品感染艾滋病病毒保险和补偿机制中需要关注的若干问题

1. 需要确定补偿内容、补偿金额、补偿办法。补偿是否应该包括：

（a）对身体的伤害；

（b）收入的损失或/和就业机会的丧失；

（c）精神伤害；

（d）药物和医疗服务的支出（抗病毒治疗纳入“四免一关怀”政策内，但需补助机会性感染治疗费用）；

（e）如受害者为家庭主要劳动力，因患艾滋病死亡时对家庭的救援；

（f）如受害者为儿童，需适当增加赔偿费用。

补偿金额以100万元人民币左右为宜。补偿办法可一次性发给，也可以分类分期发给。后者如每月发给补偿费若干，共补偿多少年；除享受“四免一关怀”外，机会性感染及其他医疗费用实报实销等。这些都有待讨论。

2. 如何减少此类无过错感染案例的发生？对血液的艾滋病病毒抗体检测可改用更为敏感的核酸检测，也应该修改对献血者的问卷调查，其中包括有关高危行为的内容，如果问卷调查结果显示风险大，可废弃其所捐献的血液。我国血液机构的惯例是通知献血者艾滋病病毒检测结果。应该考虑改变这一惯例，其一，检测结果可能有假阴性、假阳性；其二，这会鼓励某些群体通过献血来了解自己的血清状况。

3. 如何平衡扩大献血面与减少感染艾滋病病毒两方面的问题？由于用血量的增加，需要更多的献血者前来献血，而由于艾滋病疫情的继续蔓延，输血感染案例也会随之而增加。如果感染发生后，追查无辜的献血者，不仅破坏医患之间的保密原则，也会挫伤公众献血的积极性。

4. 对于那些因过错而发生感染的案例，或正在进行民事诉讼中的案例，如果受害者同意，也允许受害人转而采取此类无过错的机制解决补偿问题。

6. **建议：**

建议1：建立输血感染的保险和补偿机制，将所有既往和未来可能发生的输血感染的受害者的保险和补偿工作按照“无过错”机制解决。这意味着这些案例不经过法院民事诉讼、追究民事侵权责任的途径来解决，而是通过法院外途径解决。同时保留受害者通过法院解决的权利。

建议2：于2012年1月前后组织一次由血液机构、医疗机构、艾滋病专家、生命伦理学家、律师、公民组织、病人家属、政府工作人员

（卫生部、人力资源和社会保障部、民政部、最高人民法院）等各利益相关方代表参加的“建立输血感染艾滋病病毒保险和补偿机制：伦理、法律和社会问题”研讨会，就我国建立输血感染艾滋病病毒保险和补偿机制相关问题进行交流讨论，力求取得共识，确定工作路线图。

建议3：研讨会后，由红丝带北京论坛牵头，与北京市血液中心和中国血站管理委员会，中国性病艾滋病协会伦理工作委员会等有关机构合作成立建立“输血感染艾滋病病毒保险和补偿机制”小组，制定主要针对既往案例的“输血感染艾滋病病毒保险和补偿办法草案”，在广泛征求意见基础上修改成稿，递交卫生部和社会保障部、民政部、最高人民法院。

建议4：在制定“输血感染艾滋病病毒保险和补偿办法草案”的过程中，应广泛听取各部门、各学科、公众的意见，尤其是听取艾滋病病毒感染者及其家属的意见。希望在这过程中逐渐形成舆论一致，为今后解决这一问题建立良好的群众基础。

以上初步意见，仅供讨论用。

（邱仁宗、翟晓梅、贾平、李建华、韩跃红、张瑞宏、刘巍，
曾以“关于建立经医疗输血或使用血液制品感染艾滋病病毒保险
和补偿机制的意见”为题发表于《中国医学伦理学》2013年卷1期）

二十二　对我国有关药物依赖问题的共识和建议*

参加由复旦大学社会科学基础部、复旦大学应用伦理学研究中心、复旦大学法学院、上海市伦理学会、上海市社会科学院人类健康与社会发展研究中心、中国自然辩证法研究会生命伦理学专业委员会、中国性病艾滋病协会伦理工作委员会、中国医学科学院/北京协和医学院生命伦理学研究中心、华中科技大学生命伦理学研究中心、公共卫生治理项目以及国际毒品政策联合会主办和协办的第一届全国药物依赖和成瘾科学、伦理学和法学学术研讨会的科学家、生命伦理学家、法学家以及其他专业人员通过报告和讨论，对我国有关药物依赖问题达到如下共识：

一、药物（烟草、酒精、阿片类等精神药物）依赖已经成为重大的公共卫生问题和社会问题，严重影响人们的身心健康，大大增加多种疾病的发病率和死亡率，增加了社会的疾病负担，给社会经济造成严重损失。

二、随着药物依赖科学研究的进展，我国政府对药物依赖政策的制订和执行应与时俱进，才能够应对不断变化的药物依赖局势。我国还没有针对酒精使用的国家政策，应该赶快制定；对烟草的政策不完善，执行不力，急需改进加强；对阿片类药物的政策争议较大，需要重新评估，提出改进意见或进行改革。合适的政策应该是有科学证据支持的、实践证明有效的，要坚持科学决策；同时，决策也应该是合乎伦理（不伤害人、有益于人、尊重人、公正对待人）的，尊重人的尊严和人权的。

---

* 本文是2013年12月15—16日在上海举行的第一届全国药物依赖和成瘾科学、伦理学和法学学术研讨会达成的共识和建议（由朱伟起草）。

三、有关药物依赖防治的政策问题，必须经多学科的专家（包括科学家、医学家、生命伦理学家、法学家、社会学家、心理学家等）进行共同探讨，一起寻找合适的解决办法，提出建议。合适的药物依赖防治政策也必须由各有关部门、专业人士和公众代表共同参与制定，坚持民主决策。

四、国务院制定药物依赖防治条例，设药物依赖防治工作委员会，统筹、协调政府各部门相关防治工作。

根据以上共识，会议提出以下建议。

（一）尼古丁依赖的防治

1. 我国15岁及以上男性现在吸烟率为52.9%，吸烟人数达3亿，受二手烟危害的人数为7.4亿，15—69岁人群男性现在吸烟率为54.0%，每年吸烟所致死亡人数超过140万。烟草在我国所致死亡原因和疾病负担方面均占第一位，每年给我国社会经济造成千万亿元的损失。对人民健康和生命负责的政府必须将控烟置于首要的议事日程上。

2. 我国政府对控烟事业的认识不足，政策缺陷，执行乏力，组织不善，未能尽到保护人民健康和安全的责任，也没有兑现对国际组织的承诺。烟草的有害使用在九州大地如此猖獗蔓延，这是我们作为一个文明国家的耻辱。

3. 要明确发布国家的控烟和戒烟政策，发布控烟和戒烟指南或手册。

4. 为保护人们免受烟草烟雾危害，在全国范围内全面实施禁止在公共场合和工作场所吸烟的禁令。对违反此规定的单位和个人实行行政处罚。

5. 严格限制烟草的可得性。限制出售纸烟商店的营业时间。鉴于调查证明有过吸烟史或正在吸烟的青少年约占30%，必须严格禁止出售纸烟给青少年，禁止家长纵容自己的孩子吸烟，对违者实行行政处罚。

6. 提高烟草价格。各类纸烟出售价格提高100%，即为现今的2倍。

7. 继续严格禁止各种媒体刊登或发布烟草广告，限制烟草业的种种促销措施，打击“低焦油低危害”或“低危害卷烟”等虚假宣传，禁止烟草业资助文化体育活动。

8. 纸烟包装必须有明确的“吸烟有害健康”等警示。

9. 禁止所有医务人员在公共场所和医疗机构内吸烟。限制从事诊断、治疗和护理以及其他有可能接触病人的医务人员和辅助医务人员吸烟。

10. 禁止所有从事幼儿、青少年教育的教师以及其他有可能接触幼儿的工作人员在公共场所和工作场所吸烟。限制从事幼儿、青少年教育的教师以及其他有可能接触幼儿的工作人员吸烟。

11. 禁止电视或电影中正面人物出现吸烟镜头。

12. 禁止公务员在公共场所和工作场所吸烟。

13. 禁止从事食品生产、销售的人员在公共场所和工作场所吸烟。

14. 政府和企业不得以任何形式强迫农民种植烟草。在种植烟草地区，地方政府有责任帮助烟农实行经济作物替代种植和多种经营，中央有责任对他们进行补贴。

15. 对公众进行控烟、戒烟的健康教育，包括向公众发布烟草对健康影响的信息和健康警语，以及大众媒体的反烟广告，学校应对学生进行烟草危害的健康教育。

16. 将药物依赖防治（包括戒烟）纳入基本公共卫生服务范围。要求镇卫生所以上医疗机构逐渐开设戒烟门诊，设立戒烟热线电话。鼓励社会组织或慈善机构开设戒烟门诊，设立戒烟热线电话。戒烟药物费用应纳入医疗保险。

17. 将药物依赖课程纳入医学、护理学、公共卫生教学大纲内。

18. 提高烟草税，增至原来的300%。烟草税是烟草使用者健康和生命损失的代价，其他政府部门无权分配到这些税款，应将此税款分配给国家卫生和计划生育委员会的卫生部门以及劳动人事和社会保障部的医疗保险部门。

19. 改组中国《烟草控制框架公约》履约工作部际协调领导小组，由国家卫生和计划生育委员会任组长，劳动人事和社会保障部任第一副组长，外交部任副组长。

（二）酒精依赖的防治

1. 酒精对人体的许多器官和系统都有急性和慢性的毒性作用，尤其是对脑和肝、心血管系统，受到直接毒性显著影响的其他器官系统有胃肠道（食管、胃）、免疫系统（骨髓、免疫细胞功能）以及内分泌系统（胰腺、产生配子的器官）等。酒精的有害使用是全世界一个起主导作用的健康风险因素，是许多疾病和损伤的重要原因，每年导致约250万人死亡。大约4.5%的全球疾病负担和损伤由酒精引起。我国政府工作人员和公众对酒精有害健康的作用严重缺乏认识。

2. 我国饮酒人数估计达6亿，每年饮酒死亡人数约十万。酒精在我国所致死亡原因和疾病负担方面以及给我国人民的生命健康和社会经济损失仅次于烟草，每年浪费千亿斤粮食。对人民健康和生命负责的政府决不能对酒精的滥用无动于衷。

3. 我国至今没有制定国家的酒精滥用应对政策，必须立即制定。同时要确定酒精饮料的定义，制定对酒精饮料的生产、分发、销售和广告实行限制的法律。

4. 制定系统限制可得性的办法。如限制出售酒精饮料商店的营业时间，严格禁止将酒精饮料出售给青少年，对违者实行行政处罚。

5. 提高酒精饮料的价格，提高100%，即为现今价格的2倍。

6. 对长途货车、公交、校车、儿童用车的司机以及年30岁以下的年轻驾驶员制定更低的血酒精浓度标准。

7. 医务人员使用酒精饮料后不得从事诊断、治疗和护理以及其他有可能接触病人的任何工作。

8. 从事幼儿、青少年教育的教师以及其他有可能接触他们的工作人员使用酒精饮料后不得接触幼儿、青少年。

9. 禁止公务员在上班时间内的任何地方饮用酒精饮料。严厉打击所谓的“官场酒文化”。

10. 制订我国管制酒精饮料广告和营销办法，首先要控制和减少中央和地方电视台以及纸版媒体50%的酒精广告，然后要全面禁止在大众媒体做酒精广告。禁止酒商赞助文化体育活动。

11. 在酒精饮料容器上或酒精广告强制使用警示标记，如“饮酒损害健康”“禁止酒驾”等。

12. 对公众进行控酒、戒酒的健康教育，包括向公众发布酒精对健康影响的信息，健康警语，学校的健康教育，大众媒体的控酒广告。

13. 将酒精依赖和成瘾的防治纳入基本公共卫生服务范围。要求镇卫生所以上医疗机构逐渐开设戒酒门诊（可与戒烟门诊在一起），设立戒酒热线电话。鼓励社会组织或慈善机构开设戒酒门诊，设立戒酒热线电话。戒酒费用纳入医疗保险。戒酒人员可获得适当补贴。

14. 国家卫生和计划生育委员会制订酒精依赖和成瘾的预防与治疗的技术规范和管理办法，并与教育部一起制订培养酒精依赖和成瘾的研究、治疗和预防专业人员规划。将酒精依赖和成瘾防治纳入医学、护理学、公共卫生教学课程内。

15. 提高酒精税，增至原来的 300%。酒精税是酒民健康和生命损失的代价，其他政府部门无权分配到这些税款，应将此税款分配给国家卫生和计划生育委员会的卫生部门以及劳动人事和社会保障部的医疗保险部门。

（三）鸦片类等精神药物依赖的防治

1. 全世界许多国家政府都在对现行的鸦片类药品（“毒品”）进行反思，一场改变目前刑罪化政策的静悄悄的革命正在进行。进行政策改革的国家有阿根廷、亚美尼亚、澳大利亚（洲）、比利时、巴西、智利、哥伦比亚、捷克、爱沙尼亚、德国、意大利、马来西亚、墨西哥、荷兰、巴拉圭、秘鲁、波兰、葡萄牙、俄罗斯、西班牙、泰国、乌拉圭、美国（洲）。

2. 我国对鸦片类药物使用者采取强制隔离戒毒政策，这种政策未能以科学证据为基础，而且实践已经证明这种政策见效不大，弊端较多，社会成本浩大，人权侵犯事件迭起。应该响应联合国 12 个机构关闭强制戒毒机构的联合声明，关闭强制隔离戒毒所或转型为药物依赖治疗、关怀和康复中心。

3. 我国人大已通过废除劳动教养制度的决定。劳动教养制度的实践证明，这种制度违背立法初衷，对预防犯罪利少弊多，尤其是转化成为绕过法律手段剥夺公民自由和人权的手段。基于同样的理由，强制隔离戒毒制度，也应废止。同时也应废止“动态监控”这一侵犯公民权利、违反基本人权的做法。对“毒驾”应当区分毒品种类：阿片类药品是镇静剂和镇痛剂，使用后不会造成驾驶危险，不必禁止；合成毒品是兴奋剂和致幻剂，使用后可因幻觉引发恶性交通事故。禁止“毒驾”的规定应限定在合成毒品使用范围内。

4. 有关阿片类药物的政策应该遵循 5 项原则：以证据为基础（循证）；遵循国际人权；旨在减少危害性结果，而非毒品使用的规模和市场；促进边缘化群体融入社会，而不是对他们采取惩罚性措施；加强与民间团体的建设性关系。

5. 必须严格立足科学决策，转变原有观念，改革现行政策：药物依赖是慢性脑病，不应做违法行为对待；药物依赖者是病人，他们脑部的冲动抑制机制受损，因而自主性严重受损，出现强迫性觅药及伤害他人行为不完全是自主选择的结果，因而不能负完全责任。

6. 药物依赖是完全可以治疗和预防的，关键是这种治疗必须是科学证据证明有效的，治疗应当是自愿的，病人应当可以知情选择，治疗必须尊重病人的尊严，保护他们的人权。阿片类药物静脉使用者的过量中毒高发，应加强预防、治疗和管理。阿片类药物依赖和成瘾者常并发艾滋病病毒、丙型肝炎病毒感染或结核杆菌感染，应由医学专业人员及时进行治疗。

7. 控制阿片类等精神药物的工作涉及多种部门，将禁毒局设于公安部并不妥当，应该剥离出来，直属国务院。

8. 建议国家公安部禁毒局组织评估团，在我国不同类型地区各选一至两处强制隔离戒毒所，对强制隔离戒毒以及《禁毒法》颁布后的药物依赖治疗工作进行调查评估，内容包括：目前采用的治疗方法是否有效，所提供的公共卫生（尤其是艾滋病和丙肝）服务质量，对在押人员的基本权利保障状况，以及进行成本—效益和成本—效果分析。

9. 建议全国人民代表大会常务委员会，在适当的时候，尽快启动修订《中华人民共和国禁毒法》等一系列法律法规的程序，明确强制戒毒、社区戒毒、自愿戒毒、社区康复含义、关系和程序，减少现行法中不甚合适、过于模糊、易被误用或滥用的规定，从而更为有效地治疗患者，保障人权，打击犯罪。

10. 目前主管强制隔离戒毒所的国家司法部应推动这些戒毒所转型升级，逐步将其转化成对药物依赖者进行治疗、关怀和康复的医疗和社会服务型机构，从而使其能按照药物依赖的医学标准对病人进行诊断和治疗，并符合国际通行的权利保障的基本原则。该类型的机构可定名为：药物依赖治疗、关怀和康复中心。中心应提供自愿的、知情的、以科学证据为基础的、尊重人的尊严、权利平等的治疗服务，包括药物治疗和心理、行为治疗，并关注成瘾者家庭和社会支持、康复、文化学习、职业培训、正当娱乐和体育锻炼等因素；有效降低传染性疾病尤其是艾滋病和丙肝病毒在接受戒毒者当中的传播；提倡对于艾滋病病毒感染者和病人的“分流制”管理，即允许他们离所治疗。

11. 国家民政部、国家卫生和计划生育委员会和其他相关部门大力支持社会组织或民间组织以及慈善机构举办药物依赖治疗服务，并为这些组织或机构举办的药物依赖治疗、关怀和康复中心制定章程、治理规范、标准治疗和工作人员行为守则，建立由中心各参与设立方代表参加的董事会或指导委员会，建立规范的管理和监督机构。

12. 国家卫生和计生委员会疾病预防控制局（精神卫生处）主管精神活性物质的治疗、关怀和预防工作。其中包括对转型后的药物依赖防治中心以及民间治疗机构的管理，开展和加强对药物依赖的神经生物学、心理和行为学、以及治疗和预防的研究，加强培养药物依赖研究和教学的专业人才，在大学和医学院校设立药物依赖研究中心，可能需要在各大区（如西南、西北、中南、华东、华北和东北）分别设立或加强原有的药物依赖研究机构。

13. 药物依赖的研究应主要关注社会危害最大的尼古丁、酒精、阿片类药物以及目前越来越流行的合成毒品（或药物）。药物依赖的研究要与国内人文社会科学等多学科研究机构合作，要开展或加强对药物依赖的人类学、社会学、伦理学、法学和政策等问题的研究。

二十三　就废止收容教育制度向我国政府建议书

（一）废止收容教育制度的环境基础

2013 年 11 月 15 日，《中共中央关于全面深化改革若干重大问题的决定》提出废止劳动教养制度，完善对违法犯罪行为的惩治和矫正法律，健全社区矫正制度。

劳教制度延续半个多世纪。因其法律依据不足且违反宪法和上位法；有违罪罚相当和程序正当等法治原则；且在实践中被广泛、严重滥用；劳教制度近年来成为众矢之的，其存废或改革的讨论不断。终于，十八届三中全宣布废止劳教制度，这无疑是“法治中国”建设的一个里程碑。2013 年 12 月 28 日，十二届全国人大常委会第六次会议通过了关于废止有关劳动教养法律规定的决定，劳教制度从此成为历史的一页。

但是不容忽视的是，类似劳动教养制度的收容教育制度依然存在。无论在法律上还是在司法实践中，收容教育制度均存在废止的基础。在不断推进依法治国的历史进程中，借废止劳教制度的契机，废止收容教育制度，应是大势所趋，人心所向。

（二）制定收容教育制度的背景及法律基础

1991 年 9 月 4 日，全国人大常委会公布了《关于严禁卖淫嫖娼的决定》（以下简称《决定》），《决定》是根据我国改革开放和发展社会主义商品经济中所出现的卖淫嫖娼的新情况、新特点而制定的。其中规定，“卖淫、嫖娼的，依照治安管理处罚条例第三十条的规定处罚。对卖淫、嫖娼的，可以由公安机关会同有关部门强制集中进行法律、道德教育和生产劳动，使之改掉恶习。期限为六个月至二年。具体办法由国务院规定。”

1993年9月4日，国务院颁布了《卖淫嫖娼人员收容教育办法》，其中规定，“对卖淫、嫖娼人员，除依照《中华人民共和国治安管理处罚条例》第三十条的规定（15日以下拘留、警告、责令具结悔过、劳动教养，可以并处5000元以下罚款）处罚外，对尚不够实行劳动教养的，可以由公安机关决定收容教育。”

上述规定成为我国司法实践中对卖淫嫖娼人员进行收容教育处罚的法律依据。

（三）收容教育制度的弊病

1. 收容教育制度缺乏坚实的法律基础

1996年3月17日第八届全国人民代表大会第四次会议通过的《中华人民共和国行政处罚法》第九条规定：“法律可以设定各种行政处罚。限制人身自由的行政处罚，只能由法律设定。”

2000年3月15日第九届全国人民代表大会第三次会议通过的《中华人民共和国立法法》第八条规定：“下列事项只能制定法律：（五）对公民政治权利的剥夺、限制人身自由的强制措施和处罚……”第九条规定：“本法第八条规定的事项尚未制定法律的，全国人民代表大会及其常务委员会有权作出决定，授权国务院可以根据实际需要，对其中的部分事项先制定行政法规，但是有关犯罪和刑罚、对公民政治权利的剥夺和限制人身自由的强制措施和处罚、司法制度等事项除外。”

上述法律明确规定了对限制人身自由的强制措施和处罚，只能制定法律。《立法法》第九条进一步明确了对公民限制人身自由的强制措施和处罚、司法制度等事项，人大常委会无权授权国务院制定行政法规。

根据上述规定，收容教育制度继续存在的合法性是受质疑的。《关于严禁卖淫嫖娼的决定》是由全国人大常委会制定的“决定”，虽也有法律渊源，和法律具有同等的效力，但不是《立法法》第八条、第九条所规定的严格意义上的法律；而国务院制定的《卖淫嫖娼人员收容教育办法》是行政法规，并不是由立法机构颁布的法律。

2. 收容教育制度与宪法的冲突

《宪法》第三十七条规定："中华人民共和国公民的人身自由不受侵犯。任何公民，非经人民检察院批准或者决定或者人民法院决定，并由公安机关执行，不受逮捕。禁止非法拘禁和以其他方法非法剥夺或者限制公民的人身自由，禁止非法搜查公民的身体。"

收容教育实质上和劳动教养是一样的，都是以行政机关的名义，以行政程序，剥夺公民法定的人身自由。收容教育的决定机关和执法机关都是公安机关。公安机关既当裁判员又当运动员，在没有检察院、法院的介入和司法审判的情况下，做出决定的程序是不公开透明的，这与上述宪法的精神相违背。另外，公安机关还负责对收容教育决定的复议程序，承担着收容教育所的管理工作，缺乏外部监督。

3. 收容教育名为行政强制措施，实为行政处罚

《卖淫嫖娼人员收容教育办法》第 2 条规定："本办法所称收容教育办法，是指对卖淫嫖娼人员集中进行法律教育和道德教育、组织参加生产劳动以及进行性病检查、治疗的行政强制措施。"

《卖淫嫖娼人员收容教育办法》将收容教育认定为行政强制措施，但对于收容教育的法律性质，应该认定为行政处罚。

第一，与劳动教养比较，两者基本是一个模式。无论是羁押、管理模式，都有极大的相似性。如果劳动教养被明确为行政处罚，那么，收容教育当然是一种仅次于劳动教养的极为严厉的行政处罚。

第二，行政强制措施，很重要的特点之一是临时性，即中间性而非终局性，通常的扣押、查封、冻结就是行政强制措施；另一个特点是非处分性，一般是限制权利而非处分权利。而收容教育，对公民的人身自由的限制长达六个月至两年，不具备临时性，也并不是非处分性。行政处罚的本质，是合法地使违法人的权益受到损失，直接的目的是通过处罚造成违法者精神、自由和经济、利益受到损害或限制的后果，以促使其改正。收容教育的目的和手段，完全符合行政处罚的本质。

4. 收容教育惩罚过重，违反罪罚相当的法治原则

收容教育的处罚过于严厉，甚至比刑法中一些处罚还要严重，如刑罚中的罚款、没收财产和剥夺政治权利。收容教育最高可剥夺 2 年人身自由，也比刑法中一些剥夺自由的处罚要严厉得多。管制的期限为 3 个月以上 2 年以下，仅为限制人身自由，未剥夺人身自由。拘役的期限为 1 个月以上 6 个月以下。有期徒刑为 6 个月以上，15 年以下。

5. 缺乏明确的规定，造成公安机关随意性、选择性执法

目前《中华人民共和国治安管理处罚条例》已经废止，新的《中华人民共和国治安管理处罚法》于 2006 年 3 月 1 日实施。该法第六十六条规定："卖淫、嫖娼处十日以上十五日以下拘留，可并处 5000 元以下罚款；情节较轻的处五日以下拘留，可并处 500 元以下罚款。"此条没有对卖淫嫖娼人员收容教育的内容。但目前没有任何国家部门表示《关于严禁卖淫嫖娼的决定》及《卖淫嫖娼人员收容教育办法》失效或废止。

于是，经常发生卖淫嫖娼人员被按照《治安管理处罚法》拘留 15 日后，又被按照《卖淫嫖娼人员收容教育办法》收容教育 6 个月至 2 年。公安机关辩称，拘留和收容教育是两种不同的行政行为，且收容教育并未废止。在实践中，与公安人员有关系的卖淫嫖娼者，可能就不被收容；没有关系的，就要被收容。卖淫嫖娼人员能够缴纳罚款的，可能就不被收容；交不出罚款的，就要被收容。公安机关这种随意性、选择性执法的行为也为司法腐败提供了滋生的土壤，极大地破坏了法律的严肃性和法制的统一性，违背了执法的公正性，进一步损害了国家司法的公信力。

6. 收容教育制度并未起到教育卖淫嫖娼人员的作用

尽管我国对卖淫嫖娼人员进行严厉打击，但人数一直在增加。现行的收容教育制度并没有起到教育、挽救卖淫嫖娼人员的作用。

收容教育所是被收容人员接受教育及其生活的场所，是对他们进行法律、道德教育的特殊学校。其目的主要是通过收容教育，为他们提供一个学习、生活与治疗的环境，增强其自主择业、正当生存的能力。但是，被收容人员在收容所里主要是被强制操作简单、没有技术含量的劳动，且难以获得劳动报酬。收容所也不具备提供职业化培训的条件，不能帮助性工作者掌握一技之能。在以劳动为主的收容所中，教育成为一种负担，以致流于形式。相反，由于被收容人员在收容所里需要承担昂贵的生活费用、治疗费用，加重了他们的经济负担。性工作者离开收容所后不得不继续从事性工作来弥补损失。接受采访的性工作者全部都在离开收容所后重返性工作。①

7. 收容教育制度对性病艾滋病防治产生的不利影响

现行的收容教育制度，对预防控制性病艾滋病的作用，未产生明显的效果。没有证据显示这些拘禁中心（收容场所），为从事性工作者的“康复”提供了有利的或有效的环境。② 相反，被关押和惩罚的风险，使得性工作者进一步转入地下，而不愿意获得性病艾滋病预防、治疗和关怀服务。研究表明，警察的扫黄活动使得性工作者更加隐蔽。性工作者也因为担心安全套被当成卖淫的证据而更少使用安全套。③

（四）国际性工作法律框架对我国废除收容教养的启示

性工作是成人（通常是18岁以上）之间协商一致的商业性性行为，被强迫卖淫不属于性工作，未成年的商业性性行为也不属于性工作。国际社会关于性工作的法律框架大致可以分为三类。第一类是性工作罪行化，第二类是性工作合法化，第三类是性工作非罪化。第一种又分为性工作全部罪行化和部分罪行化。全部罪行化是性工作本身以及和性工作相关的行为属于犯罪，例如商业性性交易以及组织、介绍性交易等。部分罪行化是一部分性工作或者一部分与性工作相关的行为不是犯罪行为，而另一部分属于犯罪行为。例如在瑞典，性工作者从事性交易不是犯罪，但是性工作者的客人从事性交易则属于犯罪。性工作合法化则是

---

① “收容教育”：中国女性性工作者面临的任意拘禁，亚洲促进会2013年12月第20页。

② 《联合国机构关于关闭强制性戒毒中心联合声明》2012年3月。

③ “收容教育”：中国女性性工作者面临的任意拘禁，亚洲促进会2013年12月第10页。

指政府将性工作作为一项专门产业通过制定严格的审查核准登记制度加以规范，其特点是政府为性工作从业机构和人员颁发相应执照，并进行严格管理。例如荷兰、新加坡、澳大利亚的昆士兰州以及一些南美洲的国家。性工作非罪化的特点是性工作作为一项普通产业享受和其他行业一样的待遇，政府不对性产业加以特别严格管理，性工作者和机构有较大的自主权。性工作非罪化强调行业自律，性工作者可以自由选择工作方式和地点，性工作者自己的组织对业内人员进行安全健康等方面的教育和干预，以维护性工作者的权益。典型的实行性工作非罪化的国家和地区有澳大利亚的新南威尔士州以及新西兰。

性工作非罪化是在性产业中防治性病艾滋病的最佳法律模式。在罪行化模式下，性工作转入地下，不利于性病艾滋病防治。性工作合法化又必然地把性工作者分为合法的和非法的两大部分，使非法身份的性工作者得不到法律保护，其健康权也受到损害。而在非罪化模式下，性工作者没有合法和非法之分，性工作者自己对所在行业从事安全健康等方面的宣传教育工作，有利于性病艾滋病的防治。在澳洲和新西兰，还没有出现通过性工作传播艾滋病的报道。相反，性工作者预防性病的意识很强，他们的性病感染率比一般人群还要低。

性工作非罪化在我国当前的政治环境下是可行的。非罪化不是合法化，不是政府批准开办妓院。非罪化强调产业自律市场调节的特点，使政府免于陷入社会争议的尴尬境地。我国废除劳动教养有利于使性产业非罪化。

（五）建议

1. 废止收容教育制度，只适用《治安管理处罚法》中规定的处罚措施

废止收容教育制度，只适用《治安管理处罚法》第六十六条规定的处罚措施，“卖淫、嫖娼处十日以上十五日以下拘留，可并处5000元以下罚款；情节较轻的处五日以下拘留，可并处500元以下罚款。”

立法主体同为全国人大常委会，就同一惩治对象——卖淫嫖娼人员所制定的《关于严禁卖淫嫖娼的决定》和《治安管理处罚法》的法律

效力处于同一位阶，因此按照后法优于前法的基本法理，可以得出下列结论：对卖淫嫖娼人员的处罚，应该依照《治安管理处罚法》的规定；处罚的方式只能是拘留、罚款，不包括收容教育，而不论收容教育属于行政处罚或行政强制措施。因此，收容教育制度应当被依法废止。

2. 废止收容教育制度，补充、完善《治安管理处罚法》中的处罚措施

尽管《治安管理处罚法》规定了对卖淫嫖娼人员可以拘留、罚款的处罚措施，但在实践中还是存在很多问题，如：大多数嫖娼者能够支付罚款，他们受到拘留或者是收容的机会不多；低价格的性工作者由于服务人群和经济收入的关系，大多支付不了罚款，这部分人被拘留或被收容的情况就十分常见。因此，建议考虑如何对现有的处罚措施进行补充、完善，例如，对卖淫嫖娼人员罚做一定时间的社区义工，在做义工期间对他/她们进行相关教育，为他/她们提供相应的善后服务。

3. 废止收容教育制度后，借鉴国外经验，采取其他方式限制商业性性交易和加强相关人群的性病艾滋病预防工作

商业性性交易是一种有损公共健康和社会公序良俗的现象，但在当代社会很难根绝。根据多国经验，宜采取社区矫正、就业援助、打击强迫和容留卖淫等犯罪活动及其他方式加以限制，并通过医疗卫生、社会组织的参与，尽量减小其危害。因此，收容教育制度废止以后，需要跟进多方面的社会改革，以限制商业性性交易，减轻其传播性病艾滋病等危害。

（贾平　起草）

二十四　人类生物样本数据库伦理规范和管理政策及知识产权管理政策建议

（一）人类生物样本数据库伦理规范和管理政策

人类生物样本数据库（Human Biobank），可被定义为人体生物材料（包括血液、其他体液、细胞、组织、DNA、排泄物等，经过取样后获得的样本）及与其相关的样本提供者的临床记录、环境接触因素（车间、实验室）、体内外微生物、生活方式的数据或信息的收藏。这些样本和数据广义来讲都属于人类遗传资源，这些资源是可用于疾病临床治疗、生命科学研究和生物产业开发的生物应用系统。生物样本库是生命科学基础研究和产业开发以及医学临床研究的宝贵资源，生物样本数据库的建设是生命组学发展和未来生物大数据平台不可或缺的组成部分。人类生物样本数据库的特点在于它们既是样本的收藏，又是数据/信息的收藏。如果仅仅收藏样本那就是样本库（如许多医学院校的病理科有很好的器官样本收藏），如果仅有记录和储存取自人体样本的数据（即从血液检查或基因分析结果获得实验室数据）而没有样本收藏，就是纯粹的数据库（如遗传数据库）。

人类生物样本数据库，类似银行，有进有出，但它是为未来医学研究服务的基础设施，因此又类似公共图书馆，是公共品，不是如商业银行那样以获取利润为目的的企业机构。随着基因组学和生物医学基础研究的进展，在生命科学国际合作与竞争的大背景下，制定切合我国国情的生物样本库建设伦理准则和管理政策，高效合理地保护和利用人类遗传资源，是迫在眉睫的关键议题。

1. 国际现状

从20世纪90年代开始，美国、欧洲国家以及国际卫生组织都先后投入几亿到几百亿美元建立大型生物样本库，将其视为发展生物医药领域核心竞争力的重要战略举措之一。90年代以前，科学家寻找引致遗传病的基因，往往是由单基因引起的遗传病，例如地中海贫血。90年代晚期科学家发现单基因缺陷引起的遗传病很少，大多数遗传病是多基因缺陷引起的，而种类繁多、病人数量巨大的癌症、心脏病等常见病也有多基因的原因，它们与病人接触的环境因素和生活方式相互作用引起疾病。那么如何才能发现一个人的健康和疾病与其环境因素、生活方式的联系呢？那就要搜集大量人群的基因组、环境因素、生活方式信息，观察他们在一个相当长的时期内疾病和健康状况如何，根据统计学分析来看何种联系致病的概率较大。于是各国纷纷建立人类生物样本数据库，包括冰岛、英国、瑞典、丹麦、拉脱维亚、爱沙尼亚、加拿大、韩国、日本、新加坡、美国、印度、澳大利亚等。

英国生物样本库建设计划开始于1999年6月。随后7年的资助是6100万英镑，由Wellcome Trust、英国医学研究理事会（MRC）和卫生部共同筹办。2004年开始收集样本，是包含50万名捐赠者的前瞻性研究。他们计划收集40—69岁捐赠者的血液样本与详细的临床、环境、生活方式资料，预计追踪至少10年。2010年英国正式建立了人类生物样本数据库，他们的管理经验值得我们借鉴。美国的精准医学计划包含研究队列的组成部分，要搜集100万份人体生物样本及样本提供者的临床信息、环境因素和生活方式数据和信息。

2. 我国现状

我国大陆地区从1994年建立第一个中华民族永生细胞库开始，2000年以后建立了中国人类遗传资源平台、复旦大学泰州人群阵列研究生物样本库、广州生物样本库、上海生物样本库资源网络、北京重大疾病临床数据和样本资源库、深圳国家基因库等20多个大型生物样本库。另外，目前有历史的三甲医院都有临床诊疗过程中收集的人体生物材料样本库，很多大型肿瘤研究所、疾控中心都有专攻方向的与疾病相关的生物材料样本库。但目前我国生物样本库普通存在伦理规范匮乏、建设无序化、技术标准不统一、质量控制参差不齐、资源共享机制缺失等问题。

原卫生部批准立项的中国慢性病前瞻性研究（The Kadoorie Study of Chronic Disease in China，KSCDC）项目是中国若干省的疾病预防和控制中心与英国牛津大学临床试验和流行病学研究中心合作的项目。计划在城乡之间共设10个收集点（城市区：青岛、哈尔滨、丽江、上海与海口；乡村区：四川、浙江、湖南、甘肃与河南）。这10个收集地点中，有半数具有完整的慢性病、糖尿病以及癌症的罹病率、死亡率的登记档案，对受试者进行追踪，对环境危险因子进行描述性流行病学研究，并研究其与病人基因型的关系。此项目于2008年已完成基线调查达515000人。除病人生物学样本外，收集的信息还包括社会经济状况、健康行为、与健康相关的一般数据、家族史、睡眠模式、情态和精神状况、对死亡病例和疾病进行随访记录。这是一个极具中国人代表性的数据库，对于今后生物医学研究将有很大的帮助。

在各大城市中，上海市已经将各大医院建立的人类生物样本和数据库联网，并且制定了《上海重大疾病临床生物样本库伦理管理指南》。深圳国家基因库在样本数据分析方面具有得天独厚的技术优势，并且正在积极探索行业内的自律规范。我们自2016年起主办中国生物样本库伦理论坛，2017年论坛与华中科技大学国家治理研究院、生命伦理学研究中心联合主办，发布了《生物样本库样本/数据共享伦理指南》（此次论坛和《伦理指南》发布会已经被新华网、人民网、《科技日报》、长江云、荆楚网等主流媒体专题报道，并且被中央人民政府网站转发报道）。另外，我国台湾省有一个完整规范的人体生物资料库管理法规，值得我们借鉴（主导台湾省法规制定的法学家林瑞珠教授和范建得教授是华中科技大学的兼职教授）。

3. **相关伦理问题**

生物样本库的建设是一个系统化工程，既涉及硬件如场地、设备的完善，也急需统一的技术标准与严格的伦理规范。随着中国生物样本库建设全面推进，需要研讨的问题已从硬件规范逐步走向软硬件并重，其中样本募集、存储、释放与共享涉及的伦理和法律问题亟待明晰。人体样本资源的保护和利用是一个世界性难题，其中最为敏感的伦理和法律问题包括：样本提供者的个人隐私保护、样本提供者的社会和经济利益保护、研究数据的伦理/法律准入机制，以及样本资源的商业化利用等。

（一）人类生物样本数据库与样本及相关数据信息提供/捐赠者的关系。应该坚持自愿、无偿原则。捐赠者捐赠样本和信息要坚持知情同意原则，但不能像临床试验那样严格和细致。由于捐赠行为风险属最低程度，而捐赠的样本和信息用于未来研究，不可能每次都征求他们同意，所以可采取广泛同意或一揽子同意的方法，即捐赠后用作未来各种研究不必再征得同意，但允许潜在的捐赠者拒绝捐赠以及捐赠后自由退出。捐赠后样本和信息如何使用捐赠者无权干预。样本和信息不是捐赠者的财产也不是商品，因此是无偿的。然而人类生物样本和数据库必须妥善管理这些样本和信息，严加保密，保护捐赠者的个人信息及隐私。只有建立起提供/捐赠者和管理/使用者之间的充分信任，才能保证样本库的可持续发展。

（二）人类生物样本数据库与使用者的关系。要妥善处理样本和数据的可及和共享。建立样本库是为了研究新的更为安全有效的诊断、治疗和预防疾病和增进健康的方法，因此唯有参与此类研究的科学家、医生或其他研究人员才有权使用库内储存的样本和数据，为此必须制定使用库内样本和数据的准入规则。无权可及者或样本和数据不应该提供的人员包括：非为研究目的的第三方，如保险公司、雇主、亲戚、律师、媒体；执法人员；例外者应有法律规定和法院授权。与公共图书馆类似，人类生物样本/数据库收集、储存和保管样本和数据的目的是使用，而且越多的人使用越能发挥它的作用。因此保存在一个机构、地区、国家的生物样本/数据库的信息不仅在本机构、本地区、本国内，而且在机构之间、地区之间、国家之间应该更有效而广泛地共享，促进本国和人类公共利益。数据共享必须在样本库与共享方之间订约，国家之间的共享更要协商订约。

（三）人类生物样本数据库与社会的关系。所捐赠的样本和信息是给社会的礼物。生物样本/数据库是样本的看管者。生物样本/数据库的管理者，是代表社会来看管这些无数个人捐赠或提供给社会的样本或数据的“管家”，他们不是这些样本或数据的拥有者，无权自行处理，将它们随意赠送或出售给他人。基于公众提供或捐赠的样本/数据的研究成果，应该建立公众层面的利益分享机制。

4. **政策建议**

（一）建议之一：将人类生物样本数据库建设纳入国家战略来加以宏观定位和整体设计

《“十二五”生物技术发展规划》明确提出要建设国家生物信息科技基础设施——国家生物信息中心，以及建设若干实验动物和模式生物基础设施与生物医学资源基础设施。这预示着我国将在这个五年中着手建立全国性的信息化生物样本库，将大大有助于我国医学技术的发展。随着生命组学、药物基因组学、精准医学、合成生物学、基因编辑等生命科学基础研究和技术应用的飞速发展，在“十三五”国家科技发展战略中要继续加大对作为前述研究的资源基础设施的生物样本库建设的重视和投入。在顶层设计的宏观政策理念层面，强调从合理保护到高效利用、从“专有/闭环/监管”到“共享/开放/创新。

（二）建议之二：设立跨部委的领导小组和管理机构来加以领导和组织实施

人类生物样本数据库有很大的科学和社会价值，其预期受益包括：提供新知识（疾病的病因学和自然史，基因组对健康的作用，病原和环境对疾病的作用，基因组—有机体—环境的相互作用）新治疗、新检测、新预防策略，风险低，潜在受益大，风险/受益比正值大。建议科技部和卫计委加大对建设人类生物样本数据库的投入，联合设立人类生物样本数据库工作委员会，更好地整合目前各级医院收集储存的生物材料样本和其它研究机构的遗传资源数据库以及未来生物大数据平台的建设和发展。

（三）建议之三：推动有关科学技术规范的统一与整合，建立资源共享网络

结合我国自 2017 年启动的精准医学研究计划在 6 大四东北、华东、华中、华南、西南、西北）进行 100 万份的队列研究，在此研究基础上在这六大区建立人类生物样本数据库，并与已建立的大规模人类生物样

本/数据库联网，形成资源共享网络。

（四）建议之四：推动有关伦理规范的完善与普及

参照英国和我国台湾省的经验，起草我国“人类生物样本数据库伦理指南和管理办法（试行）”，就人体生物材料样本和信息的收集、储存、加工、保管、使用、共享等环节制定合乎伦理并切实可行的管理办法。为一系列研究如基础研究、临床前研究（包括动物实验）、临床试验/研究、实施性研究到临床应用、产业开发制定统一的伦理审查办法，为原来各地各单位建立生物样本库所保存的数百万健康或患病个体基因、临床、环境、生活方式等巨量样本和数据/信息以及未来需要募集的海量自愿捐献的样本和数据/信息的妥善存储、安全保障、个人隐私保护、防止基于基因的歧视以及充分利用、跨库流动和共享提出伦理规范和管理办法。

设置有关多学科综合性研究机构或专家委员会（可结合目前科技部人类遗传资源保护办公室的专家资源）深入探讨相关重大理论和实践问题，为《伦理指南和管理办法》的制定和后续修订提供合理及时的政策建议。制定此办法前可招标对已有的或在建的人类生物样本数据库进行调研。

（五）建议之五：推动有关法律法规政策的落实和实施

人类生物样本数据库需设立指导委员会，根据科技部和卫计委制定的“人类生物样本数据库伦理指南和管理办法（试行）”制定该生物样本库管理章程，就有关政策问题制定规范清晰的工作流程。人类生物样本/数据收集、储存、保管单位，使用和共享单位以及提供/捐赠者均应有代表参加，也应有生命伦理学家和法学家参加。

（六）建议之六：对于人类生物样本数据库实现从管理到治理的转变

将治理理念引入人类生物样本数据库的管理过程中，推动实现从管理到治理的路径转变，提升治理机制的多元弹性。人类生物样本数据库需设立伦理治理委员会（Ethical Governance Committee，EGC），区别于保护医学临床试验中的人类受试者的伦理审查委员会（Ethical Review Committee，EGC），伦理治理委员会的任务是帮助保护样本和数据信息提供/捐赠者的安全、权利和福祉，促进合乎伦理地收集、储存、使用和共享样本与数据，妥善处理数据使用/共享与数据保护之间的张力。

（二）人类生物样本数据库知识产权管理政策建议

现阶段，人类生物样本数据库不仅是相关样本数据的收集与存储机构，更是生命科学研究开发和国际合作的基础性平台，为疾病诊治、临床研究与药物研发提供重要支撑。与一般研究活动相比，运用人类生物样本数据库所存储的相关样本数据开展研究时，由于涉及相关样本提供者、生物样本库、研究者和研究资助者等多方主体，在研究成果的知识产权保护范围、权利归属、利益分享等方面面临更为复杂的问题。知识产权法律和政策关于上述议题的立场对于人类生物样本数据库的建置与运作具有关键意义。为了推动人类生物样本数据库的健康运作和生命科学研究的创新发展，就应注重协调样本数据共享与知识产权保护之间的关系，也就需要对知识产权管理政策的具体安排进行渐进式调适。

1. 国际现状

（1）立法角度的观察

冰岛、挪威、芬兰等国家专门针对生物样本库进行立法，英国、新西兰等国家围绕人体组织进行立法，美国则出台了遗传信息无歧视法案，旨在防止遗传信息的不当使用对个人造成的侵害和保护受试者利益。在立法层面，世界范围的主要国家和地区，在其以人类生物样本数据库为主题的专门立法中，并未对相关的知识产权问题作出直接规定。其原因有三：第一，可以适用该专门法之外的知识产权法的一般原则与规则；第二，因议题复杂、敏感且多类情形交织，暂时无法提出具有较高普遍性的法律规则；第三，体现“协议/合约”先行的法治传统，由具有自愿性、选择性、灵活性的协议/合约去探索和尝试。但以上因素并不排除在可预见的未来，某些国家会率先实现立法突破，直接在专门法中作出有关知识产权的特别规定。

（2）协议角度的观察

大多数生物样本库机构在与相关样本数据的申请者签订的材料转移协议、数据获取协议或者其他形式的协议中，会对双方在知识产权权利归属与权利行使等方面的权利义务进行约定。例如，英国生物样本库通过《数据和/或样本材料转让协议》就生物样本库目前存储的数据、实验数据以及以这些数据为基础所完成研究成果的知识产权归属和权利行使进行约定。加拿大 CARTaGENE 生物样本库亦通过《数据和/或样本获取与使用协议》以及《数据和样本获取与使用政策》就研究结果、发现、发明或作品等研究成果的知识产权权利归属与研究者进行约定。

2. **我国现状**

在立法方面，我国关于生物样本库中知识产权权利归属与权利行使等方面的规定主要体现在《专利法》《专利法实施细则》《人类遗传资源管理暂行办法》等法律法规及规范性文件中。

（1）关于研究成果的知识产权归属

《人类遗传资源管理暂行办法》规定，我国境内的人类遗传资源信息，包括重要遗传家系和特定地区遗传资源及其数据、资料、样本等，我国研究开发机构享有专属持有权，未经许可，不得向其他单位转让。获得上述信息的外方合作单位和个人未经许可不得公开、发表、申请专利或以其他形式向他人披露。根据该暂行办法，中外机构就我国人类遗传资源进行合作研究开发，其知识产权按照下列原则处理：（一）合作研究开发成果属于专利保护范围的，应由双方共同申请专利，专利权归双方共有。双方可根据协议共同实施或分别在本国境内实施该项专利，但向第三方转让或者许可第三方实施，必须经过双方同意，所获利益按双方贡献大小分享。（二）合作研究开发产生的其他科技成果，其使用权、转让权和利益分享办法由双方通过合作协议约定。协议没有约定的，双方都有使用的权利，但向第三方转让须经双方同意，所获利益按双方贡献大小分享。从此可见，该《暂行办法》对知识产权问题的关注，仅限于对国际合作项目中中方合作单位与外方合作单位之间的知识产权归属和分享的安排。

（2）关于知识产权的权利取得

我国《专利法》第五条、第二十六条和《专利法实施细则》第二十六条规定了来源披露制度。根据《专利法》第五条："对违反法律、行政法规的规定获取或者利用遗传资源，并依赖该遗传资源完成的发明创造，不授予专利权。”第二十六条则规定：“依赖遗传资源完成的发明创造，申请人应当在专利申请文件中说明该遗传资源的直接来源和原始来源；申请人无法说明原始来源的，应当陈述理由。”根据《专利法实施细则》第二十六条：“专利法所称遗传资源，是指取自人体、动物、植物或者微生物等含有遗传功能单位并具有实际或者潜在价值的材料；专利法所称依赖遗传资源完成的发明创造，是指利用了遗传资源的遗传功能完成的发明创造。就依赖遗传资源完成的发明创造申请专利的，申请人应当在请求书中予以说明，并填写国务院专利行政部门制定的表格。”该制度通过要求专利申请人应当在申请文件中说明遗传资源的直接来源和原始来源，为后续的知识产权归属和利益分享约定提供了更具确定性和可行性的前置条件。

3. **相关知识产权议题的核心环节**

（1）关于知识产权的权利主体。换言之，对于利用人类生物样本数据库中相关样本数据可能完成的研究成果，人类生物样本数据库在采集相关样本时是否应在知情同意书中与相关样本提供者进行事先约定，即相关样本提供者能否因提供行为而与研究者共同成为知识产权权利主体？这将引申出另一个问题，即知识产权条款是否应该成为知情同意书的必备条款。

（2）关于知识产权的权利客体。换言之，人类生物样本数据库中相关样本数据的利用会产生哪些知识产权保护的客体？人类生物样本数据库对自己采集的人类生物样本和相关信息进行存储，形成人类生物资源样本库，同时亦可能对所采集的人类生物样本进行测序，获得基因组学数据，并形成人类遗传信息数据库。研究者对从人类生物样本数据库获取的人类生物样本数据进行分析，可以形成研究成果，其呈现形式主要包括但不限于作品（论文或研究报告）、发明、发现等。

（3）关于知识产权的权利归属。换言之，如何确定利用人类生物样本数据库中相关样本/数据所完成研究成果的知识产权归属？在知识产权归属方面，通常情况下，人类生物样本数据库的工作人员或者其他从事相关样本/数据收集和保藏工作的人员不会被视为研究成果的完成者。目前存在争议的是人类生物样本数据库机构能否成为知识产权权利人；公共经费资助设立的人类生物样本数据库是否应将著作权、专利申请权、专利权等约定由样本库享有。

（4）关于知识产权的权利行使。换言之，如何合理行使知识产权权利？正如英国皇家学会科学政策中心 2012 年在“作为开放事业的科学”（Science as an open enterprise）中所指出，应关注行使知识产权的公平公正的方式。利用人类生物样本数据库中人类生物样本数据所完成研究成果在获得知识产权保护之后，知识产权权利的合理行使亦应引起关注。若知识产权权利行使已经或可能对健康研究和或医疗保健形成限制则应采取合理措施消除或减轻前述不合理的限制。

（5）关于知识产权的利益分享。换言之，人类生物样本提供/捐赠者、生物样本库等主体是否和如何公平合理地分享前述研究成果产生的利益？对于生物样本库而言，多元化的利益分享方式可以在一定程度上平衡生物样本库与研究者、样本提供/捐赠者等主体间的利益关系，有利于各方形成理性预期，使人类遗传研究活动符合对人类遗传资源提供者个体、家庭、团体和群体的平等、公正、互惠原则。然而，不同国家或地区的生物样本库在利益分享对象、利益分享内容和利益分享方式等方面仍存有差异，有待达成共识。

4. 政策建议

（1）建议之一：明确人类生物样本数据库知识产权法规政策的完善任务，把握相关知识产权政策基本面的变化趋向

人类生物样本数据库的建设具有战略意义，涉及“健康中国”、科技安全、生物安全、自主创新（尤其是原始创新）等宏大政策主题。因此，关于人类生物样本数据库知识产权法规政策，应站在国家战略层面进行考量、规划和设计。

随着人类生物样本数据库中伦理/法律和社会意涵（Ethical，Legal and Social Implications，ELSI）问题关注度的提升和基因组学、伦理、科学与政策交叉研究的深入，人类遗传研究正进入 ELSI 2.0 时代，知识产权已经成为 L（法律）环节的核心内容（此前则主要是隐私与反歧视、知情同意、法律准入、流程管理、安全管制、技术标准等方面）。对这一进展的把握，将有助于更加全面、动态地评价人类生物样本数据

库的发展对知识产权法律政策提出的内在巨大需求。

人类生物样本数据库相关知识产权法规政策的完善任务主要表现为：第一，高位阶法规的阙如需要填补；第二，法规重心（取向）的调整；第三，法规内容的重塑；第四，法规形式的优化；第五，法规实施基础的夯实；第六，法规与其它制度之间的衔接性、协调性与兼容性。

人类生物样本数据库相关知识产权政策的基本面变化主要表现为：第一，适用范围，从中间体到源头；第二，主体属性，从机构到资源共享平台；第三，权利状态，从独占到分享；第四，政策维度，从单一“标的物管理”的维度到“科技创新 · 产业驱动 · 健康福祉 · 法律回应”多重维度；第五，政策理念，从“专有/闭环/监管”到“共享/开放/创新”。

（2）建议之二：妥善处理四组关系，兼顾三个方面

人类生物样本数据库有关知识产权机制的设计需要妥当处理以下四组关系：第一，功利性与超功利性的结合（工具性与价值性的结合，市场性与公益性的结合，伦理性与经济性的结合）；第二，本土性与国际性的结合；第三，载体的民法调整指向与客体的知识产权法调整指向的结合；第四，库内共享与串库链接（跨库整合）的结合。

人类生物样本数据库有关知识产权机制的调适，还需要重点兼顾其他几个方面。主要表现为：第一，知识产权与国家安全制度。我国《国家安全法》（2015 年）明确了国家安全的概念，提出要坚持总体国家安全观。其中，资源安全是国家安全的重要内容。人类生物样本数据是当今生命科技领域创新性研究的资源基础，对维护国家基因资源安全和区域健康安全等具有重要的战略意义。目前，国家互联网信息办公室拟定了《个人信息和重要数据出境安全评估办法（征求意见稿）》，建议可以考虑将涉及我国人类生物样本数据库的个人信息与重要数据纳入考量与评估范围。第二，知识产权与隐私保护制度。生物样本库或其他研究者在使用相关样本数据时，不可避免地涉及隐私权议题。第三，知识产权与科研诚信制度防止学术不端研究者在使用相关样本/数据时进行研究时，是否遵循科研诚信，是否和如何披露样本数据来源，是否符合知情同意要求和其他伦理审查要求，以及是否合法合理地进行优先权

及科研荣誉分配，均影响到科研成果的转化与应用。

（3）建议之三：结合人类生物样本数据库的性质制定不同的知识产权管理政策

面向不同类型的人类生物样本数据库，知识产权层面的政策设计应提出不同类型的回应方案，以“分类指导”来避免简单的“一刀切”。人类生物样本数据库的管理呈现出复杂性的特征，涉及多个行为主体、多种行为目标和不同文化背景。因此，人类生物样本数据库的管理规范应考虑样本库的设置目的、样本来源和样本的利用方式等诸多因素。例如，为研究目的、诊断和治疗目的等设置人类生物样本数据库；以商业化或非商业化用途利用人类生物样本/数据等。《挪威生物样本库条例》将生物样本库分为诊断和治疗目的的生物样本库以及研究目的的生物样本库，针对不同类型的生物样本库，在设立申报程序和知情同意要求等方面做出不同的规定。

（4）建议之四：对于人类生物样本数据库实现从管理到治理的转变

对于人类生物样本数据库，在坚持必要的刚性的法律监管的同时，提倡“软法治理”。第一，将治理理念引入人类生物样本数据库的管理过程中，推动实现从管理到治理的路径转变，提升治理机制的多元弹性，充分发挥契约/协议/合同的功能。建议由具有公信力的权威第三方来发布提供协议样本或合同示范文本。第二，培育和发展独立第三方机构，开展涉及人类生物样本数据库的知识产权信息利用与导航工作、知识产权布局与预警工作、企业与行业知识产权战略推进工作；开展涉及人类生物样本数据库的重大科技活动、重大经济活动、重大人才引进活动的知识产权评议工作。第三，推动与人类生物样本数据库事业发展紧密相关的科研组织、企业、高校的“知识产权贯标”工作，确立标杆和典范。第四，培养本领域的复合型国际化高端知识产权人才；推动师资（种子）班，梳理并建设全球法规库、案例库、专题文献库、知识产权地图库。

（5）建议之五：在现阶段正在探索推行的“知识产权管理综合改革”中，为人类生物样本数据库（乃至更为广泛的动植物和人体微生物样本库）的知识产权管理预留政策空间

科学配置科学技术行政主管部门、卫生（医疗）行政主管部门、知

识产权行政主管部门三者之间的权责、形成有效分工与合作。

本文撰稿人：

［主持人］雷瑞鹏教授（华中科技大学生命伦理学研究中心执行主任，哲学系主任，文学院副院长，中国自然辩证法研究会理事暨生命伦理学专业委员会常务理事）

欧阳康教授（华中科技大学国家治理研究院院长，国务院学科评议组成员）

伍春艳教授（华中科技大学法学院科技法教研室主任，中国科技法学会理事）

焦洪涛教授（华中科技大学法学院科技法研究所执行所长，武汉知识产权研究会秘书长，中国科技法学会常务理事）

邱仁宗教授（华中科技大学生命伦理学研究中心主任，中国自然辩证法研究会生命伦理学专业委员会副理事长、国际哲学研究院院士）

翟晓梅教授（华中科技大学生命伦理学研究中心研究员，中国自然辩证法研究会理事暨生命伦理学专业委员会理事长，国家卫生健康委员会医学伦理专家委员会副主任委员）

二十五　有关确保和促进我国生殖健康的建议*

（一）关于艾滋病和其他性传播疾病防治对策的伦理准则

（1993 年 3 月 15—18 日）

鉴于包括艾滋病在内的性传播疾病在全世界范围内流行，超越种族、阶层、年龄、性别和国界。

鉴于我国性传播疾病病人人数增长很快，高危人群在增多，而防治的资源和对策不能适应需要，性传播疾病蔓延的形势是严峻的。

鉴于我国目前性传播疾病病人和艾滋病病毒感染者在总人口中的比例仍然较低，性传播疾病蔓延的范围还比较局限，存在着遏制性传播疾病进一步蔓延的有利时机。

为了达到《中华人民共和国传染病防治法》中“预防、控制和消除传染病的发生和流行，保障人体健康”的目的，为了实现卫生部和世界卫生组织联合制定的《中国艾滋病预防和控制中期规划》，特制定关于艾滋病和其他性传播疾病防治对策的伦理准则如下：

第一章　伦理原则

第一条　在防治艾滋病和其他性传播疾病的工作中，存在着业已得

---

* 编者按：本章的政策建议载邱仁宗主编《生育健康与伦理学》，北京医科大学、中国协和医科大学联合出版社 1992 年版；邱仁宗主编《生殖健康与伦理学》，中国协和医科大学出版社 2006 年版；以及邱仁宗主编《生殖健康与伦理学》（第 3 卷），中国医科大学出版社 2012 年版诸卷之中。本章包括福特基金会与中国社会科学院合作项目《生殖健康与伦理学》的 8 篇建议，这仅是该项目所有建议的一小部分，也是比较具有代表性的建议。所有这些建议都递交国家卫生部，以及发给全国所有省市的卫生局/厅及疾病预防和控制中心。

到公认的若干重要伦理原则，这些原则引导我们公正而合理地做出决策、采取措施或行动。

第二条　有利原则要求医务人员、社会工作人员和决策管理人员诊疗、护理、帮助性传播疾病病人（包括艾滋病病毒感染者）、高危人群和广大公众，权衡某一行动、措施或政策（以下简称对策）给他们可能带来助益的积极后果和可能造成损害的消极后果，采取助益大于损害的对策，并采取适当措施避免或减轻损失。

第三条　尊重原则要求尊重人的尊严，尊重每个人对自己的生命健康做出不损害他人利益的决定的自主权，尊重人的生命健康权，尊重知情同意权，尊重隐私、保密权，对别人与己不同而又对他人无害的信仰和生活方式采取宽容态度，反对对性传播疾病病人、艾滋病病毒感染者及其家属、高危人群的形形色色的歧视

第四条　公正原则要求资源以及对策的受益和负担在有关人群内公平合理的分配，要求社会成员能够享有基本的医疗保健和社会工作服务，对于社会上处于不利地位的人群要给予帮助和支持，对性传播疾病病人和艾滋病病毒感染者要和其他病人一视同仁。

第五条　团结原则要求社会中所有成员在性传播疾病的防治中精诚合作、共同努力，并要求每个国家与其他国家在双边或国际性的防治性传播疾病规划中作出协调一致的努力，加强国内和国际的团结和协作。

第六条　保护公众健康和保护个人的正当权益在根本上是一致的、相互关联和彼此依赖的。保护公众健康和保护个人正当权益都是国家的义务。在立法决策以保护公众健康时要注意尊重和保护个人正当权益，尤其是不能歧视、不能因患性传播疾病而惩罚任何个人和社会人群。歧视和惩罚会阻碍性传播疾病病人和高危人群接受教育和咨询，妨碍预防性传播疾病进一步蔓延的努力。为此国家应采取必要的措施保护性传播疾病病人和高危人群免受歧视。个人也应接受为保护他人正当权益或保护公众健康而规定的限制，有义务改变有害健康的行为，避免感染疾病或将疾病传染他人。

第二章　医疗和研究

第七条　国家应努力使所有人公平地享有基本的医疗卫生和社会服

务，性传播疾病病人不应在获得医疗卫生、社会服务和健康所需的其他资源方面受到歧视。所有医疗卫生单位以及所有医务人员有义务像对待其他病人一样富有同情心地诊疗和护理性传播疾病病人。医疗卫生单位应采取一切必要的措施保护医务人员不受感染。

第八条　国家有义务保护性传播疾病病人和艾滋病病毒感染者的隐私权，并采取适当防卫措施为病人保密。医务人员和社会工作人员对性传播疾病病人的病情和有关隐私有保密的义务，要对泄密负责。当保密对他人或社会造成的损害超过解密对病人造成的损害时，可解除医务人员和社会工作人员的保密义务。解密一般需经病人同意。当透露秘密有利于病人（如透露给病人家属或参加治疗、护理病人的其他医务人员），为保护第三者的健康所必需时，可未经病人同意解密。当第三者有严重感染危险，而性传播疾病病人或病毒携带者拒绝告知者，医务人员有理由告知第三者感染的危险，以使后者有可能来决定如何最好地保护他或她免受感染。是否让家庭或社区（单位、村子等）知道病情，应尊重病人意愿。医务人员应该权衡解密可能给病人或病毒感染者带来的损害（包括对医患关系的消极影响）与保密对第三者的伤害，并采取尽可能使伤害最小的行动方针。

第九条　在治疗过程中，医务人员要努力做到使性传播疾病病人及其家属对治疗方案知情同意。对已失去行为能力的病人可取得代理同意。对于感染艾滋病病毒、淋病和梅毒等性病的孕妇要向她们及其配偶充分提供母婴垂直传播的知识，使她们及其配偶做出对她、对未来的孩子、对家庭和对社会都有利的决定。

第十条　考虑将艾滋病病人和其他性传播族病病人隔离治疗还是放在普通病房治疗时，要将这样做的可能好处与可能对病人强化歧视的危险加以权衡。

第十一条　处于临终状态的艾滋病病人要求中止治疗或安乐死，应由病人及其家属自愿提出，由主管医生和护士报请科主任，并经两位非该病房的专家医生或伦理委员会鉴定后，可以施行。

第十二条　在性传播疾病，尤其是艾滋病和艾滋病病毒感染的防治对策中，生物医学、流行病学、社会和行为的研究必须按照一定的伦理标准进行。应该建立医疗研究单位的和国家的伦理委员会来审查涉及人类受试者的研究计划。

第十三条　在用人类受试者试验抗艾滋病病毒的药物或疫苗前必须精心计划，试验中和试验后必须加强监测，将疫苗诱发的血清阳性风险降到最低程度。试验必须取得受试者的知情同意。必须事先清楚地说明试验可能给受试者带来的影响。他们的同意必须是自愿的，没有强迫或不当引诱等外部压力。试验获得的资料应严加保密，不适当的泄露会使受试者受到伤害。

第十四条　如果受试者因抗艾滋病病毒疫苗而诱发感染，受试者有权要求赔偿因研究给他或她带来的损失，要求出具文件证明他或她试验前是阴性的。如果事先未将受试可能带来的风险告知受试者，对可能的危险没有适当的预防措施，对损失没有赔偿计划，或取得受试者的同意时施用压力，受试者有理由退出试验。但一旦参加试验，应遵照程序，不应弄虚作假。

第十五条　参加试验的受试者有权优先得到作为该项研究成果而研制出的安全有效的药物或疫苗。

第三章　检测和预防

第十六条　对性传播疾病，尤其是艾滋病和艾滋病病毒感染的检测和报告可提供重要的流行病学资料以帮助制定有效的防治对策。对病人或感染者的检测可有利于他们的健康和公众的健康，使健康教育者能够采取措施进行有助于改变危险行为的教育。然而透露性传播疾病病人或艾滋病病毒感染者的身份可能导致他们受歧视，对个人造成损失。因此在监测、检测和报告疫情的过程中应采取妥善措施保护个人正当权益。

第十七条　普遍强制性筛查既没有必要，也不可行，而且会过多地侵犯个人隐私。但有充分理由对特殊人群和高危人群如供血者、供精子者、供器官者以及静脉吸毒者、暗娼、嫖客进行例行筛查。强制性筛查有可能使高危人群回避接触医务人员，所以应鼓励自愿的筛查。有高度危险患性传播疾病的人有道德义务采取积极步骤不传染他人，包括接受抗体检查。然而自愿筛查应明确是为了采取必要的防护措施而预防性传播疾病的蔓延。接受筛查者有权利知道筛查结果，得到咨询服务，以及要求保护隐私、保守秘密，和在医疗与社会上不受歧视。但是，他们也有义务知道检查结果，如系阳性，应告知其性伴，并改变有害健康的行为。

第十八条　接触追踪，尤其是追踪性传播疾病病人或艾滋病病毒感染者的性伴时，要权衡其可能的好处与可能的伤害：好处是使感染者有机会接受如何预防进一步传播以及改变危险行为、采取健康生活方式的咨询教育；消极作用是有可能侵犯隐私并且费用较大。接触追踪要在病人充分合作的基础上进行。在接触追踪工作中不能随便地、没有正当理由地泄露有关人员的身份。

第十九条　疫情报告为收集流行病学资料以控制性传播疾病蔓延所必需，为治疗病人和预防他人感染所必需，但疫情报告内容有可能用于流行病学分析以外的目的，对病人不利。填写疫情报告卡时，如要求病人出示证件，病人可能讳疾忌医，转而求助江湖医生；如规定病人必须提供姓名地址，病人看病会用假姓名假地址。因此，可考虑报告时用编码代替姓名。卫生防疫人员的保密义务参照第八条。担心泄密以及因泄密导致受歧视，阻碍人们前来咨询、接受教育和进行检测，从而影响预防规划的完成。对于为了并非公共卫生的目的泄露病人秘密，应负一定法律责任。

第二十条　预防性传播疾病蔓延的关键在于进行切实而有效的健康教育，改变有害健康的行为。国家应对健康教育提供充分的支持。公民有义务接受健康教育，改变或避免采取有害健康的行为。已知自己患性传播疾病或感染艾滋病病毒者有义务不传染给他人。

第二十一条　使目标人群有机会参与预防规划的设计、执行和评价对成功的预防十分重要。经验表明，目标人群相互教育和积极参与，使规划更易获得成功。

第二十二条　对于公众，尤其是青少年，要以适当的方式进行包括性生理、性心理、性道德等在内的性教育和有关预防性传播疾病知识的教育。要使他们认识到随机性活动的危险，鼓励他们推迟首次性活动的年龄，提倡单性伴，力戒不安全性交。这种教育应纳入各类学校的教学计划中。健康教育要针对学生的特点进行。教育要发挥家庭、社区、非政府组织、民间团体的重要作用。新闻媒介在健康教育中的作用尤为重要。对性传播疾病的医学和社会方面问题，应鼓励严肃的、公开的讨论。

第二十三条　鉴于避孕套在预防性传播疾病和艾滋病病毒感染中的作用，应该考虑推广使用可能带来的受益，用作保护公众健康的一种措施，为此应生产和提供质量有保证而价格低廉的避孕套，传播有效使用避孕套的知识，增加供应点，简化供应方式。在推广避孕套的使用中，可将预防疾病与计划生育结合起来。

第二十四条　共同使用或使用未经消毒的针头和注射器是传播艾滋病病毒以及其他疾病的重要途径，要考虑采取更为有效的措施防止通过静脉吸毒传播艾滋病病毒，包括增设戒毒和康复中心来减少以至杜绝毒品使用，不共用和不使用未经消毒的针具和注射器。吸毒还会导致犯罪和社会的不安定。但杜绝毒品使用的最有效办法是断绝毒品来源。在严厉打击走私、贩卖和运输毒品的同时，对作为受害者的单纯吸毒者主要进行教育。

第二十五条　暗娼和嫖客都有染上性传播疾病的危险。对他们和她们要进行包括安全性交在内的有关预防性传播疾病的教育。在严惩组织、强迫、教唆、容留、介绍他人卖淫的同时，对暗娼和嫖客主要进行教育。暗娼最容易感染上性传播疾病或艾滋病病毒，所以应采取一切可能的措施向她们提供包括从事正当职业的社会支持。避免对她们采取易将她们驱入地下、使她们更易受坏人控制利用、使她们失去受教育机会的措施。

第二十六条　同性恋是人类性行为的一种方式。要教育公众纠正对同性恋者的偏见、歧视和排斥。对同性恋者要进行有关预防性传播疾病的教育，使他们努力减少性伴，避免不安全性行为。同性恋者也要自尊、自爱、自重、自强，努力改变有害健康的行为，以预防性传播疾病的发生或流行。

第二十七条　保证血液、精子以及移植用的组织和器官供应的安全性，是国家保护公众健康的重要方面。为此，国家应该设法对所有供血和血液制品以及供给的组织器官进行艾滋病病毒的常规筛查，并禁止使用被污染的血液和血液制品、精子以及器官组织。对在检测供给血液、精子或组织器官时获得的有关血清学情况应严加保密。但应告知供体本人，告知应注意方式，以减少因告诉他或她受感染而可能带来的伤害，并向他或她提供相应的咨询。

第二十八条　国家和卫生部门有义务采取措施避免医源性传播艾滋病病毒或其他性病。卫生部门和国有、集体或私人医疗卫生单位的负责人或雇主必须保证医务人员接受预防感染、防止传播的防护措施及消毒程序的训练，保证他们有必要的手套、设备和其他材料使他们免受感染，进行消毒和安全操作。医务人员也有义务采取措施防止将艾滋病病毒或其他感染传给病人。

第二十九条　将性传播疾病病人或艾滋病病毒感染者加以隔离甚至监禁的措施缺乏充分理由，并且弊多利少。尤其是对于艾滋病病毒感染者，不可能终身隔离或监禁他们。隔离或监禁会使性传播疾病病人和艾滋病病毒感染者远离卫生部门，从而不利于保护公众健康。

第四章　社会和经济

第三十条　国家有义务制定和实施有关性传播疾病的社会和经济方面的政策，防止和避免对待性传播疾病病人和艾滋病病毒感染者的不平等、不公正、社会偏见，并努力解决与性传播疾病的蔓延有关的社会问题。

第三十一条　性传播疾病尤其是艾滋病主要罹及处于一生中最富有工作能力时期的人，其经济影响累及他们的家庭和单位，并且会对某些部门甚至国民经济产生严重后果。为了更好地了解性传播疾病的社会经济影响，需要在各个层次上进行研究和分析。

第三十二条　国家应有专项拨款用于艾滋病的防治，增加投入。鉴于防止艾滋病的蔓延需要各有关部门的通力合作，有必要在中央政府建立部际委员会、在地方政府建立局际委员会协调管理。

第三十三条　国家有义务通过分配资源和募集基金来减轻艾滋病对个人、家庭、集体和社会的影响，鼓励个人、集体和国家共同集资担负费用，并争取国际援助，参与国际协作。

第三十四条　国家有义务采取措施努力改善妇女的法律、经济和社会地位，保障妇女有平等地选择安全性行为的权利，以保护自己免受性传播疾病和艾滋病病毒的感染。

第三十五条　性传播疾病病人和艾滋病病毒感染者不应受到歧视，

他们享有公民固有的经济、社会、文化和政治权利。他们及其亲属在得到教育、医疗保健、居住和社会福利方面不受歧视。

第三十六条 性传播疾病病人和艾滋病病毒感染者的工作、就业权益应予保护。如果所从事的工作有危及他人的危险，可另行安排适当的工作。

第三十七条 性传播疾病病人和艾滋病病毒感染者在保证他人不受感染的前提下，在国内有旅行自由，有关部门不应无故限制其行动。

第三十八条 艾滋病病毒感染者要求结婚，婚前必须向对方如实说明感染和发病情况，男女双方应同时到当地卫生行政部门指定的卫生防疫机构接受咨询，要求他们实行避孕和安全性交。性传播疾病病人按规定治愈后才能结婚。

第三十九条 全社会和各单位应对其成员进行反对对性传播疾病病人和艾滋病病毒感染者的偏见、排斥和歧视的教育，培养他们对病人或感染者的宽容、同情，与他们团结在一起，齐心协力，对付性传播疾病，尤其是艾滋病对社会的挑战。

第四十条 艾滋病的预防控制，要求国家和国家之间、全世界以史无前例的方式分享资源，协调努力。必须以超越国界、超越文化的团结合作对付艾滋病威胁全人类的挑战。在拥有11亿多人口的中国控制住艾滋病和其他性传播疾病的蔓延，是对全人类的巨大贡献。

（二）关于增进生殖健康、保障妇女权益的伦理原则和行动建议

1994年2月25日至3月1日

前　言

第一条 生殖健康不仅是没有生殖系统的疾病，而是在生育和性方面身体、心理和社会的完好状态。生殖健康关系到我国亿万人民和家庭的利益和幸福，尤其是关系到占人口一半的妇女的身心健康和幸福，也关系到后代的身心发育、成长以及社会的发展。

第二条 为增进生殖健康、保障妇女权益，为落实《中华人民共和国妇女权益保障法》，履行《消除对妇女一切形式歧视公约》，特拟定

如下的伦理原则和行动建议，供有关部门决策时参考采用。

第一章　伦理原则

第三条　伦理学原则提供评价行动的框架，在评价与生殖健康有关的行动或决策时应遵循如下原则。这些原则着重于妇女而言，但原则上也适用于男子。

第四条　任何与生育和性有关的行动或决策，作为社会、经济和文化发展的一个不可分割的部分，应以改进所有人的健康、改善他们的生活质量、提高他们的尊严为主要目的，尤其应以增进妇女的健康、利益和幸福为目的，或对妇女健康、利益和幸福的增进应超过给妇女可能带来的损失。在任何情况下，不得任何方式违背妇女的意愿，将妇女仅仅作为达到其他目的而使用的手段，侵犯妇女的人身自由。

第五条　任何与生育和性有关的行动或决策，应尊重妇女的自主权，提高她们的自主性。妇女是她们自己身体和生活的主体，具有对自己的生育和性做出负责决定和知情选择的能力。由于她们既是人口迅速增长后果的主要承受者，又是目前人口控制计划的主要承担者，在做出有关生育和性的决策时应重视她们的经验，倾听她们的意见，逐步增加她们的决策参与程度。

第六条　妇女的社会地位是社会进步的标尺。妇女是她们所在家庭、社区和社会的平等成员。男女之间的性关系和社会关系应该是平等的、非强迫的、相互尊重的和负责的。妇女的利益与她们家庭、社区、社会的利益在根本上是一致的。当她们与其他成员的利益之间发生不一致或冲突时，应以平等的方式、协商的方法加以解决，在难以解决时应首先考虑妇女的合法权益。

第七条　生殖健康是妇女的权利。生殖权利同时意味着生殖责任，包括男子对他们的配偶、孩子、社会和后代的责任。为了使妇女能够行使她们的生殖权利，履行她们的生殖责任，国家和社会具有采取切实有效措施，分配必要的资源用于促进生殖健康的特殊责任。将生殖健康作为商品对待，完全让市场提供生殖健康服务，不能达到促进生殖健康的目的。

第二章　行动建议

第八条　生殖健康是重要的社会公益，促进生殖健康和改善达到生殖健康的条件是国家应尽的道德义务。增进妇女健康和幸福，维护妇女利益，改善妇女生存条件，提高妇女生活质量，提高妇女地位和尊严，应成为我国的一项基本政策。

第九条　减缓人口增长，降低妇女生育率，有利于妇女增进生殖健康，保障妇女的生殖权利和发挥自主性。要在人口增长和社会发展之间取得平衡，增进生殖健康并保障妇女权益，关键是尊重和发挥妇女在生育和性问题上的自主性和责任感。

第十条　尊重和加强妇女在生育问题上的自主性，就要尊重妇女对生育和性的意愿和要求。生育和性是妇女可以选择的权利，而不是一种绝对义务。不论年龄、婚姻状况以及其他社会条件，所有妇女应该有权获得与生殖健康有关的信息和服务，提高其做出自我决定和知情选择的能力。

第十一条　国家应采取有效措施提供妇女教育和就业机会，以提高妇女的素质，增强妇女的自主性。应设法改善女童受教育的社会、家庭和学校环境。防止剥夺女童受教育的机会，避免中途辍学。反对在录取大学生、录用职工时提高女性分数线，压低男性分数线以及其他歧视女性行为。有关逐步创造条件扩大妇女就业比例、增加妇女在各类机构中所占比例的规定，要采取切实措施加以落实。

第十二条　国家在就生殖健康政策和规划的目标要求、技术发展和分布、服务提供和信息传播等方面做出决定时，应使妇女参与决策的比例占半数以上。妇女组织应参与生殖健康政策和规划的制订、实施和监督。

第十三条　消除对妇女一切形式的歧视、虐待和残害。国家和社会团体应进一步采取切实有效措施提倡尊重妇女，平等对待妇女，坚持恋爱和婚姻自由，改革歧视妇女的各种陈规陋习，禁止包办、买卖婚姻，禁止各种形式的性骚扰。对猥亵强奸妇女尤其是幼女，虐待妇女和对妇女施暴，拐卖和买卖妇女儿童，杀害女婴女童，组织、强迫、引诱、容留和介绍他人卖淫等蹂躏践踏妇女基本人权的犯罪活动，应采取比目前更为严厉的法律制裁措施。要严肃处理家庭内暴力和婚内强奸。对产女婴孕妇、单身妇女、离婚妇女、暴力事件中的妇女受害者不得歧视，保护产女婴孕妇的身心健康，改善单身妇女和离婚妇女包括住房在内的生活待遇，要在身体、心理和社会方面关怀妇女受害者。妇女也要提高自我保护意识，提高自我保护能力。应授权妇女组织在禁止歧视妇女和保障妇女基本人权的工作中监督、协助政府机关，并代表受歧视、受虐待或受残害妇女争取合法权益。

第十四条　国家有责任对公民进行有关生育和性的教育，改变传统的生育观念，使人们认识个人生育与家庭幸福、社会发展的关系。妇女有权获得与自己身心健康有关的性知识。要对青少年进行适时、适度和适量的性生理、性心理、性道德、生殖健康以及性传播疾病/艾滋病防治的教育。

第十五条　对妇女提供与生育调节有关的信息、服务和技术应该以增进妇女的健康和利益为中心。应由合格的专业技术人员提供信息和服务。服务应是可选择的。要以尊重妇女的方式向妇女提供咨询，与妇女进行交流。服务应着重质量，在质量基础上扩大数量。不得利用行政的力量只推广例如某种避孕方法，使妇女没有选择的余地，不顾妇女的意愿和身体状况，不管方法的禁忌，甚至有损于一部分妇女健康而推广某种方法的作法，是完全错误的。要提供多种选择，保证妇女在知情基础上选择适合于她们的、安全的、适合她们需要的、可接受的、容易获得的、负担得起的避孕方法。

第十六条　应提供专门以少女和未婚女青年为对象的咨询和技术服务。对有婚前性关系和婚前妊娠者应采取热情关怀和积极引导的宽容态度，严禁歧视、打击和惩罚等作法。应对她们进行必要的教育和提供必要的服务。近年来有些电台、报刊和单位开设热线，提供咨询服务，值得赞赏和推广。要采取切实有效的措施贯彻避孕为主的方针，避免将人工流产当作避孕方法使用，防止晚期的和频繁的人工流产，禁止不合格人员进行非法人工流产。

第十七条　生育是妇女对社会所做出的特殊贡献，不应将妊娠期、产褥期和哺乳期妇女视为包袱而进行歧视。应加强对各单位的监督，以落实有关月经期、妊娠期、围产期、产褥期和哺乳期妇女的保健和福利的规定，并逐步建立妇女个人生育费用的社会保障制度和妇女生育代价的社会补偿制度。

第十八条 应加强对更年期、老年期妇女的身心保健，推进对骨质疏松和肿瘤等疾病的防治，建立对她们的心理咨询工作。各大医院应建立专门的更年期妇女病的防治网点。

第十九条 生殖健康的政策和规划贯彻男女平等原则，目前由妇女承受生育调节的主要负担及其后果的观念、情况和做法应努力改变。男女应共同承担生育和生育调节的责任。

第二十条 生殖健康的政策和规划应通过富有成果的教育，发挥妇女自主性，提供高质量的咨询和服务，辅以社会和经济上的鼓励来实施，在可能条件下逐步减少依靠行政性限制措施的办法，并切实防止强迫命令。

第二十一条 对生殖健康政策和规划的实施应进行监测，定期评估其对妇女产生的种种影响和后果，对积极的和消极的、短期的和长期的、直接的和间接的、意料之中和意料之外的后果都应加以考虑和分析，根据对其后果的影响分析和政策分析，进一步确认或修正政策规划及其实施措施。

第二十二条 安全、高质量、可供选择的生育调节服务必须在合适的卫生保健框架内才能得到保证。生育调节服务和卫生保健服务都应该符合妇女和男子的需要。计划生育工作与卫生保健工作之间的关系应进行协调。对卫生保健和计划生育工作者都应有资格认定制度和有效的技术与伦理的继续教育制度。

第二十三条 国家应制定提供更多的资源于农村生殖健康的教育、信息、服务和技术方面的倾斜政策。

第二十四条 妇女的生殖健康和权益，受到社会、经济、政治、文化和法律诸因素的制约，因而必须采取综合措施，使妇女的健康、幸福和权益在更广阔的良性社会结构内得到保障。

第二十五条 男女不平等是阻碍生育率下降、影响生殖健康的最为重要的文化和经济因素。要在全社会中经常进行男女平等平权的教育。妇女的价值在于自身，她们既不是父母的财产，也不是生育的工具，更不是单纯的性生活对象。教育男子尊重、爱护妇女，妇女也要自立、自信、自尊、自强。由于历史和现实的多种原因，妇女在社会中处于不利地位，在一定时期内国家有必要在教育、就业以及其他方面对妇女采取优惠政策。妇女组织在消除男女不平等的偏见、消除对妇女一切形式的歧视中始终起着并将继续起着关键的作用。传播媒介也在其中起着非常重要的作用。

第二十六条　应继续加强家务劳动社会化的努力，减轻妇女作为母亲、主妇和职工的沉重负担。应逐步改变家庭中传统的男主女从的结构，提高妇女在家庭中的地位，尤其是在农村，需要采取专门措施。

第二十七条　应推进对在全社会，尤其在农村建立社会保障制度的探索和研究，制订方案，逐步实行，使养女也能防老，没有儿女也能养老，以改变重男轻女的旧观念和旧习俗。

第二十八条　对经我国核准的《消除对妇女一切形式歧视公约》应制订专门的落实措施。《妇女权益保障法》对维护妇女利益、保障妇女权益非常重要，需要拟定具体的实施办法，对个人或单位的违法行为应加以法律追究。

（三）关于艾滋病与卖淫问题的共识和建议

1996 年 10 月 29—31 日

第一，根据 1994 年联合国人口与发展会议《行动纲领》，1994 年世界艾滋病首脑会议《巴黎宣言》中的原则，以及 1995 年第四次世界妇女会议的《行动纲领》，考虑到世界和中国的艾滋病传播的形势和走向，参考世界卫生组织全球艾滋病规划署和性传播疾病规划署“关于艾滋病病毒流行病学和卖淫咨询会议的共识声明”，我们经过讨论，在艾滋病与买卖淫问题上达成如下的共识和建议。

第二，有必要重申 1993 年 3 月 15—18 日在北京举行的“性传播疾病的蔓延及其对策：社会、伦理和法律问题专家研讨会”通过的关于性传播疾病防治对策的伦理原则。

“有利原则要求医务人员、社会工作人员和决策管理人员诊疗、护理、帮助性传播疾病病人（包括艾滋病毒感染者）、高危人群和广大公众，权衡某一行动、措施或政策（以下简称对策）给他们可能带来助益的积极后果和可能造成损害的消极后果，采取助益大于损害的对策，并采取适当措施避免或减轻损失。

“尊重原则要求尊重人的尊严，尊重每个人对自己的生命健康作出不损害他人利益的决定的自主权，尊重人的生命健康权，尊重知情同意权，尊重隐私、保密权，对别人与己不同而又对他人无害的信仰和生活方式采取宽容态度，反对对性传播疾病病人、艾滋病毒感染者及其家属、高危人群的形形色色的歧视。

“公正原则要求资源以及对策的收益和负担在有关人群内公平合理的分配，要求社会成员能够享有基本的医疗保健和社会工作服务，对于社会上处于不利地位的人群要给予帮助和支持，对性传播疾病病人和艾滋病毒感染者要和其他病人一视同仁。

“团结原则要求社会中所有成员在性传播疾病的防治中精诚合作、共同努力，并要求每个国家与其他国家在双边或国际性的防治性传播疾病规划中作出协调一致的努力，加强国内和国际的团结与协作。

“保护公众健康和保护个人的正当权益在根本上是一致的、相互关联和彼此依赖的。保护公众健康和保护个人正当权益都是国家的义务。在立法决策以保护公众健康时要注意尊重和保护个人正当权益，尤其是不能歧视、不能因患性传播疾病而惩罚任何个人和社会人群。歧视和惩罚会阻碍性传播疾病病人和高危人群接受教育和咨询，妨碍预防性传播疾病进一步蔓延的努力。为此国家应采取必要的措施保护性传播疾病病人和高危人群免受歧视。个人也应接受为保护他人正当权益或保护公众健康而规定的限制，有义务改变有害健康的行为，避免感染疾病或将疾病传染他人。”

第三，预防和控制艾滋病在中国的蔓延，是国家和全社会的一项跨世纪的重大责任。国内外有关的科学研究一致认为，通过买淫和卖淫活动传播艾滋病的潜在危险非常之大：艾滋病病毒可从卖淫者传播给买淫者或其他性伴，又从他们传播给配偶或其他人；从买淫者传播给卖淫者，又从卖淫者传播给其他人；买淫和卖淫者可能因共用针管针头注射毒品而感染、传播艾滋病病毒；已感染艾滋病病毒的买淫和卖淫者也可能通过输血传播艾滋病病毒；也可以从感染的卖淫者或买淫者的配偶传播给她们所生的孩子。像在泰国和印度已经发生的那样，由于这一途径成为传播艾滋病病毒的主要途径，而引致艾滋病病毒感染更大规模的传播，这种可能现在不能排除。因此必须引起国家和全社会的重视。

第四，目前对买卖淫在我国传播艾滋病病毒中的实际作用尚缺乏较全面的研究和评估。对艾滋病病毒感染和性传播疾病在卖淫者和买淫者中的现患率、她们（或他们）对艾滋病病毒和性传播疾病及其预防知识水平、性活动方式和性伴数目、避孕套的可得性和可接受性、无保护性交的数目、使用毒品的情况等均缺乏了解。现在虽然有部分医学家和社会学家对卖淫者的艾滋病和性传播疾病的患病情况，对艾滋病的认识、态度及其所采取的预防措施，卖淫的心理，与买淫者、卖淫组织者的关系等从医学和社会学的角度进行了调查，得出了一些有价值的结果，但是这些结果是初步的，还不足以全面了解艾滋病在买淫者和卖淫者中的传播情况，以及买卖淫活动在全国的发展情况。希望有更多医学家、心理学家、行为科学家、社会学家和社会工作者、人口学家、妇女工作者和妇女问题研究专家、工会工作者、青年工作者以及其他有关工作者开展调查工作。在调查基础上，有必要举行一次全国性的跨学科和跨部门的研讨会，对艾滋病与买卖淫的社会、伦理和法律问题进行更深入的探讨。对有关学科专家所进行的调查和探讨，有关部门应给予协助，形成一个使他们的调查研究工作能够顺利进行的良好环境，国家和社会也应给予重视和支持。

第五，国家和社会应制定和加强在卖淫者和买淫者中预防艾滋病病毒感染和性传播疾病的干预措施。"治本"和"治标"必须并重。应教育卖淫者选择合法职业，并给予必要的支持。应对她们（或他们）进行预防艾滋病的健康教育，改变不安全性行为。对买淫者的干预必须加强。控制买卖淫活动必须从抑制需求开始。有必要专门研究如何推广使用避孕套问题。定期评估这些干预措施对艾滋病病毒和性传播疾病发生率的影响。对买卖淫者进行艾滋病预防教育的有关人员和有关单位应建立相应的工作网络，以便协调工作和交流经验。

第六，买卖淫是一种钱与性的交易。由于种种原因，买卖淫在中国目前已经涉及众多的人员和相当可观的金额。这是一个我们不得不正视的现实。国家和社会应该承认这个现实，并积极制定相应的对策。制定一个试图在较短时期内消灭卖淫的规划，虽然愿望良好，但恐怕难以实现。20世纪80—90年代的中国国情已与50—60年代大不相同。即使在80年代以前，“可见”形式的卖淫虽然被消灭，但隐蔽形式的卖淫并未完全销声匿迹。在实行商品经济、对外开放的条件下，以及在男女不平等的问题解决以前，难以彻底消灭卖淫现象。需要对产生卖淫和买淫现象的多种原因和因素加以认真的、详细的调查、探讨和研究，在此基础上制定更为全面的对策。

第七，禁止卖淫嫖娼的法律是根据我国目前的道德价值制定的。买卖淫行为不能在道德上得到辩护。禁止卖淫嫖娼符合社会利益。然而也有可能将本来已经处于社会边缘的卖淫者这一人群，置于更为弱势和不利的地位。社会上有些人可能或已经利用这一点进一步剥削、欺凌她们。也可能会不利于对有卖淫行为的妇女进行预防艾滋病、改变不安全性行为的教育。需要对这一法律的执行进行评估，并据以提出改进立法的具体建议。

第八，我国每年都要集中一段时间进行打击卖淫嫖娼的活动。这一活动取得了一定成果，对买淫和卖淫起到了一定的威慑作用。但在有些地方，出现了主要打击卖淫者，而没有以足够的力度打击买淫者和卖淫组织者的情况。需要对这种做法进行评估。建议今后要着重打击买淫者和卖淫组织者，尤其是要从重打击买淫或从事组织卖淫活动的干部和执法人员。建议对买卖淫活动以及艾滋病病毒的传播采取社区综合治理的方法，将社区的发展经济、脱贫致富、精神文明建设、生育健康、青少年性教育、健康教育和艾滋病预防等结合起来。

第九，目前卖淫者中有一部分是被迫的。卖淫组织者用欺骗和强暴手段使她们失身，然后迫使她们卖淫。应严厉打击强迫妇女卖淫的组织者以及贩卖妇女的犯罪份子。诱使或迫使未成年女性卖淫者要给予更严厉的打击。对以未成年女性为对象的买淫者也应打击。政府对所有这些受害的妇女和未成年女性应提供保护。

第十，根据我国禁止卖淫的法律，卖淫是违法行为，但卖淫者仍然是国家公民，对她们依法仍享有的公民权利应给予尊重，对她们的人格也应给予尊重。要对她们进行预防艾滋病和性传播疾病的健康教育和道德教育，以及获得正当职业所需的职业培训教育。可设立热线为她们进行健康或心理的咨询。全国各地的妇女收容教育所在这方面做了许多工作。但由于资源短缺，需要得到国家和社会的更多支持。同时，在卖淫者中进行艾滋病病毒感染和性传播疾病的预防教育以及其他教育，要充分发挥民间组织或非政府组织的作用。

(四) 关于艾滋病和同性恋问题的共识和建议①

(1994 年 12 月 6—9 日)

第一，同性恋是相同性别的人之间的性爱关系，这种关系可存在于内隐的心理或外显的行为之中。如果一个人终生或一生中的大部分时间和相同性别的人建立心理上或行为上的性爱关系，就可以被称为同性恋者。同性恋包括男性同性恋和女性同性恋。如果一个人同时或先后与相同性别的人以及相异性别的人建立性爱关系，则称为双性恋者。

第二，同性恋现象在所有时代、所有社会、所有文化中均存在。在中国，古代史籍和文学名著中都有关于同性恋现象的记载。但同性恋者在今日中国人口中所占比例还没有精确的调查统计。国内有人根据初步的不完全的调查，估计同性恋者占人口 1%—5%。如果取其中间值 2.5%计算，全国同性恋者可达 3000 万，即使按 1%计，也达 1200 万。这是在性取向方面一个不小的群体。对他们采取正确的认识和态度，处理好同他们的关系，关系到国家的发展和社会的安定。

第三，由于艾滋病及其病毒的蔓延，同性恋问题引起了人们的关注。虽然在某些国家，同性恋者是最早感染艾滋病毒的人群，但并不能因此认为同性恋者就是艾滋病毒的传播者。应该明确的是，艾滋病的病原是艾滋病毒，同性恋者与异性恋者都可能有的某些不安全行为，助长了艾滋病毒在人群之间的传播，而不是同性恋本身。为预防和控制艾滋病的传播而提出“禁止”同性恋既是错误的，也是不可能的。

第四，目前，国际上已将同性恋排除在“性变态”范畴之外。同性恋者在性取向上与异性恋者有不同，但他们或她们实现其作为人种的生理功能和人类的社会职能与异性恋者并无差异。同性恋者在事业上有成就、有贡献的不乏其人。

第五，认为同性恋行为不道德或不合乎伦理的说法，缺乏根据，同

① 有关这次建议的活动得到伊丽莎白·泰勒基金会的资助。

性恋行为一般也不造成伤害他人或损害社会的后果。同性恋者中某些违反伦理规范的行为，在异性恋者中也同样存在。

第六，在我国法律及其解释中并没有确认同性恋为非法的条款。仅因同性恋本身而处罚同性恋者在我国没有法律依据。

第七，对同性恋者采取排斥、歧视的态度，同性恋者的公民权利不能得到尊重和维护，不利于战胜艾滋病对人类的挑战，也不利于社会的长期稳定。

第八，我国目前对与同性恋有关情况知之甚少。需要组织各有关学科和部门的工作者对男女同性恋的全面情况进一步进行调查研究，如男女同性恋者在人口中的比例、艾滋病病毒感染和其他性传播疾病在同性恋者中的发病率、同性恋者的婚姻家庭和工作学习、同性恋者的性行为、同性恋者的医疗保健、同性恋者的生活质量、公众或社会对同性恋者的态度等等。

第九，对同性恋需要加强从社会学、人类学、心理学、生物医学、公共卫生学、伦理学、法学等角度的探讨，举行跨学科和跨部门的学术和工作的研讨会，并在探讨的基础上提出相应的政策和立法措施建议。

第十，要支持社会上对同性恋者提供有关信息和进行咨询、教育活动。多数同性恋者对艾滋病或其他性传播疾病知之甚少，急需对他们进行如何预防艾滋病和其他性传播疾病、采取安全性行为、提高自我保护和保护他人的能力和责任感，以及遵纪守法的咨询教育。这些咨询教育活动，可以通过电话热线、新闻媒介、出版物、举办讲座、讨论会和报告会等来进行。为了便于对同性恋者进行咨询教育，或同性恋者进行自我和相互教育，需要有一定的场所。

第十一，对有关的家庭、社区和公众也有必要提供有关同性恋的信息，进行咨询教育。公众，尤其是身负一定责任的人，对同性恋者要采取理解、尊重、宽容的态度。理解、尊重包含着宽容，宽容意味着不干预、不排斥、不歧视与自己性取向不同的人，维护他们的正当权益。宽容是联合国 1995 年的一个重要议题，希望我国能在这方面作出贡献。

第十二，同性恋者要自尊、自重、自爱、自强，也要理解、尊重非同性恋者。同性恋者与社会其他成员建立正常关系，需要长期努力。要努力提高自己的知识和道德水平，自觉改变不安全行为，预防艾滋病和其他性传播疾病，遵守社会公德，努力做个遵纪守法的好公民，为改革、开放、发展、稳定事业多作贡献。

（五）关于预防和消除家庭中对妇女暴力的共识和行动建议

（1997 年 10 月 29—31 日）

第一条　家庭中针对妇女的暴力，在我国已经成为严重的社会问题，不仅严重地损害了妇女生育健康，对妇女和孩子身心健康都造成严重的伤害，而且对家庭的基础和社会的安定构成危害。国家和全社会必须采取有力措施，预防和消除家庭中对妇女的暴力行为。这是贯彻落实《中华人民共和国妇女权益保障法》《中国妇女发展纲要》和第四次妇女问题世界会议《行动纲领》的一个重要组成部分。

第二条　家庭中对妇女的暴力，是发生在家庭中的、基于社会性别的、在身体、性或精神上侵犯妇女，导致或可能导致妇女在身体、性以及心理上的伤害或痛苦的暴力行为，其中包括威胁侵犯、压制和剥夺妇女自由的行为。家庭中对妇女的性暴力，包括婚内强奸，即丈夫以暴力、胁迫或者其他手段，违反其妻子的意愿，强迫与其妻子发生性关系。婚内强奸与婚外强奸，包括买卖婚姻、同居、婚前恋爱期的强奸，应视为触犯刑法的犯罪行为。

第三条　评价家庭中夫妻行为的伦理框架为以下原则：⑴不伤害原则：发生在家庭夫妻之间的行为不应该造成对对方的伤害，包括身体、性和精神上的伤害。丈夫对妻子施加的身体、性和精神上的暴力行为，不仅是不道德的，而且是违法的。⑵自主原则：夫妻是具有独立人格的人之间自愿建立的一种契约关系。婚姻契约是由两个具有独立的伦理、法律地位的人订立的。进入婚姻关系的女性并没有因此丧失自己理应享有的伦理和法律权利。在夫妻关系上，包括性和生育问题上妇女仍然如同婚前恋爱择偶一样具有自主性。认为妻子有满足丈夫性欲望的义务，或为丈夫生儿子的义务，就是将妇女当作性和生育的工具，将妇女仅仅当作客体和手段，否认妇女的自主性，侵犯妇女的正当权益。⑶互惠互尊原则：家庭伴侣双方在性、生育以及其它共同生活中相互受益，而不是一方服务于另一方、只求一方的满足，而不顾对方的感觉和要求；在性、生育以及其他问题上双方应相互尊重，共同协商决定，在不能取得一致意见时，应该求同存异，绝不允许以任何形式将一方意志强加于另一方。作为这些原则的基础是，妇女与其他人一样是主体，不应仅仅被当作客体对待；妇女与其他人一样是目的本身，而不应仅仅被当作手段对待。认为妇女一旦进入婚姻家庭关系，就丧失了独立人格、自主性和应有的权利，成为丈夫的财产，是极端错误的社会性别歧视。家庭的基础是夫妻双方的互敬互尊，行政和执法机构以及社区和单位领导不严肃处理家庭中对妇女暴力行为，不是维护家庭，而是破坏家庭的基础。家庭中针对妇女的暴力行为构成对人身权利的侵犯，已经超越隐私范围，决不能以“保护隐私”作为借口来对家庭中对妇女暴力行为的姑息做法辩护。

对于家庭中针对妇女的暴力行为尚缺乏全面而深入的调查研究，尤其对这种暴力行为造成的后果缺乏调查，希望政府各部门以及社会有关机构对这方面的调查研究给予支持。目前初步调查表明，家庭中对妇女暴力的发生率在增长，有些案例非常恶劣，其后果也十分严重，应引起政府以及其他有关部门充分的注意。有些调查揭示了家庭中夫妻互有暴力行为，但应该进一步揭示暴力的强度以及暴力引起的严重后果，否则就模糊了家庭中对妇女暴力的社会性别基础。

第五条 在我国社会转型期内，家庭中针对妇女的暴力行为的增多，可能由于种种的原因，包括社会的、经济的、文化的、心理的等原因。但这种种原因最后引致丈夫在家庭内对其妻子，而不是对其他人或东西施暴，说明作为丈夫的施暴者将妻子当作客体的严重社会性别歧视。而施暴者得不到应有的处理，受害者得不到应有的保护和救助，也说明社会上、某些体制上以及部分执法人员中存在社会性别歧视的影响，或至少缺乏社会性别平等观念，应对执法人员进行社会性别意识的教育。

第六条 《中华人民共和国刑法》（修订）第四章“侵犯公民人身权利、民主权利罪”对“故意伤害他人身体的”（第二百三十四条）、“以暴力、胁迫或其它手段强奸妇女的”（第二百三十六条）以及对“虐待家庭成员，情节恶劣的”，“犯前款罪，致使被害人重伤、死亡的”（第二百六十条）有关规定都没有将家庭中对妇女的暴力和婚内强奸排除在外。因此，上述法律条文也应同时适用于家庭内或婚内，以及买卖婚姻、同居、婚前恋爱期内。不能因为“故意伤害他人身体的”或“以暴力、胁迫或其他手段强奸妇女的”暴力行为发生在家庭内或婚内，施暴者就可以逍遥法外。否则，法律将失去其严肃性和正义性。因此，将上面的条文解释为只适合于家庭外或婚外，这是错误的。家庭纠纷与包括婚内强奸在内的家庭暴力之间存在着明确的界线，这条界线就是以上面的法律为准绳，将家庭内外的暴力行为同等对待。对《刑法》上述条文做出只适合于家庭外的解释，或根据这种解释进行执法工作，都是对妇女正当权益的侵犯，反映了社会性别歧视。如果《刑法》不能在家庭中对妇女的暴力行为上得到执行，建议立法机构专门制定《反对家庭暴力法》。

第七条　建议民政部和全国人民代表大会常务委员会在将《婚姻法》修改和扩大为《婚姻家庭法》中包含有关处理、预防和消除家庭中对妇女的暴力行为的条款，并建议制定《妇女权益保障法》的实施细则，尤其是要制定处理家庭内外对妇女施加暴力的具体可操作办法。

第八条　建议公安部在《治安管理处罚条例》中增加惩治家庭中对妇女施暴者的条款。对家庭中对妇女的施暴者，根据不同性质和情节轻重，应给予勒令暂时搬出将住房留给妻子和孩子居住、拘留，直至负刑事责任等不同处理。110电话应接受家庭暴力妇女受害者的报警，并使受害者及时得到保护和帮助。

第九条　建议增加女检察官、女法官、女警官的比重，在处理家庭中对妇女暴力行为时，应尽可能主要由女执法人员负责。

第十条　在处理家庭中对妇女的暴力案件中，执法人员对于家庭暴力的女性受害者应多加关怀，避免她们在调查取证过程中再次受到伤害。

第十一条　鼓励建立由民政部或非政府组织支持的社会救援系统，为家庭暴力妇女受害者提供救助，包括探索建立为家庭暴力妇女受害者提供暂时栖身之地的庇护所。

第十二条　鼓励在更广泛的地区建立受虐妻子法律救助中心，为家庭暴力妇女受害者提供免费的或低收费的法律服务。

第十三条　鼓励建立为受虐妻子服务的热线，为家庭暴力妇女受害者提供咨询服务。

第十四条 建议针对施暴丈夫设立心理门诊，进行行为矫治或帮教工作，使有暴力倾向的丈夫改邪归正，或增加自控能力。

第十五条 编写有关防范家庭中对妇女暴力的传单、小册子以及其他宣传品，并散发给广大妇女，使妇女知道受到家庭暴力威胁或成为家庭暴力受害者时如何寻找救援，如何报警，如何与救助中心或救助者及时取得联系，也可包括遇到暴力或暴力威胁时如何自卫或躲避等。这些宣传品同时让广大群众知道家庭暴力与家庭外暴力一样触犯刑法，是犯罪行为。

第十六条 建议卫生部要求医院和门诊部培训医生、护士，及时治疗家庭暴力的妇女受害者，并及时通知执法机构。建议卫生部每年提供一份有关家庭暴力妇女受害者寻求医疗的数字、损伤情况、各种后遗症、所需费用等报告。

第十七条 卫生系统及其他有关部门在对婚姻申请人进行的婚前教育中，应加进预防家庭暴力的内容，包括教育男方消除性别歧视，尊重妇女的人身权利，教育女方维护自身的安全和合法权益。

第十八条 建议教育系统，包括从小学、中学到大学都要进行男女平等、消除性别歧视、反对暴力的教育。

第十九条 建议电影、电视、录像、报刊、书籍、画册等大众传播媒介大幅度减少暴力内容。建议广播电影电视部将含有暴力内容的影视片分级管理。父母有责任指导孩子不看或少看有暴力内容的影视片。儿童刊物、画册中不应出现暴力内容。

第二十条 建议在预防和消除家庭中对妇女暴力的过程中，要充分发挥大众媒介的作用。对于家庭中对妇女暴力的典型案件要充分曝光和遣责，并组织广大读者、观众或听众进行讨论。大众媒介有责任教育公众尊重妇女，消除社会性别歧视，敦促有关部门严肃处理家庭中对妇女暴力的案件。

第二十一条 建议在预防和消除家庭中对妇女暴力的过程中，充分发挥妇女组织、工会组织、青年组织的作用。建议这些组织发表年度报告，报告该组织成员家庭中针对妇女的暴力行为的发生和处理情况。建议全国的和各地的妇女联合会建立常设机构，监测全国和各地家庭中对妇女的暴力发生情况。

第二十二条　建议在预防和消除家庭中对妇女暴力的过程中，充分发挥社区的作用。它们在调解家庭纠纷中起过积极作用，希望今后在处理、预防和消除家庭中对妇女暴力中也发挥积极作用。在各工作单位、城市街道居民委员会以及农村村民委员会的精神文明建设中，是否发生家庭中对妇女的暴力行为，以及这种暴力行为的性质和情节如何，应作为评价该工作单位或该委员会精神文明好坏的标准之一。在企业文化建设中，员工家庭中有无对妇女的暴力行为，也应成为衡量企业文化建设好坏的标准。对于在家庭中对妇女施暴者在尚未做出法律处理时应给予行政处分。

第二十三条　为协调各部门预防和消除家庭中对妇女暴力的工作，建议在国务院妇女和儿童工作委员会下建立预防和消除家庭暴力工作小组或办公室。

第二十四条　预防和消除家庭中对妇女的暴力，要着力于消除社会性别歧视的社会文化环境，这需要长期的努力。其中根本性措施是使妇女在就业和教育方面有平等的机会，使妇女在经济上和人格上独立，知道如何争取她们的权利，最终改变家庭中不平等的权力结构。

（六）反对工作场所性骚扰的行动建议

（2005年9月24—25日）

一、反对工作场所性骚扰符合我国男女平等的基本国策，有利于在我国建立“小康”和“和谐社会”的战略目标。工作场所性骚扰是指一种具有性色彩的、使对方反感的、有损于对方尊严的言语或行动，对方的拒绝或顺从会对其工作产生影响，并造成使人感到威胁的工作环境。工作场所的性骚扰在世界各国，无论是在发展中国家，还是在发达国家普遍存在，因为在这些国家性别不平等、性别歧视问题并没有消除。在我国性骚扰，尤其是工作场所的性骚扰问题同样存在。工作场所的性骚扰严重伤害受害妇女的利益，威胁她们身体、心理和社会的健康，侵犯她们的尊严、人身权和人权，对个人、家庭、单位及社会产生恶劣影响。

二、工作场所性骚扰在我国发生，反映在我国工作场所和社会中社会性别的不平等，尤其是男女权力结构的不平等。工作场所性骚扰违反我国宪法规定的尊重和维护人权的条款，民法通则规定的公民人身权条款，也违反妇女权益保障法中有关保障妇女人身权的条款。

三、在妇女权益保障法中明确规定反对性骚扰的条款是反对性骚扰斗争的重要一步。但需要就性骚扰定义、性骚扰的违法性质和立案理由、性骚扰案的正当程序、案情举证、受害人和举报人的保护、隐私的保护、对受害人的补偿、对骚扰者的处罚等问题制定具体实施细则。

四、建议在劳动法中增添有关反对工作场所性骚扰的内容。除了性骚扰定义、性骚扰的违法性质和立案理由、性骚扰案的正当程序、案情举证、受害人和举报人的保护、隐私的保护、对受害人的补偿、对骚扰者的处罚等外，应明确规定雇主在反对和预防性骚扰中的职责，要求所有工作场所制定预防和反对性骚扰的规章。

五、由于存在男女不平等和性骚扰发生在只有两人在场的情境之中，处理性骚扰案件时不仅要求受害人提供证据，也应要求嫌疑人提供反证。要建立保护举报人的制度。为便于执法和司法人员处理性骚扰案，有必要向他们进行社会性别和处理性骚扰案件的培训。支持和鼓励为性骚扰受害人提供法律服务的非政府组织，为性骚扰受害人提供法律咨询和救援。

六、在工作场所制定反对性骚扰的规章是预防和及时处理工作场所性骚扰的重要措施。这类规章应明确表明雇方反对性骚扰的态度，为工作场所性骚扰给出明确的文字定义，明确规定管理人员和普通员工的责任，具体介绍投诉和处理程序，以及有关交流、培训和咨询的办法。

七、对工作场所性骚扰不能采用工作场所一般的投诉程序，单位应建立并启用特别为处理性骚扰而设计的投诉程序。受害人投诉时应有机会选择正式或非正式的程序。正式程序需立案审查，对投诉进行调查，最后作出定性结论。非正式程序则在受害人、骚扰人与调解人之间协商解决。可在工作场所建立由管理人员代表、工会代表和普通职工代表参加的投诉委员会。投诉委员会负责调查和作出裁决，应办事公正，保护当事人隐私。

八、在处理性骚扰案件时，要采取相应措施注意保护受害人，保护她们免受“二度伤害”，尤其是要设法防止出现勇于抗争的性骚扰受害人受到更大伤害的状况。

九、要对性骚扰肇事人制定具体罚则，除了作为民事案件缴纳罚款外，必须对其作出从严重警告直到开除的行政处分，并在单位全体人员会议上宣布。

十、工作场所发生性骚扰要追究雇主责任。要在互联网上公布每月或每年发生性骚扰的工作单位。雇主与雇员的雇用合同要有保护雇员不受性骚扰的条款。

十一、管理企业的行政机构有防止和反对性骚扰的责任。要制定有关防止和处理性骚扰的行政条例。要求各企业成立由管理人员、工会代表及社区代表参加的防止性骚扰委员会，检查性骚扰发生情况并向企业管理人员提出改进意见。防止性骚扰的工作做得如何应成为考核企业业绩的指标。在省市层次设立有管理企业的行政机构、企业家协会和工会代表参加的防止性骚扰委员会，定期开会讨论本省市各企业性骚扰的状况以及制定相应措施。

十二、企业家协会有防止和反对性骚扰的责任。各省市的企业家协会应每年至少组织一次对所属企业管理人员进行社会性别和防止性骚扰的教育和培训。企业家协会也应听取会员对防止性骚扰的建议和意见。

十三、工会有防止和反对性骚扰的责任。各省市工会应每年至少组织一次对工会会员进行社会性别和防止性骚扰，包括性骚扰发生后如何进行法律诉讼的教育和培训。工会有责任协助和支持受害人，纠正对她们的不公正待遇，减轻她们所受伤害。

十四、各级妇联要将性骚扰纳入议事日程，对性骚扰受害人提供维权和救援工作。

十五、防止和反对性骚扰工作，是媒体的社会责任。要抓住典型的性骚扰案例进行讨论，增强公众对性骚扰危害性的认识，提供公众的社会性别意识，抨击贬低妇女的低级庸俗的文化。在报道中，应防止拿性骚扰案件中的具体情节，作为娱乐性的故事向受众展示，避免使遭受骚扰之害的女性再次受到伤害。

十六、各级党校和行政干部学校都应有有关社会性别以及防止和处理性骚扰的课程内容，在官员中树立尊重妇女的优雅风气。

十七、加强对性骚扰的调查研究工作，进一步了解性骚扰在我国的发生情况，原因和社会影响，典型案例的分析，有关法律和法规在防止和处理性骚扰案件中的作用等。

十八、进一步提高妇女的社会地位，增加妇女参与行政、司法、立法机构的比例，逐步改变男女权力结构的不平等，努力改变轻视妇女、贬低妇女的低级庸俗的社会文化。

（七）关于加强对妇女自杀行为的预防和救援的行动建议
（2006 年 12 月 16—17 日）

一、自杀业已成为我国一个严重的公共卫生问题。中国尚未建立死亡报告系统，但据专家保守的估计，中国总的自杀率可能为 23/10 万，每年自杀死亡人数约 28.7 万，是我国第五位重要的死亡原因，是 15—34 岁人群首位死亡原因。根据 WHO 的数据，自杀和自伤导致 880 万伤残调整生命年（$DALY_S$）的损失，占中国全部疾病负担的 4.2%。这使得自杀成为继慢性阻塞性肺部疾病（占损失的全部 $DALY_S$ 的 8.1%）、重性抑郁（占 6.9%）和脑血管疾病（占 5.7%）之后全国第四位重要的卫生问题，给我国的人民生命健康和社会经济带来重大的损失。

二、中国妇女自杀的独特性。与其他国家不同的是，中国农村自杀率是城市的 3 倍，女性自杀率比男性高 25%左右，而农村年轻女性的自杀率比年轻男性高 66%。目前，中国还没有建立自杀未遂报告系统，但卫生部曾报告每年至少有 200 万人自杀未遂。专家通过分析有关资料，发现自杀未遂和自杀死亡一样，也是农村显著高于城市，并推算出 50%左右的自杀未遂者为 40 岁以下的农村妇女。因此，自杀和自杀未遂也已经成为我国妇女，尤其是年轻妇女的重大健康问题，对妇女自身、家庭和社会都造成严重的破坏性影响。

三、影响我国自杀行为的因素。根据北京回龙观医院北京心理危机研究与干预中心和中国疾病预防控制中心慢性非传染性疾病预防控制中心的调查和研究，与精神疾病有关的自杀行为占 63%，在精神疾病中抑郁与自杀更为有关。这一方面说明精神病因素在自杀中仍然超过半数，但没有达到国外几乎 90%的水平。差不多 1/3 自杀者没有精神疾病这一事实是对认为所有自杀行为的人都有精神障碍的假说的一种挑战。急性应激强度（如激烈的人际冲突）和慢性心理压力（如久病不愈、经济困难、夫妻矛盾等负性生活事件），对自杀的作用不容忽视。因此，影响自杀行为的因素是复杂的，难以用单一的因素来解释。也许精神疾病、心理压力、社会冲突是影响自杀行为的一级因素；自杀行为者对心理压力、社会冲突的承受力薄弱是其二级因素；社会缺乏对精神疾病、心理压力、社会冲突的咨询、治疗和干预以及自杀手段（例如农药）简便易得是其三级因素。因此，自杀行为不能用单一的生物医学模式来理解，在生物—心理—社会模式的框架内才能得到理解和说明，因而必须由多部门合作采取综合防治措施。

四、自杀行为与道德无关。应该认为在我国社会转型条件下发生的自杀行为是与道德无关的。一个人在疾病、压力、冲突中处于无助地位，由于自身心理上的弱点而不能忍受，社会对她（他）缺乏基本的支援，大多在一时缺乏理性的绝望状态下采取自杀行动，怎能责备她（他）不道德呢？认为自杀不道德的传统观点，既是错误的，又是有害的。说它错误，因为它不符合目前我国发生的自杀行为的相关事实；说它有害，因为它极大地妨碍了对自杀行为的预防和救援工作。在某些地方，由于受这种传统观念的影响，自杀致死者的家庭、有自杀未遂行为的当事人感到耻辱，甚至受到歧视；一些地方当局错误地认为本地有一定发生率的自杀行为是政绩不佳的表现，不愿意对自杀行为进行调查研究，即使调查研究了也把结果当作机密保守起来，不愿意进行交流和研讨，甚至不愿意本地区的专业人员去外地参加研讨会。各级政府、各类相关专业人员和广大公众必须重视自杀这一公共卫生问题，必须端正对自杀行为的认识，这是改善我们预防自杀和提供救援工作的前提。

五、广泛深入的调查研究。应该对我国的自杀行为进行更广泛、更深入的调查研究，并制定有针对性的有效的自杀预防策略。在 2003 年 11 月以前，北京回龙观医院北京心理危机研究与干预中心和中国疾病预防控制中心慢性非传染性疾病预防控制中心，以及全国其他相关单位对我国的自杀行为在一定范围内作了比较深入的调查，对我国自杀行为的流行、特征、模式、原因以及防治办法提出了很有价值的看法和建议。由于我国幅员辽阔，人口众多，上面的调查研究仅占一小部分，加之2003年11月以来自杀行为的流行学数据欠缺，因此，需要对我国的自杀行为进行更广泛、更深入的调查研究，才能制定有针对性的有效的自杀预防策略。调查研究的目的是了解自杀和自杀未遂的特征、危险因素及其对社会的影响，这包括：自杀和自杀未遂率及地区特征；人格因素（如冲动性）、生物学因素（如5—羟色胺水平）、环境因素（如自杀工具的方便易得程度）以及家庭因素的作用；社会对自杀的态度在支持或抑制自杀行为方面所起的作用等，尤其要关注女性以及农村女性的自杀和自杀未遂行为。这项调查研究应该由中国疾病预防控制中心慢性非传染性疾病预防控制中心牵头。

六、建立和改善自杀和自杀未遂的监测系统。全国疾病监测系统的145个疾病监测点覆盖的人口样本有相当的代表性，建议将自杀和自杀未遂纳入该疾病监测系统，但需要采取措施降低漏报率，纠正将自杀案例错误地归入“意外中毒”或“伤害死亡原因不明”等情况。另外，应考虑建立针对自杀未遂率的监测系统。建立有效机制以获得准确的自杀率和自杀未遂率是评估任何自杀预防工作效果的必要前提。

七、加强全民的心理健康。从青少年开始加强全民的心理健康，提高他们承受现代生活压力和可能发生的负性生活事件的能力。目前由共青团中央、教育部、卫生部和《中国青年报》发起的“心理阳光工程”是一个多机构参与、目的是促进青少年的心理健康的项目，这种做法值得推广。建议教育部在小学和中学开设有心理卫生内容的课程，对教师尤其是班主任、对大中小学医务室的医护人员进行心理卫生的培训，使他们有能力对学生或学生家长提供心理卫生方面的咨询。

八、大力加强社区的精神卫生和社会支持网络。社区的医疗卫生基础设施的建设一开始就应该采取生物—心理—社会模式，而不能沿用单一的生物医学模式。因此，社区医疗机构必须配备具有精神卫生专业知识的医务人员，为社区内居民提供精神卫生、抑郁症方面的咨询、治疗或转诊服务。同时，在社区内由居民委员会、当地妇联组织、医疗卫生机构以及服务于该社区的社会工作者和民间团体共同组成心理健康工作组或工作委员会，结合养老服务制定家访独居老人的计划，在家庭同意下对有心理压力、负性生活事件的家庭成员，尤其是自杀未遂成员提供精神和社会支持。在农村中可参照《农家女》杂志社工作人员的经验，对年轻妇女和男子进行培训，也可考虑建立农村年轻妇女自助小组，帮助组员或同村妇女疏解心理压力，对心理承受力较差的妇女，尤其是自杀未遂妇女提供精神和社会支持。

九、提高精神卫生服务的可及性和质量。除了大型精神病专科医院外，普遍缺乏精神卫生服务是我国医疗卫生系统的一个重大问题，这样就使得常见精神障碍的治疗率低，增加了社区中的自杀风险。在农村缺乏精神科药品（特别是抗抑郁药物）的供应，使得这个问题变得更加严重。因此，急需提高全科医生识别与治疗心理问题的能力及主动性，加强对他们的培训，并使他们的药箱内有精神科药品。

十、提高公众对精神卫生问题和自杀的了解。需要做大量工作端正公众对精神卫生问题和自杀的认识，转变态度，尤其要减少与精神疾病和自杀有关的耻辱感，使更多的社区成员愿意因心理问题寻求帮助。媒体可在其中发挥重要作用。媒体可通过节目提高公众对常见精神疾病的症状与治疗的了解，特别是对与自杀密切相关的抑郁症和酒精滥用的了解，并转变群众对因心理问题接受治疗的不良态度。媒体和电影等报道和描写精神疾病与自杀的方式也需要改进。WHO 和许多其他机构已经制定了报道自杀和精神疾病的指南，以减少有精神疾病者的耻辱感，并有助于减少不恰当地报道自杀后可能出现的“模仿自杀”。建议国家广播电视总局和国家新闻出版署对这些指南做些调整以适合在我国推广使用。

十一、控制农药和其他致死性毒药的方便易得。限制不同自杀工具的方便易得并降低其致死性，特别是农药。农村使用致死性工具（主要是农药）自杀未遂的比例较高，可能是我国农村自杀死亡率高于城市的主要原因之一。由于女性自杀未遂人数多于男性（女：男=2.5：1），这可能也是我国女性自杀死亡率高于男性的主要原因之一。提高急救成功率、限制工具的方便易得显然是降低农村高自杀率所需采取的两个主要方法。

十二、提供培训和技术帮助。向所有参与自杀预防和研究工作的单位与机构提供人员培训和技术帮助。可先在自杀风险较高的地区进行培训，逐渐扩展到其他地区。培训应该是多方面的，包括如何对抑郁症进行诊断和治疗，如何应对心理压力/负性生活事件和人际冲突的咨询，如何提供精神支持，在热线中如何与病人交流等。

十三、鼓励民间团体参与自杀预防及相关的服务工作。例如可在省心理和精神科协会的支持下成立专业的自杀预防协会，鼓励其他组织（老年、青年组织、教师协会等）建立专门促进心理健康和预防自杀的分支机构。欢迎愿意提供志愿服务的个人和机构参与自杀预防工作。欢迎自杀者家属和既往有过自杀行为的人志愿参加自杀预防工作。鼓励成立地方和全国性的由志愿者、幸存者、研究人员和临床医师组成的非专业性的自杀预防协会。

十四、筹资。为使自杀预防及相关服务、研究工作可持续进行，必须有资金资助。建议中央和各级地方政府为这项工作进行财政拨款。同时建立具有慈善性质的基金会，从私人、企业和国外资源处筹集资金。

十五、制定法律法规。建议全国人民代表大会制定精神卫生法，精神卫生法内有自杀预防工作的条款，以使这项工作得到法律的支持。

十六、确定负责机构。建议预防自杀的工作由中国疾病预防控制中心慢性非传染性疾病预防控制中心负责。但由于这一工作必须有多部门参与，建议国务院建立心理健康工作委员会，来协调全国不同地区、不同部门预防自杀的工作，制定、实施和监测全国自杀预防计划。

（八）扭转出生人口性别比失衡的行动建议①

2004 年 6 月 27—28 日

1. 形势严峻

出生婴儿性别比，是指每百名出生女婴对应的出生男婴数。我国 2000 年第五次人口普查显示这一数值为 119.92，即当时平均每出生 100 名女婴相对应地出生了近 120 名男婴，这大大偏离了正常范围。20 世纪 70 年代，中国出生婴儿性别比完全正常，而进入 80 年代以来，这一性别比开始持续偏离正常范围，目前已经到了相当严重的程度。例如，全国 2000 年出生婴儿性别比（119.92）与 1990 年第四次人口普查结果相比，上升了 8.5 个百分点，比正常值高出近 14 个百分点。全国只有内蒙古、黑龙江、贵州、西藏、宁夏、青海、新疆 7 个省（自治区）出生婴儿性别比在 110 以下，而这些省、区的人口只占全国总人口的 10%。占全国人口 90%的其他 24 个省、区、市，出生婴儿性别比都

① 编者按：此次活动还得到联合国人口活动基金的支持。

在110以上。可以看出，出生人口性别比升高已经成为一个全国性的严重的问题。

值得注意的是，与出生婴儿性别比不平衡日趋严重的同时，出生婴儿死亡率的性别比也日趋严重。我国1999—2000年每千名女婴死亡率比每千名男婴死亡率高出很多，比正常值高出更多，以前第一胎的性别比是相对正常的，第二、第三胎很高，而如今第一胎的性别比也在日益趋于不平衡。

用数字体现的出生婴儿性别比不平衡，以及相伴的出生婴儿死亡率性别比不平衡，意味着很多女童受到不公正的待遇和伤害，很多妇女承受家庭或传统文化的压力去做产前性别检查和性别选择性流产。这是一个涉及维护女童和妇女的权利与利益的重大问题。

2. 事出有因

造成中国大陆出生婴儿性别比失衡的根本原因是中国社会普遍存在的重男轻女、偏好儿子的社会性别观念，这种观念渗透在语言、习俗甚至一些规定措施之中（例如男60岁女55岁的退休政策就是一例，农村自留地不分女儿的有关规定是另一例）。人们（包括决策者）观念的改变远远落后于经济的增长和社会的发展。产生这一观念的原因很复杂，大致有经济（农村养老保障制度不健全；生产力落后）、文化（传统男权文化）和社会性别不平等多种现实因素的影响。而直接原因主要是B超以及其他胎儿性别鉴定技术和选择性别引产技术的滥用。

对出生性别比起直接作用的B超以及其他胎儿性别鉴定技术和选择性别引产技术的滥用，虽然有《母婴保健法》明确规定严禁采用技术手段对胎儿进行非医学需要的性别鉴定，虽然有《人口与计划生育法》明确规定严禁利用超声技术和其他技术手段进行非医学需要的胎儿性别鉴定，严禁非医学需要的选择性别的人工终止妊娠，虽然有中华人民共和国国家计划生育委员会、中华人民共和国卫生部、国家药品监督管理局颁布的《关于禁止非医学需要的胎儿性别鉴定和选择性别的人工终止妊娠的规定》，对可以进行胎儿性别鉴定和终止妊娠的器械、设施和药物的配置、流通、使用和保管都做出了进一步规范，但罚则不具体，处罚不力，执法力度不强，对从事非医学需要的胎儿性别鉴定和选择性别的人工终止妊娠的医疗机构、医务人员和违法销售这类器械的厂商缺乏威慑作用。

在上述法律法规的罚则中，几乎都有“构成犯罪的，依法追究刑事责任”的规定。但是在刑事法律法规中，没有对违法鉴定胎儿性别以及违法选择性终止妊娠的相关规定。现实情况多是少量罚款和仅作行政处理，这样处罚力度较弱，缺乏威慑力。

从长远来看，如果出生婴儿性别比持续升高得不到解决，将使越来越多的女婴和女孩遭到虐待和残害，妇女和女孩的社会地位进一步恶化，她们的平等权利和合法利益更难以得到保障，包括家庭暴力和妇女儿童人口拐卖等恶性事件将会增多，对商业性性行为的需求也会相应增加等等。这将与我们承诺的《北京行动纲领》《儿童权利公约》《消除对妇女一切形式歧视的公约》背道而驰。与此同时，出生婴儿性别比持续升高还会引发一系列负面的社会问题，例如所谓的“婚姻挤压”问题，即进入婚嫁期时，相当一部分男青年找不到配偶。以上种种后果将引起一系列影响可持续发展、建设小康社会发展战略和社会安定的问题。

3. 经验借鉴

与中国大陆具有相同的重男轻女儒家文化的我国台湾省和韩国，以及具有类似重男轻女文化的印度，最近几年采取了一系列有力措施，使原来失衡的出生性别比已经得到扭转而趋向正常或有所改善，他们的经验值得我们借鉴。

台湾 1991 年的出生性别比偏高，为 110.41。他们通过大众媒体、计划生育及多种形式的活动，进行健康教育，改变人们偏好儿子的观念，所用口号是“男孩女孩一样好”；通过出生报告记录检查每个医院和诊所接生时的出生性别比，以此来查找各个医院和诊所是否有可能滥用现代生殖技术进行出生性别选择；为了避免滥用现代生殖技术进行出生性别选择，卫生署发出官方警告文件给所有接生时有或没有异常性别比的医院和诊所，如果有医院和诊所滥用现代生殖性技术进行出生性别选择，将会吊销其营业执照和处以罚金；修改民法和家庭登记条例允许夫妇自由决定孩子的姓；修订法律允许女儿在出嫁前可以继承家庭的财产；通过公共部门加强老年人的福利并为老年人提供养老保障。由于贯彻了上述措施，2001 年出生性别比已趋于正常。

韩国自 20 世纪 80 年代后半期和 90 年代初期出生性别比一直攀升，1990 年达到 112，1995 年为 113.4。通过强有力的行政干预，政府下令禁止检测胎儿性别，从 1992 年起对违反者课以非常严厉的处罚和管制，进行非法性别选择性人工流产的一些医生被吊销医疗执照和受到起诉；通过大众媒体运动，使夫妻改变他们对性别选择性流产的态度；长期政策导向消除对妇女的性别歧视，引导人们改变性别角色规范、价值和态度，并通过有效的教育和就业计划提高妇女地位。到 2000 年，出生性别比已经降至 110.2。印度的经验是政府采取严厉措施，遏制产前流产女胎，1996 年 1 月 1 日起“产前诊断技术法令”生效，2003 年作根本的修正使之更全面更严格。为实施这个法令在中央和各邦政府两级建立了专门的监督委员会，由中央政府的卫生部部长或邦的卫生部部长任主席，并成立专属管理机构，其职能是，批准和吊销机构执照，独立调查有关违反该法令的投诉并将投诉递交法院，采取特定的法律行动反对任何人在任何地方使用任何性别选择技术。除了严格实施该法令外，他们还强调对医生进行教育，通过教育和遵纪守法来说服医生改变他们的行为，为此目的寻求专业团体例如印度医学会的帮助。他们认为，长期的解决办法是创造一种境况，在其中社会赋予男女同样价值和地位，儿子和女儿拥有同等价值。

4. 行动建议

胡锦涛主席在 2004 年人口资源环境座谈会上，已经明确地把人口出生性别比的问题提了出来，并且作为未来十年一个很重要的任务。中国政府已经制定了在 2010 年将出生性别比降到正常水平的目标。国家人口和计划生育委员会赵白鸽副主任在国务院新闻办公室举办的新闻发布会上，明确指出中国政府采取政治承诺、宣传教育和通过《母婴保健法》和《人口与计划生育法》等明确规定严格限制非医学原因的性别鉴定等办法来降低出生性别比。为了能够实现在 2010 年将出生性别比降到正常水平的目标，特提出如下建议。

建议 1：制定全国性专门法规

在《母婴保健法》和《人口与计划生育法》基础上参考各地经验，制定关于违法鉴定胎儿性别和非医学需要的选择性别的人工终止妊娠的全国性专门法规，建立或强化监督和管制机制，制定举报制度，规定具体罚则。该项法规包括限额生产和管制销售B超及其他可作性别鉴定的仪器或器具。建议设立专门机构有专人负责这项工作，并给予专门拨款。国家计划生育委员会和各省市计生委的领导、卫生部和各省市卫生局的领导要亲自抓这一工作。

建议2：对严重违法鉴定胎儿性别或违法选择性别终止妊娠者追究刑事责任

可对《刑法》第三百三十六条非法行医罪和非法进行计划生育手术罪的主体重新界定，把原来的主体"未取得医生执业资格的人"重新界定为"未取得医生执业证或者超出执业范围行医的人"，这样对擅用仪器鉴别胎儿性别或选择性别人工流产的执业医师或领有执照的医疗机构，也可依法追究刑事责任。另外，在刑法或在相关司法解释中增加针对医务人员和医疗机构从事非医学需要的胎儿性别鉴定和选择性别的人工终止妊娠等违法行为进行处罚的条款。对"构成犯罪的，依法追究刑事责任"这一条款作具体界定：什么情况下构成犯罪，如何依法追究刑事责任。

建议3：限额生产和管制销售B超及其他可作性别鉴定的仪器或器具

根据医学需要限制每年生产B超及其他可作性别鉴定的仪器或器具，并对销售B超及其他可作性别鉴定的仪器或器具进行管制，即这些仪器或器具只能销售给卫生行政颁发许可证的医疗单位，禁止销售给未得到许可证的单位及个人。违者吊销其工商业执照，处以重度罚款或/和有期徒刑，对购买者也要进行重度罚款。

建议4：建立或强化医疗或计划生育单位的性别报告制度

要求所有医疗单位或计划生育单位每年向当地卫生局或计生委分别报告所接生男女婴儿数、人工终止妊娠的男女胎儿数、利用B超检测孕妇人数及孕妇所怀男女婴数，以及利用其他技术（例如羊水穿刺）检测孕妇人数及孕妇所怀男女婴数。

建议5：严肃审理歧视或虐待女婴和女童案件

根据《未成年人保护法》（第八条“不得歧视女性未成年人或者有残疾的未成年人；禁止溺婴、弃婴”）和《妇女权益保障法》（第三十五条“禁止溺、弃、残害女婴”）以及《刑法》（第四章侵犯公民人身权利），建立或强化举报制度，严肃审理歧视或虐待女婴和女童案件，追究当事人的刑事责任，加强对这些案件的立案、侦查和惩罚力度。

建议6：检查和修改男女性别不平等的法律、法规、政策和措施

成立专家小组检查现行的法律、法规（条例）、政策和措施，并对具有促进男女不平等负面作用的加以修改，例如男60岁女55岁的退休政策，农村自留地重男轻女的分配规定等。又如数据表明，一孩政策地区的性别比为115.7，一孩半政策地区为124.7，二孩及以上政策地区基本正常，这表明一孩半政策（生女孩可以再生一个）本身具有性别不平等含义，应考虑加以调整。要努力做到所有法律、法规、政策和措施对性别具有敏感性，为男女在社会一切领域提供平等机会，对男女平等对待，提高妇女的社会、经济、政治和文化地位，促进男女平等。

建议7：在全国范围内推广“关爱女孩行动”

“关爱女孩行动”已收到良好效果，希望能够推广到全国各个地方，尤其在农村。建议党政领导人和受广大公众欢迎的文化、体育、音乐界人士出面支持“关爱女孩行动”。建议所有学校，包括小学、中学、大学都要加强促进性别平等的教育，批判重男轻女、性别歧视的偏见。建议媒体加强对女童、女孩和妇女在各方面所做贡献的报道，坚持不懈地批判重男轻女、偏好儿子的性别歧视和偏见，树立“生男生女顺其自然”的新型生育观，同时防止在新闻报道及广告中出现性别歧视和偏见的形象，为实现性别平等作出贡献。

建议8：加大对独女和双女户的优惠政策

建议检查各省市对独女和双女户已有的优惠补助政策落实状况，并研究适当扩大该优惠政策的范围。

建议9：在各行各业开展性别平等的教育

建议在各行各业中开展性别平等的教育，首先在党校、行政干部学校、教师、新闻工作人员中进行性别观点和出生婴儿性别比问题的培训。建议媒体领导制止对出生性别比的恶性炒作，错误地将它归结为几千万光棍问题，而看不到对女性群体及个人所受的严重伤害。

建议 10：大力发挥民间组织的作用，加强国际合作

扭转出生婴儿性别比失衡不但是政府的责任，也是全社会的责任。要加强民间组织的教育、监督和维权作用。在实施有关出生婴儿性别比的法律和规定中，民间组织对医疗和计划生育机构及医务人员的监督、对执法人员的监督、在基层或社区对可能发生虐待女婴的监督作用十分重要。同时，出生性别比又是一个国际性现象，加强国际合作，取得国际上的支持，与具有相同问题的国家交流经验，也十分重要。

二十六　有关科研不端行为界定和判定的若干政策建议

建议一　精准界定科研不端行为

我们建议将科研不端行为（research misconduct）定义为：

“在项目建议、研究审查或报告研究成果时，进行篡改（fabrication）、伪造（falsification）或剽窃（plagiarism）。其中，篡改是指编造数据或结果进行保存或报告；伪造是指操控研究材料、设备或过程，改变或遗漏数据或结果，导致该研究与研究纪录不能相符；剽窃是指将他人的想法、研究流程、研究结果或文字表述据为己有而未以任何方式承认作者的贡献。”

这个定义就与目前国际上通行的定义（例如美国和欧盟的定义）衔接了起来。科研不端行为是违反科研伦理行为中性质恶劣、后果严重者，其行为具有故意性和蓄意性，败坏了科学的核心价值——诚实（honest）。这样的界定可使我们集中精力和时间，利用有限的资源聚焦于判定、调查、处理科研不端行为，避免扩大化。

建议二　严格区分科研不端行为与其他违反科研伦理的行为以及“无心之过”（或诚实差错，honest error）

在精准界定科研不端定义的同时，应当注意严格区分科研不端与其他违反科研伦理行为的界限：

1. 违反保护人类受试者和实验动物的伦理规范，另有法规、规章规定，也另有机构处理，其与科研不端行为属于不同类别，不宜纳入“科研不端行为”范畴。

2. 履历造假不属于与科研有直接关系的科研不端行为，可由人事部门制订规则处理。

3. “不当署名”“一稿多投”“重复发表”这些可能违反伦理的行为，或其性质尚有争论的行为，不宜界定为科研不端行为。

4. 不宜笼统地将“标注不规范”界定为科研不端行为。科研不端行为中的剽窃，其核心是将他人的想法和成果据为己有，而未以任何方式承认作者的贡献，也就是具有故意性和蓄意性。承认作者的贡献可以有多种方式，可以通过标注或引注来表示承认，也可以通过论文标题、文中的说明、引用符号以及上下文文意来表示承认。

5. 要区分学术论文（academic articles）中报告作者自己原创性研究成果的“原创性论文（original articles）或研究性论文（research articles）”，与报告他人研究成果的“评述性论文”（review articles，包括评论 review 和综述 survey 或 overview）。对于评述性论文，如果文中对同一文献已有标注或引注和说明，则不宜以“标注或引注不够”为名，将其他没有做注释的引述评论部分（只要根据文意判断不是主观故意的据为己有）定为“标注不规范”，从而判定其“不端行为”，导致扩大打击面的消极后果。

6. “无心之过”（或诚实的差错，honest error）不属于科研不端。无心之过和科研不端的主要区别在于主观上是否具有故意。科研人员是人，“人非圣贤，孰能无过”。科研是探索未知，难免发生差错（包括疏忽、粗心大意等），不宜苛求。因此，必须明确区分“故意”与“无心”。

建议三　查重软件仅具参考意义，判定研究申请和论文是否有剽窃等仍需专家和同行鉴定

虽然没有任何法规规定，用查重软件检查学生和老师的研究申请和论文已经在许多大学成为惯例。例如有的大学规定查重软件检查结果，有 10%重合即为剽窃。然而，查重软件的检查结果有假阴性和假阳性。查重软件检查结果仅能报告重合度或相似度。正如上述，论文有两类：报告作者自己研究成果的原创性论文和报告他人研究成果的评述性论文，评述性论文的重合度或相似度必然要比原创性论文高得多。查重软件不能将上述二者区分开来，也不了解同一表述在不同语境下可能有不同语义，不了解论证的不同走向，更不能探测出刻意的规避行为（如断句、加词等等）。因此虽然使用查重软件是有用的，但不能仅仅依据查

重结果就判定是否具有不端行为。具有专业知识的专家才具有最后的判定权，查重结果对判定文本是否剽窃仅具参考意义。

建议四　切实加强对学生和科研人员的科研诚信教育

处理和惩罚科研不端行为和利用查重软件检查，只能告诉学生和科研人员不能做什么，但没有告诉他们应该做什么和应该如何做。建议教育部在所有大学为本科生和研究生开设有 1 个学分的科研诚信课程，告诉学生“如何做科研？如何写论文？”，以及有关科研和出版的伦理规范和法治教育，或将其纳入政治思想品德教育课程。已经开设的要对课程的内容、教学方法和效果进行评估，提出改进意见。科研机构也要对机构内所有科研人员进行科研诚信教育，尤其要对接受公共资金的科研人员进行专门培训。经过科研诚信培训的科研人员才能从事科研工作，并且每年要接受一次有关科研诚信的继续教育和再培训。

建议五　建议教育部、科技部、国家卫生健康委员会、新闻出版总署以及其他有关部门对我国当前在科研诚信方面存在的最严重和紧迫问题进行调查研究，提出有针对性的管理办法。

目前大家关注的最严重和紧迫的问题有，买卖和代写论文（“论文工厂”）以及“工头式研究”（即本非该专业的人员通过关系获得资助招募专业人员进行研究，自己稳坐通讯作者）。这些情况牵涉到多种社会因素和执法部门，需要专项处理，根本的是减少行政干预，取消唯 SCI 论，回归专业学术共同体的学术评价（包括例如由临床医生共同体对临床医生做出学术评价，而不是按行政规定凭论文数量多少做出评价），制订合适的学术评估体系，通过政策法律引导，逐步形成学术共同体的自律的健康的规范。

二十七　重建中国的伦理治理

2018 年 11 月，在香港举行的第二届人类基因组编辑国际峰会前夕，当我们（本文作者中的邱仁宗和翟晓梅）走下飞机时，并不知道自己正步入恰在上演一场人间戏剧的中心。就在几个小时前，贺建奎在优酷视频网站上发表声明，声称他已经帮助一对夫妻制造了基因编辑婴儿。等我们一打开手机，手机就开始剧烈振动。

我们两个人（邱仁宗和翟晓梅）一直工作到第二天凌晨 4 点，不停地接电话，帮助中国的学术机构和政府机构回应这一事件，同时还修改了当天晚些时候在峰会全体会议上的报告。

自那以后的几个月里，中国的科学家和监管机构经历了一段自我反省的时期。我们、我们的同事们以及我们的政府机构，如国家科技部和国家卫生健康委员会，都在反思这起事件对中国科研文化和监管产生的影响。我们还考虑了需要采取什么样的长期战略来加强国家对科学的治理和伦理学研究。

在我们看来，中国正处于十字路口。政府必须做出实质性的改变，以保护其他人免受不计后果的人体试验的潜在影响。这些措施包括对国内数百家提供体外受精的诊所进行更密切的监控，以及将生命伦理学纳入各级教育之中。

（一）震惊和困惑

11 月 27 日至 28 日，当峰会的与会者们聚集在香港大学礼堂时，他们感到十分困惑。几乎没有人听说过当时还是深圳南方科技大学生物物理学家的贺建奎。从中国记者向我们提出的问题来判断，他们也措手不及，且很难理解到底发生了什么，或有什么利害关系。

与美国和欧洲不同，中国很少有关于基因编辑的公开辩论。大多数人不知道这意味着什么，也不知道修饰生殖细胞（精子或卵子）与其他（体细胞）细胞之间的区别，更不必说由改变未来世代基因所引起的更深层次的问题——伦理、法律和社会问题。

贺建奎的工作违反了国际规范。而且违反了中国2003年颁布的《人类辅助生殖条例》，该条例禁止将转基因人类胚胎移植入人的子宫[①]。此外，由于基因编辑可能出错，贺建奎的行动可能会危及婴儿的健康——以及他们潜在后代的健康。这与早在公元前600年就确立的中国传统医学观背道而驰。当中国哲学家孔子提出以"仁"为核心的儒家学说时，许多医生遵循了他的学说，认为医学是"仁"的艺术（医本仁术）。

（二）那么为何会发生这种事？

峰会前两周，贺建奎参加了在上海举行的中国生命伦理学双年度年会，他参加了我们其中一位（雷瑞鹏）主持的一场关于如何避免正在作临床试验的基因编辑过早应用的专题会议。在那次会议上，他对自己的研究只字未提，而是等到香港峰会前夕才宣布基因组经过编辑的双胞胎女孩诞生，说到了问题的核心（见"在调查中"）。

在调查中

贺建奎的工作还有很多问题

生物物理学家贺建奎声称，他使用CRISPR-Cas9基因编辑工具，使人类胚胎中的CCR5基因失效，并帮助感染艾滋病病毒的父亲生下健康的孩子。（CCR5编码一种允许艾滋病病毒进入并感染细胞的蛋白质）

据中国最大的媒体机构新华社报道，研究中使用的知情同意书是伪造的。根据广东省卫生健康委员会1月份完成的一项调查的初步结果，包括一名未透露姓名的体外受精从业者、海外人员和贺建奎在内的许多人被认为要对用于生殖目的的基因组编辑操作负责。我们建议，需要进行进一步、更广泛的查究，查究必须尽可能透明，应该确定哪些机构参与了对胚胎进行基因组编辑，是谁负责批准贺建奎所使用的其他操作以及这些操作是否适宜。

作为查究的一部分，我们建议由国际知名的基因编辑专家组成的委员会对贺建奎的研究得出的数据进行评估。他们还应该为这对双胞胎露露和娜娜的一生提供一个监测和照护的计划。

---

① 国家卫生健康委员会：《生物医学新技术临床应用的管理条例（征求意见稿）》（2003），https：//go. nature. com/2jeevdj。

过去十年中，中国政府在学术界和工业界越来越多地投资于转化医学。这种对可销售产品的推动，营造了一种深受“急功近利”（渴望快速成功和短期获利）困扰的科学文化氛围。然而，将设备或方法应用于临床并非总是有坚实的基础研究作为支撑。①

此外，无论是在亚洲还是在世界，那些能够宣称自己是第一个发现什么的研究人员，在同行评审、聘用决策和资助方面，都会收获比例不相称的奖励。以在石家庄的河北科技大学分子生物学家韩春雨为例，他在 2016 年与人合作在《自然生物技术》（Nature Biotechnology）上发表了一篇论文，描述了一种名为 NgAgo 的酶如何能够像广泛使用的 CRISPR-Cas9 基因编辑工具一样编辑基因组。② 这篇论文在 2017 年被撤回，但在首次发表后不久，韩即被任命为河北省科学技术协会副会长，他所在的大学也计划投资 2.24 亿元人民币（3300 万美元）于一个基因编辑研究中心，韩的团队是该中心的核心。③

在我们看来，中国的研究人员越来越多地受到名利驱使，而不是出于对科学发现的真正渴望或是帮助人民和社会的愿望。

在说明贺建奎为何能够成功推进他的研究时同样重要的是研究伦理治理方面的薄弱——中国长期以来努力发展科学和技术的阿喀琉斯之踵（意为致命弱点——译者注）。

在过去十年里，贺建奎并不是第一个从事不符合伦理研究的人。例如，在 2012 年政府禁止干细胞疗法应用于临床实践之前，数百家中国医院向中外患者提供未经证实的干细胞疗法。④ 在 2012 年的另一项研究中，研究人员研究了 6—8 岁的儿童是否可以从转基因“黄金大米”中获得与从菠菜或胡萝卜素胶囊中同样多的胡萝卜素（维生素 A 的前

---

① Yan, A., *Has China Found a Cure for Cancer in Malaria?*, South China Morning Post (14 February 2019).

② Gao, F., Shen, X. Z., Jiang, F., Wu, Y. & Han, C., "DNA-guided genome editing using the Natronobacterium gregoryi Argonaute", *Nature Biotechnol*, 34, 768 - 773 (2016); Cyranoski, D., *Genome-edited baby claim provokes international outcry Nature*, https://doi.org/10.1038/d41586-018-06163-0 (2018).

③ 甘晓、程唯珈：《韩春雨事件调查结果难服众》，《中国科学报》（2018 年 9 月 3 日）。

④ 邱仁宗：《从中国“干细胞治疗”热论干细胞临床转化中的伦理和管理问题》，《科学与社会》2013 年第 1 期；Cyranoski, D., "China announces stem-cell rules", *Nature*, https://doi.org/10.1038/nature.2015.18252 (2015).

体)。尽管研究人员告知孩子们的父母，他们正在测试孩子们对一种营养物质的摄取，但是没有提到转基因稻米。① 去年，一项计划在中国进行的试验是打算将一个从颈部以下瘫痪的病人的头颅移植到一个不久前去世的捐赠者的身体上，这项试验几乎要进行，后被国家卫生健康委员会取消。②

在干细胞疗法方面，直到 2015 年 7 月中国国家卫生健康委员会和食品药品监督管理局发布了他们的联合指南之前，中国一直缺乏相关规定。③ 在此之前，那些急于利用这种疗法赚钱的人很快就尝到了甜头。在贺建奎的案例中，对全面监管的投资不足可能更应该受到谴责。在一个幅员辽阔、发展迅速的国家，用于监管的资源仍然是个问题。我们认为，这种投资之有限，也因为人们根深蒂固地认为科学永远是正确的，或者科学知识应该优先于所有一切。

在中国，对包括例如体外受精诊所在内的医疗卫生专业人员伦理培训的重要性，缺乏认识。许多伦理委员会的一些成员，尤其是那些与杭州、广州和深圳等城市的医院有关的伦理委员会一些成员——更不用说那些规模较小的城市了——可能无法严格评估新兴技术，因为他们既缺乏伦理培训，也缺乏科学知识。此外，包括医学伦理学在内的人文学科教育，对于本科生、硕士生和博士生以及科研人员来说都是不够的。

（三）现在怎么办?

我们认为，以下六个步骤可能有助于降低在中国发生进一步不符合伦理或非法使用新兴技术的可能性。

监管。政府应与科学共同体和生命伦理学家合作，制定更明确的规则和条例，以管理可能容易被滥用的有前景的技术的使用。这些技术包括基因编辑、干细胞、线粒体移植、神经技术、合成生物学、纳米技术

---

① Qiu, J.,"China sacks officials over Golden Rice controversy", *Nature*, https://doi.org/10.1038/nature.2012.11998 (2012).

② 雷瑞鹏、邱仁宗:《人类头颅移植不可克服障碍:科学的、伦理学的和法律的层面》,《中国医学伦理学》31, 545—552 (2018)。

③ 国家卫生计生委与食品药品监管总局:《干细胞临床研究管理办法(试行)》(2015)。

和异种移植（在不同物种成员之间移植器官或组织）。相应的行为规范应该由专业协会制定和实施，如中国医学会及其附属的医学遗传学学会和中国遗传学学会。

考虑到科学家在市场压力下潜在的利益冲突，他们的自我监管可能是不够的。因此，自上而下的监管至关重要。在我们看来，对违规者的惩罚应该是严厉的——比如失去资助、许可证或被解雇。此外，为了对研究进行有效治理，应该由国务院（中国的中央政府）负责。目前的做法（由多个政府部门负责监督）是碎片化的，且因工作人员缺乏能力或遇到阻力而受到阻碍。2019 年 2 月，国家卫生健康委员会发布了生物医学新技术临床应用管理条例（征求意见稿），朝着正确的方向迈出了一步。①

注册。建立专门用于涉及此类技术临床试验的国家登记注册机构，这将促进更大的透明度。在试验开始之前，科学家可在那里登记伦理审查和批准的记录，并列出所有参与试验的科学家和机构的名称。同样，政府可建立准入制度，只有经过合适培训的人才有资格担任伦理审查委员会委员。

监测。例如国家卫生健康委员会这样的机构必须对中国所有基因编辑中心和体外受精诊所进行监测，以确定临床试验的进行情况。它们应当评估伦理批准和其他程序（特别是与知情同意有关的程序）是否充分；卵子、胚胎的使用是否符合人类辅助生殖的规定；以及是否有其他经过 CRISPR 编辑的胚胎被移植入人的子宫。生命伦理学（研究伦理学和临床伦理学）的培训也应该成为基因编辑中心和体外受精诊所所有医疗卫生专业人员的必修课程，不管这些人目前是否正在进行临床试验。原则上，由政府或非营利基金会支持的研讨会和课程，可以向医生和研究人员收取一定的费用。

提供信息。中国科学院或中国医学科学院等机构可以发布每一种新兴技术的相关规则和规定。它还可以就合适的知情同意程序和该领域的最新科学发展提供咨询意见。这将为有兴趣参与试验的人们提供资源，并为研究人员在如果察觉到可能违反伦理指南的情况时提供一个联

---

① 国家卫生健康委员会：《生物医学新技术临床应用的管理条例（征求意见稿）》（2019）。

络点。

教育。在政府支持下，大学和研究机构应加强生命伦理学（包括临床伦理学、研究伦理学和公共卫生伦理学）以及科学/医学专业精神的教育和培训。各级科学、医学和人文学科的学生，以及从技术人员到教授等科研人员，都应该成为这种教育和培训的目标。

相关的部级机构（特别是国家卫生健康委员会、科技部和中国科学院）也应该提高公众对与新兴技术相关的科学和伦理含义的认识，并促进针对每一种技术的公开对话。为帮助记者掌握此类技术的细微差别和复杂性而进行的媒体培训也应该是这一努力的一部分。

杜绝歧视。最后，中国应该加大力度，消除对残疾人的偏见和少数中国学者坚持的优生学思想。① 2010 年至 2015 年，在由主流出版社出版的至少九本医学伦理教科书中，作者们声称，残疾人是“劣生”（意思是低人一等或社会的负担）。他们认为，残疾人不应该被允许有孩子，甚至在必要时应该强制绝育。② 1990 年颁布的《中华人民共和国残疾人保障法》禁止在就业以及其他方面歧视残疾人。显然，我们必须做得更多。

生命伦理学在中国建立仅 30 年左右。值得记住的是，不符合伦理的研究实践在西方伦理治理的早期很普遍。以臭名昭著的塔斯吉基研究为例，在该项研究中，美国公共卫生服务署追踪了 1932—1972 年间 399 名患有梅毒的黑人男子，但没有对他们进行治疗。正如这项研究的披露促成了 1978 年的贝尔蒙报告（该报告保护参与研究或临床试验的人类受试者）一样，“基因编辑婴儿”丑闻也必然会促成中国对科学和伦理治理进行全面检查。③

（雷瑞鹏、翟晓梅、朱伟、邱仁宗，载于 2019 年 5 月 9 日
Nature 569：184—186，冀朋译，雷瑞鹏、邱仁宗校）

---

① 雷瑞鹏、冯君妍、邱仁宗：《对优生学和优生实践的批判性分析》，《医学与哲学》2019. 40（1）：5-10。

② 王彩霞、张金凤：《医学伦理学》，人民卫生出版社 2015 年版；吴素香：《医学伦理学》，广东高等教育出版社 2013 年版。

③ Zhai，X. M.，Lei. R. P.，Zhu，W. & Qiu，R. Z.，*Chinese Bioethicists Respond to the Case of He Jiankui*（The Hastings Center，2019）.

附录一　全国首次生育限制和控制伦理及法律问题学术研讨会纪要[①]

一、全国首次生育限制和控制伦理及法律问题学术研讨会于1991年11月11—14日在北京举行。来自20个省市的代表60人参加了会议，其中包括医学、遗传学、卫生管理、社会学、人口学、伦理学、法学等专家。此次会议着重讨论有关智力严重低下者生育控制的问题。会议由卫生部科技司秦新华副司长致开幕词。代表们从医学、遗传学、社会学、伦理学等角度讨论了与对智力严重低下者绝育的相关问题。某些代表介绍他们在对智力严重低下者绝育的工作经验，会议还对某些案例进行了分析讨论。最后由卫生部科技司肖梓仁司长致闭幕词。会议学术气氛浓厚，讨论十分热烈，来自不同学科的代表互相学习，互相切磋，感到收获很大，对一些重要问题取得了共识。

二、根据全国协作组的调查，0—14岁儿童智力低下总患病率为1.2%，其中城市0.7%，农村1.41%，男性高于女性；患病率随年龄增长而升高。智力低下程度：轻度占60.6%，中度、重度、极重度占39.4%。1990年估计全国11亿人口中智力低下者约为1150万。在一些边远山区或某些相对封闭的群体中，发病率高达10%以上。根据湖南代表调查，有些村子智力低下发病率达27.04%。不少省、自治区都发现有“傻子村”，找不出智能水平可担任村干部和会计的人选，完全仰仗国家补助，对地区的发展和人民的生活带来极大的影响。

---

① 编者按：本纪要是在甘肃省人民代表大会常委会发布《禁止痴呆傻人生育的规定》后，邱仁宗和顾涎两人受原卫生部科教司负责人委派去甘肃进行实地调查后举行的全国首次生育限制和控制伦理及法律问题学术研讨会上与会者一致同意的意见，后分发给各省市卫生局/厅。

三、根据全国协作组的调查，在智力低下的病因中，生物学因素占89.6%，社会心理文化因素占10.4%。按病因作用时间分，出生前病因占43.7%，产时病因占14.1%，出生后病因（其中包括社会心理文化因素）占42.2%。在出生前病因中遗传性疾病占40.5%，其他依次为胎儿宫内发育迟缓、早产、多发畸形、宫内窒息、妊娠毒血症、各种中毒、宫内感染等。在产时各因素中窒息占71.6%，依次为颅内出血、产伤等。在出生后备因素中惊厥后脑损伤占20.1%，其他依次为脑病、脑膜炎、脑炎、颅脑外伤等；社会文化落后也占21.6%。在遗传性疾病的病因中，染色体病占37.0%，先天代谢病占19.3%，遗传综合征占6.7%，其他遗传病占32.0%。甘肃、湖南等地智力低下与近亲婚配、克汀病流行有密切联系。在有些智力低下高发地区，近亲婚配率为3.85%，克汀病又是环境因素和遗传基础共同作用的结果。根据以上原因的研究分析，减少和预防智力低下必须采取包括建立三级预防系统以及社区改造发展规划在内的综合措施。在综合性防治措施中，加强婚前教育和婚前检查、加强围产期保健，防止脑损伤、缺氧、中枢神经系统感染和中毒，加强预防接种、妇幼营养以及加强婴幼儿教育，开发弱智儿潜在智能，都是十分重要的。通过产前诊断、遗传咨询或筛查，采用生育控制技术，防止体残或智残儿出生，也是重要的环节。在近亲婚配或克汀病流行地区，则应大力防止近亲婚配和预防克汀病。在不少智力低下高发地区，通过这些综合措施，新生儿智力低下者现已较前大为减少。

四、会议着重讨论了在智力严重低下发病率比较高、智力严重低下人数比较多的地区，对那些具有生育能力的智力严重低下者实行生育控制的有关问题。会议分别从遗传学、伦理学和法学的角度进行了探讨。

五、会议首先从医学、遗传学角度对智力严重低下者的绝育问题进行了讨论。根据调查，导致智力低下的出生前因素占43.7%，其中遗传因素占40.5%。也就是说，遗传因素在总计中占17.7%。这是一个医学遗传学的事实。这个事实说明了，占82.3%的病因是出生前、出生时、出生后的非遗传的先天因素和环境因素，其中包括生物医学环境和社会心理文化环境。如果估计全国智力低下人口以1150万计，遗传因素致病的则为200万左右，具有生育能力的是其中的一部分。如果对他们都进行绝育，一代人中也许可减少数十万可能出生的智力低下人口（设每人生一胎）。所以，会议认为，根据上述估计，对遗传病所致智力绝育可以起到减少一小部分智力低下人口的作用，但要有效地减少智力低下的发生，更大的力量应放在加强孕前、围产期保健、妇幼保健以及社区发展规划上。如果某些地区智力低下发病率高、智力严重低下人数多，遗传因素致病的比例大，通过绝育来减少智力低下人数的作用也就会更明显。如果对某一地区智力低下的发病率、患病率及其原因构成不清楚，则实行绝育的效果也就不能确定。

六、会议指出，当智力严重低下者的绝育工作落实到地区时，存在着一个绝育对象的选择、鉴定和标准问题。如果目的是减少智力低下人口，就要选择遗传致病的智力低下者进行绝育。这就需要一定的医学遗传学力量来进行遗传学检查，对智力低下者的病因作出鉴定。有些地方采用IQ低于49作为选择绝育对象的标准。但IQ不能作为评价智力低下的唯一标准，也不能确定IQ低于49的智力低下是遗传因素致病。有些地方根据“三代都是傻子”来确定绝育对象，但“三代都是傻子”并不一定都是遗传学病因所致。还有些地方没有把非遗传的先天因素和遗传因素区分开。会议认为，不管是确定遗传病因的比例，还是鉴定特定智力低下者的病因，都必须大力开展群体的遗传学调查和个体的遗传咨询工作，为此需要进一步发展医学遗传学。对遗传病因智力低下者的生育控制要根据医学遗传学原则进行。要建立权威性的鉴定机构和鉴定程序。严格控制第二胎遗传所致智力低下儿，可用领养或生殖技术解决后代问题；控制计划外生育，在群众中进行优生教育等也很重要。

七、会议接着讨论了对智力严重低下者进行绝育的伦理学问题。会议认为，对智力严重低下者的生育控制应符合有利、尊重、公正和互助团结的伦理学原则。对智力严重低下者绝育，可能符合他们的最佳利益。例如有生育能力而不能照料自己和孩子的智力严重低下者可能会因被强奸或乱伦而生育，生育时可能死亡，生育后因不会照料而使孩子挨饿、受伤、患病、呆滞，甚至不正常死亡。有些智力低下者因有生育能力而被当做生育工具出卖或转卖。在这种情况下，生育对其本人及其后代造成很大的伤害，绝育就符合他们的最佳利益。当然，对他们实行绝育也可以减少或缓和他们家庭的精神和经济压力。同时，对他们生育的限制和控制也有利于资源的公正分配和社会的互助团结。

八、会议也讨论了对智力严重低下者实行绝育是否尊重他们应享有的权利问题。首先关于生殖权利。会议认为对智力低下者必须实行人道主义原则，智力低下者应该享有与一般人同等的权利，家庭、社会不应歧视他们，要保护并不去侵犯他们应有的权益。会议呼吁全社会认同所有的有残疾或智力低下同胞，努力向他们提供社会支持保障他们的生活。然而，一般而言，权利的享有并不是绝对的、无限制的。生育与婚姻不同，因为生育生出孩子，会给他人带来为维持他们的生存和发展而承受的义务。因此，无限制的生殖会损害他人。另一方面，生殖权利的行使同时带来养育后代的义务。当社会由于经济和文化相对落后而不能为智力严重低下者及其可能生出的后代提供充分支持时，养育这些孩子的责任势必主要落在智力严重低下者家庭的肩上。而智力严重低下者无行为能力，不能履行养育后代的义务，会造成对其子女的伤害。在这个意义上限制他们的生殖权利是正确的。由于智力严重低下者没有行为能力，他们本身对因此引起的种种不幸后果没有责任，所以限制他们的生殖权利不是对他们的惩罚，而是减少他们及其亲属不幸的保护措施。

九、关于对智力严重低下者实行绝育中的自主权或自我决定权问题，会议认为智力严重低下者无行为能力，他或她不能对什么更符合于自己的最佳利益作出合乎理性的判断，因此只能诉诸于他们的且和他们没有利害或感情冲突的监护人或代理人（一般就是家属）作出决定。如果这样的监护人或代理人认为绝育符合他们的最佳利益，对他们进行绝育在伦理学上是可以接受的，应对他们进行绝育。有些家属反对绝育的理由是不能将其智力低下女儿出卖而减少家庭收入，这种理由是不道德的，也是非法的。但有些家属担心绝育后因不能结婚而使智力低下者今后生活不能保障，这种担心是合理的，但可以通过特定的社会保险计划来解决。即使是非遗传病引致的智力严重低下者，如果家属认为生育会给他们带来伤害和不幸，而要求对他们绝育，也是允许的。为了减少智力严重低下者及其家属的不幸而进行绝育，决不能成为歧视他们的理由，所有认为智残是“前世作孽”或“祖上缺德”的错误观念必须清除。

十、会议讨论了对智力严重低下者绝育的法律问题。会议认为，我国有必要就智力严重低下者生育的限制和控制制定法律，并且在我国宪法、婚姻法以及其他法规中有法律依据。关于制定何种法律，会议认为，如果制定强制性绝育法律，就会与我国宪法、法律规定的若干公民权利，如人身不受侵犯权和无行为能力者的监护权等不一致。而制定指导与自愿（通过代理人）相结合的绝育法律，就不会发生这种不一致。

十一、会议认为，由于智力低下者有多种病因，必须采取综合性措施，单独制定限制和控制智力严重低下者生育的法律，会造成对这种措施的效果期望过高的后果。所以建议将它列为反映综合性措施的法律（如“优生保踺法”）中的一项为宜。同样，会议认为，一般也以先由国家制定和颁布反映综合性措施的法律，然后各地再制定有关实施办法或地方性专门法规为宜。但如果有些地区感到工作紧迫，也可先行制定暂行法规。

十二、会议建议，对智力严重低下者实行生育限制和控制的立法，应当充分考虑到我国宪法和法律中规定的公民的权利，考虑到我国基本的法律制度；应当考虑立法的科学性和有效性，考虑到所制定的法律是否有科学依据，是否能够真正解决所要解决的问题；立法要符合医学伦理学原则，符合我国对国际人权宣言和公约所做的承诺；立法的出发点首先应当是为了保护智力严重低下者的利益，同时也为了他们家庭的利益和社会的利益；立法应当以倡导性为主，在涉及公民人身、自由等权利时不应作强制性规定，应取得监护人的知情同意；立法应当考虑到如何改善优生的自然环境条件、医疗保健条件、营养条件和其他生活条件、教育条件、社会文化环境以及社会保障等条件，而不仅仅是绝育；立法应当重点考虑如何为公民提供优生保健机构、设施和优生保健服务；立法应使用概念明确的规范性术语（如“智力低下），可在其说明中使用俗称（如“痴呆傻人”）；立法应当规定严格的执行程序，防止执行中的权力滥用；立法应当具有可操作性，对有关技术性规范要做出明确规定；立法并不能解决一切问题，同时有些问题也并不都需要用法律手段解决；在立法前要进行可行性研究；在制定法律或法规的过程中要充分听取各有关专业、有关部门方面人员的意见，通过对话、讨论，在基本问题上达到共识，并在群众中进行广泛、耐心的宣传教育。

十三、预防智力低下、减少智力低下人数是贯彻“控制人口数量，提高人口素质”这一基本国策的重要内容之一。同时这是一项十分长期而艰巨的任务，决不可期待用单一措施在短时期内促成。会议建议各地选择一两个智力低下患病率或发病率高的地方进行社区综合预治干预的试点，然后取得经验，逐步推广。会议呼吁社会各界和有关部门，尤其是卫生部，计划生育委员会、民政部、教育部、残疾人联合会、妇女联合会、共青团以及新闻媒介都来进一步关心和重视智力低下者，预防和减少智力低下。由于医学模式正从生物医学模式转向生物心理社会医学模式，防止智力低下、减少智力低下人口不仅要面对和解决许多医学科学技术问题，而且要面对和解决有关的社会、伦理和法律问题。会议希望今后有更多的社会学、人口学、人类学、伦理学和法学工作者来关心和研究这些问题。

十四、会议认识到，随着我国改革开放政策的贯彻和深化，国际联系和交往也会日益加强。我们的工作一方面有可能得到国际组织或其他国家的支持，同时也必定会在全世界引起反响。在对智力严重低下者的生育限制和控制问题上，世界上的反映也是多种多样。有些外国朋友、学者，包括一些海外华人支持我们的工作，提出了一些善意的意见。有些人由于文化上的差异，也由于我们报道工作上存在一些问题，对我们的工作存在一定的误解。也有些人利用这项工作对我们进行攻击。对这些反响要具体分析，区别对待。例如由于社会历史经验的差异，一些西方人易把“优生”与希特勒的种族主义或美国20世纪20年代的社会达尔文主义联系起来，而我们的“优生”概念则以保健为主要内容，在对外宣传中可将“优生”译为“生育保健”。我们反对有人利用人权问题干涉我国内政，同时我们也要坚定不移地保护人权和改善人权状况。如果我们确实由于缺乏经验，有些地方做得不大妥当；或者工作本身没有问题，但在阐明为什么这样做时，理由或论据摆得不大合适，我们就改正。如果我们认为论据充分、理由充足，我们就完全可以理直气壮地做，并且理直气壮地去说。

十五、会议认为这次学术研讨会是医学家、遗传学家、卫生管理学家、社会学家、伦理学家和法学家联合起来共同探讨生育限制和控制的社会、伦理和法律问题良好开端，希望今后进一步加强这种不同学科共同探讨有关问题的学术交流。

（原载《中国卫生法》杂志1993年第5期。）

附录二　关于1998年国际遗传学大会及《母婴保健法》有关情况的报告*

1996年8月、10月和11月我先后去日本、德国和美国参加人类遗传学和基因分析伦理问题学术讨论会、国际律师协会第26届年会生命伦理学委员会和国际人类基因组组织（HUGO）伦理、法律和社会问题委员会，会上都提到有关1998年国际遗传学大会及《母婴保健法》的问题，现将有关问题和建议报告如下。

（一）问题：

自从国际遗传学学会决定1998年在中国举行国际遗传学大会以后，一些国家的遗传学会根据他们认为中国的《母婴保健法》具有类似纳粹德国实施的由国家强加个人婚育决定的“优生”性质，因而要求改变决定，将会议移至他国进行，甚至威胁要中断与中国遗传学界的所有合作交流活动。一些对中国友好的遗传学家则表示忧虑，希望中国政府理解国外的反应，采取相应措施，不致发生不愉快的结果。

我个人认为，事态的发展是比较严重的。如果这个问题得不到很好的处理，反对1998年在中国举行国际遗传学大会的力量得势，迫使国际遗传学会改变决定，将大会移至另一国举行，这将产生严重的政治后果。因为历史上曾经有一次改变会址，那是1939年国际遗传学大会原在德国举行，后因抗议希特勒的政策而决定改在爱丁堡举行。而且如果作出这一决定，将会迫使许多国家的遗传学家中断与中国的合作交流。

---

* 编者按：这是一份由邱仁宗起草递交全国人民代表大会常务委员会、中国社会科学院、原卫生部陈敏章部长、国家科学技术委员会宋健主任、国家计划生育委员会彭珮云主任、中国科学技术协会、中国遗传学会的报告。

这一问题的产生，可能存在一些误解。例如许多人可能并没有认真研究过我们的《母婴保健法》。也有可能有人将中文的“优生”（通常指“健康的出生，Healthy birth”）与希特勒的“优生”（或优生学，Eugenics，指由国家决定个人的婚育）混为一谈，而这种混淆也可能是由于我们的一些工作造成的。例如在1994年陈敏章部长将该法律草案提交全国人大常委会的当天，新华社英文稿就用“Eugenic Law”一词向全世界发布。在11月25日旧金山举行的HUGO伦理、法律和社会委员会会议上，委员们事先阅读了该法的英文本，许多委员合情合理地指出，该法中有许多好的规定，但有若干条确实存在问题。根据我个人的看法，《母婴保健法》本身也确实存在不当或词句模糊之处。

《母婴保健法》共39条。其中19条规定各级政府有责任提供婚前保健和围产保健，7条涉及程序和资格，1条涉及奖励，3条涉及伦理要求，3条涉及法律责任，1条涉及定义，1条涉及法律生效时间。但有4条可能会使西方人认为具有希特勒的“优生”性质，或确实在内容或措辞上存在着问题。

问题一：

“第九条　经婚前医学检查，对患有指定传染病在传染期内或者有关精神病在发病期内的，医师应当提出医学意见；准备结婚的男女双方应当暂缓结婚。”而在第三十八条，规定传染病包括艾滋病。但是艾滋病病毒是终身感染，因此所谓的“暂缓结婚”实际上是不能结婚。但不许艾滋病病毒感染者结婚的根据不够充分，如果双方采取安全防护措施，是可以避免传染的。这一包括侵犯了带病毒者的婚姻权，因此不应将艾滋病包括在内。

问题二：

第十条的措辞模糊，规定存在问题。“经婚前医学检查，对诊断患医学上认为不宜生育的严重遗传性疾病的，医师应当向男女双方说明情况，提出医学意见；经男女双方同意，采取长效避孕措施或者施行结扎手术后不生育的，可以结婚。但《中华人民共和国婚姻法》规定禁止结婚的除外。”这里有三个问题：

第一，“不宜生育的严重遗传性疾病”是什么？第三十八条规定：“严重遗传性疾病，是指由于遗传因素先天形成，患者全部或者部分丧失自主生活能力，后代再现风险高，医学上不宜生育遗传性疾病。”但这仍不足以使婚检医师确定究竟哪些是“不宜生育的严重遗传性疾病”。我询问过卫生部妇幼保健司有关同志，她说许多遗传学家认为由于预测的不确定性，难以作出具体规定。如果这样，就很难保证不会发生“错误的医学意见”，即将本来可以生育的，错判为“不宜生育”。

第二，什么是“经过双方同意，采取长效避孕措施或者施行结扎手术后不生育的，可以结婚”？如果双方不同意，又如何？是否就不可以结婚？如果双方事实上结为夫妻，是否会受到惩罚？如果回答是肯定的，那就使这一条文带有与纳粹德国所采取的政策类似的“优生”性质了。妇幼保健司的同志告诉我，法律对这类夫妻没有惩罚措施。如果没有惩罚，那么是否等于让那些被医师判为“不宜结婚”的人去同居，即形成得不到法律保护的事实上婚姻？

第三，“医学意见”如何能够成为法律指令？将医学意见变为法律指令是否会与民法和残疾人保障法产生矛盾？《中国母婴保健》杂志1995年第6期的“关于母婴保健法的问答”中说，该法对残疾人的婚姻没有限制，否则会违反中国其他法律。既然如此，那么第十条的措辞就应该修改。例如修改为：“经婚前医学检查，对诊断患医学上认为不宜生育的严重遗传性疾病的，医师应当向男女双方说明情况，提出医学意见，建议双方采取长效避孕措施或者施行结扎手术。但《中华人民共和国婚姻法》规定禁止结婚的除外。”

第十条的英文本在文字上与中文本有所区别：“... the two may be married only if both sides agree to take long-term contraceptive measures or to take ligation operation for sterility.”意为：“仅当男女双方采取长效避孕措施或者施行结扎手术后不生育的，才可以结婚”。这样在语气上要比中文本更强一些。

问题三：

“第十六条：医师发现或者怀疑患严重遗传性疾病的育龄夫妻，应当提出医学意见。育龄夫妻应当根据医师的医学意见采取相应的措施。”中文本的“采取相应的措施”是模糊的词句，可以理解为与医师医学意见相符合的措施，也可以是不一定与医师的意见相符的措施。但英文本说：“... the couple in their child-bearing age shall take measures in accordance with the physician's medical advice.”这就是说，育龄夫妻必须采取与医师意见相符合的措施。国外的学者根据英文本指出这一条是典型的纳粹德国式的“优生”条款。但是：

“第十八条 经产前诊断，有下列情形之一的，医师应当向夫妻双方说明情况，并提出终止妊娠的医学意见：

（一）胎儿患严重遗传性疾病的；

（二）胎儿有严重缺陷的；

（三）因患严重疾病，继续妊娠可能危及孕妇生命安全或者严重危害孕妇健康的。”

第十九条规定：“依照本法规定施行终止妊娠或者结扎手术，应当经本人同意，并签署意见。本人无行为能力的，应当经其监护人同意，并签署意见。”这一规定明确贯彻了知情同意原则，因而医师的“医学意见”并不能自然成为当事人必须执行的“法律指令”，夫妻采取的措施也就不一定与医师的医学意见相符合。

问题四：

该法屡次提到的“医学意见”，实际上是对医学事实的判断和根据价值观念所作出的有关个人婚育问题决策的混合。当事人是否患有某种遗传病，以及这种遗传病的严重程度如何，是一个事实判断或医学判断。但根据这种事实所作出的个人婚育决定，涉及个人的价值观念。而医师与病人的价值观念不一定是一致的。例如查出申请结婚者的一方感染了艾滋病病毒，如果结婚则传染给另一方具有一定的可能性。这是一个事实问题。但他们得知这一事实后，是否坚持结婚，则取决于他们的价值判断。医师可能认为，由于有感染另一方的可能性，因而建议他们不要结婚。这位医师将一方的健康放在他们的感情之上，但当事人可能不这样看。他们经过长期的了解，感情很深，即使对他们健康会有影响，也坚持要结婚，他们将感情放在健康考虑之上，如果不结婚对他们的伤害可能更大，况且他们可以在医师指导下采取严格的安全保护措施。那么，有什么理由非要拆散他们呢？又如通过产前诊断查出婴儿患有唐氏症，医师可能建议流产，因为分娩后孩子可能会给家长带来经济负担。但如果孩子的父母非常不愿意流产，而且他们很有钱，可以将孩子照顾得很好。那么，有什么理由非要他们流产呢？

在婚育等个人问题上，法律的限制是有限的。我们现在不得不采取限制生育的政策，是不得已的，但已招致国际上不少人的不理解或攻击。我认为，我们不应再在其他问题上去限制个人的婚育决定。如果非要限制，其结果就会造成更多的事实婚姻。

问题五：

《母婴保健法》的目的是什么？是为了个人、家庭的幸福，还是为了减少残疾人口。如果是前者，用法律来限制个人的生育决定就不合适，而是应该依靠教育来帮助个人、家庭作出更为合理的婚育决定。如果意见正确，是为了他们好，我们相信多做工作，当事人是会接受的。如果为了减少残疾人口，那么这一法律是做不到的。因为其一，即使非残疾人、目前医学诊断健康的人，也可能有致病、致残的基因；其二，即使完全健康的人的基因，也可能会发生自然的突变，这种突变率为3%—5%。因此目前不可能有任何的医学或法律手段来杜绝残疾人的出生。而减少残疾人口出生的正确措施是像用碘盐预防克汀病和用叶酸预防神经管缺陷那样的工程。

（二）建议：

1. 希望能够在最近一段时期内，在有准备的基础上，由卫生部和中国遗传学会联合举行记者招待会，强调《母婴保健法》保护个人健康和家庭幸福的保健性质，强调贯彻“知情同意”原则。由于该法的解释权在卫生部，因此仍有回旋余地。可以承认法律的措辞有应改进之处，尤其是英文本的措辞。

2. 请全国科协、卫生部和中国遗传学会在1997年联合召开一次关于人类遗传学的社会、伦理和法律问题的学术会议，请那些反对在中国开会的以及对此有担忧的遗传学家代表与会，听取他们的意见、建议和批评，同时阐述我们的观点。会议规模不一定很大，但要有准备。

3. 请全国人大常委会考虑在适当时候，对该法的措辞进行适当修改。